“十四五”职业教育国家规划教材

人力资源和社会保障部技工教育和职业培训“十四五”规划教材

电子技术项目化教程

（第四版）

主　编　王艳芬　王　浩　刘艳萍
副主编　江民新　肖文君　张晓锐　张　霞
编　者　刘益标　陈公兴　唐勇兵　朱群强

扫码加入学习圈　轻松解决重难点

南京大学出版社

内容提要

本书采用项目导向，任务驱动，教、学、做一体化的教学模式编写。突出“以能力为本位，以学生为主体”的职业教育课程改革思想；同时，从职业岗位需求出发，理论与实训相结合，突出了高职高专教育特色。

全书共12个项目，涵盖了“模拟电子技术”和“数字电子技术”两部分的内容，包括半导体器件、小信号放大电路、信号处理电路、音频功率放大电路、直流稳压电源电路、信号产生电路、数字电路基础、组合逻辑电路、时序逻辑电路、555定时器电路及应用与数/模和模/数转换电路。每个项目后配有实训和训练课题。

本书可作为高职高专院校计算机类、电气自动化类、机电一体化、数控技术等相关专业的教材，也可供相关工程技术人员参考。

图书在版编目(CIP)数据

电子技术项目化教程 / 王艳芬，王浩，刘艳萍主编. 4版. —南京：南京大学出版社，2024. 7. —ISBN 978-7-305-28261-4

Ⅰ. TN

中国国家版本馆CIP数据核字第2024CK4311号

出版发行 南京大学出版社
社　　址 南京市汉口路22号　　邮　　编 210093

书　　名 电子技术项目化教程
DIANZI JISHU XIANGMUHUA JIAOCHENG
主　　编 王艳芬　王　浩　刘艳萍
责任编辑 吴　华　　编辑热线 025-83596997

扫码免费获取教学资源

照　　排 南京开卷文化传媒有限公司
印　　刷 南京京新印刷有限公司
开　　本 787 mm×1092 mm 1/16 印张 15.75 字数 383千
版　　次 2024年7月第4版　2024年7月第1次印刷
ISBN 978-7-305-28261-4
定　　价 43.00元

网　　址：http://www.njupco.com
官方微博：http://weibo.com/njupco
微信公众号：njupress
销售咨询热线：(025)83594756

前　　言

本书参照教育部制定的《高职高专电子技术基础课程教学基本要求》，在“必需、够用”的原则下，总结多年的教学实践经验编写而成。随着高职教育改革的不断深入，教学方式和教学内容都发生了很大的变化。教材与课程网站相结合，丰富的配套数字教学资源辅助学习，其中，部分资源还添加了二维码标志，学习者可通过移动终端方便地扫描观看。依托“智慧树”平台可方便教师采用“线上线下”混合教学模式，提升教师信息化教学水平。学习者可以登录相关网址进行学习，也可通过扫描书中的二维码观看微课视频。同时教材中融入了“二十大”会议精神的关键词，鼓励师生按照“二十大”会议精神积极努力，搞好教学和学习。

突出实用性是编写本教材的指导思想。按照高职高专培养目标的要求，一方面，本书对电子技术的基本概念、基本理论和基本方法都做了必要而适当的阐述；另一方面，也充分考虑到高职高专类学生将来是在生产第一线从事安装、调试、维护及维修等工作，对学生的工作能力要求较高，因而以项目教学的方法介绍实际工程应用电路。在介绍工程应用电路的过程中，将课本中单元电路的分析与实际电路分析结合起来，系统介绍电子电路的分析方法。考虑到器件辨识、电路调试方法等技能训练方面的内容，在每个项目的后面加入了实训内容，用来培训学生器件测试常识，使其掌握电流调试方法、电路设计和分析方法。

在编写的思路上，考虑到电子技术的基本内容是指各种基本单元电路的组成原理和工程分析方法，这些基本内容是从事电子技术工作的人才必须具备的知识，所以做了简单的介绍，对某些公式避免繁琐的推导，直接给出结果。在教材编写内容上，由于目前电子技术的飞速发展，国内外电子器件的生产和应用不断趋向集成化，因此，本书以分立元件为基础，以基础电路为重点，加强数字电路，主要介绍性能优越的 CMOS HC 系列和 TTL LS 系列。本教材在紧扣基本内容的同时突出了应用，尤其加强了集成器件应用的介绍，对电路的分析则大为简化。教材体现的教学内容及组织体系，凝聚了编者多年来进行教学研究和教学改革的经验和体会，教学的可操作性和实用性很强。本书第三版2023年6月入选“十四五”职业教育国家规划教材，2024年3月入选人力资源和社会保障部技工教育和职业培训“十四五”规划教材。

本书由广东工贸职业技术学院王艳芬、广东机电职业技术学院王浩和广东工贸职业技术学院刘艳萍担任主编，江西现代职业技术学院江民新、湖南劳动人事职业学院肖文君、武汉铁路桥梁职业学院张晓锐、襄阳汽车职业技术学院张霞担任副主编，广东工贸职业技术学院刘益标、广东工贸职业技术学院陈公兴、湖南劳动人事职业学院唐勇兵和湖南劳动人事职业学院朱群强参加编写。王艳芬老师负责全书的统稿工作。

由于编者水平有限，书中难免存在问题或错误，敬请广大师生和读者批评指正。

编者

2024年7月

☞ 扫码可免费观看本教材微课资源

目　　录

上篇　模拟电子技术

项目一　常用半导体器件基础知识 ······ 1
任务 1-1　二极管的特性与测试 ······ 1
任务 1-1-1　半导体基本知识 ······ 1
任务 1-1-2　半导体二极管 ······ 4
任务 1-1-3　半导体二极管的等效电路 ······ 5
任务 1-1-4　半导体二极管的应用电路 ······ 6
任务 1-2　三极管的特性与测试 ······ 8
任务 1-2-1　晶体管的结构与符号 ······ 8
任务 1-2-2　晶体管的工作原理 ······ 9
任务 1-2-3　晶体管的伏安特性 ······ 11
任务 1-2-4　晶体管的主要参数 ······ 12
任务 1-3　场效应管的特性与测试 ······ 13
任务 1-3-1　结型场效应管 ······ 13
任务 1-3-2　MOS 场效应管 ······ 16
任务 1-3-3　场效应管的主要参数 ······ 19
任务 1-4　其他常用半导体器件与测试 ······ 20
实训 1　二极管的识别与检测 ······ 22
实训 2　二极管伏安特性曲线的测试 ······ 23
项目小结 ······ 25
思考与练习 ······ 26

项目二　小信号基本放大电路 ······ 30
任务 2-1　三极管基本放大电路与测试 ······ 30
任务 2-1-1　共发射极放大电路与测试 ······ 30

任务 2-1-2　共集电极放大电路与测试 …… 37
任务 2-1-3　共基极放大电路与测试 …… 38
任务 2-2　场效应管基本放大电路与测试 …… 39
任务 2-2-1　场效应管放大电路的静态分析 …… 39
任务 2-2-2　场效应管放大电路的动态分析 …… 41
任务 2-3　负反馈放大电路与性能测试 …… 42
任务 2-3-1　反馈的基本概念 …… 43
任务 2-3-2　反馈极性(正、负反馈) …… 43
任务 2-3-3　交流反馈与直流反馈 …… 45
任务 2-3-4　负反馈的类型 …… 45
任务 2-3-5　负反馈对放大电路工作的影响 …… 48
实训 1　共发射极放大电路的测试 …… 52
实训 2　负反馈放大电路的调整与测试 …… 55
项目小结 …… 58
思考与练习 …… 59

项目三　信号处理电路 …… 64
任务 3-1　多级放大电路 …… 64
任务 3-1-1　多级放大电路的组成 …… 64
任务 3-1-2　多级放大电路的组成和耦合方式 …… 64
任务 3-1-3　多级放大电路的性能指标 …… 65
任务 3-2　差分放大电路 …… 65
任务 3-2-1　差分放大电路的基本原理 …… 66
任务 3-2-2　具有电流源的差分放大电路 …… 67
任务 3-2-3　差分放大电路的输入和输出方式 …… 68
任务 3-3　集成运算放大电路 …… 69
任务 3-3-1　集成运算放大器 …… 69
任务 3-3-2　集成运算放大器的线性应用 …… 71
任务 3-3-3　集成运算放大器的非线性应用 …… 75
实训　集成运放的线性应用 …… 77
项目小结 …… 79
思考与练习 …… 79

项目四 音频功率放大电路 …… 82
任务 4-1 甲类放大电路与测试 …… 83
任务 4-2 乙类功率放大电路与测试 …… 83
任务 4-3 甲乙类 OCL 和 OTL 功率放大电路与测试 …… 84
实训 OTL 功率放大电路的测试 …… 86
项目小结 …… 88
思考与练习 …… 88

项目五 直流稳压电源电路 …… 92
任务 5-1 整流电路与测试 …… 92
任务 5-2 滤波电路与测试 …… 93
任务 5-2-1 电容滤波电路 …… 94
任务 5-2-2 电感滤波电路 …… 95
任务 5-2-3 π 型滤波电路 …… 95
任务 5-3 稳压电路与测试 …… 95
任务 5-3-1 硅稳压管稳压电路 …… 95
任务 5-3-2 串联型稳压电路 …… 96
任务 5-3-3 线性集成稳压器 …… 96
实训 直流稳压电源的安装与调试 …… 99
项目小结 …… 100
思考与练习 …… 101

项目六 信号产生电路 …… 102
任务 6-1 *RC* 正弦波振荡电路 …… 102
任务 6-1-1 正弦波振荡电路的基本概念 …… 102
任务 6-1-2 *RC* 振荡电路 …… 104
任务 6-2 *LC* 正弦波振荡电路 …… 105
任务 6-2-1 变压器反馈式 *LC* 振荡电路 …… 105
任务 6-2-2 三点式 *LC* 振荡电路 …… 107
任务 6-3 石英晶体正弦波振荡电路简介 …… 108
任务 6-3-1 石英晶体振荡电路 …… 108
任务 6-3-2 石英晶体振荡电路的应用 …… 109
实训 正弦波振荡电路测试 …… 110

项目小结……111
思考与练习……112

下篇 数字电子技术

项目七 数字电路基础……115
任务7-1 数字电路及其特点……115
任务7-1-1 数字信号与数字电路的概念……115
任务7-1-2 数字电路的类型……115
任务7-1-3 数字电路的特点……116
任务7-2 数制与码制……117
任务7-2-1 数制……117
任务7-2-2 不同数制间的转换……118
任务7-2-3 码制……120
任务7-3 逻辑代数基础……123
任务7-3-1 常用逻辑函数……123
任务7-3-2 逻辑函数的表示方法……126
任务7-3-3 逻辑代数的基本定律和规则……128
任务7-3-4 逻辑函数的公式化简法……132
任务7-3-5 逻辑函数的卡诺图化简法……135
任务7-3-6 不同系列逻辑门电路……141
实训 TTL与非门的逻辑功能和电压传输特性的测试……143
项目小结……144
思考与练习……145

项目八 组合逻辑电路分析与设计……147
任务8-1 组合逻辑电路的分析和设计方法……147
任务8-1-1 组合逻辑电路的分析方法……147
任务8-1-2 组合逻辑电路的传统设计方法……148
任务8-2 集成组合逻辑电路分析与设计……150
任务8-2-1 编码器……150
任务8-2-2 译码器及显示电路……154
任务8-2-3 数据选择器和数据分配器……158
任务8-2-4 加法器……160

任务 8-3　常用集成组合电路应用实例 …… 162
任务 8-3-1　编码器的应用 …… 162
任务 8-3-2　译码器的应用 …… 163
任务 8-3-3　数据选择器的应用 …… 165
任务 8-4　常用集成电路简介 …… 165
实训 1　组合逻辑电路设计 …… 166
实训 2　译码器实验 …… 167
项目小结 …… 170
思考与练习 …… 170

项目九　时序逻辑电路 …… 173
任务 9-1　触发器 …… 173
任务 9-1-1　触发器的基本电路 …… 173
任务 9-1-2　触发器的触发方式 …… 177
任务 9-1-3　各种逻辑功能的触发器 …… 178
任务 9-1-4　触发器间的相互转换 …… 183
任务 9-2　时序逻辑电路的分析方法 …… 184
任务 9-2-1　时序电路的分析方法与步骤 …… 184
任务 9-2-2　时序逻辑电路分析实例 …… 184
任务 9-3　计数器 …… 188
任务 9-4　寄存器 …… 195
实训 1　触发器逻辑功能的测试 …… 198
实训 2　计数、译码与显示电路 …… 202
实训 3　寄存器实验 …… 204
项目小结 …… 205
思考与练习 …… 206

项目十　555 定时器电路及应用 …… 209
任务 10-1　555 定时器电路 …… 209
任务 10-2　555 定时器的应用 …… 210
实训　555 定时器电路及其应用 …… 213
项目小结 …… 215
思考与练习 …… 215

项目十一　数/模和模/数转换电路 …… 216
任务 11－1　模/数转换(A/D)电路 …… 216
任务 11－1－1　A/D 转换的基本原理 …… 216
任务 11－1－2　A/D 转换器的类型 …… 217
任务 11－2　数/模转换(D/A)电路 …… 221
任务 11－2－1　D/A 转换的基本原理 …… 221
任务 11－2－2　D/A 转换器的类型 …… 221
任务 11－3　常用 ADC 芯片简介 …… 225
任务 11－4　常用集成 DAC 简介 …… 229
实训 1　模数转换器 …… 231
实训 2　数模转换器 …… 234
项目小结 …… 237
思考与练习 …… 237

项目十二　综合技能训练 …… 238
数字系统设计实例——数字电子钟的设计与制作 …… 238

参考文献 …… 241

上篇　模拟电子技术

项目一　常用半导体器件基础知识

任务 1-1　二极管的特性与测试

任务 1-1-1　半导体基本知识

自然界中的物质，按其导电能力可分为导体、半导体和绝缘体。半导体的导电能力介于导体和绝缘体之间。最常用的半导体材料有硅(Si)、锗(Ge)和砷化镓(GaAs)等。半导体的导电特性(电阻率)受到各种因素的影响：

热敏特性。温度升高，大多数半导体的电阻率下降。由于半导体的电阻率对温度特别灵敏，利用这种特性就可以做成各种热敏元件。

光敏特性。许多半导体受到光照辐射，电阻率下降。利用这种特性可制成各种光电元件。

掺杂特性。在纯净的半导体中有控制、有选择地掺入微量的有用杂质(某种元素)，它的导电能力就可增加至 10^4 甚至 10^6 倍。利用这种特性制成两种类型的掺杂半导体，以这两种半导体为基础的 PN 结，构成了系列的半导体器件，如半导体二极管、三极管、集成电路等。

1. 本征半导体

纯净的半导体称为本征半导体。自然界所有的物质都是由原子组成，原子又由带正电的原子核和若干带负电的电子组成。如硅、锗材料，它们都是 4 价元素，每个硅原子最外层都有 4 个价电子(最外层电子称价电子)，硅原子除了吸住本身的价电子，还吸住相邻的价电子，组成一对对的共价键。硅和锗制成单晶体后，都是共价键结构，原子最外层有 4 个价电子，如图 1-1 所示为硅或锗晶体的共价键结构。

在本征半导体中，原子外层价电子所受到原子核的束缚力没有绝缘体里价电子那么大，因此在室温下，总有少数价电子因受热而获得能量，摆脱原子核的束缚，从共价键中挣脱出来，成为自由电子。与此同时，失去价电子的硅或锗原子在该共价键上留下了一个空位，这个空位称为空穴。由于本征硅或锗每产生一个自由电子必然会有一个空穴出现，即电子与空穴成对出现，称为电子空穴对。

本征激发就是在室温或光照下价电子获得足够能量摆脱共价键的束缚成为自由电子，

并在共价键中留下一个空位(空穴)的过程。如图 1－2 所示为本征半导体的本征激发示意图。在室温下,本征半导体内产生的电子空穴对数目是很少的。自由电子和空穴在运动中相遇重新结合成对消失的过程称为复合。本征半导体中既有电子载流子,又有空穴载流子,存在两种载流子是半导体导电的一个重要特征。

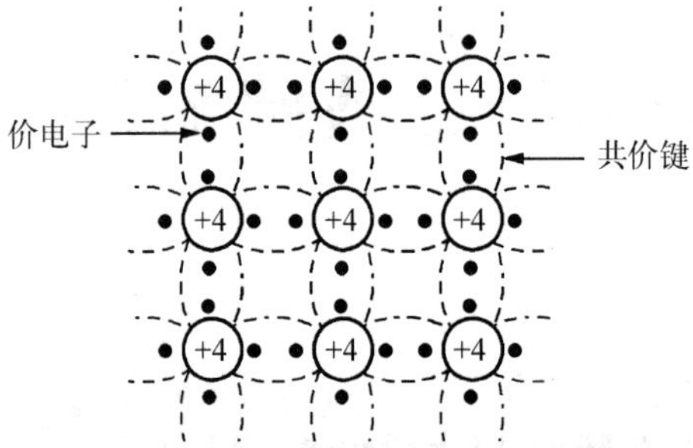

图 1－1　硅或锗晶体共价键结构示意图

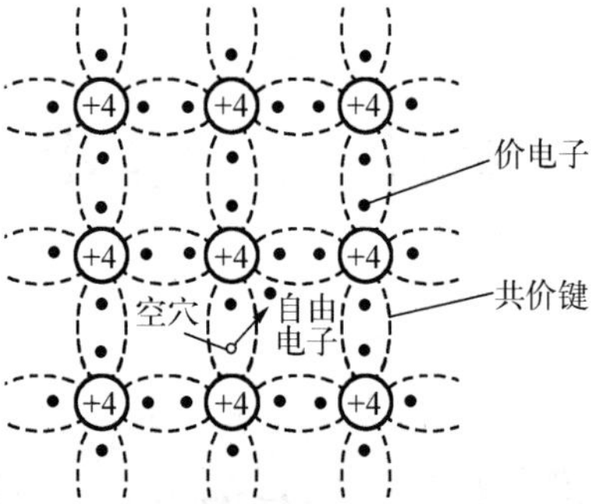

图 1－2　本征硅或锗的本征激发示意图

1. 杂质半导体

在本征半导体中掺入微量元素,可以改善半导体材料的导电性能,这类半导体称为杂质半导体。杂质半导体有 N 型半导体和 P 型半导体两类。

如果在本征半导体中掺入微量五价元素,如磷(P)、砷(As)等,这样就形成了 N 型半导体,也叫电子型半导体。N 型半导体的结构如图 1－3(a)所示。N 型半导体的多数载流子是电子,少数载流子是空穴。

如果在本征半导体中掺入微量三价元素,如硼(B)、铟(In)等,这样就形成了 P 型半导体,也叫空穴型半导体。P 型半导体的结构如图 1－3(b)所示。P 型半导体的多数载流子是空穴,少数载流子是电子。

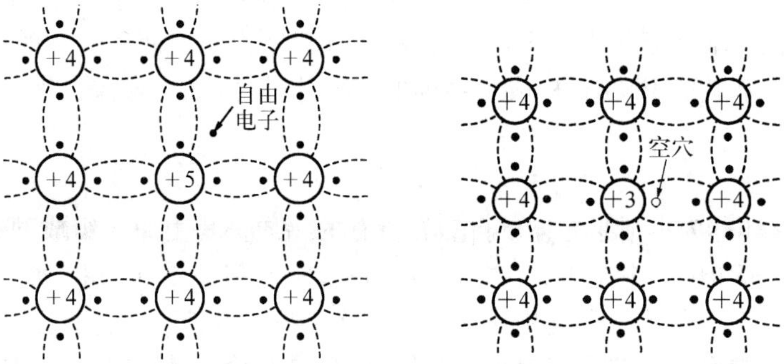

(a) N 型半导体　　(b) P 型半导体

图 1－3　杂质半导体结构示意图

2. PN 结

(1) PN 结的形成

P 型或 N 型半导体的导电能力虽然较高,但并不能直接用来制造半导体器件。PN 结是构成各种半导体的基础。PN 结是采用特定的制作工艺,在同一块半导体基片的两边分别形成 N 型和 P 型半导体。由于 P 区和 N 区半导体交界面两侧的两种载流子的浓度有很大的差异，这时，在 N 区和 P 区之间的交界面附近形成一个极薄的空间电荷层，称为 PN 结。PN 结的形成如图 1－4 所示。

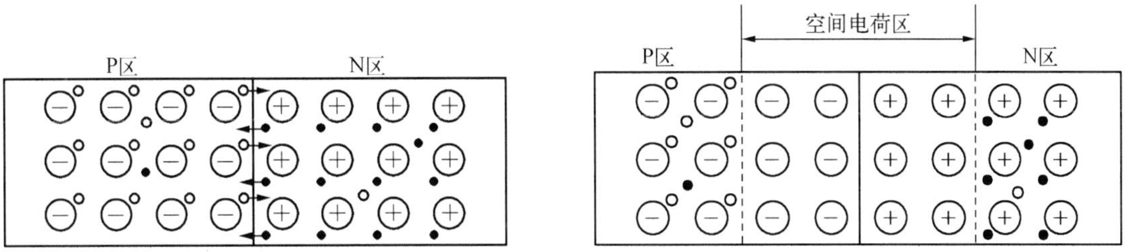

(a) 载流子的扩散运动　　(b) 动态平衡时的 PN 结

图 1－4　PN 结的形成

(2) PN 结的单向导电性

PN 结具有单向导电性。当外加电压时，P 区一端的电位高于 N 区一端的电位时，PN 结正向偏置，简称正偏。如图 1－5 所示 PN 结加正向电压时，空间电荷区变窄，PN 结电阻很低，正向电流较大，PN 结处于导通状态。

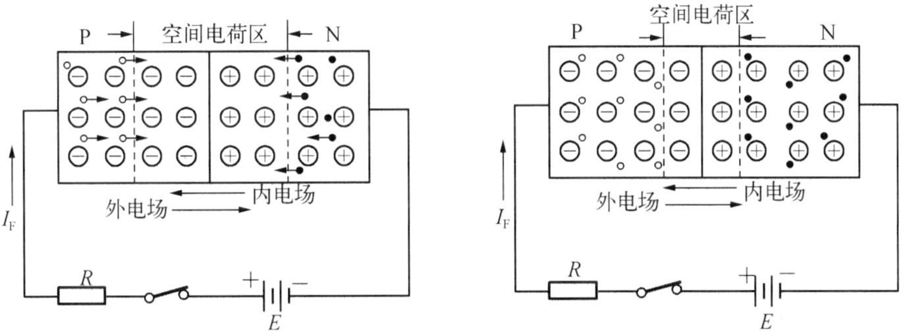

(a) 多子向空间电荷区运动　　(b) 空间电荷区变窄

图 1－5　PN 结外加正向电压时的情况

当外加电压时，P 区一端的电位低于 N 区一端的电位时，PN 结反向偏置，简称反偏。如图 1－6 所示 PN 结加反向电压时，空间电荷区变宽，PN 结呈现高电阻，处于反向截止状态。

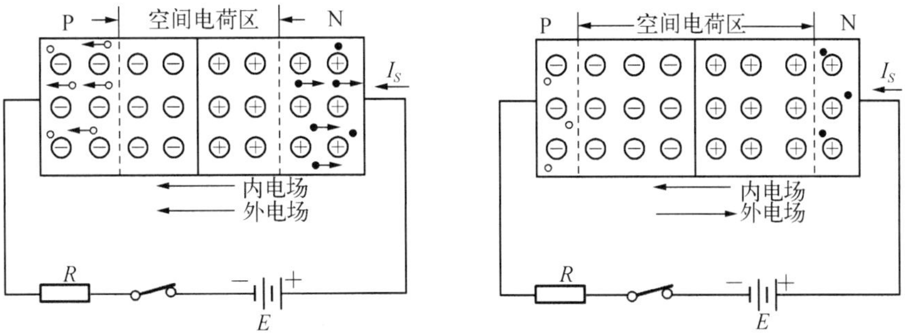

(a) 多子离开空间电荷区　　(b) 空间电荷区变宽

图 1－6　PN 结外加反向电压时的情况

综上所述，PN 结正偏时导通，呈现很小的电阻，形成较大的电流；反偏时截止，呈现很大的电阻，反向电流近似为零。因此，PN 结具有单向导电性。

任务 1-1-2 半导体二极管

1. 二极管的结构与符号

二极管内部由一个 PN 结构成，在 PN 结的两端各引出金属电极，然后用外壳封装起来就构成了二极管。几种常见的二极管外形如图 1-7(a)所示。

二极管的电路符号如图 1-7(b) 所示，由 P 区引出的电极称为正极(阳极)，由 N 区引出的电极称为负极(阴极)，电路符号中的箭头方向表示正向电流的流向。

按 PN 结面积的大小，半导体二极管可分为点接触型和面接触型两类；按 PN 结材料不同，可分为硅管和锗管两类；按用途不同，可分为检波二极管、整流二极管、稳压二极管、开关二极管等。

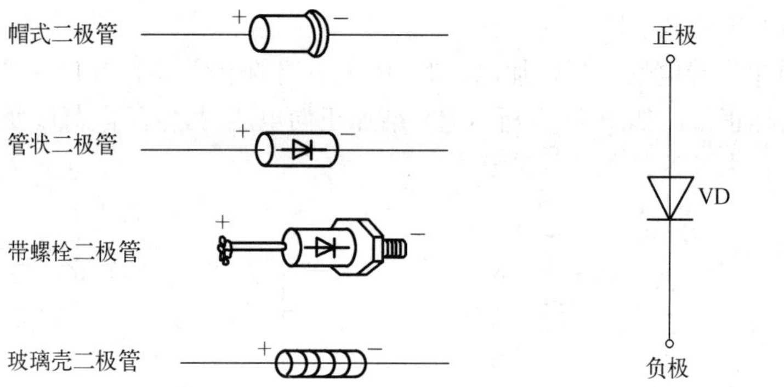

(a) 几种常见的二极管外形 (b) 二极管符号

图 1-7 几种常见的二极管外形和符号

2. 二极管的伏安特性

二极管最主要的特性就是单向导电性，可以用伏安特性曲线来表示。二极管的伏安特性指的是二极管两端的电压与流过二极管的电流之间的关系。如图 1-8(a)所示为硅二极管的伏安特性曲线。

(1) 正向特性

OA 段：当二极管两端所加的正向电压较小时，几乎没有电流流过二极管。在这段区域，二极管实际上没有导通，二极管呈现很大的电阻，该区为“死区”。硅管的死区电压约为 0.5 V，锗管的死区电压约为 0.1 V。

A 点以后，正向电压大于死区电压，有较大的正向电流流过二极管，称为二极管导通。

BC 段：在这个区域内，正向电压略有增加，电流就会增大很多，这时二极管呈现很小的电阻，二极管处于充分导通状态。硅管的导通电压约为 0.7 V，锗管的导通电压约为 0.2 V。

(2) 反向特性

OD 段：当二极管两端加反向电压时，只有很小的反向电流流过二极管。在同样的温度下，硅管的反向电流比锗管小得多，反向电流越大，表明二极管的反向性能越差。

D 点以后，当加在二极管两端的反向电压增大到 U_{BR} 时，二极管反向电流将突然增大，二极管失去单向导电性，这种现象称为电击穿。发生击穿时的电压 U_{BR} 称为反向击穿电压。

若二极管的反向电压超过此值时，没有适当的限流措施，会因电流大、电压高而损坏二极管，这种现象叫作热击穿。

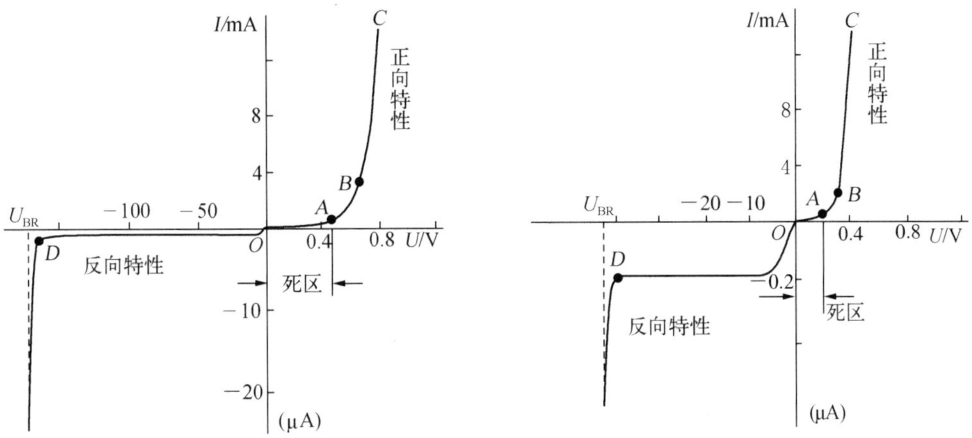

(a)硅二极管的伏安特性曲线　　(b) 锗二极管的伏安特性曲线

图 1－8　硅二极管的伏安特性曲线

3. 二极管的主要参数

(1) 最大整流电流 I_F

指二极管长期运行允许通过的电流平均值。使用时，管子的平均电流值不能大于这个数值，否则会使二极管中 PN 结的温度超过允许值而损坏。

(2) 最大反向工作电压 U_{RM}

指管子工作时所允许加的最高反向电压，超过此值二极管可能有击穿的危险。

(3) 反向电流 I_R

指二极管未被击穿时的反向电流。反向电流越小，管子的单向导电性能越好。

(4) 最高工作频率 f_M

指二极管具有单向导电性的最高工作频率。由于 PN 结具有电容效应，当工作频率大于 f_M，其单向导电性明显变差，甚至失去单向导电性。所以使用二极管时需注意信号的频率，应小于最高工作频率。

任务 1－1－3　半导体二极管的等效电路

二极管的伏安特性是非线性的，在电路中分析时较为复杂。在应用中，常常将二极管的伏安特性进行线性化处理。常用的有下面两种方法：

1. 理想二极管的伏安特性

理想二极管的伏安特性如图 1－9(a)粗线所示，虚线为二极管的实际伏安特性。由图可知，理想二极管正偏时导通，导通压降为 0，相当于开关闭合；反偏时截止，电流为 0，相当于开关断开。

2. 二极管的恒压特性

如图 1－9(b)所示为二极管的恒压特性曲线。由图可知，当二极管两端的电压大于导通电压时，二极管导通，两端的电压硅管约为 0.7 V，锗管约为 0.2 V；二极管两端的电压小于此值时，二极管截止。显然，这种等效更接近实际二极管的特性。

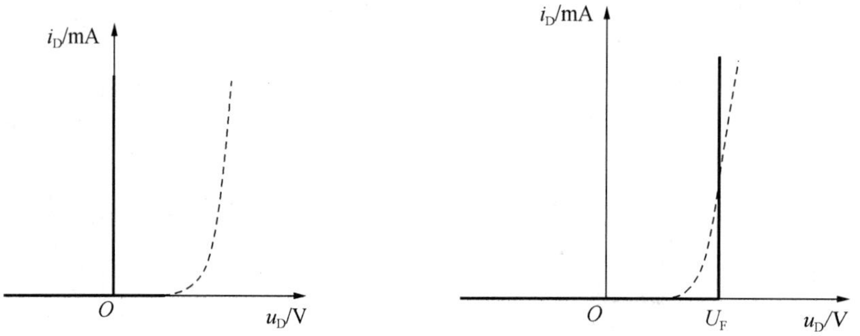

（a）理想二极管伏安特性　　（b）二极管恒压降伏安特性

任务图 1－9　二极管的两种等效电路模型

任务 1－1－4　半导体二极管的应用电路

1. 限幅电路

在电子电路中，为了降低信号的幅度以满足电路工作的需要，常利用二极管构成限幅电路。如图 1－10(a)所示为二极管的限幅电路，VD_1 和 VD_2 为理想二极管。

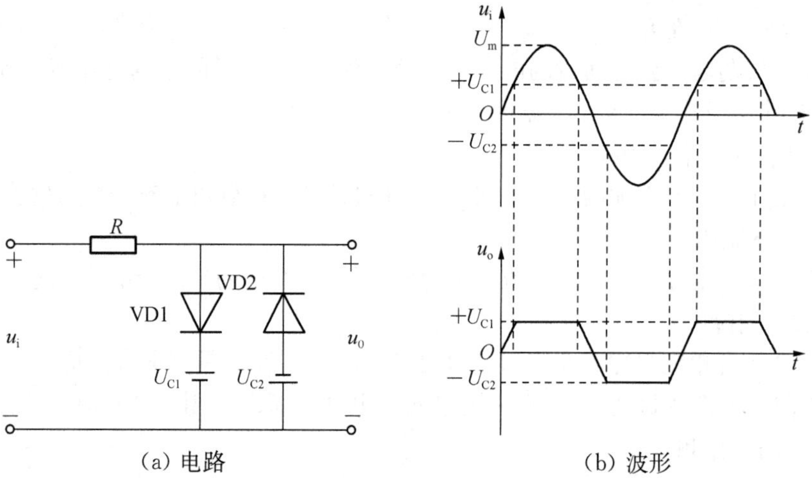

（a）电路　　（b）波形

图 1－10　二极管限幅电路

在图 1－10(a)所示电路中，若输入电压 u_i 为正弦波信号，且幅值大于 $U_{C1}(=U_{C2})$的，当 u_i 为正半周时，VD_2 总是截止的，若 $u_i<U_{C1}$，VD_1 也是截止的，输出电压 $u_o=u_i$；若 $u_i>U_{C1}$，VD_1 正偏导通，$u_0=U_{C1}$。

当 u_i 为负半周时，VD_1 总是截止的，若 $u_i>-U_{C2}$，VD_2 是截止的，输出电压 $u_o=u_i$；若 $u_i<-U_{C2}$，VD_2 正偏导通，$u_0=-U_{C2}$。u_o 的波形如图 1－10(b)所示。可见，输出电压正、负半波的幅度同时受到了限制，该电路称为双向限幅电路。

2. 整流电路

(1) 单相半波整流电路

如图 1－11(a)所示为单相半波整流电路图，电路中用变压器将电网的交流正弦电压 u_1

变成 u_2。当 u_2 为正半周时，二极管 VD 导通，有电流流过二极管和负载。当 u_2 为负半周时，二极管反向偏置而截止，因此二极管电流和负载电流均为零。图 1－11(b)画出了半波整流电路中的波形图。

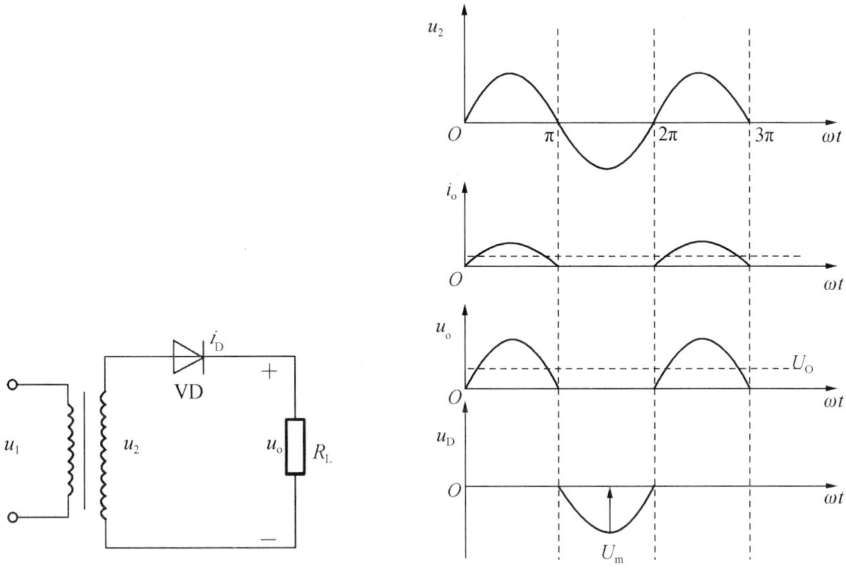

(a) 单相半波整流电路图　　(b) 半波整流的波形图

图 1－11　单相半波整流电路

(2) 单相全波整流电路

全波整流电路是在半波整流电路的基础上加以改进而得到的。利用具有中心抽头的变压器与两个二极管配合，使两个二极管在正、负半周内轮流导电，而且两者流过负载的电流保持同一方向，从而使正、负半周在负载上均有输出电压。如图 1－12 所示为单向全波整流电路及波形图。

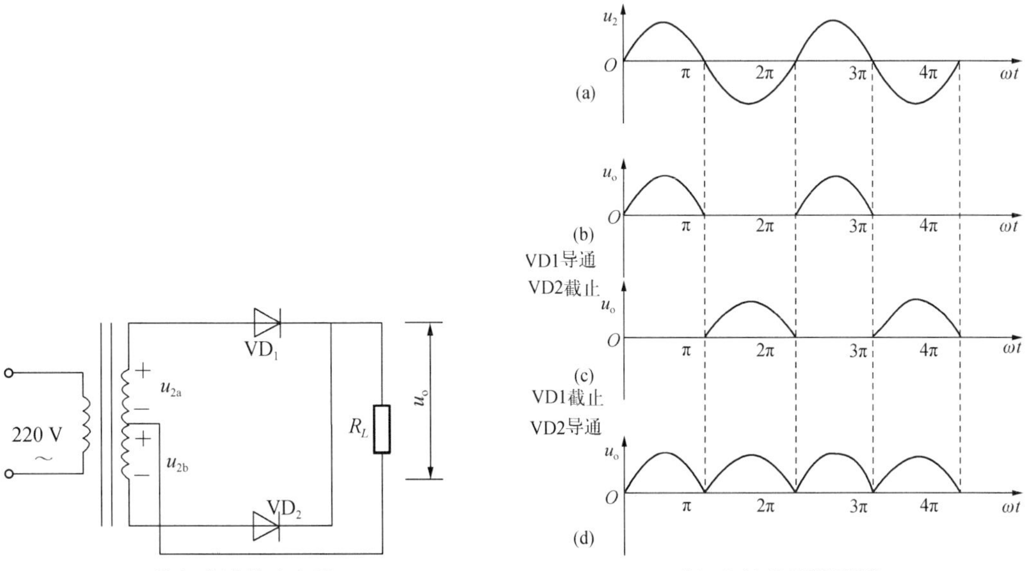

(a) 单相全波整流电路　　(b) 全波整流波形图

图 1－12　单相全波整流电路

u_2 正半周时，VD_1 导通，VD_2 截止，i_{D_1} 流过 R_L，在负载上得到上正下负的输出电压；u_2 负半周时，VD_1 截止，VD_2 导通，i_{D_2} 流过 R_L，产生的电压极性也为上正下负。因此，在负载上可以得到一个单方向的全波脉动直流电压。

任务 1－2　三极管的特性与测试

在电子设备中，经常需要对微弱的电信号进行放大。在生产实践和科学实验中，从传感器获得的模拟信号通常很微弱，只有经过放大后才能进一步处理，或者使之具有足够的能量来驱动执行机构，完成特定的工作。由两个 PN 结组成的半导体晶体管具有这种放大作用，广泛地应用于收音机电路、家用电子产品或工业控制电路中。

晶体管又称双极型三极管，简称 BJT(即 Bipolar Junction Transistor)。它有空穴和自由电子两种载流子参与导电，是一种电流控制型半导体器件。晶体管是通过一定的工艺将两个 PN 结相结合所构成的器件。晶体管的种类很多，按照制造材料的不同，分为硅管和锗管；按照结构的不同，分为 NPN 型管和 PNP 型管；按照频率分，有低频管和高频管；按照功率分，有小、中、大功率管。

任务 1－2－1　晶体管的结构与符号

如图 1－13 所示为晶体管的结构示意图和符号。其中图 1－13(a)所示为 NPN 型晶体管，图 1－13(b)所示为 PNP 型晶体管。从图中可以看出，他们有 3 个区，分别是集电区、基区和发射区，并相应引出三个电极，即集电区引出集电极 c，基区引出基极 b，发射区引出发射极 e。晶体管有两个 PN 结，集电区和基区的 PN 结称为集电结，发射区和基区的 PN 结称为发射结。晶体管的电路符号中箭头指示了发射极的位置及电流流向，NPN 型晶体管的电路符号箭头方向是流出，PNP 型晶体管的电路符号箭头方向是流入的。

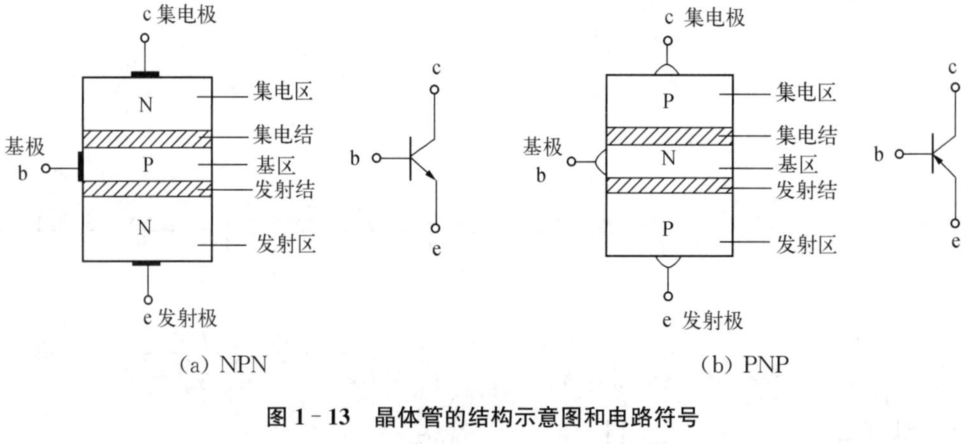

图 1－13　晶体管的结构示意图和电路符号

不论是 NPN 型晶体管还是 PNP 型晶体管，它们的结构都有一个共同特点，即发射区掺杂浓度很高，基区很薄且掺杂浓度很低，集电区掺杂浓度很低但集电结的面积很大，这是晶体管具有电流放大的内部条件。发射区的作用是发射载流子，基区的作用是传输载流子，集电区的作用是接收从发射区发射过来的载流子。

任务 1－2－2　晶体管的工作原理

1. 晶体管的偏置

发射区掺杂浓度很高，基区很薄且掺杂浓度很低，集电区掺杂浓度很低但集电结的面积很大，这是晶体管实现放大的内部条件。实现放大的外部条件是发射结正偏、集电结反偏。如图 1－14 所示为 NPN 管组成放大电路的外部电路。基极电源 U_{BB}经限流电阻 R_B在基极 b 和发射极 e 之间加正向电压 $U_{BE}>0$，发射结正偏；集电极电源 U_{CC}通过集电极电阻 R_C给集电结加反向电压即 $U_{CB}>0$。因为 $U_{CE}=U_{CB}+U_{BE}$，所以只要 $U_{CE}>U_{BE}$，便可使 $U_{CB}<0$，实现集电结反偏。由以上分析可知，当 NPN 管处放大状态时，$U_C>U_B>U_E$。如图 1－14(b) 所示为 PNP 管组成放大电路的外部电路，如果发射结正偏，集电结反偏，则要满足 $U_C<U_B<U_E$。

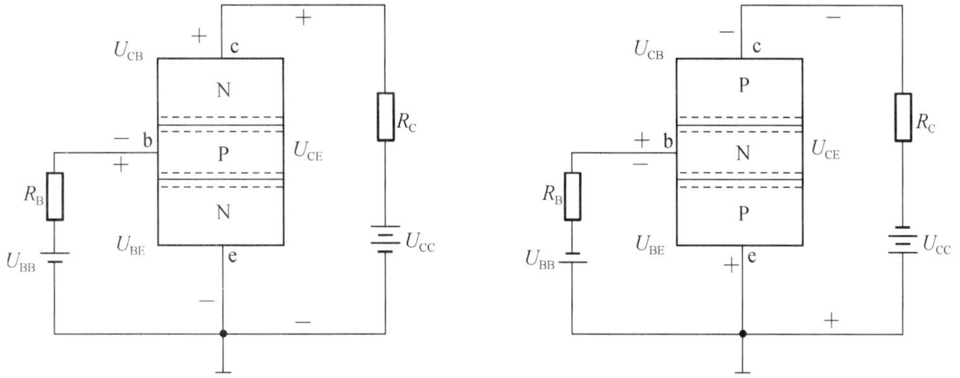

(a) NPN 管组成放大电路的外部电路　　(b) PNP 管组成放大电路的外部电路

图 1－14　晶体管组成放大电路的外部电路

2. 晶体管内部载流子的运动和各级电流的形成

图 1－15 中，基极和发射极所在的回路是晶体管的输入回路，集电极和发射极所在的回路是晶体管的输出回路，图中输入回路和输出回路的公共端是发射极，所以这种连接方式称为共发射极电路。

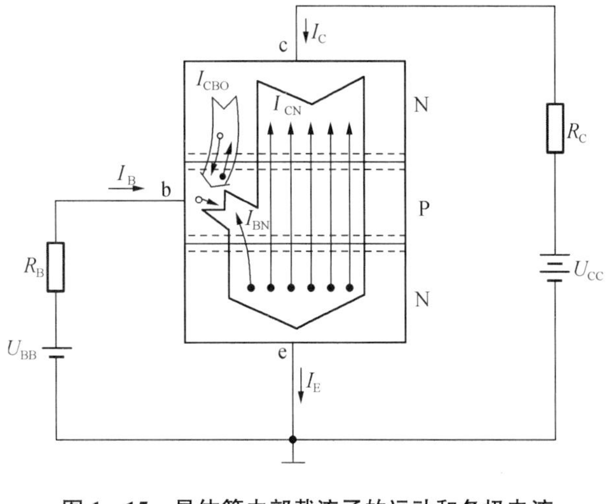

图 1－15　晶体管内部载流子的运动和各极电流

(1) 发射区向基区注入电子

如图 1－15 所示为晶体管内部载流子的运动和各极电流，由于发射结加的是正向电压，有利于发射区的多子向基区扩散，同时，基区的空穴也要扩散到发射区，其数量很少，可以忽略。外电源不断地向发射区补充电子，从而形成发射极电流 I_E。由于电流的方向与电子的运动方向相反，所以发射极电流 I_E是从发射极流出管外。

(2) 电子在基区的扩散与复合

由发射区来的电子到达基区后，基区很薄且浓度低，电子要继续向集电结扩散，在扩散的过程中，少数电子与基区的空穴复合，形成基极电流 I_B，并且基极电流很小。

(3) 集电区收集电子

由于集电结加的是反向电压，所以集电区的多子和基区的多子很难发生扩散运动，但是对发射区来的电子有很强的吸引力，使得电子漂移到集电区，形成集电极电流 I_C。注意：I_C是由发射区越过基区来的载流子形成的，而不是集电区本身的多子运行形成的。

当然，在分析的过程中，还存在反向饱和电流 I_{CBO}，I_{CBO}很小，多数情况下可以忽略。

3. 晶体管各极电流的分配关系

由分析晶体管内部载流子的运动可知，晶体管从发射区扩散到基区的电子，一小部分在基区复合，大部分到达集电区。I_B、I_C是由 I_E分配得到的，它们之间的关系为

$$I_E = I_B + I_C \tag{1-1}$$

且 $I_B \ll I_C$。

I_C与 I_B的比值反映了晶体管的电流放大能力，通常用 $\bar{\beta}$ 来表示，即

$$\bar{\beta} = \frac{I_C}{I_B} \tag{1-2}$$

$\bar{\beta}$ 称为晶体管的共发射极直流放大系数。当晶体管制成时，$\bar{\beta}$ 的值就确定了，由式(1－2)可得

$$I_C = \bar{\beta} I_B \tag{1-3}$$

由式(1－1)和(1－3)可知

$$I_E = I_B + I_C = I_B + \bar{\beta} I_B = (1+\bar{\beta}) I_B$$

图 1－16 为晶体管的电路方向和分配关系。NPN 管和 PNP 管电路分配关系相同，都满足式(1－1)，但是由于形成载流子的极性不同，所以电流的方向也不同。

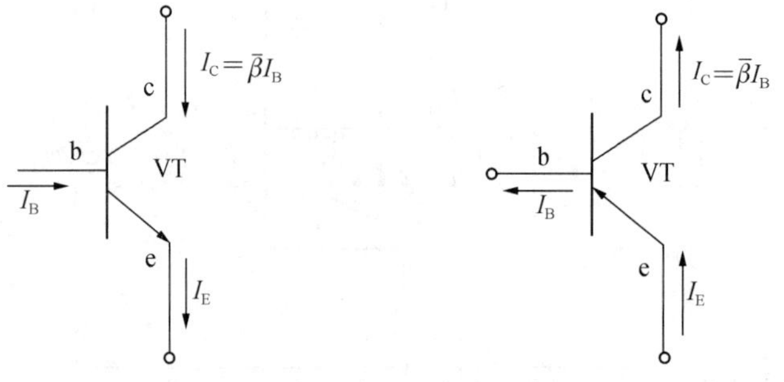

(a) NPN 管的电流方向与分配　　(b) PNP 管的电流方向与分配

图 1－16　三极管的电流分配关系

任务1-2-3　晶体管的伏安特性

1. 共发射极输入特性曲线

共发射极输入特性指的是当U_{CE}为常数时，U_{BE}和I_B之间的函数关系，即

$$I_B = f(U_{BE})\Big|_{U_{CE}=\text{常数}}$$

如图1-17所示为NPN硅管的输入特性曲线。由图可见：

① 晶体管的输入特性曲线与二极管的伏安特性曲线相似，有死区电压，当U_{BE}大于死区电压时发射结导通，导通后U_{BE}近似为常数。

② 当$U_{CE}>1$ V后，曲线重合为同一曲线。在实际使用时，U_{CE}多数大于1 V，通常所说的输入特性曲线指的就是最右边这条，一般硅管的死区电压约为0.5 V，导通电压约为0.7 V。对于锗管死区电压约为0.1 V，导通电压约为0.2 V。

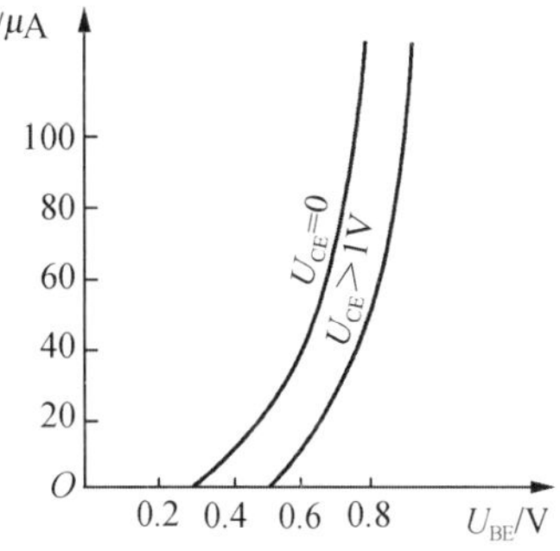

图1-17　三极管共射输入特性曲线

2. 共发射极输出特性曲线

晶体管的共发射极输出特性是指当基极电流为常数时，集电极与发射极电压U_{CE}和集电极电流I_C之间的函数关系，即

$$I_C = f(U_{CE})\Big|_{U_{BE}=\text{常数}}$$

如图1-18所示为NPN硅管的共发射极输出特性曲线。从图上可知晶体管的三个工作区，即放大区、饱和区和截止区。

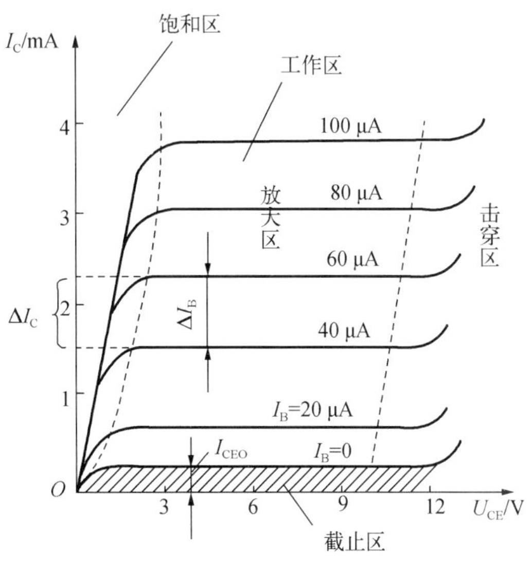

图1-18　三极管共射输出特性曲线

(1) 放大区

图中 $I_B>0$ 曲线近似于水平的区域是放大区。在放大区，晶体管处于饱和状态，发射结正偏、集电结反偏。并且有 $I_C=\beta I_B$，I_C和 I_B成正比关系，管子具有线性放大作用。

(2) 饱和区

U_{CE}很小时紧靠纵轴的很陡的曲线为饱和区。在此区域时，晶体管处于饱和状态，发射结和集电结均正偏。此时，管压降U_{CE}称为饱和压降，记为$U_{CE(sat)}$，硅管约为 0.3 V，锗管约为 0.1 V，$I_C\neq\beta I_B$。

(3) 截止区

$I_B\leqslant 0$ 曲线以下的区域称为截止区。在该工作区，晶体管处于截止状态，发射结和集电结均反偏，$I_B=0$，$I_C\approx 0$，集电极和发射极间呈现很高的电阻，相当于开关断开。

另外，由于晶体管存在死区电压，所以当硅管 $U_{BE}<0.5$ V 或锗管 $U_{BE}<0.1$ 时，晶体管截止。

任务 1-2-4 晶体管的主要参数

晶体管的主要参数有电流放大系数、极间反向电流和晶体管的极限参数。电流放大系数表征放大性能的参数；极间反向电流表征稳定性的参数；晶体管的极限参数表征安全工作的参数。

1. 电流放大系数

(1) 共射直流电流放大系数 $\bar{\beta}$

其定义为：$\bar{\beta}=\dfrac{I_C}{I_B}$

(2) 共射交流电流放大系数 β

其定义为：$\beta=\dfrac{\Delta i_c}{\Delta i_b}$

从定义上可以看出，$\bar{\beta}$ 和 β 的含义是不同的，但是两个参数的值较为接近。在应用中，常把 $\bar{\beta}\approx\beta$。在手册或万用表上有时用 h_{FE}来代表 $\bar{\beta}$。

2. 极间反向电流

(1) 反向饱和电流 I_{CBO}

I_{CBO}称为集电极—基极反向饱和电流，它是发射极开路时流过集电结的反向电流。

(2) 穿透电流 I_{CEO}

I_{CEO}称为穿透电流，它是基极开路时，从集电极到发射极的电流。

I_{CBO}、I_{CEO}受温度的影响较大，随着温度的升高而增大，其值越小，受温度的影响就越小，管子的温度稳定性就越好。

3. 晶体管的极限参数

(1) 集电极最大允许电流 I_{CM}

当集电极电流超过了最大允许电流时，不一定损坏管子，但是 β 值会下降，如果电流过大，那么就可能会烧坏管子。

(2) 集电极最大允许耗散功率 P_{CM}

晶体管的损耗功率主要为集电结功耗，通常用P_C表示，$P_C=i_C u_{CE}$。P_{CM}就是在允许的集电结的温度下，集电极允许消耗的最大功率。当$P_C>P_{CM}$时，管子可能烧坏。

(3) 反向击穿电压$U_{(BR)CEO}$、$U_{(BR)CBO}$和$U_{(BR)EBO}$

$U_{(BR)CEO}$是基极开路时集电极—发射极间反向击穿电压。

$U_{(BR)CBO}$是发射极开路时集电极—基极间反向击穿电压。

$U_{(BR)EBO}$是集电极开路时发射极—基极间反向击穿电压。

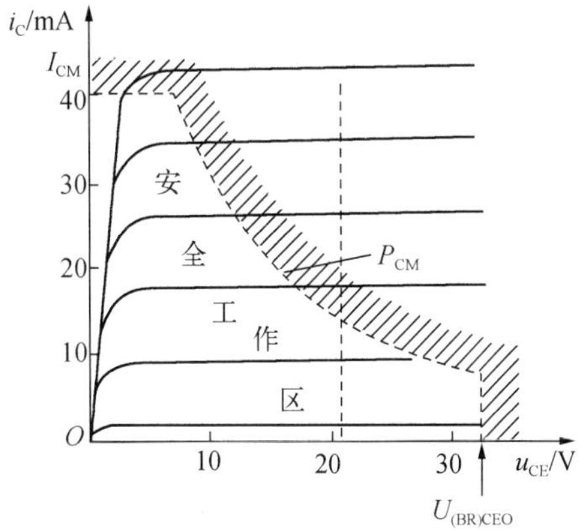

图 1-19 晶体管的安全工作区

由晶体管的极限参数I_{CM}、P_{CM}和$U_{(BR)CEO}$可以画出管子的安全工作区，如图 1-19 所示。使用时，不允许将晶体管的工作点设在安全工作区之外。

任务 1-3 场效应管的特性与测试

场效应晶体管又称单极型半导体三极管，简称 FET，它利用改变电场强弱来控制固体材料的导电能力。它由一种载流子参与导电，故称为单极性半导体三极管。

场效应管出现于 20 世纪 60 年代初，是一种电压控制型半导体器件。与晶体管相比，场效应管的突出优点是输入阻抗非常高，能满足高内阻的信号源对放大电路的要求，是比较理想的前置输入级放大器件。此外，场效应管还具有噪声低、热稳定性好、抗辐射能力强、功耗低、制造工艺简单、便于集成等优点，有着非常广泛的应用。

场效应管按照结构的不同可以分为结型场效应管(Junction type Field Effect Transistor，JFET)和金属—氧化物—半导体场效应管(即 Metal-Oxide-Semiconductor type Field Effect Transistor，MOSFET)。MOSFET 又称绝缘栅型场效应管(Insulation Gate type Field Effect Transistor，IGFET)。结型场效应管和 MOS 场效应管都有 N 沟道和 P 沟道之分，MOS 管还有增强型和耗尽型之分，所以场效应管共有六种类型。

任务 1-3-1 结型场效应管

1. 结型场效应管的结构

N 沟道结型场效应管的结构示意图和符号如图 1-20 所示，它是一块 N 型半导体材料两侧通过扩散的方法形成两个高浓度 P^+ 区，这样形成两个 PN 结。两边 P^+ 区引出两个电极并连在一起称为栅极 G，两个从 N 区引出的电极分别称为源极 S 和漏极 D。

两个 PN 结中间的 N 型区域称为导电沟道，因为导电沟道是 N 型半导体，所以称为 N 沟道结型场效应管。由于存在原始沟道，故结型场效应管属于耗尽型。如图 1-20(b) 所示为 N 沟道结型场效应管的符号，场效应管符号中箭头的方向总是从 P 型半导体指向 N 型半导体，根据箭头的方向就知道管子的类型。

另外，若中间半导体改用 P 型半导体，两侧是高掺杂的 N^+，则得到 P 沟道结型场效应管，其结构示意图和符号如图 1－21 所示。

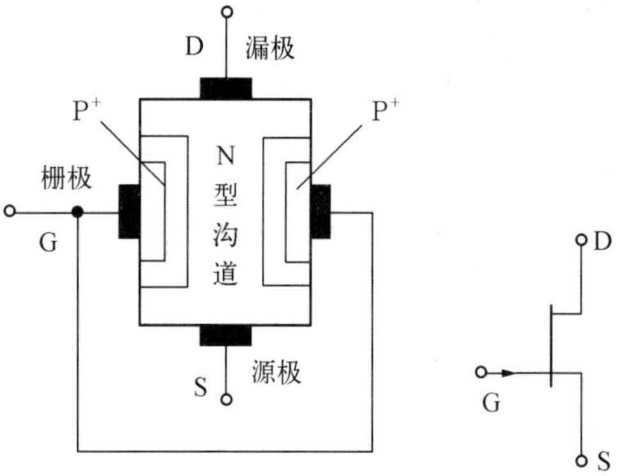

(a) 结构　　(b) 符号

图 1－20　N 沟道结型场效应管

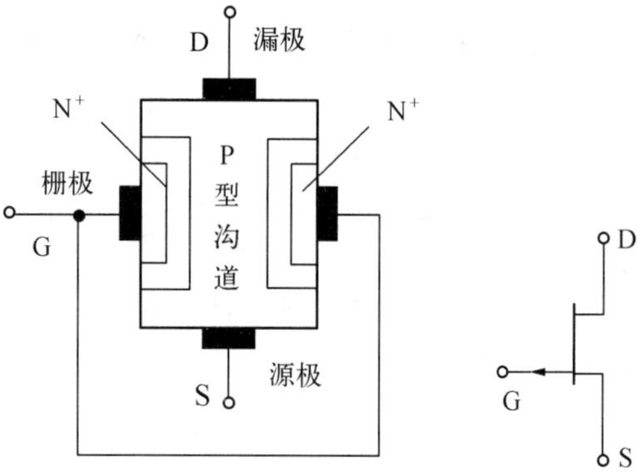

(a) 结构　　(b) 符号

图 1－21　P 沟道结型场效应管

2. 工作原理

以 N 沟道结型场效应管为例进行分析。结型场效应管的栅极不是绝缘的，为了使场效应管呈现高输入阻抗，栅极电路近似为零，应使栅极和沟道间的 PN 结截止。要达到这样的结果，N 沟道结型场效应管的栅极电位不能高于源极和漏极，要保证 $u_{GS}\leqslant 0$。在漏极和源极之间需加正向电压，即 $u_{DS}>0$，这时 N 沟道中的多数载流子在电场作用下，就会由源极流向漏极，形成漏极电流 i_D。

当栅源电压 $u_{GS}=0$ 时，导电沟道没有受任何电场的作用，PN 结处于平衡状态，沟道这时是最宽的，电流 i_D 也是最大的，如图 1－22(a)所示。

当栅源加上负电压 u_{GS} 时，沟道两侧的 P^+N 结将变宽，使导电沟道变窄，沟道电阻增大，漏极电流 i_D 减小，如图 1－22(b)所示。当 u_{GS} 负值大到一定值时，沟道消失，如图 1－22(c)，漏源之间呈现很大的电阻，此时的栅—源极之间的电压称为夹断电压 $u_{GS,off}$，漏极电流 i_D 为零。控制漏极电流 i_D 的大小是通过改变 u_{GS} 大小来实现的，从而实现压控电流作用。

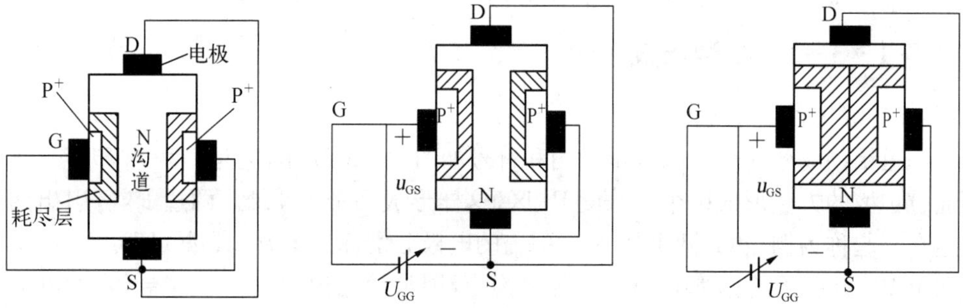

(a) $u_{GS}=0$　　(b) $u_{GS}<0$　　(c) $u_{GS}=u_{GS,off}$

图 1－22　结型 N 沟道场效应管的工作原理示意图

3. 结型场效应管的伏安特性

（1）转移特性

转移特性描述 u_{DS} 为某一常数时，漏极电流 i_D 与栅源电压 u_{GS} 之间的函数关系，表达式为

$$i_D = f(u_{GS})\Big|_{u_{DS}=\text{常数}}$$

它反映的是输入电压 u_{GS} 对输出电流 i_D 的控制作用。

如图 1-23 所示为 N 沟道结型场效应管的转移特性曲线。从图中可以看出，随着反偏电压 u_{GS} 增大，漏极电流 i_D 减小。当 $u_{GS}=0$ 时，漏极电流最大，当 $u_{GS}=u_{GS,off}$，漏极电流为零。

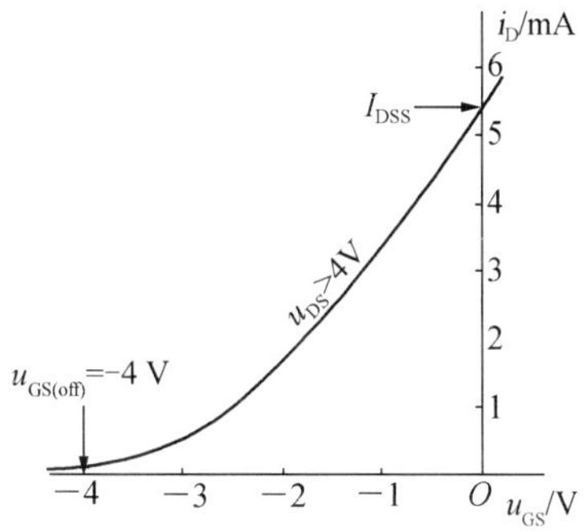

图 1-23　N 沟道结型场效应管的转移特性曲线

（2）输出特性

输出特性是以 u_{GS} 常数时，漏极电流 i_D 与漏源电压 u_{DS} 之间的函数关系，即

$$i_D = f(u_{DS})\Big|_{u_{GS}=\text{常数}}$$

如图 1-24 所示为 N 沟道结型场效应管的一簇输出特性曲线。输出曲线可分为以下三个工作区域。

① 可变电阻区。这时管子可看作是一个由电压控制的可变电阻。当 u_{DS} 较小时，漏源之间相当于一个线性电阻 R_{DS}，改变 u_{GS} 可改变直线的斜率，电阻值也改变，这个区域称为可变电阻区。该区域类似于晶体管的饱和区。

② 恒流区。在这个区域，电流 i_D 几乎不随 u_{DS} 的增大而增大，i_D 趋向恒定值。在恒流区，i_D 只受 u_{GS} 的控制，而与 u_{DS} 无关，输出特性曲线几乎为水平的直线。类似于晶体管的放大区。

③ 截止区。管子处于沟道完全夹断的情况，$i_D\approx 0$，称为夹断区或截止区。

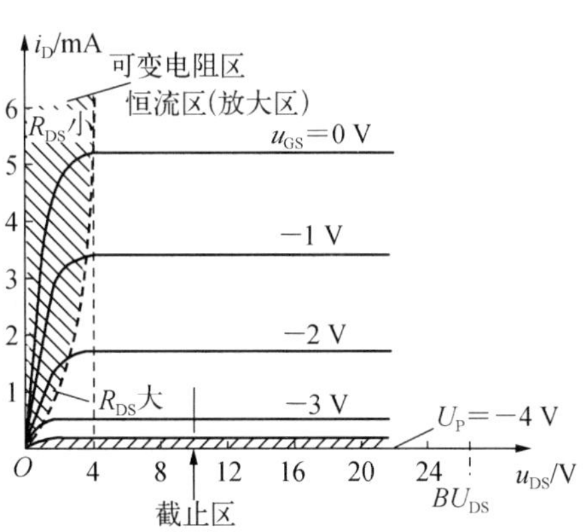

图 1-24　N 沟道结型场效应管的输出特性曲线

任务 1-3-2　MOS 场效应管

1. 增强型 MOS 管

这种场效应管由金属、氧化物和半导体组成，故称 MOS 管。又因为这种场效应管的栅极被绝缘层（SiO_2）隔离，栅极与源极、漏极之间是绝缘的，故称绝缘栅。其输入电阻更高，可达 $10^9\ \Omega$ 以上，所以栅极电流为零。

（1）结构与符号

我们以 N 沟道为例讨论增强型 MOS 管。对于 P 沟道增强型 MOS 管，可以自行分析。如图 1-25(a)所示为增强型 NMOS 管的结构示意图。它是以 P 型硅片作衬底，在衬底上通过扩散工艺形成两个 N^+ 型区作为源极 S 和漏极 D，再在两个区中间的硅片表面上制作一层很薄的二氧化硅（SiO_2）绝缘层，通过一定的工艺在上面喷一层金属铝作为栅极 G。管子的衬底引线 B 通常在管内与源极相连。如图 1-25(b)所示为增强型 NMOS 管的电路符号，虚线表示无源始沟道。

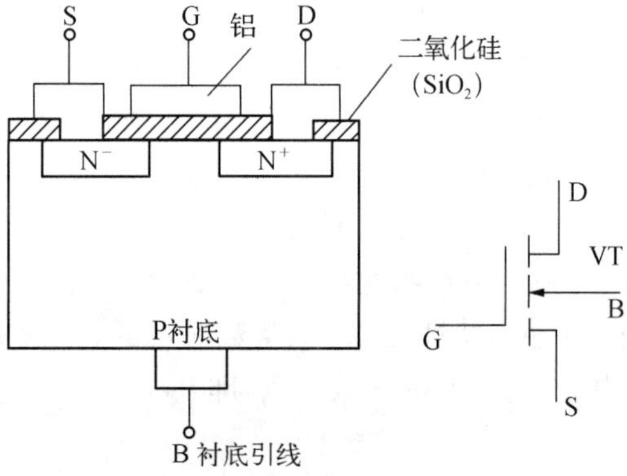

(a) 结构　　(b) 符号

图 1-25　增强型 NMOS 管的结构与符号

（2）工作原理

增强型 NMOS 管的基本工作原理示意图如图 1-26 所示。在图 1-26(a) 中，栅源电压 $u_{GS}=0$。由于两个 N 区被 P 区衬底隔开，形成两个背靠背的 PN 结，无论 u_{DS} 的极性如何，总有一个 PN 结是反偏，D、S 之间没有电流流过，即 $i_D=0$。

当栅源电压 u_{GS} 为正电压时，在栅极下面的 SiO_2 绝缘层中产生一个由栅极指向 P 型衬底的电场，该电场排斥空穴吸引电子，如图 1-26(b) 所示，当 u_{GS} 足够大时，该电场可吸引足够多的电子，在栅极附近形成一个 N 型薄层，又称反型层。

将开始形成反型层的栅源电压称为开启电压，记为 $u_{GS,th}$。这种管子无原始导电沟道，只有栅源电压 u_{GS} 大于开启电压 $u_{GS,th}$ 时，才有沟道产生，并且栅源电压 u_{GS} 越大，沟道就越宽，漏极电流 i_D 就越大。这体现了场效应管压控电流作用，输出电流 i_D 的大小受控栅源电压 u_{GS} 大小的控制。

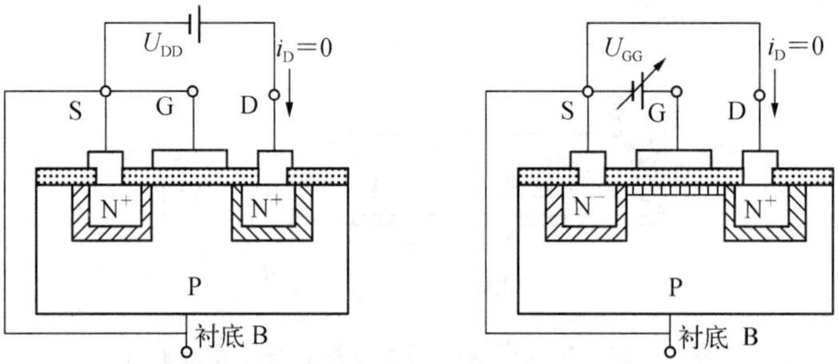

(a) $u_{GS}=0$ 时，无导电沟道　　(b) $u_{GS}\geqslant u_{GS,off}$ 时，出现沟道

图 1-26　增强型 NMOS 管的基本工作原理

(3) 特性曲线

与结型 N 沟道场效应管的特性类似，N 沟道增强型 MOS 管的特性曲线也分为输出特性和转移特性，如图 1－27 所示。其中，图 1－27(a) 为 N 沟道增强型 MOS 管的转移特性曲线、图 1－27(b) 为 N 沟道增强型 MOS 管的输出特性曲线，输出特性同样分为可变电阻区、放大区和截止区。输出特性曲线指 $i_D=f(u_{DS})|_{u_{GS}=常数}$ 的关系曲线。

增强型 MOS 管的转移特性同样以 u_{DS} 为参变量，漏极电流 i_D 随栅源电压 u_{GS} 变化的关系曲线，即

$$i_D=f(u_{GS})\Big|_{u_{DS}=常数}$$

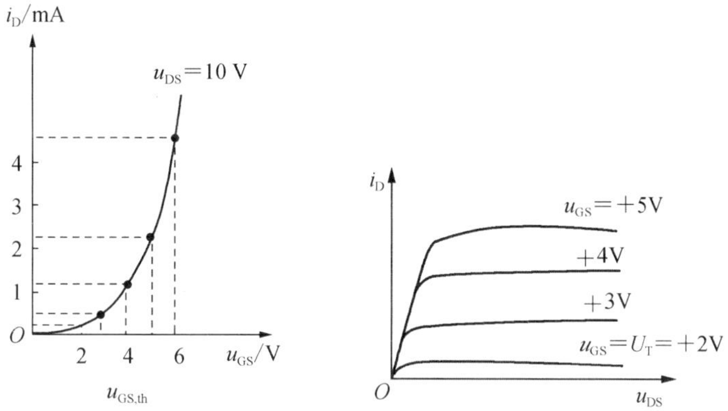

(a) 转移特性　(b) 输出特性

图 1－27　N 沟道增强型 MOS 管的特性曲线

2. 耗尽型 NMOS 管

耗尽型 NMOS 管的结构与增强型 NMOS 管的结构基本相同，所不同的是耗尽型 NMOS 管在制作过程中预先在 SiO_2 绝缘层中掺入大量正离子。N 沟道耗尽型 MOS 管的结构和符号如图 1－28 所示。由于正离子的存在，即使 $u_{GS}=0$，漏源之间也存在导电沟道。因此在 D、S 之间加上正电压 u_{DS}，就会有电流 i_D 产生。当 $u_{GS}>0$ 时，沟道变宽，电流 i_D 增大；当 $u_{GS}<0$ 时，沟道变窄，电流 i_D 减小；当 u_{GS} 负到一定值时，沟道消失，$i_D=0$，此时 u_{GS} 的值称为夹断电压，用 $u_{GS,off}$ 表示。

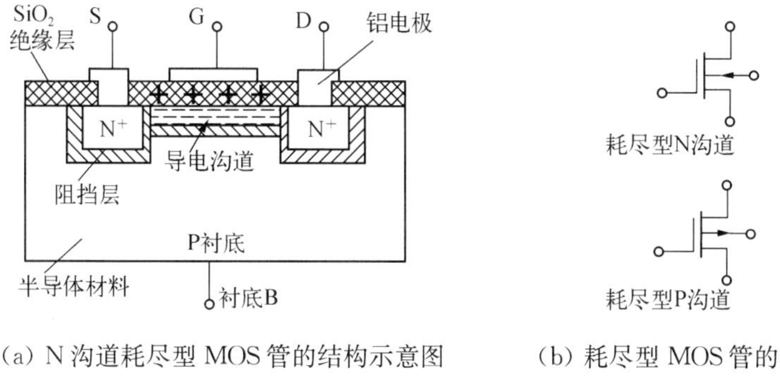

(a) N 沟道耗尽型 MOS 管的结构示意图　(b) 耗尽型 MOS 管的符号

图 1－28　耗尽型 MOS 管的结构及符号

耗尽型 NMOS 管特性曲线如图 1－29 所示，其中图 1－29(b)为转移特性，参数 I_{DSS}称为漏极饱和电流，指的是 $u_{GS}=0$ 时的漏极电流。由以上分析可知，耗尽型 NMOS 管在 u_{GS} 为正、负、零时，均可导通工作，因此应用起来也比增强型管灵活方便。

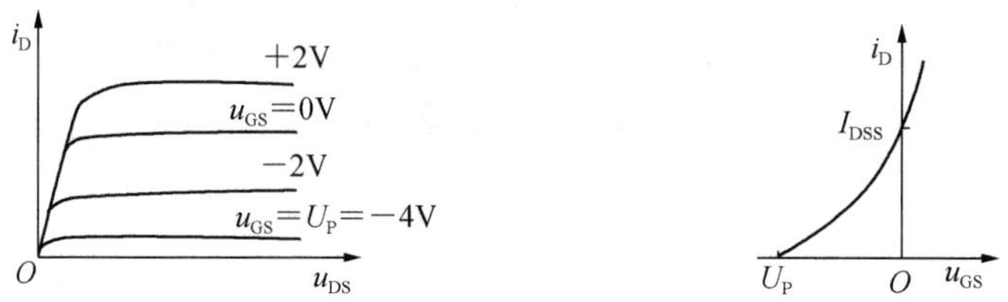

(a) 耗尽型 NMOS 管的输出特性曲线　　(b) 耗尽型 NMOS 管的转移特性

图 1－29　耗尽型 NMOS 管的特性曲线

关于 P 沟道的 FET 在这里就不讲了，读者可以自行分析。为了比较方便，把各种场效应管的符号、转移特性和输出特性对应地画在表 1－1 中。

表 1－1　各种场效应管特性比较

类型	符号和极性	转移特性	输出特性
JFET N 沟道	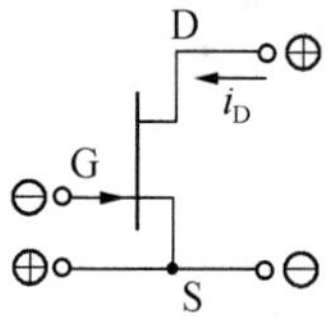	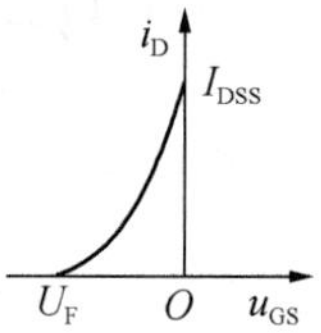	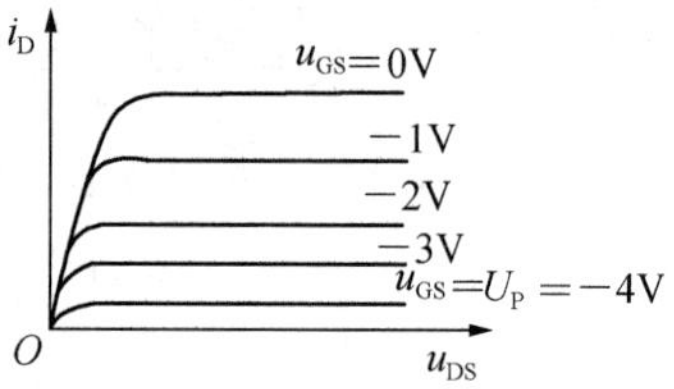
JFET P 沟道	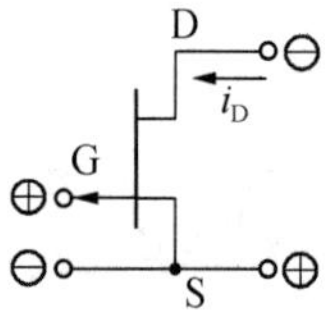	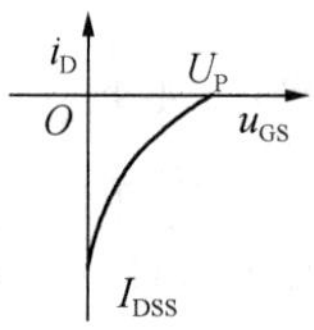	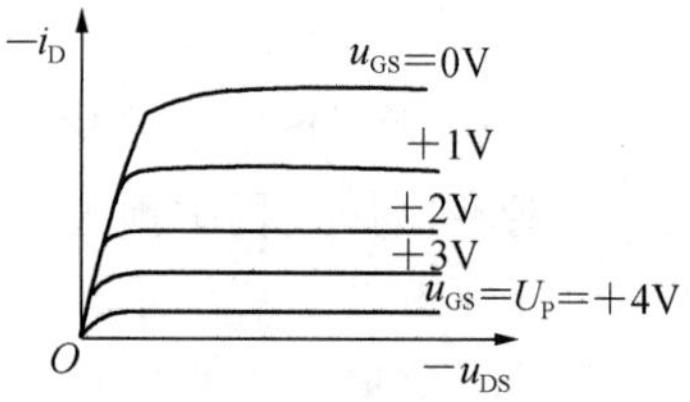
增强型 NMOS	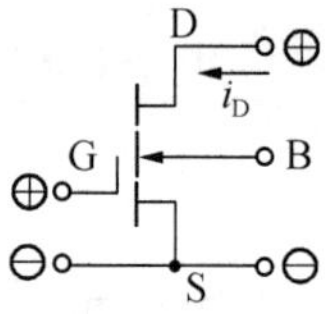	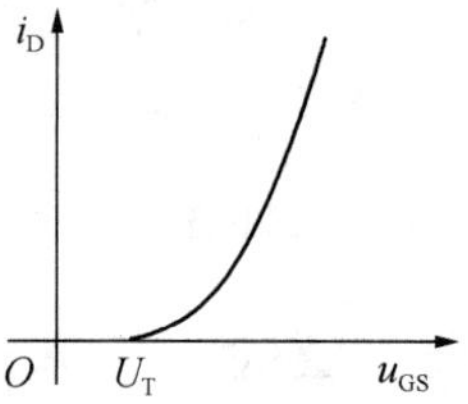	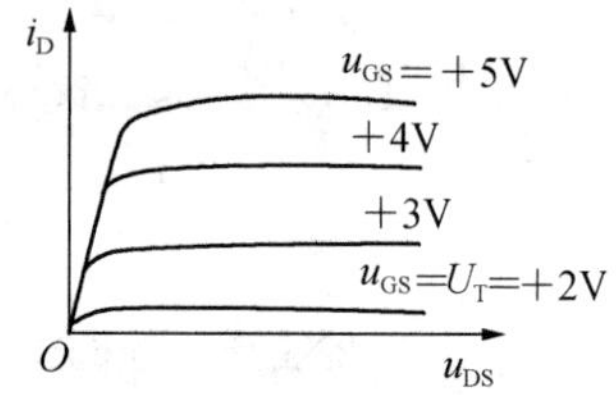
耗尽型 NMOS	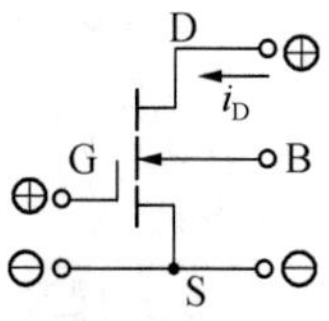	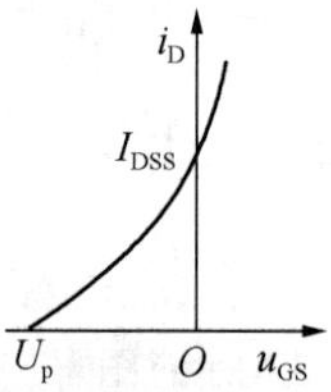	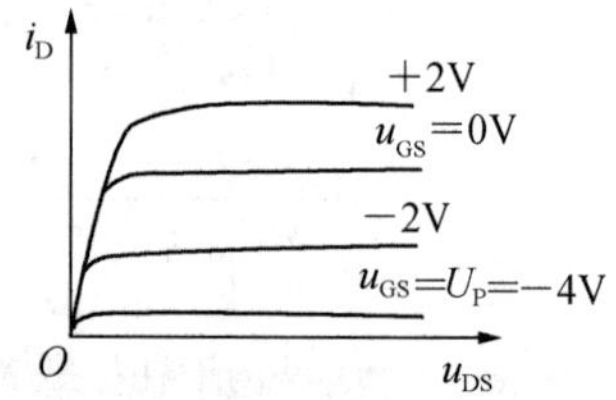

续表

类型	符号和极性	转移特性	输出特性
增强型 PMOS	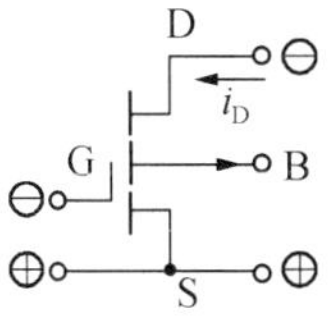	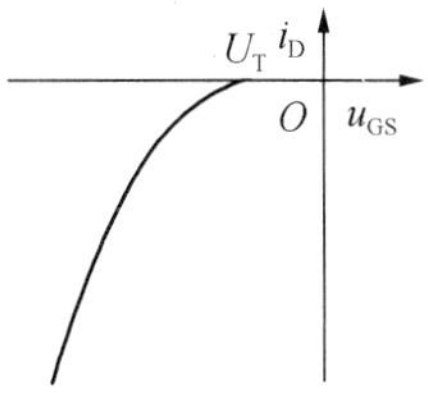	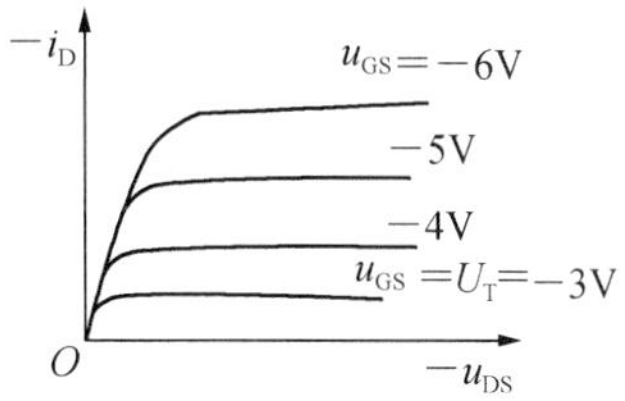
耗尽型 PMOS	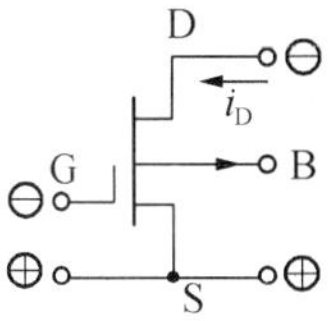	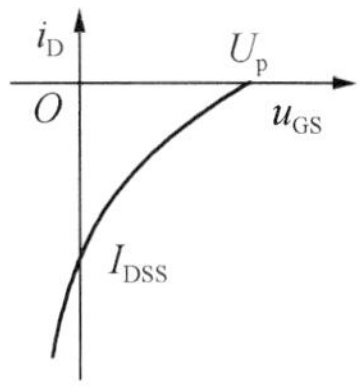	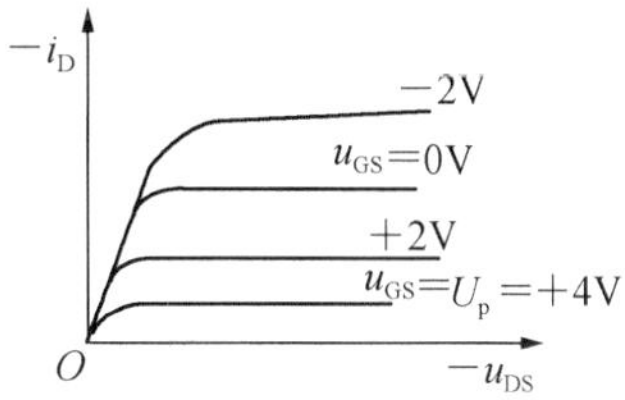

任务 1-3-3 场效应管的主要参数

1. 直流参数

(1) 开启电压 $u_{GS,th}$ 和夹断电压 $u_{GS,off}$

对于增强型的场效应管有开启电压，就是管子产生沟道时的栅源电压称为开启电压，用 $u_{GS,th}$ 表示；对于耗尽型的场效应管有夹断电压，耗尽型管子有个特点就是存在原始沟道，那么使这个沟道消失的栅源电压称为夹断电压，用 $u_{GS,off}$ 表示。

(2) 饱和漏极电流 I_{DSS}

饱和漏极电流是对于耗尽型场效应管来说，指栅源电压 $u_{GS}=0$ 时的漏极电流。

(3) 直流输入电阻 R_{GS}

指栅源间所加一定电压与栅极电流的比值。R_{GS} 一般大于 $10^8\ \Omega$。

2. 交流参数

(1) 低频跨导 g_m

指在 u_{DS} 为常数时，漏极电流变化量与栅源电压变化量之比，称为跨导或互导。即

$$g_m = \left.\frac{\Delta i_D}{\Delta u_{GS}}\right|_{u_{DS}=\text{常数}}$$

g_m 是衡量场效应管放大能力的重要参数，反映了 u_{GS} 对 i_D 的控制能力，单位是西门子，单位符号为 S。

(2) 漏极输出电阻 r_{ds}

指在 u_{GS} 为常数时，漏源电压变化量与相应的漏极电流变化量之比，即

$$r_{ds} = \left.\frac{\Delta u_{DS}}{\Delta i_D}\right|_{u_{GS}=\text{常数}}$$

r_{ds} 反映了 u_{DS} 对 i_D 的影响，在放大区时，r_{ds} 很大，在应用中往往可以忽略。

3. 极限参数

(1) 最大漏源电压 $U_{(BR)DS}$

指漏极和源极间所能承受的最大电压。当 U_{DS}逐渐增加，超过 $U_{(BR)DS}$时，漏源间发生击穿，I_D开始剧增，从而烧坏管子。

(2) 最大栅源电压 $U_{(BR)GS}$

指栅极和源极间所能承受的最大反向电压。使用时 u_{GS}不允许超过此值，否则会烧坏管子。

(3) 最大耗散功率 P_{DM}

指管子允许承受的最大功率，类似于晶体管的 P_{CM}。

任务 1-4 其他常用半导体器件与测试

1. 稳压二极管

(1) 硅稳压二极管的伏安特性

稳压二极管是一种用特殊工艺制成的面接触型硅半导体二极管，其伏安特性和符号如图 1-30 所示。二极管的反向击穿并一定意味着管子损坏。只要限制流过管子的反向电流，就能使管子不因过热而烧坏，而且在反向击穿状态下，当反向电流在很大的范围内变化时，管子两端电压几乎不变，因此常使管子工作于反向电击穿状态，用来稳定直流电压。当稳压管工作时，流过它的反向电流在 I_{Zmin}～I_{Zmax}范围内变化，在这个范围内，稳压管工作安全，且两端的反向电压变化很小。

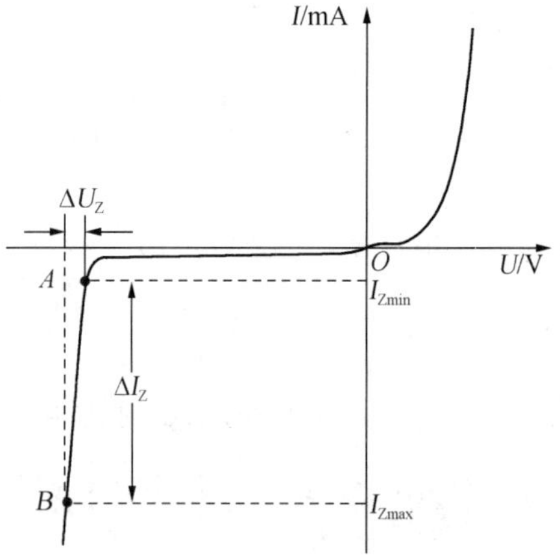

(a) 伏安特性

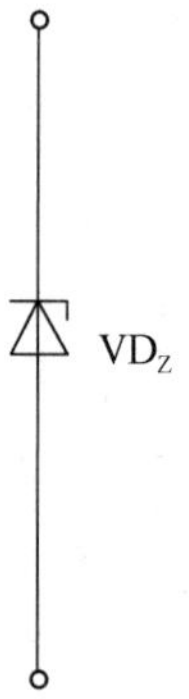

(b) 符号

图 1-30 硅稳压管的伏安特性及符号

(2) 稳压二极管的主要参数

① 稳定电压 U_Z。

指稳压管中的电流为规定电流时，稳压管两端的电压。

② 稳定电流 I_Z。

稳定电流也称最小稳压电流 I_{Zmin}，即保证稳压管正常工作时的电流参考值。如果流过稳压管的电流低于此值，稳压效果差；如果流过稳压管的电流高于此值，只要不超过额定功耗都可以正常工作。

③ 最大允许工作电流 I_{ZM}。

I_{ZM}为稳压管允许流过的最大工作电流。这是一个极限参数，使用时不应超过此值，否则会使管子过热而损坏。

④ 最大允许耗散功率 P_{ZM}。

P_{ZM}为稳压管所允许的最大功耗。它也是一个极限参数，其大小 $P_{ZM}=U_Z I_{ZM}$。

(3) 硅稳压管的稳压原理

硅稳压管组成的稳压电流如图 1-31 所示。其中 U_i为未经稳定的直流输入电压，R 为限流电阻，R_L为负载电阻，U_o为稳压电路的输出电压。

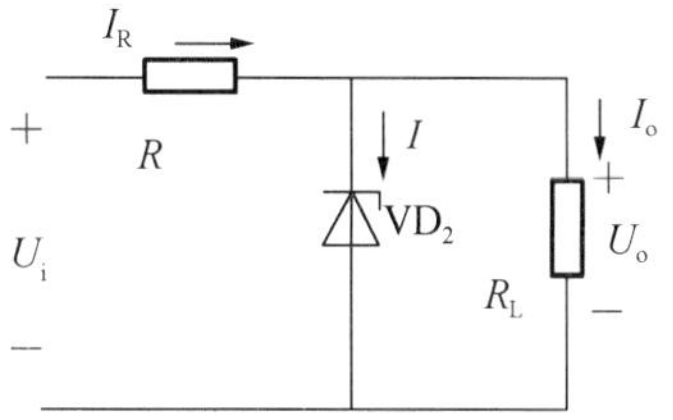

图 1-31　硅稳压管的稳压电路

由图 1-31 可知，当稳压二极管正常稳压工作时，有下述方程式：

$$U_o = U_i - I_R R = U_Z$$

$$I_R = I + I_o$$

使 U_o不稳定的原因主要有两个：一是 U_i的变化，另一个是 R_L的变化。下面对这两种因素变化时，电路如何稳定电压进行分析。

当负载电阻不变而交流电网电压增加时，稳压过程如下：

$U_i\uparrow \rightarrow U_o\uparrow \rightarrow U_Z\uparrow \rightarrow I_Z\uparrow\uparrow \rightarrow I_R\uparrow \rightarrow U_R=RI_R\uparrow \rightarrow U_o\downarrow$

当电网电压不变而负载电阻 R_L减小时，稳压过程如下：

$R_L\downarrow \rightarrow I_L\uparrow \rightarrow I_R\uparrow \rightarrow U_R\uparrow \rightarrow U_Z\downarrow(U_o\downarrow)\rightarrow I_Z\downarrow\downarrow \rightarrow I_R\downarrow \rightarrow U_R\downarrow \rightarrow U_o\uparrow$

2. 发光二极管

发光二极管(Light Emitting Diode，LED)是一种通以正向电流就会发光的二极管。它由 GaAs(砷化镓)、GaP(磷化镓)、GaAsP(磷砷化镓)等半导体制成，其核心是 PN 结。发光二极管具有正向导通，反向截止的特性，除此之外，它还具有发光特性。光的颜色主要取决于制造所用的半导体材料。砷化镓半导体辐射红色光，磷化镓半导体辐射绿色光等。现在已有红、黄、绿及蓝光发光二极管，但其中蓝光二极管成本高，价格高，使用不普遍。如图 1-32所示为发光二极管伏安特性和符号。

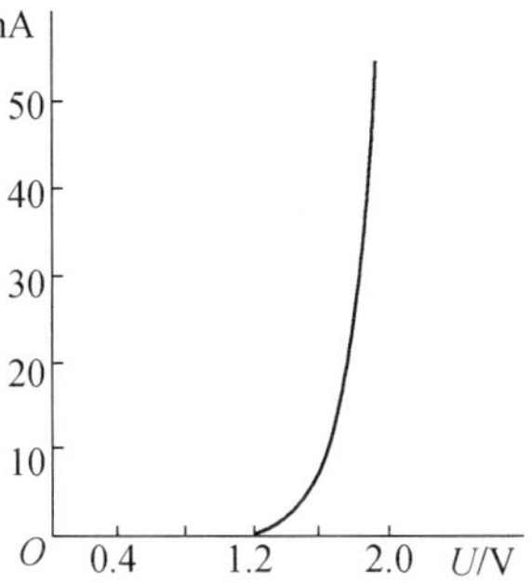

(a) 伏安特性

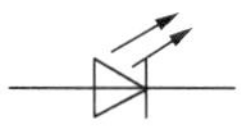

(b) 符号

图 1-32　发光二极管伏安特性和符号

发光二极管的伏安特性与普通二极管相似，不过它的正向导通电压比普通二极管高，应用时，加正向电压，并接入限流电阻，发光二极管通过电流就能发光。

发光二极管由于具有功耗低、体积小、用电省、可靠性高、寿命长和响应快等优点，广泛应用于仪器仪表、计算机、汽车、电子玩具、通信、音响设备、自动控制、军事等领域。

随着LED材料的革新、工艺的改进和生产规模的提高，LED将提高光效、降低价格，可以预测在照明领域LED的应用会越来越广，将真正替代白炽灯、荧光灯等传统光源，称为新一代的绿色光源。

3. 光电二极管

光电二极管(又称光敏二极管)是将光信号变成电信号的半导体器件。其PN结工作在反偏状态。光敏二极管是一种光接收器件，它的管壳上有一个玻璃口以便接受光照，为了便于接受入射光照，PN结面积尽量做得大一些。光电二极管的符号如图1-33所示。没有光照时，反向电流很小；当有光照时，就会产生电流，并且光照越强，电流越大。

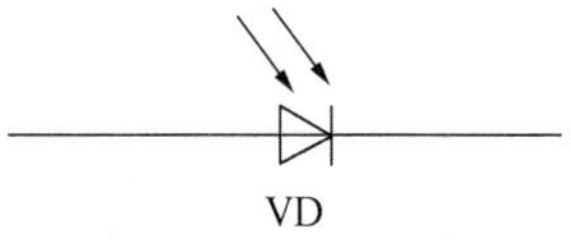

图1-33 硅光电二极管的符号

光敏二极管一般作为光电检测器件，将光信号转变成电信号。这类器件应用非常广泛。例如，应用于光的测量、光电自动控制、光纤通信的光接收机等。大面积的光敏二极管可用做能源，即光电池。

实训1 二极管的识别与检测

一、普通二极管的检测

普通二极管(包括检波二极管、整流二极管、阻尼二极管、开关二极管、续流二极管)是由一个PN结构成的半导体器件，具有单向导电特性。通过用万用表检测其正、反向电阻值，可以判别出二极管的电极，还可估测出二极管是否损坏。

(1) 极性的判别。将万用表置于R×100挡或R×1 k挡，两表笔分别接二极管的两个电极，测出一个结果后，对调两表笔，再测出一个结果。两次测量的结果中，有一次测量出的阻值较小(为正向电阻)，另一次测量出的阻值较大(为反向电阻)。在阻值较小的一次测量中，黑表笔接的是二极管的正极，红表笔接的是二极管的负极。此法适用于指针万用表，如图1-34所示。

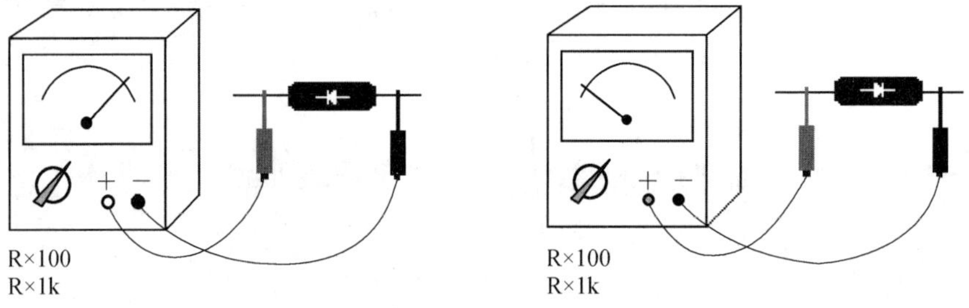

(a) 大阻值　　(b) 小阻值

图1-34 二极管的检测

(2) 单向导电性能的检测及好坏的判断。通常，锗材料二极管的正向电阻值为1 kΩ左右，反向电阻值为 300 kΩ 左右。硅材料二极管的正向电阻值为 5 kΩ 左右，反向电阻值为无穷大(表针不动)。正向电阻越小越好，反向电阻越大越好，正、反向电阻值相差越悬殊，说明二极管的单向导电特性越好。

若测得二极管的正、反向电阻均接近 0 或阻值较小，则说明这二极管内部已击穿短路或漏电损坏。若测得二极管的正、反向电阻值均为无穷大，则说明该二极管已开路损坏。

注意：

数字式万用表的电阻挡不宜检查二极管。因为数字式万用表电阻挡所提供的测试电流太小，而二极管属于非线性元件，正、反向电阻与测试的电流有很大关系，因此测出来的电阻与正常值相差很大，难以判定，可以用数字万用表的二极管挡来测试二极管的极性。

另外，数字万用表红表笔所接的是电池的正极，黑表笔接电池的负极，而指针式刚好相反，也就是数字表的表笔输出是红正黑负，而指针表是黑正红负。

二、三极管的识别与检测

(1) 基极的判别。晶体三极管是由两个 PN 结构成，将万用表置于欧姆挡 R×1 k 挡，用两笔去搭接晶体管的任意两引脚，如果阻值很大(几百千欧以上)，将表笔对调再测一次，如果阻值也很大，则说明所测的这两个引脚为集电极 C 和发射极 E，剩下的那只引脚为基极 B。

(2) 晶体管基极确定后，用指针万用表黑表笔接基极，红表笔接另外两引脚中的任意一个，如果测得电阻值很大(几百千欧以上)，则该管是 PNP 型管；如果测得的电阻值较小(几千欧以下)，则该管是 NPN 型管。

(3) 集电极的判别及 β 值的测量。

基极和管子类型确定后，将三极管插入万用表的晶体管测量插座中，将万用表置于测量 β 挡(或 h_{FE} 挡)，读出 β 值，对调 c-e 再读一次，记下值大的那一次 β 值，即为晶体管的电流放大系数，发射极和集电极就可以确定了。β 值越大，放大能力就越强，反之，放大能力就越差。

注意：测量时手不要接触引脚。

思考：如果是数字式万用表的话，测量的方法又是怎样的呢，自己总结一下方法。

实训 2　二极管伏安特性曲线的测试

一、实训目的

(1) 掌握二极管伏安特性的测试方法。

(2) 熟悉电压表和电流表的使用方法。

二、实训设备

直流稳压电源 1 台，万用表 1 只，二极管(2CZ)2 只，620 Ω 电阻 1 只，220 Ω 电位器 1 只，面包板 1 块，导线若干。

三、内容及要求

二极管的伏安特性曲线是指加在二极管两端的电压与流过二极管的电流的关系曲线。测量二极管伏安特性曲线的电路图如图 1－35 所示。利用逐点测量法，调节电位器 R_P，改变

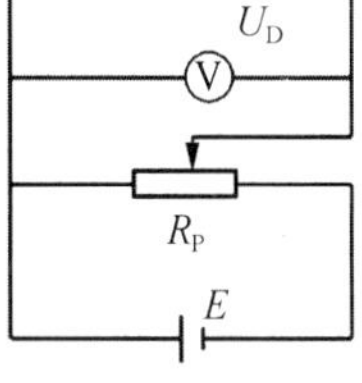

图 1－35　二极管的测试电路

电压 U_1，分别测出二极管 VD 两端的电压 U_D 和流过二极管的电流 I_D，在坐标上找到测量的点(U_D，I_D)描绘出伏安特性曲线 $u_D=f(i_D)$。

实训步骤：

(1) 按图 1-35 所示在面包板上连接电路，经检验无误后，接通 5 V 直流电源。

(2) 调节电位器 R_P，使电压 U_1 按表 1-2 所示从 0 逐渐增大至 5 V，用万用表测出电阻 R_P 两端电压 U_R 和二极管两端电压 U_D，测出的值填入表 1-2 中。

(3) 利用公式 $I_D=U_R/R_P$，算出流过二极管的电流，填入表 1-2 中。

(4) 用同样的方法测量两次，填入表 1-2。对两次的测量值取平均值，即可得到二极管的正向特性。

表 1-2 二极管的正向特性

U_1/V		0.00	0.04	0.05	0.06	0.07	0.08	1.00	1.50	2.00	3.00	4.00	5.00
第一次测量	U_R/V												
	U_D/V												
第二次测量	U_R/V												
	U_D/V												
平均值	U_R/V												
	U_D/V												
	I_D/mA												

(5) 将图 1-34 所示的电路的电源正、负极性互换，使二极管反偏。

(6) 调节电位器 R_P，按表 1-3 所示的 U_1 值，分别测出对应的 U_R 和 U_D 值，填入表1-3 中。

表 1-3 二极管的反向特性

U_1/V	0.00	−0.50	−1.00	−1.50	−2.00	−2.50	−3.00	−3.50	−4.00	−4.50	−5.00
U_R/V											
U_D/V											
I_D/mA											

(7) 按照表 1-2 和 1-3 中的测量数值，在坐标上绘出这些点，把这些点连起来就是二极管的伏安特性曲线。

四、分析与思考

(1) 根据二极管的伏安特性曲线总结二极管的正向特性和反向特性。

(2) 从画出的曲线上看看二极管的死区电压和导通电压分别是多少？

项目小结

1. 硅和锗是两种常用的制造半导体器件的材料。在半导体中，有电子和空穴两种载流子。半导体分为本征半导体和杂质半导体，杂质半导体有 N 型半导体和 P 型半导体两类。

PN 结是半导体二极管和其他半导体器件的核心，它具有单向导电性。当 PN 结正偏时导通；当 PN 结反偏时截止。

2. 半导体二极管是一种具有单向导电性的半导体器件，由 PN 结和两个电极封装构成。二极管的伏安特性曲线分为正向特性和反向特性两个部分。硅管的导通电压约为 0.7 V，锗管的导通电压约为 0.2 V。

3. 二极管两端加过大的反向电压时，先出现可逆的电击穿，再增大反向电压时，将产生不可逆的热击穿，烧坏管子。

4. 二极管的主要参数有：额定整流电流、最高允许反向工作电压、反向电流和最高工作频率。

5. 二极管有两种模型：理想模型和恒压模型。利用二极管的单向导电性可构成限幅电路和整流电路等。

6. 晶体管又叫半导体三极管，有两个 PN 结：发射结和集电结；三个区：基区、集电区和发射区；三个电极：基极、集电极和发射极。晶体管有 NPN 和 PNP 两类，根据材料不同有硅管和锗管。

偏置条件不同，晶体管有放大、饱和和截止工作状态。各工作状态的特点见下表。

工作状态	放大	饱和	截止
偏置条件	发射结正偏，集电结反偏	发射结、集电结均正偏	发射结、集电结均反偏
电压电流特性	对于小功率 NPN 型硅管：$U_{BE}\approx 0.7$ V；$U_{CE}>0.3$ V；$i_C\approx\beta i_B$	对小功率 NPN 型硅管：$U_{BE}\approx 0.7$ V；$U_{CE}\approx 0.3$ V；$i_C<\beta i_B$	对小功率 NPN 型硅管：$U_{BE}<0.5$ V；$i_B\approx 0$；$i_C\approx 0$

7. 晶体管的主要参数有电流放大系数 β，极间反向电流 I_{CBO} 和 I_{CEO}，晶体管的极限参数 I_{CM}、P_{CM}、$U_{(BR)CEO}$ 等。其中 β、I_{CBO} 和 I_{CEO} 表示管子性能的优劣，β 越大，管子的电流放大能力越强，但也不宜过高；I_{CBO} 和 I_{CEO} 反映管子的温度稳定性，其值越小，受温度的影响就越小，管子的工作稳定性就越好。极限参数表征了管子的安全工作范围，晶体管工作时，应满足 $i_C<I_{CM}$，$u_{CE}<U_{(BR)CEO}$，$P_C<P_{CM}$。

8. 场效应管是一种电压控制器件，只靠一种载流子（多数载流子）导电，属于单极型器件。

9. 场效应管（FET）有结型场效应管和 MOS 场效应管两大类型。MOS 场效应管也称绝缘栅型场效应管。它们都有 N 沟道和 P 沟道两类。MOS 场效应管又分为增强型和耗尽型；结型场效应管只有耗尽型。共有六种，请注意比较它们的符号和特性曲线。

10. 存在原始沟道的是耗尽型管，其主要参数有夹断电压 $u_{GS,off}$、饱和漏极电流 I_{DSS} 和低

频跨导 g_m 等。无原始沟道的为增强型管，它只有在栅源电压值大于开启电压时，才会有导电沟道。其主要参数有开启电压 $u_{GS,th}$ 和低频跨导 g_m 等。g_m 反映的是 u_{GS} 对 i_D 的控制能力，表征了场效应管放大能力的参数。

11. 硅稳压管是一种模拟电子电路中常用的特种二极管。常使其工作于反向击穿状态，用来稳定直流电压。它的正向特性与普通硅二极管相似。发光二极管加正向电压时导通，反向电压时截止，只是正向导通电压比普通二极管高。光电二极管工作于反偏状态，它是把光信号转换成电信号的半导体器件。

思考与练习

填空题

1. 半导体中有________和________两种载流子参与导电。

2. 本征半导体中，若掺入微量的五价元素，则形成________型半导体，其多数载流子是________；若掺入微量的三价元素，则形成________型半导体，其多数载流子是________。

3. PN 结加正向电压时________，加反向电压时________，这种特性称为 PN 结的________。

4. 二极管正向导通的最小电压称为________电压，使二极管反向电流急剧增大所对应的电压称为________电压。

5. 在常温下，硅二极管的死区电压约为________V，导通后的正向压降为________V。

6. 晶体管从结构上可以分成________和________两种类型，它工作时有________种载流子参与导电，因此又称为________。

7. 晶体管具有电流放大作用的外部条件是发射结________，集电结________。

8. 当 NPN 型晶体管处于放大状态时，3 个电极中________极的电位最高，________极的电位最低。

9. 当晶体管工作于放大区时，发射结的正向导通压降硅管为________，锗管为________。

10. 晶体管的输出特性曲线通常分为三个工作区域，分别是__________、__________和__________。

11. 某晶体管工作在放大区，如果基极电流为 20 μA 时，集电极电流为 2 mA，则 $\bar{\beta}$ 为________。若基极电流增大至 25 μA，集电极电流相应地增大至 2.6 mA，则 β 为________。

12. 场效应管从结构上可以分为两大类：________和________；根据导电沟道的不同又可分为________和________两类；对于 MOSFET，根据栅源电压为零时是否存在导电沟道，又可以分为________和________。

13. 场效应管有________种载流子参与导电，故场效应管又称________型器件。

14. 场效应管与晶体管比较，________为电压控制型器件，________为电流控制型器件，________的输入电阻高。

选择题

1. 二极管的导通条件是(　　)。

A. $U_D>0$　　B. $U_D>$死区电压　　C. $U_D>$击穿电压

2. 若晶体管的两个 PN 结都反偏时，则晶体管处于(　　)；若两个 PN 都正偏时，则晶体管处于(　　)。

A. 截止状态　　B. 饱和状态　　C. 放大状态

3. 用万用表的电阻挡测量一只能正常放大的晶体管，若用正极接触一只引脚，负极分别接触另外两只引脚时测得的电阻值较小，则该晶体管是(　　)。

A. PNP 型　　B. NPN 型　　C. 不确定

4. 用万用表测得晶体管任意两个极之间的电阻均很小，说明该管(　　)。

A. 两个 PN 结都短路　　B. 发射结击穿，集电结正常　　C. 两个 PN 结都断路

5. 场效应管是用(　　)控制漏极电流。

A. 基极电压　　B. 栅源电压　　C. 基极电流

6. 表征场效应管放大能力的重要参数是(　　)。

A. $u_{GS,off}$　　B. g_m　　C. I_{DSS}

7. 下列场效应管中，无原始导电沟道的为(　　)。

A. N 沟道 JFET　　B. 增强型 MOS 管　　C. 耗尽型 NMOS 管

8. 稳压二极管是利用 PN 结的(　　)。

A. 单向导电性　　B. 反向击穿特性　　C. 电容特性

9. 光敏二极管是在(　　)下工作。

A. 正向电压　　B. 反向电压　　C. 都可以

分析计算题

1. 如图 1－36 所示，设二极管 D 为理想二极管，试判下几种情况二极管是导通还是截止，并求 U_{AO}。

(1) $V_{D1}=6V$、$V_{D2}=12V$

(2) $V_{D1}=6V$、$V_{D2}=-12V$

(3) $V_{D1}=-6V$、$V_{D2}=-12V$

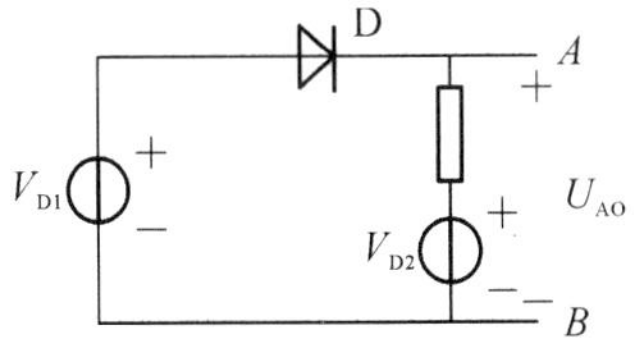

图 1－36　分析计算题 1 图

2. 二极管电路如图 1－37 所示，设二极管为理想的，设 $u_i=(5\sin\omega t)$V，试画出 u_0 的波形。

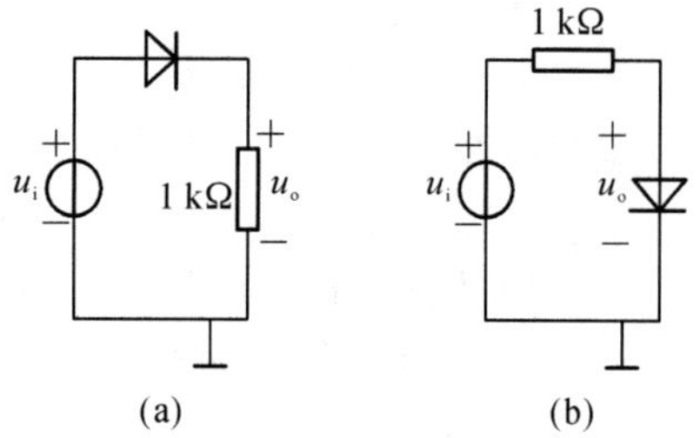

图 1－37　分析计算题 2 图

3. 在图 1－38 所示的电路中，设 $u_i=(10\sin\omega t)$V，且二极管具有理想特性，当 S 闭合和断开时，试对应画出 u_o 的波形.

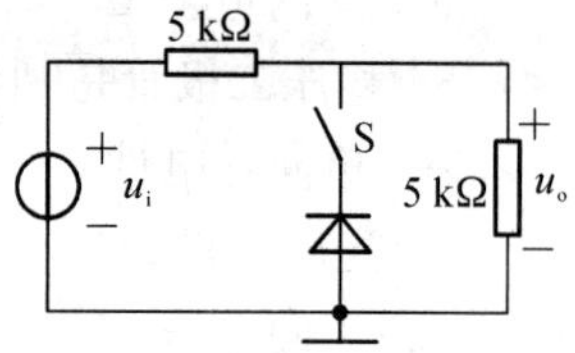

图 1－38　分析计算题 3 图

4. 图 1－39(a)、(b)所示电路中，设二极管是理想的，是根据图 1－39(c)所示输入电压 u_o 波形，画出输出电压 u_o 波形。

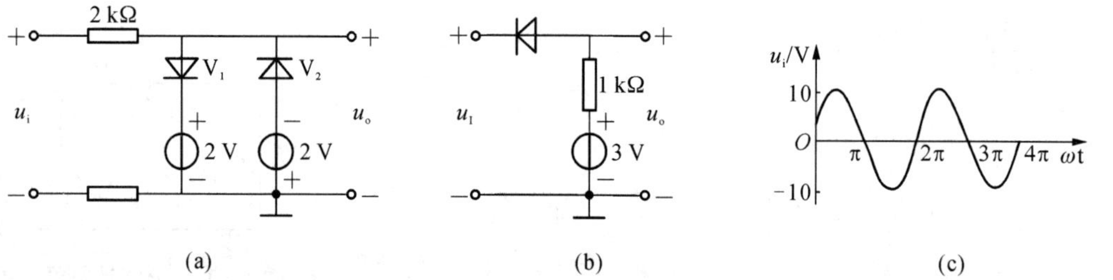

图 1－39　分析计算题 4 图

5. 图 1－40 所示电路中的晶体管为硅管，试判断其工作状态。

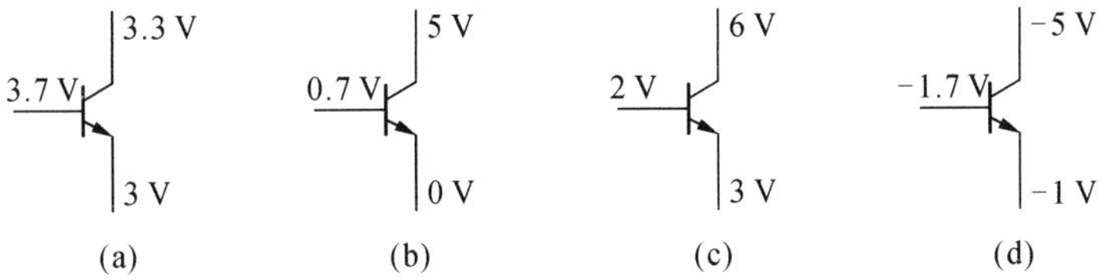

图 1－40　分析计算题 5 图

6. 两只处于放大状态的晶体管，测得①、②、③脚对地电位分别为－8 V、－3 V、－3.2 V和 3 V、12 V、3.7 V，试判断管脚名称，并说明是 PNP 型管还是 NPN 型管，是硅管还是锗管？

7. 测得某晶体管各极电流如图 1－41 所示，试判断中哪个是基极、发射极和集电极，并说明该管是 NPN 型还是 PNP 型，它的 β 值为多少？

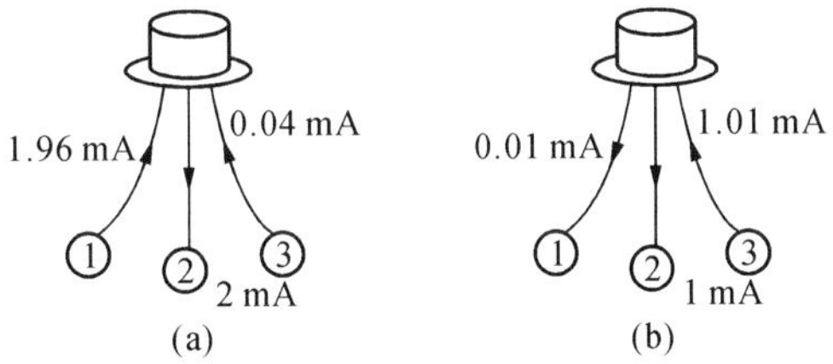

图 1－41　分析计算题 7 图

8. 场效应管的转移特性如图 1－42 所示，试指出各场效应管的类型并画出电路符号；对于耗尽型管求出 $u_{GS,off}$、I_{DSS}，对于增强型管求出 $u_{GS,th}$。

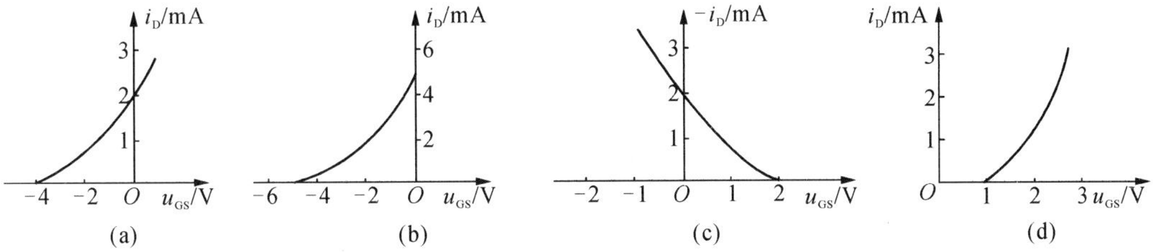

图 1－42　分析计算题 8 图

项目二　小信号基本放大电路

任务 2-1　三极管基本放大电路与测试

晶体管也称为三极管，它的基本放大电路包括共发射极放大电路、共集电极放大电路和共基极放大电路。在三极管基本放大电路中存在直流分量和交流分量，因此对它的放大电路分析分为静态分析和动态分析。静态分析的对象是电路中的直流量，而动态分析的对象是电路中的交流量。

任务 2-1-1　共发射极放大电路与测试

晶体管的发射极作为交流输入回路和交流输出回路的公共端的晶体管放大电路称为共发射极放大电路。

1. 共发射极放大电路的组成

共发射极放大电路是由晶体管 T、集电极负载电阻 R_C、偏置电阻 R_B、负载电阻 R_L、集电极直流电源电压 U_{CC}、交流信号源 u_s和耦合电容 C_1与 C_2 等组成。

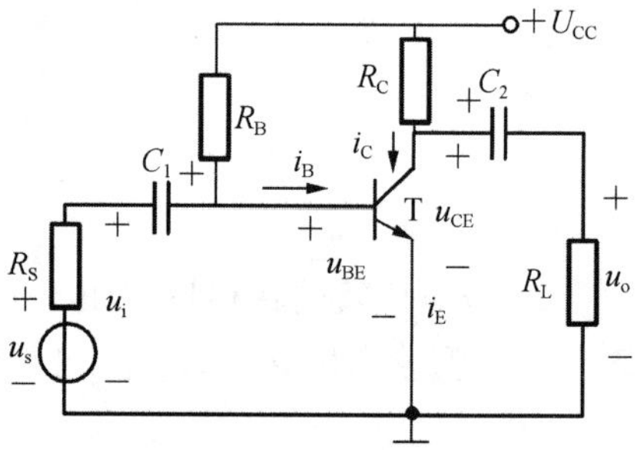

图 2-1　共发射极放大电路

电路中主要元件的作用：

(1) 晶体管 T

它是电流放大元件，在集电极电路获得放大了的电流 i_C，该电流受输入信号的控制。

(2) 集电极负载电阻 R_C

将 i_C的变化变换为 u_C的变化，实现电压放大。

(3) 偏置电阻 R_B

它的作用是提供大小适当的基极电流，以使放大电路获得合适的工作点，并使发射结处于正向偏置。

(4) 集电极电源电压 U_{CC}除为输出信号提供能量外，它还保证集电结处于反向偏置，以使晶体管具有放大作用。

(5) 耦合电容 C_1和 C_2

① 起隔直作用；

② 起交流耦合的作用，即对交流信号可视为短路。

2. 共发射极放大电路的静态分析

放大电路没有输入信号时的工作状态称为静态。静态分析是要确定放大电路的静态值（直流值）I_B、I_C、U_{BE}和U_{CE}。

(1) 用放大电路的直流通路确定静态值(估算法)

直流通路是指在直流电源作用下，直流电流流经的路径。确定直流通路时耦合电容、旁路电容视为开路。可按如图 2-2 所示的直流通路来计算静态值。

硅管的U_{BE}约为 0.7 V，而锗管的U_{BE}约为 0.2 V，都比U_{CC}小得多，可以忽略不计。

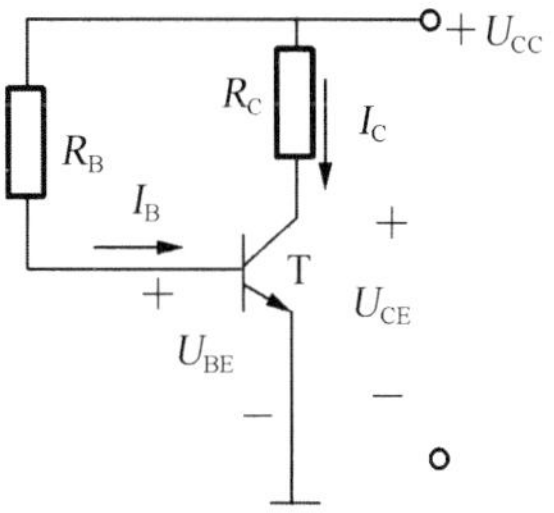

图 2-2　共发射极放大电路的直流通路

基极电流　$$I_B = \frac{U_{CC} - U_{BE}}{R_B} \approx \frac{U_{CC}}{R_B} \quad (2-1)$$

集电极电流　$$I_C \approx \bar{\beta} I_B \quad (2-2)$$

集电极与发射极之间电压　$$U_{CE} = U_{CC} - R_C I_C \quad (2-3)$$

［例 2-1］　在共发射极基本交流放大电路如图 2-1 所示中，已知 $U_{CC}=12$ V，$R_C=4$ kΩ，$R_B=300$ kΩ，$\bar{\beta}=37.5$。试求放大电路的静态值。

解：

$$I_B = \frac{U_{CC} - U_{BE}}{R_B} \approx \frac{U_{CC}}{R_B} = \frac{12}{300 \times 10^3}\ \text{A} = 40\ \mu\text{A}$$

$$I_C \approx \bar{\beta} I_B = 37.5 \times 0.04\ \text{mA} = 1.5\ \text{mA}$$

$$U_{CE} = U_{CC} - R_C I_C = (12 - 4 \times 10^3 \times 1.5 \times 10^{-3})\text{V} = 6\ \text{V}$$

(2) 用图解法确定静态值

在晶体管的输出特性曲线组上作出一直线，它称为直流负载线，与晶体管的某条（由 I_B 确定）输出特性曲线的交点 Q 称为放大电路的静态工作点，由它确定放大电路的电压和电流的静态值如图 2-3 所示。基极电流 I_B的大小不同，静态工作点在负载线上的位置也就不同，改变 I_B的大小，可以得到合适的静态工作点，I_B称为偏置电流，简称偏流。通常是改变 R_B的阻值来调整 I_B的大小。

根据直线方程　$$U_{CE} = U_{CC} - R_C I_C \quad (2-4)$$

可得出：当 $I_C = 0$ 时，　$U_{CE} = U_{CC}$

当 $U_{CE} = 0$ 时，　$I_C = \dfrac{U_{CC}}{R_C}$

［例 2-2］　在共发射极基本交流放大电路中，已知 $U_{CC}=12$ V，$R_C=4$ kΩ，$R_B=300$ kΩ，晶体管的输出特性曲线如图 2-3 所示。① 作出直流负载线，② 求静态值。

解：① 当 $I_C = 0$ 时，　$U_{CE} = U_{CC} = 12$ V

当 $U_{CE} = 0$ 时，　$I_C = \dfrac{U_{CC}}{R_C} = \dfrac{12}{4 \times 10^3}\ \text{A} = 3\ \text{mA}$

如图 2-3 所示，作出直流负载线。

② $$I_B \approx \frac{U_{CC}}{R_B} = \frac{12}{300\times 10^3}\ \text{A} = 40\ \mu\text{A}$$

如图 2-4 所示，得到静态工作点，静态值为

$$I_B = 40\ \mu\text{A} \qquad I_C = 1.5\ \text{mA} \qquad U_{CE} = 6\ \text{V}$$

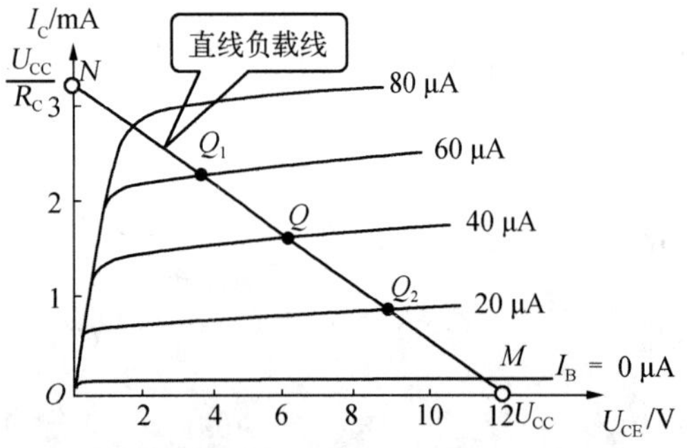

图 2-3 共发射极放大电路输出特性曲线

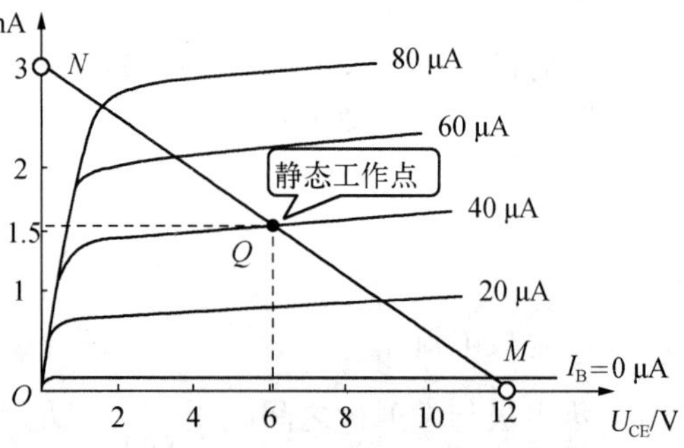

图 2-4 共发射极放大电路输出特性曲线

3. 共发射极放大电路的动态分析

放大电路有输入信号时的工作状态称为动态。动态分析是在静态值确定后，分析信号的传输情况，从而确定放大电路的电压放大倍数 A_u、输入电阻 r_i 和输出电阻 r_o。

(1) 用放大电路的微变等效电路确定 A_u、r_i 和 r_o

共发射极放大电路的交流通路是指在交流输入信号($u_i \neq 0$)作用下，交流电流所流经的通路，如图 2-5 所示。对交流(动态)分量而言，耦合电容、旁路电容和直流电源(内阻很小，忽略不计)都视为短路。

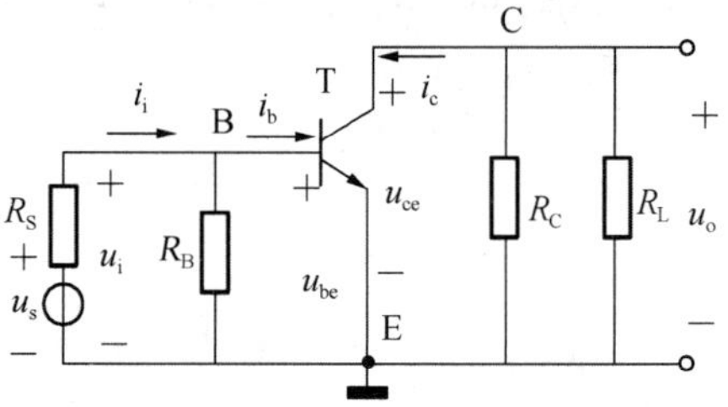

图 2-5 共发射极放大电路的交流通路

将交流通路中的晶体管用其微变等效电路来代替，即得到发射极放大电路的微变等效电路如图 2-6 所示。

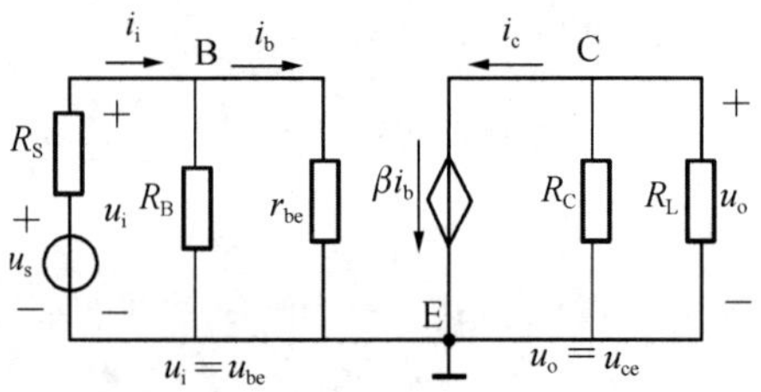

图2-6 共发射极放大电路的微变等效电路

① 放大电路电压放大倍数的计算。

$$r_{be} \approx 200(\Omega) + (\beta+1)\frac{26\ \text{mV}}{I_E\ \ \text{mA}} \tag{2-5}$$

$$u_i = i_b r_{be} \tag{2-6}$$

$$u_o = -i_c(R_C//R_L) = -\beta i_b(R_C//R_L) \tag{2-7}$$

$$A_u = \frac{u_o}{u_i} = \frac{-\beta i_b(R_C//R_L)}{i_b r_{be}} = \frac{-\beta(R_C//R_L)}{r_{be}} \tag{2-8}$$

② 放大电路输入电阻的计算。

放大电路对信号源(或对前级放大电路)来说，是一个负载，可用一个电阻来等效代替。这个电阻是信号源的负载电阻，也就是放大电路的输入电阻 r_i，即

$$r_i = \frac{u_i}{i_i} = R_B//r_{be} \tag{2-9}$$

它是对交流信号而言的一个动态电阻。

如果放大电路的输入电阻较小：第一，将从信号源取用较大的电流，从而增加信号源的负担；第二，经过内阻 R_s 和 r_i 的分压，使实际加到放大电路的输入电压 u_i 减小，从而减小输出电压；第三，后级放大电路的输入电阻，就是前级放大电路的负载电阻，从而将会降低前级放大电路电压放大倍数。因此，通常希望放大电路的输入电阻能高一些。

③ 放大电路输出电阻的计算。

放大电路对负载(或对后级放大电路)来说，是一个信号源。其内阻即为放大电路的输出电阻 r_o，它也是一个动态电阻。如果放大电路的输出电阻较大(相当于信号源的内阻较大)。当负载变化时，输出电压的变化较大，也就是放大电路带负载的能力较差。因此，通常希望放大电路输出级的输出电阻小一些。

$$r_o = R_C \tag{2-10}$$

R_C 一般为几千欧，因此，共发射极放大电路的输出电阻较高。

(2) 交流负载线

交流变化量在变化过程中一定经过零点，此时 $u_i=0$，与静态工作点 Q 相同。交流负载线由交流通路获得且过 Q 点，因此交流负载线是动态工作点移动的轨迹，如图 2-7 所示。

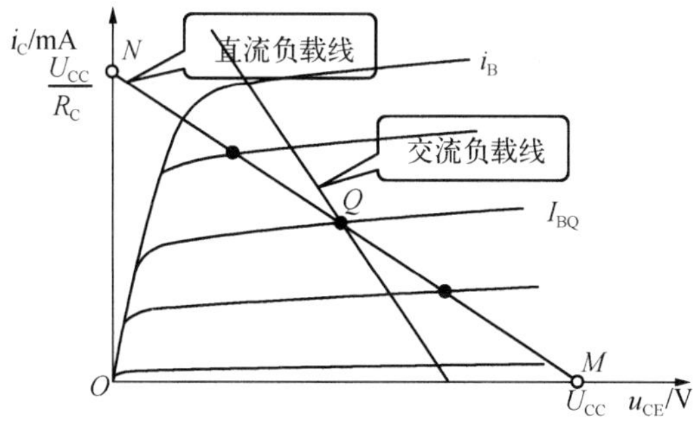

图 2-7　交流负载线

$$u_o = -i_c(R_C//R_L) = -\beta i_b(R_C//R_L) \tag{2-11}$$

(3) 非线性失真

所谓失真是指输出信号的波形与输入信号的波形不一致。晶体管是一个非线性器件，

有截止区、放大区和饱和区 3 个工作区。如果信号在放大的过程中，放大器的工作范围超出了特性曲线的线性放大区域，进入了截止区和饱和区，集电极电流 i_C 与基极电流 i_B 不再成线性比例的关系，则会导致输出信号出现非线性失真。非线性失真分为截止失真和饱和失真，如图 2－8 所示。

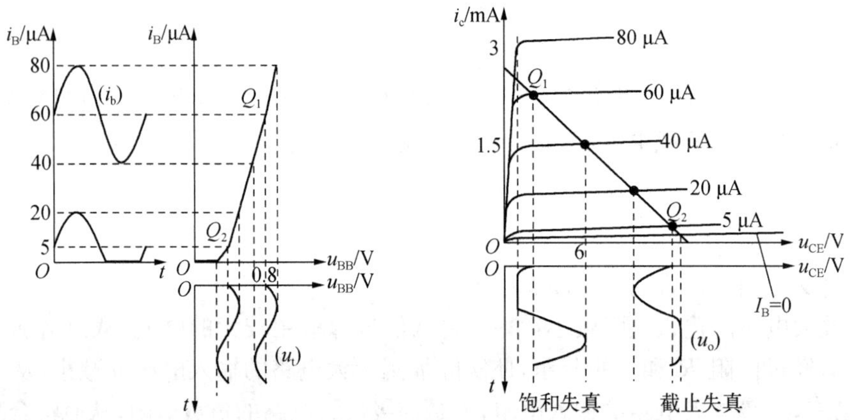

图 2－8　非线性失真

① 截止失真。

当放大电路的静态工作点 Q 选取比较低时，I_{BQ} 较小，输入信号的负半周进入截止区而造成的失真，称为截止失真。

② 饱和失真。

当放大电路的静态工作点 Q 选取比较高时，I_{BQ} 较大，U_{CEQ} 较小，输入信号的正半周进入饱和区而造成的失真称为饱和失真。

4. 稳定静态工作点的放大电路

前面介绍的图 2－1 所示电路称为固定偏置式共射极放大电路，电路结构简单，电压和电流放大作用都比较大，但其突出的缺点是静态工作点不稳定，电路本身没有自动稳定静态工作点的能力。

造成静态工作点不稳定的原因很多，如电源电压波动、电路参数变化、晶体管老化等，但主要原因是晶体管特性参数（U_{BE}、β、I_{CBO}）随温度变化造成静态工作点的移动。

（1）温度对静态工作点的影响

温度对 U_{BE} 的影响。温度升高时，管内载流子运动加剧，如果 I_B 保持不变，U_{BE} 就将减小，即输入特性曲线左移。一般温度每升高 1℃，U_{BE} 约减小 2.5 mV，导致 I_{BQ} 将增大。

温度对 β 的影响。当温度升高时，晶体管的 β 值将增大，表现为输出特性各曲线间隔的增大。实验证明，温度每升高 1℃，β 值约增大 0.5%～1.0%。

温度对 I_{CBO} 的影响。晶体管的反向饱和电流 I_{CBO} 将随温度的升高而急剧增大，一般当温度升高 10℃时，I_{CBO} 约增大一倍。这样使得穿透电流 I_{CEO} 增加，表现为输出特性曲线向上平移，结果使 I_{CQ} 增大。

（2）分压式共发射极放大电路

为了抑制放大电路静态工作点的移动，以获得比较稳定的技术指标，在实际工作中常常采用适当的电路结构形式，使温度变化时，尽量减小静态工作点的变化。分压式偏置放大电路就可以克服固定偏置式放大电路的缺点，它是一种结构比较简单，成本比较低，并能够有效地保持静态工作点稳定的电路。如图 2-9 所示为分压式偏置共发射极放大电路。

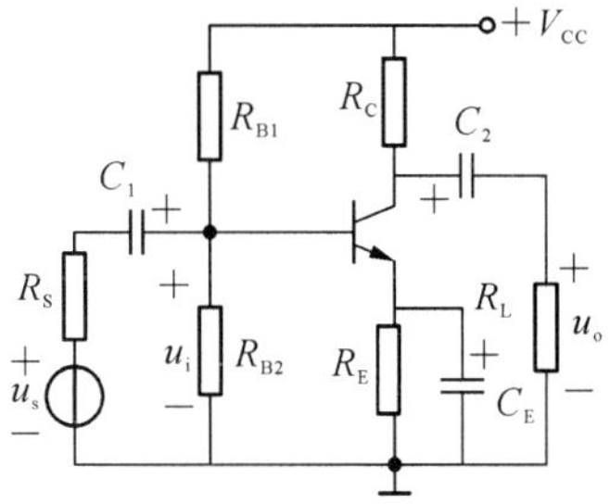

(a) 电路图

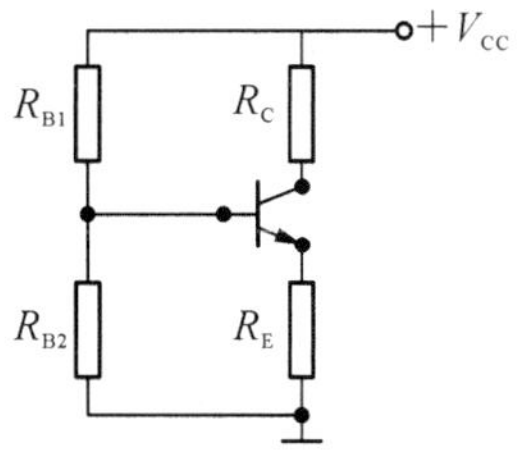

(b) 直流通路

图 2-9　分压式偏置共发射极放大电路

① 电路的特点：

利用电阻 R_{B1} 和 R_{B2} 分压来稳定基极电位 U_B。设流过电阻 R_{B1} 和 R_{B2} 的电流分别为 I_1 和 I_2 且 $I_1=I_2+I_{BQ}$，图 2-9 电路中，当选用 R_{B1}、R_{B2} 时，要求 $I_1 \gg I_{BQ}$，近似认为 $I_1 \approx I_2$，这样，U_B 由 U_{CC} 通过 R_{B1} 和 R_{B2} 的分压所决定，即 $U_B \approx \dfrac{R_{B2}}{R_{B1}+R_{B2}}V_{CC}$ 固定不变，不受晶体管和温度变化的影响。

利用发射极电阻 R_E 来获得反映电流 I_E 变化的信号，反馈到输入端，实现工作点稳定。

其过程为

$T(℃)\uparrow \to I_{CQ}\uparrow \to U_E\uparrow \to U_{BE}\downarrow \to I_{BQ}\downarrow \to I_{CQ}\downarrow$

这样就可以使 I_{CQ} 基本维持恒定。

通常 $U_B \gg U_{BE}$，所以发射极电流为

$$I_E=\frac{U_B-U_{BE}}{R_E}\approx\frac{U_B}{R_E}$$

根据 $I_1 \gg I_{BQ}$ 和 $U_B \gg U_{BE}$ 两个条件，得出的式(2-12)和式(2-13)，分别说明了 U_B 和 I_E 是稳定的，基本上不随温度而变，而且也基本上与管子的参数 β 无关。

图 2-9 所示电路中，通常选择：

$$I_1 \geqslant (5\sim10)I_{BQ} \tag{2-12}$$

$$U_{BQ} \geqslant (5\sim10)U_{BE} \tag{2-13}$$

② 静态分析。由图 2-9(b)可知，

$$U_B \approx \frac{R_{B2}}{R_{B1}+R_{B2}}V_{CC} \tag{2-14}$$

$$I_{CQ} \approx I_{EQ}=\frac{U_E}{R_E}=\frac{U_B-U_{BE}}{R_E}\approx\frac{U_B}{R_E} \tag{2-15}$$

$$I_{BQ}=\frac{I_{CQ}}{\beta} \tag{2-16}$$

$$U_{CEQ}=U_{CC}-I_{CQ}R_C-I_{EQ}R_E \approx U_{CC}-I_{CQ}(R_C+R_E) \tag{2-17}$$

如图 2-9(a)所示为共发射极放大电路的直流通路。

③ 动态分析。根据微变等效电路分析法，图 2-9(a)所示电路的交流通路和微变等效电路如图 2-10 所示。

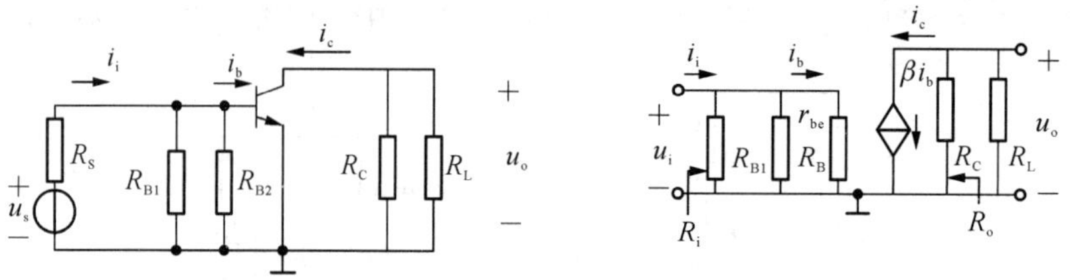

(a) 交流通路　　(b) 微变等效电路

图 2-10　共发射极放大电路的交流小信号等效电路

由图 2-10(b)可知

$$u_o = -\beta i_b(R_C//R_L) = -\beta i_b R'_L$$

$$u_i = i_b r_{be}$$

式中，$R'_L = R_C//R_L$。所以，放大电路的电压放大倍数等于

$$A_u = \frac{u_o}{u_i} = \frac{-\beta i_b R'_L}{i_b r_{be}} = -\frac{\beta R'_L}{r_{be}} \tag{2-18}$$

式中，负号说明输出电压 u_o 与输入电压 u_i 反相。

输入电阻为　　$r_i = R_{B1}//R_{B2}//r_{be}$　　(2-19)

输出电阻为　　$r_o = R_c$　　(2-20)

如果将图 2-9(a)中的发射极旁路电容 C_E 去掉，如图 2-11 所示，那么交流通路和微变等效电路就会发生变化。图 2-12 为图 2-11 的交流通路和微变等效电路。

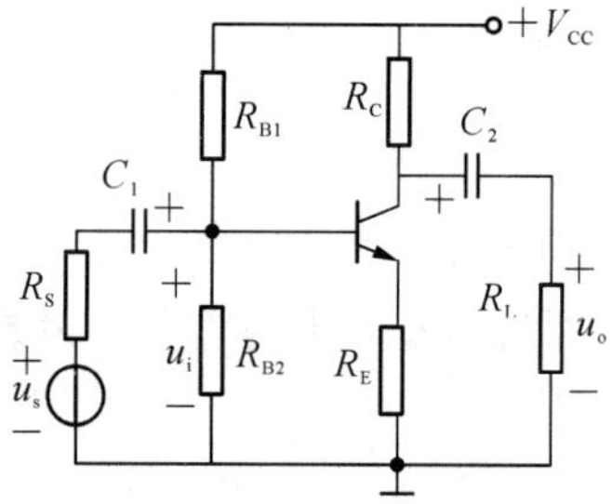

图 2-11　将图 2-9(a)去掉 C_E 后的电路图

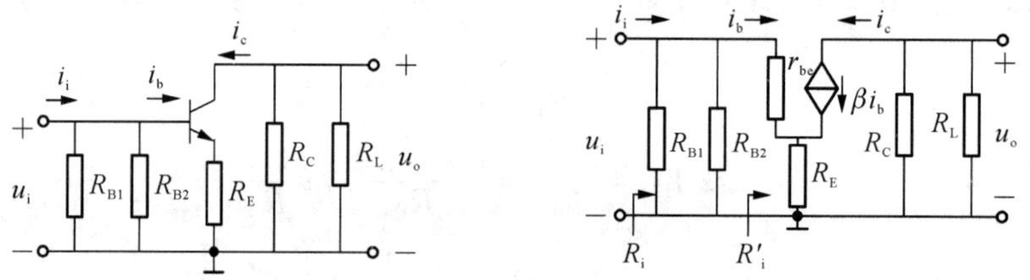

(a) 交流通路　　(b) 微变等效电路

图 2-12　图 2-11 的交流通路和微变等效电路

由图 2-12(b)可知

$$u_i = i_b r_{be} + (i_b + i_c)R_E = i_b[r_{be} + (1+\beta)R_E]$$

$$u_o = -\beta i_b(R_C//R_L)$$

则

$$A_u = \frac{u_o}{u_i} = -\frac{\beta(R_C//R_L)}{r_{be}+(1+\beta)R_E}$$

$$r_i = \frac{u_i}{i_i} = R_{B1}//R_{B2}//[r_{be}+(1+\beta)R_E]$$

$$r_o = R_C$$

任务 2-1-2　共集电极放大电路与测试

晶体管的集电极作为交流输入回路和交流输出回路的公共端的晶体管放大电路称为共集电极放大电路，亦称为射极输出器。共集电极放大电路的电路结构如图 2-13 所示，它的输入信号经电容 C_1 耦合到基极，输出信号从发射极经电容 C_2 耦合输出，晶体管的集电极直接接电源 U_{CC}，发射极接射极电阻 R_E。

1. 共集电极放大电路的静态分析

用共集电极放大电路的直流通路确定静态值，如图 2-14 所示。

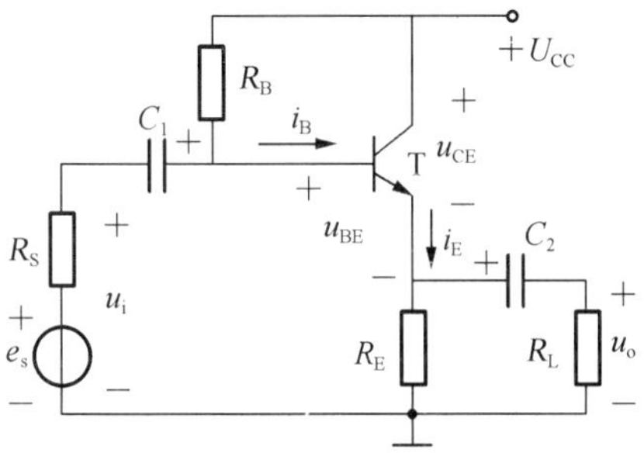

图 2-13　共集电极放大电路

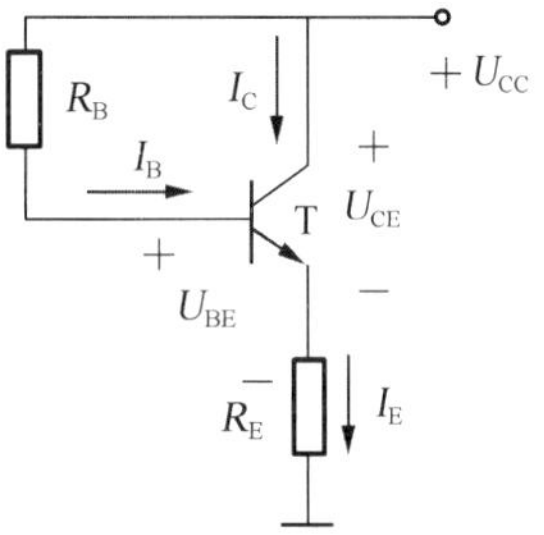

图 2-14　共集电极放大电路直流通路

$$I_E = I_B + I_C = I_B + \beta I_B = (1+\beta)I_B \tag{2-21}$$

$$I_B = \frac{U_{CC}-U_{BE}}{R_B+(1+\beta)R_E} \tag{2-22}$$

$$U_{CE} = U_{CC} - R_E I_E \tag{2-23}$$

2. 共集电极放大电路的动态分析

将交流通路中的晶体管用其微变等效电路来代替，即得到共集电极放大电路的微变等效电路如图 2-15 所示。

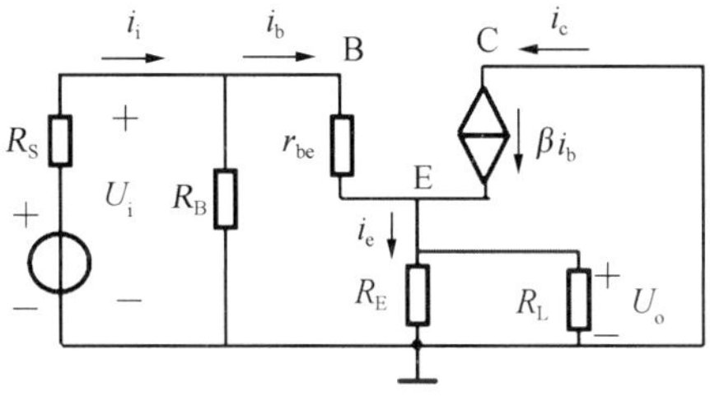

图 2-15　共集电极放大电路的微变等效电路

(1) 共集电极放大电路的电压放大倍数

$$R'_L = R_E // R_L$$

$$U_i = r_{be} i_b + R'_L I_e = r_{be} i_b + (1+\beta) R'_L i_b$$

$$U_o = (1+\beta) R'_L i_b$$

$$A_u = \frac{U_o}{U_i} = \frac{(1+\beta)R'_L i_b}{r_{be} i_b + (1+\beta)R'_L i_b} = \frac{(1+\beta)R'_L}{r_{be} + (1+\beta)R'_L} \quad (2-24)$$

因 $r_{be} \ll (1+\beta)R'_L$，故 $U_o = U_i$，两者同相，大小基本相同，但 U_o 略小于 U_i，即 $|A_u|$ 接近1，但恒小于1。

(2) 输入电阻

$$r_i = R_B // [r_{be} + (1+\beta)R'_L] \quad (2-25)$$

(3) 输出电阻

将信号源短路，保留其内阻 R_S，R_S 与 R_B 并联后的等效电阻为 R'_S。在输出端将 R_L 外加一交流电压 u_o，产生相应电流 i_o，则有

$$i_o = i_b + \beta i_b + i_e = \frac{u_o}{r_{be} + R'_S} + \beta \frac{u_o}{r_{be} + R'_S} + \frac{u_o}{R_E}$$

$$r_o = \frac{u_o}{i_o} = \frac{1}{\frac{1+\beta}{r_{be} + R'_S} + \frac{1}{R_E}} = \frac{R_E (r_{be} + R'_S)}{(1+\beta)R_E + (r_{be} + R'_S)} \quad (2-26)$$

$$(1+\beta)R_E \gg (r_{be} + R'_S), \beta \gg 1$$

$$r_o \approx \frac{r_{be} + R'_S}{\beta} \approx \frac{r_{be}}{\beta} \quad (2-27)$$

共集电极放大电路的主要特点是：电压放大倍数接近1；输入电阻高；输出电阻低。因此，它常被用作多级放大电路的输入级或输出级。

任务2-1-3 共基极放大电路与测试

晶体管的基极作为交流输入回路和交流输出回路的公共端的晶体管放大电路称为共基极放大电路。

1. 共基极放大电路的静态分析

如图2-16所示，在共基极放大电路中，如果忽略 I_B 对 R_{b1}、R_{b2} 分压电路中电流的分流作用，则可确定静态工作点为

$$U_B \approx \frac{U_{CC} R_{b2}}{R_{b1} + R_{b2}} \quad (2-28)$$

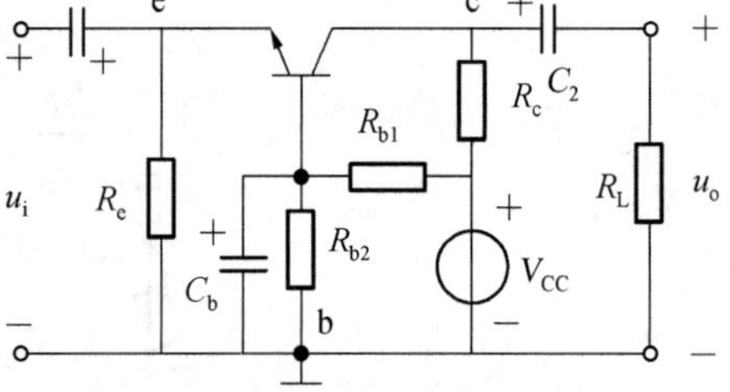

图2-16 共基极放大电路

$$I_C \approx I_E = \frac{U_E}{R_e} = \frac{U_B - U_{BE}}{R_e} \approx \frac{U_{CC}R_{b2}}{(R_{b1} + R_{b2})R_e} \tag{2-29}$$

$$I_B = \frac{I_E}{1+\beta} \tag{2-30}$$

$$U_{CE} \approx U_{CC} - I_C(R_e + R_c) \tag{2-31}$$

2. 共基极放大电路的动态分析

将交流通路中的晶体管用其微变等效电路来代替，即得到共基极放大电路的微变等效电路如图 2－17 所示。

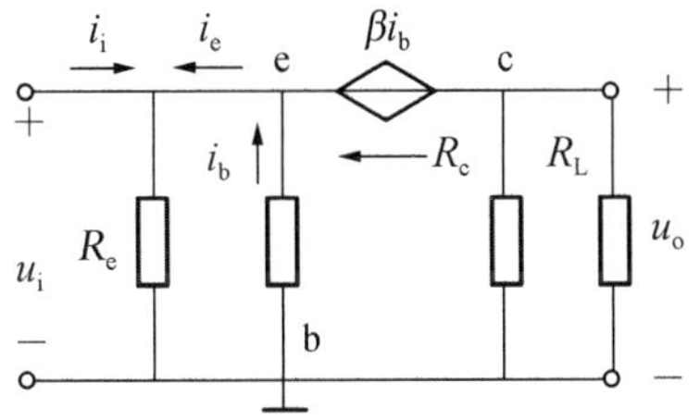

图 2－17　共基极放大电路的微变等效电路

（1）放大倍数

$$A_u = \frac{U_o}{U_i} = \frac{\beta R'_L}{r_{be}} \tag{2-32}$$

（2）输入电阻

$$r'_i = \frac{U_i}{-I_e} = \frac{-r_{be}I_b}{-(1+\beta)I_b} = \frac{r_{be}}{1+\beta} \tag{2-33}$$

$$r_i = r'_i // R_e \tag{2-34}$$

（3）输出电阻

$$r_o \approx R_c \tag{2-35}$$

任务 2－2　场效应管基本放大电路与测试

场效应管 FET 跟晶体管 BJT 一样，也具有放大作用，因此在有些场合可以取代晶体管组成放大电路。与 BJT 放大电路类似，FET 放大电路也存在 3 种组态，即共源、共漏和共栅组态，分别对应于 BJT 放大电路的共射、共集和共基组态。

任务 2－2－1　场效应管放大电路的静态分析

1. 典型的自偏压电路

典型的自偏压电路如图 2－18 所示。由于 N 沟道 JFET 的栅源电压不能为正，因此由正电源 V_{DD}引入栅极偏置是行不通的。当然可以考虑再引入一组负电源，但电路复杂且成本高。因此采用自偏压电路是最为简便有效的方法。静态工作时，耗尽型 FET 无栅极电源

但有漏极电流 I_D，当 I_D 流过源极电阻 R_S 时，在它两端产生电压降 $U_S=I_DR_S$。由于栅极电流 $I_G\approx 0$，栅极电阻 R_G 上的电压降 $U_G\approx 0$，则有

$$U_{GS}=U_G-U_S=-I_DR_S \tag{2-36}$$

因此，栅源极之间的直流偏压 U_{GS} 是由场效应管自身的电流 I_D 流过 R_S 产生的，故称为自偏压电路。

在电路中，大电容 C 对 R_S 起旁路作用，称为源极旁路电容。

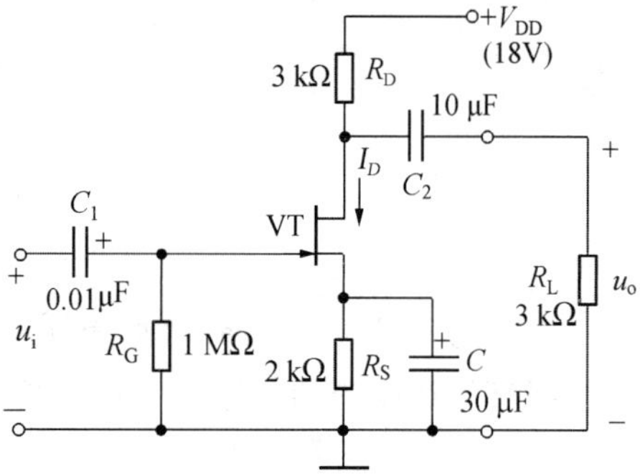

图 2-18　FET 放大器的自偏压电路

自偏压电路不适用于增强型 FET 放大电路，因为增强型 FET 栅源电压 $U_{GS}=0$ 时漏极电流 $I_D=0$，且 U_{GS} 先达到某个开启电压 $U_{GS,th}$ 时才有漏极电流。通过简单计算可确定自偏压电路的静态工作点。

在静态分析时 I_D 的表达式为

$$I_D=I_{DSS}\left(1-\frac{U_{GS}}{U_{GS,off}}\right)^2 \tag{2-37}$$

式(2-36)和式(2-37)可构成二元二次方程组，联立求解可得到两组根，即有两组 I_D 和 U_{GS} 值，可根据管子工作在恒流区的条件，舍弃无用根，保留合理的 I_D 和 U_{GS} 值。

从图 2-18 所示电路还可求得

$$U_{DS}=V_{DD}-I_D(R_D+R_S) \tag{2-38}$$

2. 分压式自偏压电路

虽然自偏压电路比较简单，但当工作点 U_{GS} 和 I_D 值确定后，源极电阻 R_S 就基本被确定了，选择的范围很小。为了克服这一缺点，可采用图 2-19 所示的分压式自偏压电路，该电路是在自偏压电路的基础上加接栅极分压电阻 R_{G1} 和 R_{G2} 而组成的。其中，漏极电源 V_{DD} 经 R_{G1} 和 R_{G2} 分压后通过栅极电阻 R_{G3} 提供栅极电压 U_G（R_{G3} 上电压降为 0）。

$$U_G=\frac{R_{G2}V_{DD}}{R_{G1}+R_{G2}} \tag{2-39}$$

而源极电压 $U_S=I_DR_S$，因此，静态时栅源电压

$$U_{GS}=U_G-U_S=\frac{R_{G2}V_{DD}}{R_{G1}+R_{G2}}-I_DR_S \tag{2-40}$$

对于分压式自偏压电路，通过求解下述联立方程组，可解出 I_D 和 U_{GS} 的值

$$\begin{cases}U_{GS}=\dfrac{R_{G2}V_{DD}}{R_{G1}+R_{G2}}-I_DR_S\\ I_D=I_{DSS}\left(1-\dfrac{U_{GS}}{U_{GS,off}}\right)^2\end{cases} \tag{2-41}$$

[例 2-3]　若图 2-19 中 FET 的参数为 $U_{GS,off}=-7$ V，$I_{DSS}=4$ mA，其他元件参数均标在电路中，试确定其静态工作点。

解： $U_G = \dfrac{R_{G2}V_{DD}}{R_{G1}+R_{G2}} = \dfrac{20\times 21}{20+150} \approx 2.5\,(\text{V})$

把有关参数代入式(2-41)，可得方程组

$$\begin{cases} U_{GS} = 2.5 - 2.2I_D \\ I_D = 4\left(1+\dfrac{1}{7}U_{GS}\right)^2 \end{cases}$$

解这个方程组，可得 $I_D \approx (5.6\pm 3.6)\,\text{mA}$，而 $I_{DSS}=4\ \text{mA}$，I_D应小于 I_{DSS}，故 $I_D=2\ \text{mA}$，于是 $U_{GS}=-1.9\ \text{V}$，故有

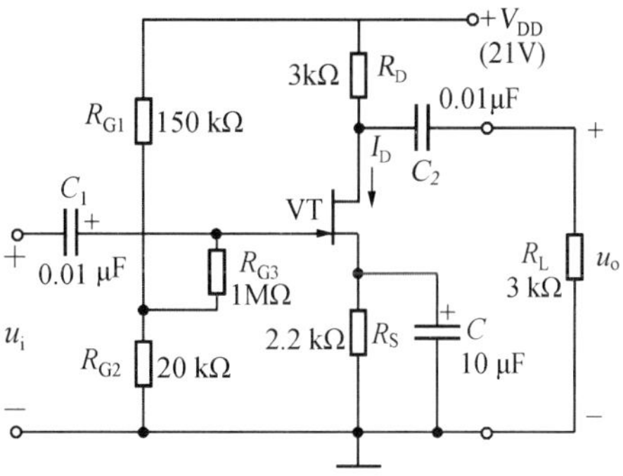

图 2-19　FET 的分压式自偏压电路

$$U_{DS} = V_{DD} - I_D(R_D+R_S) = 21 - 2\times(3.9+2.2) = 8.8(\text{V})$$

任务 2-2-2　场效应管放大电路的动态分析

与 BJT 一样，若 FET 工作在线性放大区(恒流区)，且输入信号为小信号，可用微变等效电路模型来进行动态分析。

共源放大电路如图 2-20(a)所示，其微变等效电路如图 2-20(b)所示(漏极输出电阻 R_{ds}被忽略)。

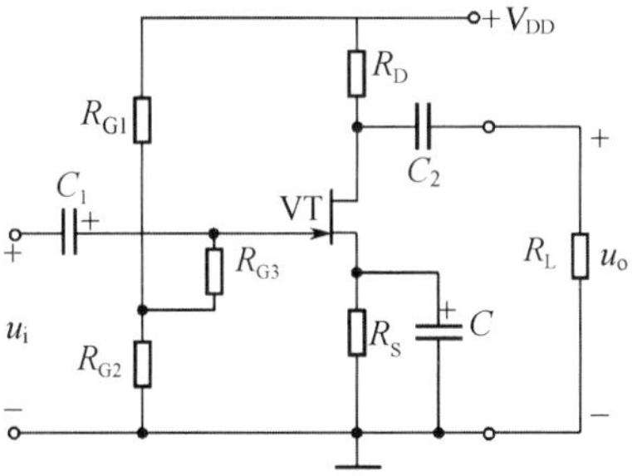

(a) 电路图

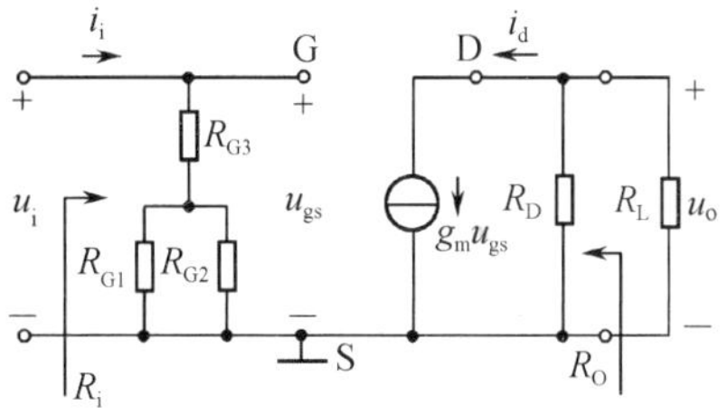

(b) 微变等效电路

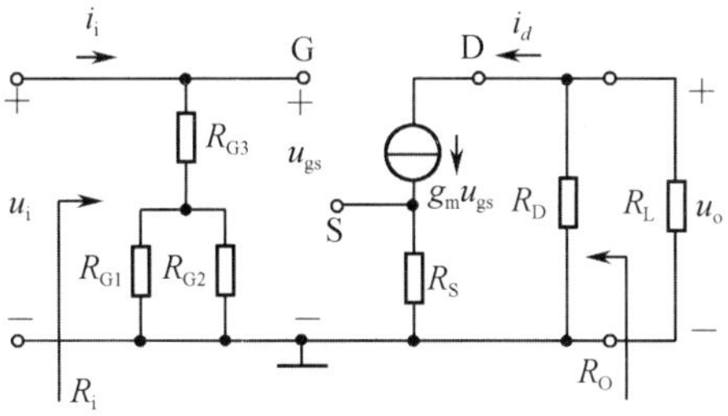

(c) 不接 C 时的微变等效电路

图 2-20　共源放大电路

设 $R'_L = R_D \parallel R_L$，由图 2-20(b)所示电路可得

$$I_d = g_m U_{GS} = g_m U_i$$

$$U_o = -I_d R'_L = -g_m R'_L u_i$$

则电压放大倍数 $$A_u = \frac{u_o}{u_i} = -g_m R'_L \tag{2-42}$$

输入电阻 $$R_i = R_{G3} + (R_{G1} // R_{G2}) \tag{2-43}$$

输出电阻 $$R_o \approx R_D \tag{2-44}$$

当源极电阻R_S两端不并联旁路电容C时，共源放大电路的微变等效电路如图2-20(c)所示。由图2-20(c)所示电路可得

$$I_d = g_m U_{GS}$$

$$U_i = U_{GS} + I_d R_S = U_{GS} + g_m R_S U_{GS} = (1 + g_m R_S) U_{GS}$$

$$U_o = -I_d R'_L = -g_m R'_L U_{GS}$$

此时电压放大倍数

$$A_u = \frac{u_o}{u_i} = -\frac{g_m R'_L}{1 + g_m R_S} \tag{2-45}$$

显然，当源极电阻R_S两端不并联旁路电容C时，电压放大倍数变小了。

[例2-4] 电路如图2-20(a)所示，其中$R_{G1}=100\ \text{k}\Omega$，$R_{G2}=20\ \text{k}\Omega$，$R_{G3}=1\ \text{M}\Omega$，$R_D=10\ \text{k}\Omega$，$R_S=2\ \text{k}\Omega$，$R_L=10\ \text{k}\Omega$，$V_{DD}=18\ \text{V}$，场效应管的$I_{DSS}=5\ \text{mA}$，$U_{GS,off}=-4\ \text{V}$。求电路的$A_u$、$R_i$和$R_o$。

解：将有关参数代入式(2-20)，可得

$$\begin{cases} U_{GS} = 3 - 2I_D \\ I_D = 5(1 + 0.25U_{GS})^2 \end{cases}$$

解上述二元二次方程组，可得$U_{GS} \approx -1.4\ \text{V}$和$U_{GS} = -8.2\ \text{V}$(小于$U_{GS,off} = -4\ \text{V}$，舍去)，取$U_{GS} = -1.4\ \text{V}$，则可求得跨导

$$g_m = -\frac{2I_{DSS}}{U_{GS,off}}\left(1 - \frac{U_{GS}}{U_{GS,off}}\right) = -\frac{2\times 5}{-4}\left(1 - \frac{-1.4}{-4}\right)\ \text{mS} \approx 1.6\ \text{mS}$$

$$A_u = \frac{u_o}{u_i} = -g_m R'_L = -1.6 \times (10//10) = -8.0$$

$$R_i = R_{G3} + R_{G1}//R_{G2} = 1 + (0.1//0.02) \approx 1(\text{M}\Omega)$$

$$R_o \approx R_D = 10\ (\text{k}\Omega)$$

场效应管共源放大电路的性能与三极管共射放大电路相似，但共源电路的输入电阻远大于共射电路，而它的电压放大能力不及共射电路。

任务2-3 负反馈放大电路与性能测试

将输出信号的一部分或全部通过某一电路(称为反馈网络)引回输入端的过程称为反馈，它广泛存在于电子电路中。反馈有正反馈和负反馈之分，正反馈可以提高放大电路的增

益，主要应用于振荡电路中；负反馈能够稳定输出端被取样的量，从而使放大电路的性能得到改善。

任务 2-3-1　反馈的基本概念

在基本放大电路中，信号从输入端进入放大器，经放大后从输出端输出，信号在电路中为单方向传送。如果将输出量(电压或电流)的一部分或全部，回送到放大电路的输入端，这种反向传输信号的过程，就称为反馈。

输出端的信号回送到输入端所经过的这一部份电路称为反馈支路。我们判断一个电路是否存在反馈，是通过分析它是否存在反馈支路而进行的。如图 2-21 所示是判断是否有反馈的例子。

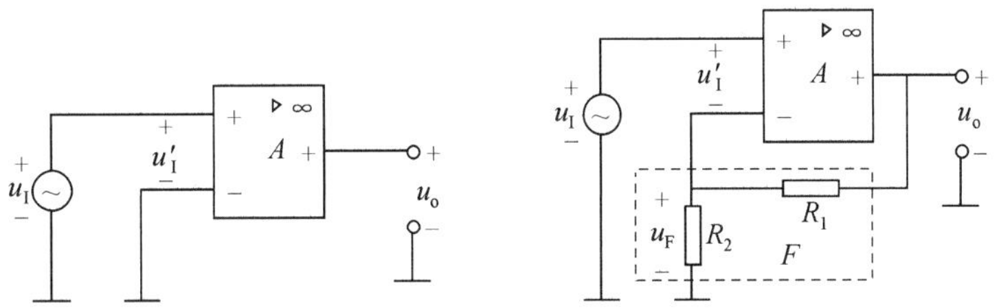

(a) 基本放大电路　　(b) 反馈放大电路

图 2-21　是否反馈的例子

图 2-21(a)中放大器是一个集成运放，信号只有从输入端到输出端的正向传送，不存在反馈，这种情况称为开环。放大器的净输入量 u_I' 就是外加的输入信号 u_I 。

图 2-21(b)中放大器也是一个集成运放，用 A 表示。由电阻 R_1 和 R_2 组成的分压器是反馈网络，用 F 表示。这里有两种不同的信号流向，一种是从输入到输出的信号(放大)流向，另一种是从输出到输入的信号(反馈)流向，也就是存在反馈支路，这种情况称为闭环。运放的净输入量 u'_I 由输入信号 u_I 和反馈量 u_F 决定。

任务 2-3-2　反馈极性(正、负反馈)

反馈的实质就是输出量参与控制，反馈使放大器净输入量得到增强的是正反馈；反之，使净输入量减弱的则是负反馈。通常采用“电压瞬时极性法”来判断反馈的极性，如图2-22所示。

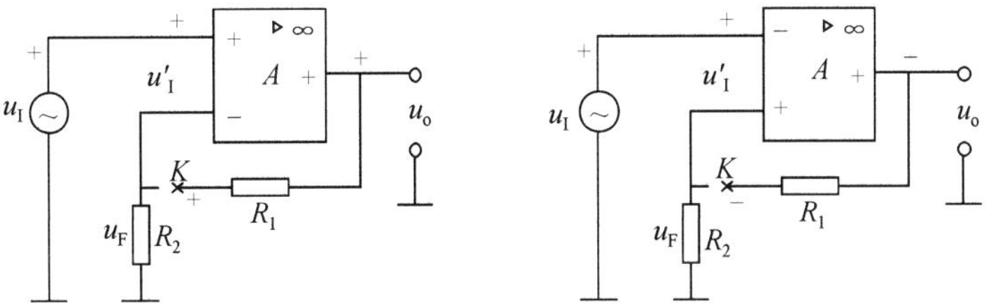

(a) 负反馈　　(b) 正反馈

图 2-22　用瞬时极性法判断反馈极性

现以图 2－22(a)为例，说明用“瞬时极性法”判断反馈极性的方法。首先将反馈支路在适当的地方断开(一般在反馈支路与输入回路的连接处断开)，如图中在 K 点处将反馈支路与输入端之间断开(用“×”表示)。再假设输入信号电压对地瞬时极性为正，在图中用“＋”表示，这个电压使同相输入端的电压 u_+ 的瞬时极性为正。由于输出端与同相输入端的极性是相同的，所以此时输出电压 u_O 的瞬时极性为正。输出的这个电压通过反馈支路 R_1 传到断点处，也是正极性。所以若将反馈连上则会使得反向输入端的电压 u_- 瞬时极性为正。列出输入回路的电压方程：$u'_I = u_I - u_-$，可见 u_- 的正极性会使净输入量 u'_I 减小，因此这个电路的反馈是负反馈。上述的分析过程可表示为：

$$u_I \uparrow \longrightarrow u_+ \uparrow \longrightarrow u_O \uparrow \longrightarrow u_K \uparrow \longrightarrow u'_I \downarrow$$

用同样的方法分析图 2－22(b)，可知该电路的反馈是正反馈，其过程可表示为：

$$u_I \uparrow \longrightarrow u_- \uparrow \longrightarrow u_O \downarrow \longrightarrow u_K \downarrow \longrightarrow u'_I \uparrow$$

[**例 2－5**] 试判断图 2－23 中各电路的反馈极性。

解：图 2－23(a)和(b)图的反馈支路接回到反相输入端，反馈信号都削弱了净输入信号，所以都是负反馈。同理，(c)图中的两个本级反馈是负反馈；而级间反馈(A_2通过 R_f反馈到 A_1输入端)虽然是接回到同相输入端，但也是负反馈。级间反馈的极性用“瞬时极性法”判断的过程如图中示出，这个过程可表示为：

$$u_I \uparrow \longrightarrow A_1\text{的 } u_+ \uparrow \longrightarrow A_1\text{的 } u_O \uparrow \longrightarrow A_2\text{的 } u_- \uparrow$$
$$u_K \uparrow \longleftarrow A_2\text{的 } u_O \downarrow \longleftarrow$$

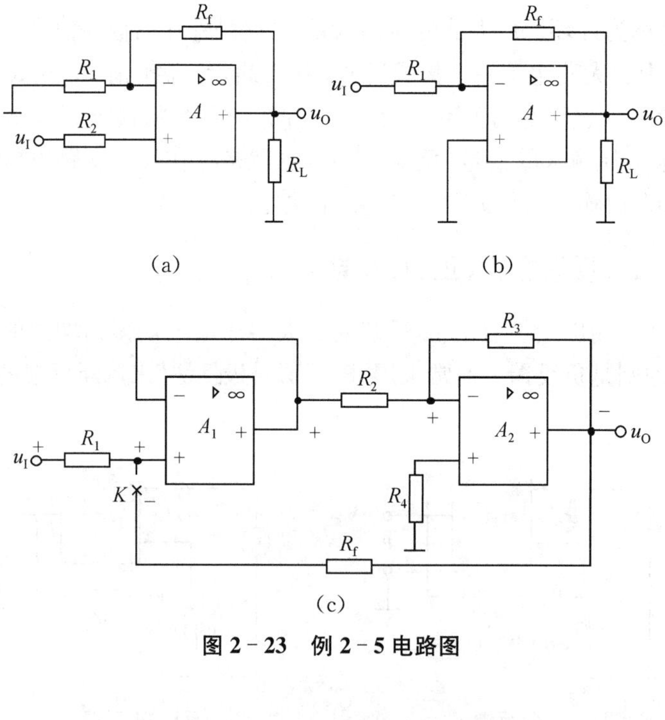

图 2－23　例 2－5 电路图

［例 2－6］ 试判断图 2－24 所示电路级间反馈的反馈极性，写出反馈过程。

解：判断过程已在图中示出，可表示为：

$$u_I \uparrow \longrightarrow u_{B1} \uparrow \longrightarrow u_{C1} \downarrow \longrightarrow u_{C2} \uparrow \longrightarrow u_K \uparrow \longrightarrow u_{BE1} \downarrow$$

可见电路的净输入量 u_I'（即 u_{BE1}）减小，该电路的级间反馈是负反馈。

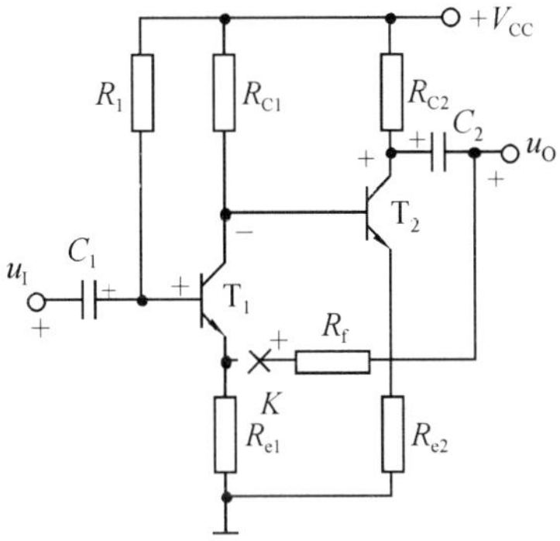

图 2－24　例 2－6 电路图

任务 2－3－3　交流反馈与直流反馈

放大电路中存在直流分量和交流分量，反馈信号也是如此，若反馈回来的信号是交流量，就称为交流反馈，它对输入信号中的交流成分有影响，也就是会影响电路的交流性能；若反馈信号是直流量就称为直流反馈，它会影响电路的直流性能，如静态工作点等；若反馈信号中既有交流量又有直流量，则反馈对电路的交流性能和直流性能都有影响。

例如，图 2－22 和图 2－23 中各电路的反馈支路能同时通过交流电和直流电，所以存在交流反馈和直流反馈；在图 2－24 中反馈回来的信号仅仅是交流量，因此是交流反馈；而图 2－25 中，反馈回来的是直流信号，交流信号被电容 C 旁路了，所以是直流反馈。

直流负反馈能使电路的静态工作点稳定，而不影响放大器的增益。交流负反馈对电路交流性能的影响将在后面讨论。

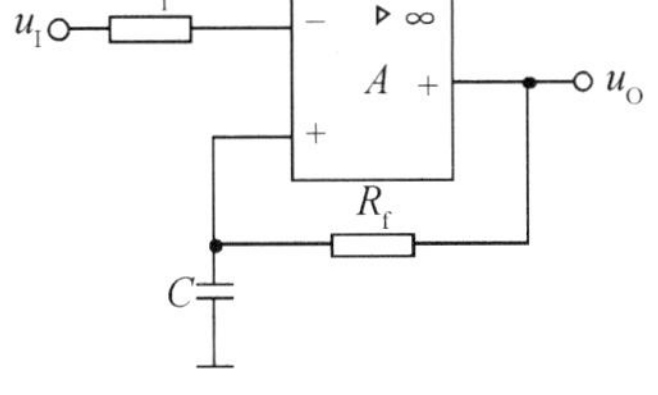

图 2－25　直流负反馈

任务 2－3－4　负反馈的类型

根据反馈电路与基本放大电路在输入、输出端的连接方式不同，负反馈有以下四种类型，如图 2－26 所示。

负反馈的类型有电压串联负反馈、电压并联负反馈、电流串联负反馈和电流并联负反馈。

在输入端：

反馈量取自输出电压为电压反馈，取自输出电流为电流反馈；

在输出端：

反馈量以电流的形式出现，与输入信号进行比较为并联反馈；

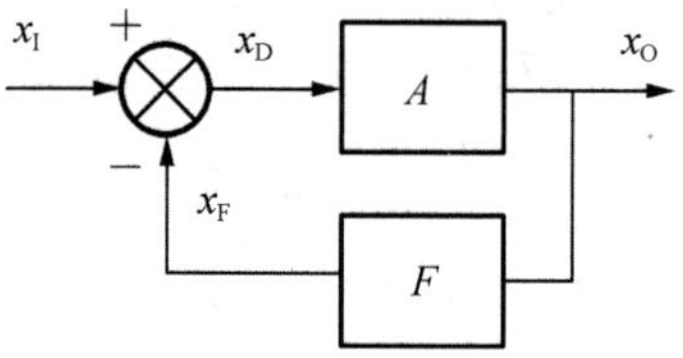

图 2-26 反馈电路

反馈量以电压的形式出现，与输入信号进行比较为串联反馈。

1. 串联电压负反馈

串联电压负反馈和方框图分别如图 2-27 和图 2-28 所示。首先用电位的瞬时极性判别反馈的正、负。设某一瞬时 u_I为正，则此时 u_O 也为正，同时反馈电压 u_F也为正。

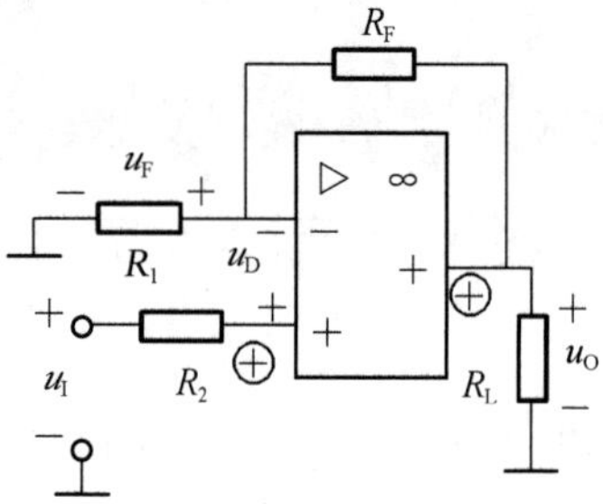

图 2-27 串联电压负反馈

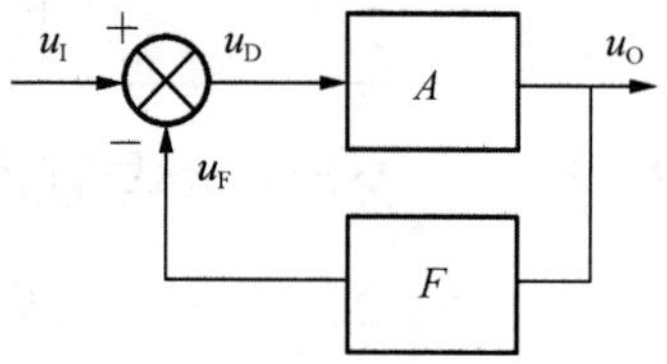

图 2-28 串联电压负反馈方框图

净输入信号 $u_D = u_I - u_F$

u_F的存在使净输入信号减小，所以为负反馈。

取自输出电压，并与之成正比，故为电压反馈。u_F与 u_I在输入端以电压形式作比较，两者串联，故为串联反馈。

反馈电压：

$$u_F = \frac{R_I}{R_I + R_O} u_O$$

2. 并联电压负反馈

首先用电位的瞬时极性判别反馈的正、负。设某一瞬时 u_I为正，则此时 u_O为负，各电流实际方向如图 2-29 所示。方框图如图 2-30 所示。

净输入电流 $i_D = i_I - i_F$

i_F的存在使净输入电流减小，所以为负反馈。

取自输出电压，并与之成正比，故为电压反馈。

i_F与 i_I在输入端以电流形式作比较，两者并联，故为并联反馈。

反馈电流：

$$i_F = \frac{u_I - u_O}{R_F} = -\frac{u_O}{R_F}$$

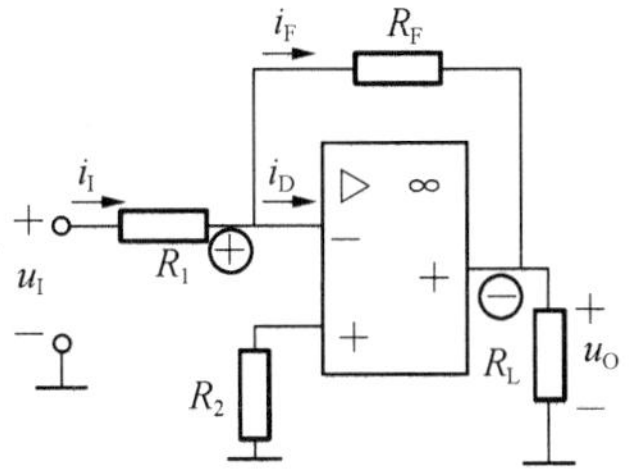

图 2-29　并联电压负反馈

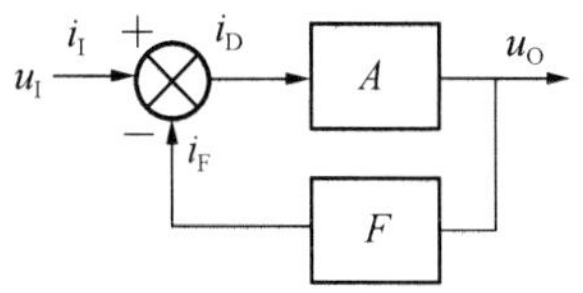

图 2-30　并联电压负反馈方框图

3. 串联电流负反馈

串联电流负反馈的电路图和方框图分别如图 2-31 和图 2-32 所示。

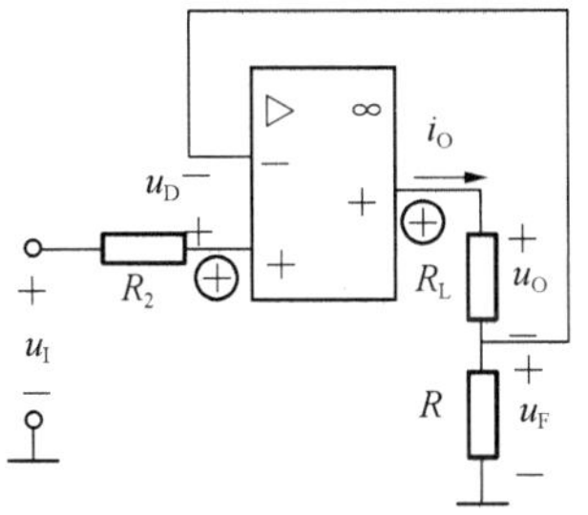

图 2-31　串联电流负反馈

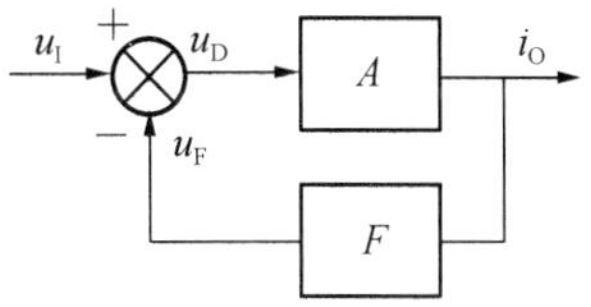

图 2-32　串联电流负反馈方框图

反馈电压 $u_F = R\,i_O$ 与输出电流成比，故为电流反馈；

$i_D = i_I - i_F$ 为负反馈；

u_F 与 u_I 在输入端以电压形式作比较，两者串联，故为串联反馈。

4. 并联电流负反馈

并联电流负反馈的电路图和方框图分别如图 2-33 和图 2-34 所示。

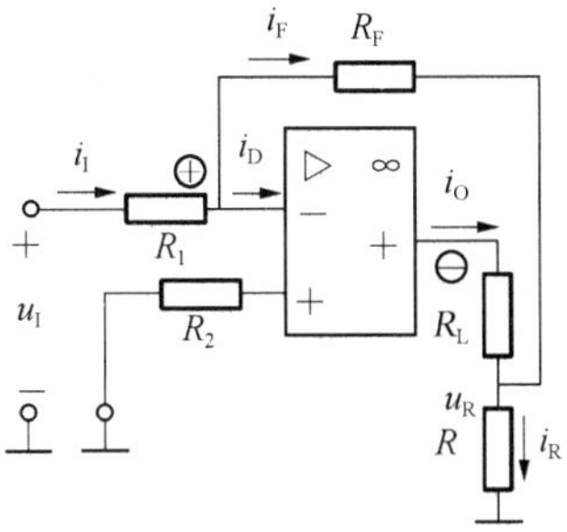

图 2-33　并联电流负反馈

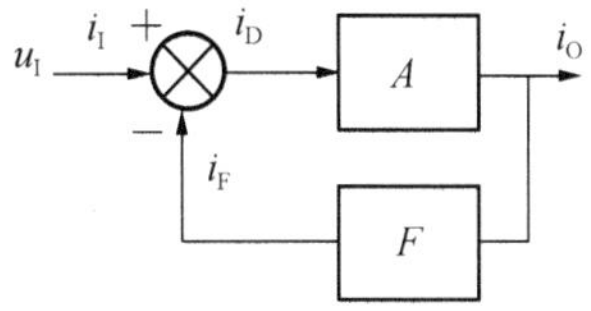

图 2-34　并联电流负反馈方框图

$$i_D = i_I - i_F$$

$$i_F = -\left(\frac{R}{R_F + R}\right) i_O$$

判别电路中反馈类型的方法：

① 反馈电路直接从输出端引出的，是电压反馈；从负载电阻靠近“地”端引出的，是电流反馈(也可将输出端短路，若反馈量为零，则为电压反馈；若反馈量不为零，则为电流反馈)。

② 输入信号和反馈信号分别加在两个输入端，是串联反馈；加在同一输入端的是并联反馈。

③ 反馈信号使净输入信号减小的，是负反馈。

[**例 2-5**] 判别如图 2-35 所示的反馈电路从 A_2 输出端引入 A_1 输入端的反馈类型。

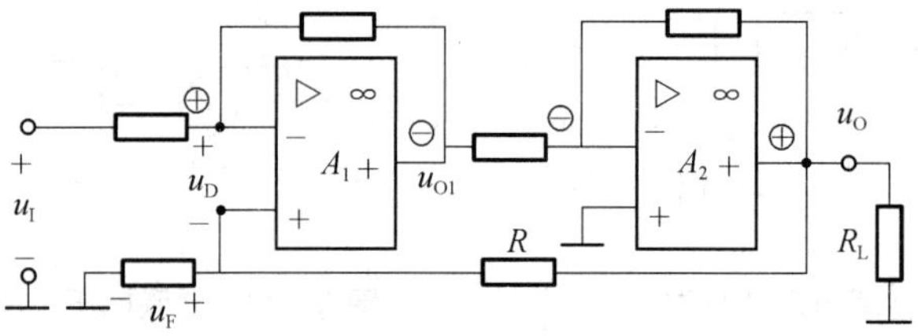

图 2-35 [例 2-5]题图

解:反馈电路从 A_2 的输出端引出,故为电压反馈;

反馈电压 u_F 和 u_I 输入电压分别加在同相和反相两个输入端,故为串联反馈;

设为 u_I 正,则 u_{O1} 为负,u_O 为正,

反馈电压 u_F 使净输入电压 $u_D = u_I - u_F$ 减小,故为负反馈。

所以它是串联电压负反馈。

[**例 2-6**] 判别如图 2-36 所示的反馈电路从 A_2 输出端引入 A_1 输入端的反馈类型。

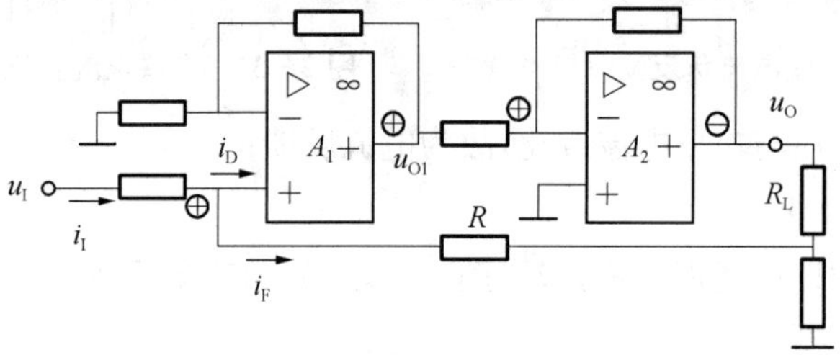

图 2-36 [例 2-6]题图

解:反馈电路从 R_L 靠近"地"端引出,为电流反馈;

反馈电流 i_F 和 i_I 输入电流加在 A_1 的同一个输入端,故为并联反馈;

设为 u_I 正,则 u_{O1} 为正,u_O 为负,反馈电流实际方向如图 2-36 所示,净输入电流 $i_D = i_I - i_F$ 减小,为负反馈。所以它是并联电流负反馈。

任务 2-3-5 负反馈对放大电路工作的影响

1. 负反馈可以提高放大电路的稳定性

负反馈电路的方框图如图 2-37 所示。

开环放大倍数

$$A = \frac{x_O}{x_D}$$

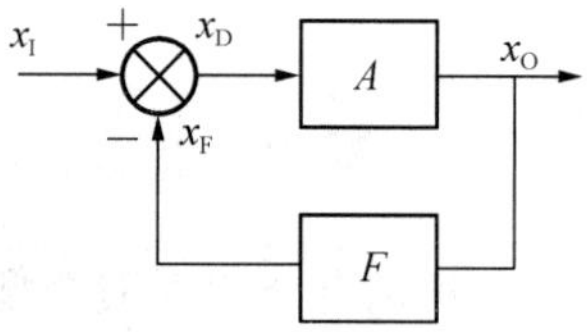

图 2-37 负反馈电路方框图

反馈系数

$$F = \frac{x_F}{x_O}$$

引入负反馈后净输入信号

$$x_D = x_I - x_F$$

引入负反馈后闭环放大倍数

$$A_F = \frac{x_O}{x_1} = \frac{A}{1+AF}$$

对上式求导

$$\frac{dA_F}{A_F} = \frac{1}{1+AF} \cdot \frac{dA}{A} \tag{2-46}$$

式(2-46)表明:引入负反馈后,放大倍数的相对变化量是未加负反馈时放大倍数相对变化量的 $1/(1+AF)$ 倍。可见反馈越深,放大电路的放大倍数越稳定。

综上所述,引入负反馈后,放大倍数降低了,而放大倍数的稳定性却提高了。

2. 减小非线性失真

一个理想的线性放大器,其输出波形和输入波形应成线性放大关系。可是由于三极管的非线性,当信号的幅度比较大时,输出波形会有一定的非线性失真。如图 2-38(a)所示,一个开环放大电路在输入正弦信号时,输出产生了失真,假设这个失真波形是正半波幅值大,负半波幅值小。引入负反馈后,如图 2-38(b)所示,反馈信号波形与输出波形相似,也是上大下小。经过比较环节(信号相减)使净输入信号变成上小下大。这种净输入信号的波形经过放大,其输出波形的失真程度势必得到一定的改善。从本质上说,负反馈是利用失真了的波形来改善波形的失真,因此只能减小失真,不能完全消除失真。

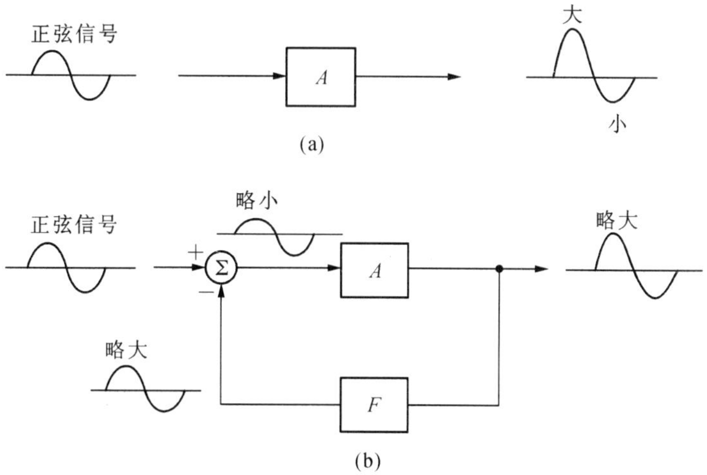

图 2-38　减小非线性失真

3. 展宽通频带

如图 2-39 所示为基本放大电路和负反馈放大电路的幅频特性 $A(f)$ 和 $A_f(f)$,图中 A_m、f_L、f_H、BW 和 A_{mf}、f_{Lf}、f_{Hf}、BW_f 分别为基本放大电路、负反馈放大电路的中频放大倍数、下限频率、上限频率和通频带宽度。可见,加负反馈后的通频带宽度比无负反馈时的大。

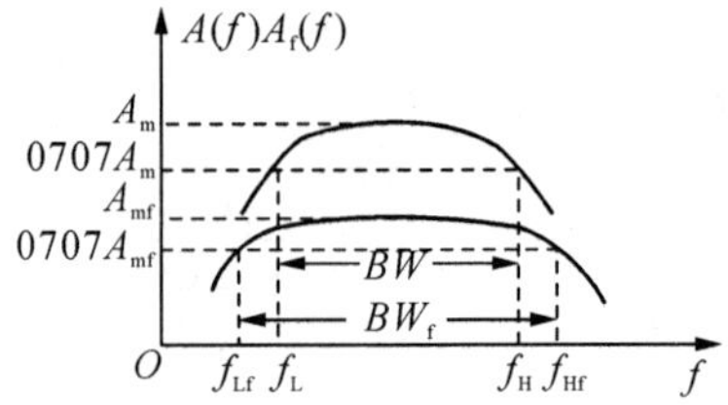

图 2-39 开环与闭环的频率特性

4. 改变放大电路的输入和输出电阻

(1) 负反馈对输入电阻的影响

负反馈对输入电阻的影响,取决于反馈网络在输入端的连接方式。

① 串联负反馈使输入电阻增大。

如图 2-40 所示,设开环放大器 A 的输入电阻为 R_i ,$R_i = U'_i / I_i$ 。引入负反馈后,闭环输入电阻 R_{if} 为:

$$R_{if} = \frac{U_i}{I_i} = \frac{U'_i + U_f}{I_i} = \frac{U'_i(1+AF)}{I_i} = R_i(1+AF) \tag{2-47}$$

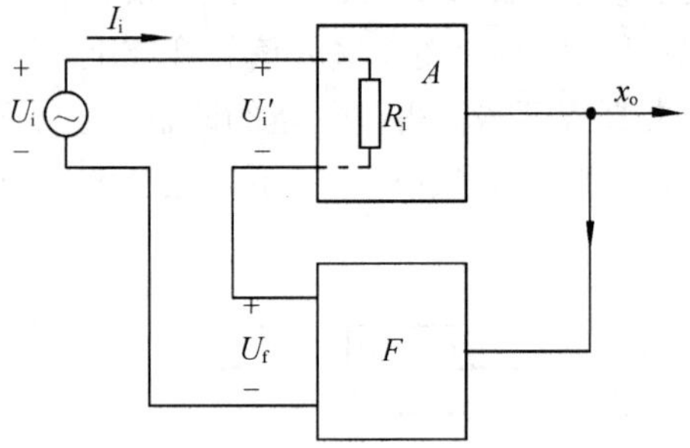

图 2-40 求串联负反馈的输入电阻

串联负反馈使输入电阻增大,这是因为反馈量 U_f 所引起的压降作用,相当于输入端串入了一个电阻,又由于 $U_f = U'_i \cdot AF$,使这个串联电阻的阻值为 $R_i \cdot AF$,因此,闭环输入电阻 R_{if} 增大,是开环输入电阻 R_i 的$(1+AF)$倍。

② 并联负反馈使输入电阻减小

如图 2-41 所示,设开环放大器 A 的输入电阻为 R_i ,$R_i = U'_i / I'_i$ 。引入负反馈后,闭环输入电阻 R_{if} 为:

$$R_{if} = \frac{U'_i}{I_i} = \frac{U'_i}{I'_i + I_f} = \frac{U'_i}{I'_i(1+AF)} = \frac{1}{1+AF}R_i \tag{2-48}$$

并联负反馈使输入电阻减小,这是因为反馈量 I_f 所引起的分流作用,相当于输入端并联了一个电阻,又由于 $I_f = I'_i \cdot AF$,使这个并联电阻的阻值为 R_i / AF ,因此,闭环输入电阻 R_{if} 减小到开环输入电阻 R_i 的 $1/(1+AF)$。

(2) 负反馈对输出电阻的影响

负反馈对输出电阻的影响,取决于反馈网络在输出端的取样量。

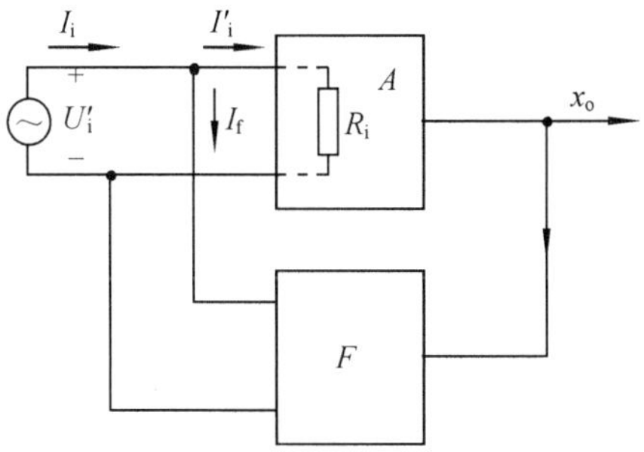

图 2-41　求并联负反馈的输入电阻

① 电压负反馈使输出电阻减小。

开环放大器 A 在输入信号 $X_i=0$ 时，输出端中仅有输出电阻 R_o，我们称 R_o 为开环输出电阻。

分析电压负反馈放大器输出电阻的方法如图 2-42 所示，应使输入端的 $X_i=0$，并在输出端加入探测信号 u_P，则闭环输出电阻 $R_{of}=U_P/I_P$。由于存在反馈网络 F，图中 $X_f=U_P\cdot F$，所以此时虽然 $X_i=0$，但有 X_i'，且 $X_i'=-X_f=-U_P\cdot F$，因此在放大器的输出端中有受控源（$-AFU_P$），其中负号表示受控电压源的极性与 U_P 极性相反，而 A 应为负载开路时的放大倍数。

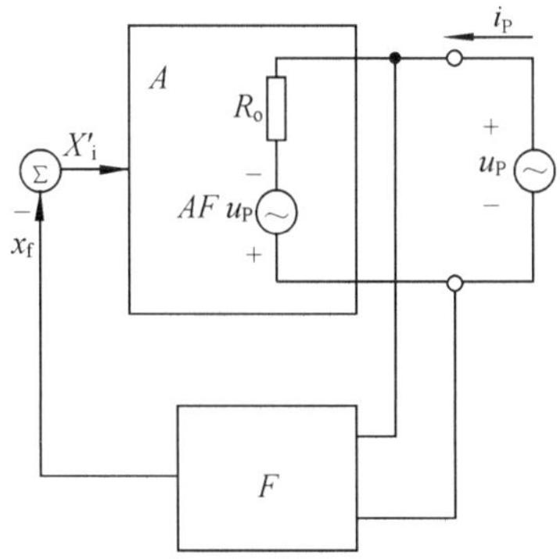

图 2-42　求电压负反馈的输出电阻

于是有：

$$U_P=I_PR_o-AFU_P$$

上式可整理为：

$$U_P(1+AF)=I_PR_o$$

可见闭环输出电阻 R_{of} 为：

$$R_{of}=\frac{U_P}{I_P}=\frac{R_o}{1+AF} \tag{2-49}$$

上式表明：引入电压负反馈以后，输出电阻是开环时的 $1/(1+AF)$。电压负反馈越深，输出电阻减小就越显著。带负载能力就越强。

② 电流负反馈使输出电阻增大。

分析电流负反馈放大器输出电阻的方法如图 2-43 所示，应使输入端的 $X_i = 0$，并在输出端加入探察信号 u_P，则闭环输出电阻 $R_{of} = U_P/I_P$。由于存在反馈网络 F，图中 $X_f = I_P \cdot F$，则 $X_i' = -X_f = -I_P \cdot F$，因此在闭环放大器的输出端中有受控源($-AFI_P$)，其中负号表示受控电流源的流向与 I_P 的流向相反(当 I_P 流入放大器时，受控电流源为流出放大器)，而 A 应为负载开路时的放大倍数。于是可得：

$$U_P = [I_P - (-AFI_P)]R_o = I_P(1+AF)R_o$$

由上式可知 R_{of} 为

$$R_{of} = \frac{U_P}{I_P} = (1+AF)R_o \tag{2-50}$$

式(2-50)表明：引入电流负反馈以后，输出电阻是开环时的(1+AF)倍。由于输出电阻越大，输出越接近于恒流源，此时输出电流不会因带不同负载电阻而有较大变化。输出电流能较恒定与输出电阻大是密切相关的，电流负反馈越深，输出电阻增大就越显著。

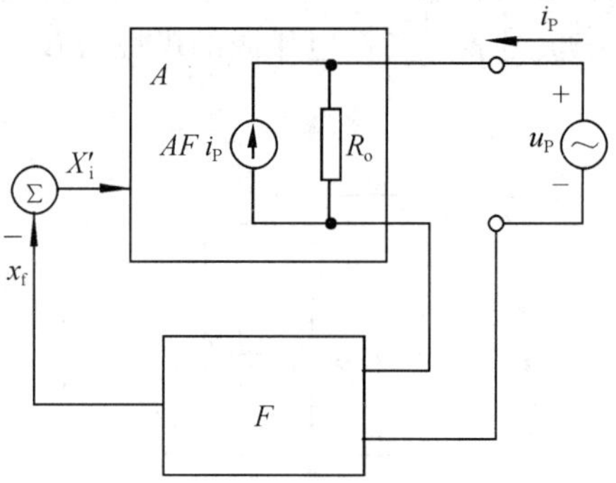

图 2-43　求电流负反馈的输出电阻

以上分析说明：为改善放大器的性能，应该引入负反馈。负反馈类型选用的一般原则归纳如下：

① 要稳定交流性能，应引入交流负反馈；要稳定静态工作点，应引入直流负反馈。

② 要稳定输出电压，应引入电压负反馈；要稳定输出电流，应引入电流负反馈。

③ 要提高输入电阻，应引入串联负反馈；要减小输入电阻，应引入并联负反馈。

实训 1　共发射极放大电路的测试

一、实验目的

熟练掌握共发射极放大电路的工作原理、静态工作点的设置，静态工作点对电路参数的影响。

二、实验仪器

(1) XST-7 型电子技术综合实验装置　　一套

(2) 数字式万用表　　一只

(3) 4320 双踪示波器　　一台

三、实验原理

（1）实验电路，如图 2－44 所示。

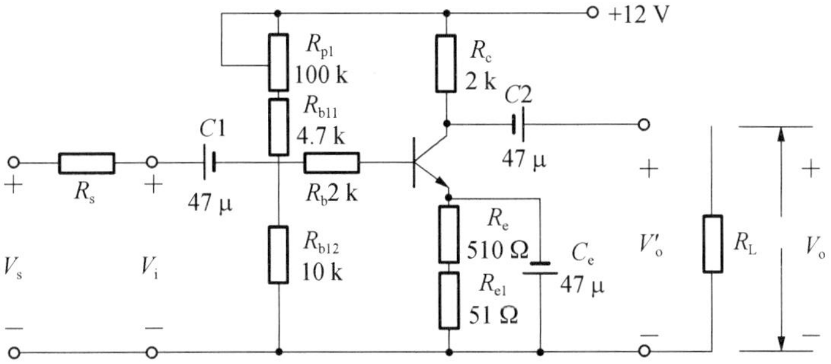

图 2－44　共发射极放大电路

（2）实验原理

静态工作点：$$V_{CEQ}=V_{CC}-I_{CQ}R_c$$

动态参数：

电压放大倍数：$$A_{v1}=\frac{V_o}{V_i}=-\frac{\beta R'_L}{r_{be}}$$

其中：$$r_{be}=300+(1+\beta)\frac{26(\text{mV})}{I_E(\text{mA})}$$

输入电阻：$$R_i=R_{b1}//R_{b2}//R_{be}$$

输出电阻：$$R_o\approx R_c$$

放电大路输入电阻和输出电阻的测试方法，参阅教材内容，其测试计算公式如下：

$R_i=\dfrac{V_i}{V_T-V_i}R_S$ 和 $R_o=\left(\dfrac{V'_o}{V_o}-1\right)R_L$，其中 V_T 即为信号源输出电压，V_i 为放大电路输入端电压；V'_o 为放大电路输出端开路（$R_L=\infty$）时电路的输出电压，V_o 为放大电路输出端接上负载电阻 R_L（$R_L=2\ \text{k}\Omega$）时电路的输出电压。

四、实验内容

1. 实验准备

按实验电路图连接好实验电路，经老师检查以后方可打开电源。调整直流电源Ⅰ（或Ⅱ），使输出电压为 12 V，再把电源接入电路中（电源正极接电路＋12 V 处，负极接地）。

2. 设置静态工作点

将输入端交流短路，接通 $V_{CC}=+12$ V 直流电源，调整上偏置电阻 R_B（即调整电位器 R_{P1}，$R_B=R_{p1}+R_{b11}$）的值，使 $I_C=2$ mA，测出 V_{BE} 和 V_{CE}，并分别用万用表测出 I_B、I_C 的值，把所测得的数据填入表 2－1 中。

表 2-1 静态工作点的调试

测量结果				计算结果
V_{BE}	V_{CE}	I_C	I_B	β

3. 测量电压放大倍数 A_v

在确定放大电路静态工作点后，保持 R_B不变，由实验装置上的函数信号源输出一个 $f=1$ kHz，$V_i=20$ mV 的正弦波信号(用实验装置上的交直流毫伏毫安表内显测出 V_i值)，输入到放大电路的输入(V_i)端，用示波器观察输出电压的波形，在输出波形不失真的情况下，用实验装置上的交直流毫伏毫安表外显功能，测出放大电路输出交流电压(V_o)的值，把测量数据填入表 2-2 中，根据公式计算出电压放大倍数 $A_{v1}=\dfrac{V_{o1}}{V_i}$(此时，$R_L=\infty$)。如果输出波形出现失真，调整 R_{p1}，使输出波形不失真，然后再测 V_{o1}；保持 V_i不变，接入负载电阻 $R_L=2$ kΩ，再测输出电压 V_{o2}的值，把测量数据填入表 2-2 中，根据公式计算出电压放大倍数$A_{v2}=\dfrac{V_{o2}}{V_i}$。

表 2-2 放大倍数的测试

测量结果				计算结果
V_i	V_{o1}	V_{o2}	A_{v1}	A_{v2}

4. 在非线性工作状态下，测试放大电路的工作状态

调节 W，使 R_{p1}逐渐减小，观察输出波形的变化，直到出现饱和失真，测量其静态工作点；后使 R_{p1}逐渐增大，观察输出波形的变化，直到出现截止失真，测量其静态工作点，将数据、输出波形填入下表 2-3 中。

表 2-3 非线性工作状态

工作状态	输出波形	静态工作点			
饱和		V_{CE}	V_{BE}	I_C	I_B
截止					

5. 测量放大电路的输入电阻 R_i和输出电阻 R_o

由定量分析公式 $R_i=\dfrac{V}{V_T-V_i}R_S$和 $R_o=\left(\dfrac{V'_o}{V_o}-1\right)R_L$，按照表 2-4 的要求进行测量。

表 2-4　放大电路输入电阻和输出电阻的测量

测　量　结　果				计算结果	
$R_S=1\ \text{k}\Omega$		$R_L=2\ \text{k}\Omega$			
V_i（电路输入端电压）	V_S（信号源输出电压）	V'_o（$R_L=\infty$）	V_o（$R_L=2\ \text{k}\Omega$）	R_i	R_o

五、实验报告的要求

（1）画出电路原理图，填写实验数据，并绘观察波形图。

（2）回答思考题，总结实验收获。

六、思考题

（1）如何设置静态工作点，静态工作点对放大倍数（如输出波形）的影响。

（2）静态工作点设置在何值时，输出电压的波形最大且不失真？

（3）设置静态工作点的方法有几种？

（4）有哪几种失真波形？是由于什么原因造成的？

实训 2　负反馈放大电路的调整与测试

一、实验目的

（1）加深了解电压串联负反馈对放大器性能的影响。

（2）掌握负反馈放大器性能指标的测量方法。

（3）学习静态工作点的调试方法，训练按图接线和查线的能力，进一步熟悉仪器使用方法。

二、实验原理

负反馈在电子电路中有着非常广泛的应用。虽然它使放大器的放大倍数降低，但能在多方面改善放大器的动态参数，如稳定放大倍数，改变输入、输出电阻，减小非线性失真和展宽通频带等。因此，几乎所有的实用放大器都带有负反馈。

负反馈放大器有四种组态，即电压串联、电压并联、电流串联和电流并联。本实验以电压串联负反馈为例，分析负反馈对放大器各项性能指标的影响。

（1）图 2-45 为带有负反馈的两级阻容耦合放大电路，在电路中通过电阻 R_{13} 把输出电压 U_o 引回到输入端，加在晶体管 V_1 的发射极上，在发射极电阻 R_5 上形成反馈电压 U_{fo} 根据反馈的判断法可知，它属于电压串联负反馈。

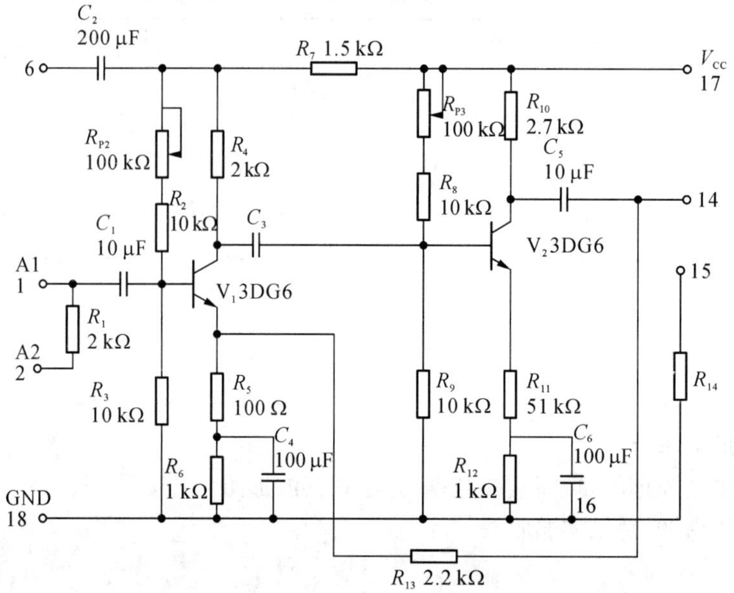

图 2-45 负反馈放大器实验板电路图

主要性能指标如下：

① 闭环电压放大倍数 A_{VF}

$$A_{Vf} = \frac{A_V}{1 + A_V F_V}$$

其中，$A_V = U_o/U_i$——基本放大器(无反馈)的电压放大倍数，即开环电压放大倍数。

$1 + A_V F_V$——反馈深度，它的大小决定了负反馈对放大器性能改善的程度。

② 反馈系数

$$F_V = \frac{R_{F1}}{R_f + R_{F1}}$$

③ 输入电阻 $r_{1f} = (1 + A_V F_V) r'_i$

其中，r'_i——基本放大器的输入电阻(不包括偏置电阻)。

④ 输出电阻

$$r_{or} = \frac{r_o}{1 + A_{VO} F_V}$$

其中，r_o——基本放大器的输出电阻。

A_{VO}——基本放大器 $R_L = \infty$ 时的电压放大倍数。

(2) 本实验还需要测量基本放大器的动态参数，怎样实现无反馈而得到基本放大器呢？在基本放大电路的基础上把输出部分的电压引入输入部分，构成一个反馈系统。因此在测量基本放大器的动态参数时我们可以断开反馈支路，因而去掉反馈作用，得到基本放大电路。

根据上述描述，就可得到所要求的如图 2-46 所示的基本放大电路。

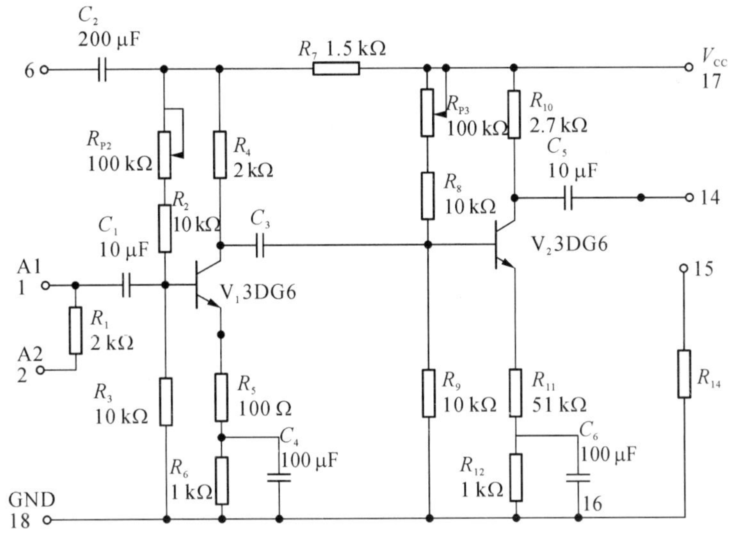

图 2-46　基本放大电路

三、实验设备与器件

(1) 数字直流电压表；　(2) 信号源；

(3) 示波器；　(4) 交流毫伏表；

(5) 分立元器件。

四、实验内容

1. 测量静态工作点

按图 2-33 所示连接实验电路，取 $V_{cc}=+12$ V，$U_i=0$ V，用数字电压表分别测量第一级、第二级的静态工作点，记入表 2-5 中。

表 2-5　测量静态工作点

	U_B/V	U_E/V	U_C/V
第一级			
第二级			

2. 测试基本放大器的各项性能指标

将实验电路按图 2-34 改接，即把 R_{13} 断开就可以，其他连线不动，取 $V_{CC}=12$ V，各仪器连接方法同上。

测量中频电压放大倍数 A_v、输入电阻 r_i 和输出电阻 r_o。

(1) 以 $f=1$ kHz，U_S 约 5 mV 正弦信号输入放大器，用示波器监视输出波形 u_o，在 u_o 不失真的情况下，用交流毫伏表测量 U_S、U_i、U_L，记入表 2-6 中。

表 2-6　基本放大器的各项性能指标

	U_s/mV	U_i/mV	U_L/mV	U_o/mV	A_v	r_i	r_o
基本放大器							
负反馈放大器							

(2) 保持U_s不变，断开负载电阻R_L(注意，R_f不要断开)，测量空载时的输出电压U_o，记入表4-2中。

3. 测试负反馈放大器的各项性能指标

将实验电路恢复为图2-33的负反馈放大电路。适当加大U_S(约10 mV)，在输出波形不失真的条件下，用实验内容2中的方法测量负反馈放大器的A_{vf}、r_{if}和r_{of}，记入表4-2中。

4. 观察负反馈对非线性失真的改善

(1) 实验电路改接成基本放大器形式，在输入端加入$f=1$ kHz的正弦信号，输出端接示波器，逐渐增大输入信号的幅度，使输出波形出现失真，记下此时的波形和输出电压的幅度。

(2) 再将实验电路改接成负反馈放大器形式，增大输入信号幅度，使输出电压幅度的大小与(1)相同，比较有负反馈时，输出波形的变化。

五、实验报告

(1) 将基本放大器和负反馈放大器动态参数的实测值和理论估算值列表进行比较；

(2) 根据实验结果，总结电压串联负反馈对放大器性能的影响。

六、预习要求

(1) 复习教材中有关负反馈放大器的内容。

(2) 按如图2-33所示的实验电路估算放大器的静态工作点($\beta_1=\beta_2=100$)。

(3) 估算基本放大器的A_V、r_i和r_o；估算负反馈放大器的A_{vf}、r_{if}和r_{of}，并验算它们之间的关系。

(4) 怎样把负反馈放大器改接成基本放大器？为什么要把R_f并接在输入和输出端？

(5) 如按深度负反馈估算，则闭环电压放大倍数$A_{vf}=$？和测量值是否一致？为什么？

(6) 如输入信号存在失真，能否用负反馈来改善？

(7) 怎样判断放大器是否存在自激振荡？如何进行消振？

项目小结

1. 晶体管和场效应管都起放大作用，在电路中有着广泛的应用。晶体管是电流放大元件，场效应管是电压放大元件。对放大电路的分析有估算法和图解法。

估算法是：(1) 先画出直流通路(方法是将电容开路，信号源短路，剩下的部分就是直流通路)，求静态工作点I_B、I_C和U_{CE}。

(2) 画交流通路和微变等效电路求电压放大倍数A_u、输入和输出电阻R_I和R_O。

图解法：是在输入回路求出I_B后，在输入特性作直线，得到工作点Q，读出相应的I_B、U_{BE}而在输出回路列电压方程再输出曲线作直线，得到工作点Q，读出相应的I_C、U_{CE}，加入待放大信号u_i从输入、输出特性曲线可观察输入、输出波形。若工作点Q点设得合适，在放大区则波形就不会发生失真。

2. 基本共发射极放大电路：既能放大电流又能放大电压，输入电阻在三种电路之中，输出电阻较大，频带较窄，常作低频电压放大电路的单元电路。

3. 基本共集电极放大电路：只能放大电流不能放大电压，是三种接法中输入电阻最大，输出电阻最小的电路，并具有电压跟随的特点。常用于电压放大电路的输入级和输出级，在功率放大电路中也常采用射极输出的形式。

4. 基本共基极放大电路：只能放大电压不能放大电流，输入电阻小，电压放大倍数、输出电阻与共射极放大电路相当，是三种接法中高频特性最好的电路，常作为宽频带放大电路。

5. 把输出信号的一部分或全部通过一定的方式引回到输入端的过程称为反馈。反馈放大电路由基本放大电路和反馈网络组成，判断一个电路有无反馈，只要看它有无反馈网络。反馈有正、负之分，采用瞬时极性法加以判断。反馈还有直流反馈和交流反馈之分。

6. 负反馈放大电路有四种基本类型：电压串联负反馈、电流串联负反馈、电压并联负反馈和电压串联负反馈。反馈信号取样于输出电压的，称电压反馈，取样于输出电流的，则称电流反馈。若反馈信号与信号源、基本放大电路串联连接，则称为串联反馈，若是并联连接，则称为并联反馈。

7. 负反馈对放大电路工作的影响：提高放大电路的稳定性；减小非线性失真；展宽通频带；改变放大电路的输入和输出电阻。

思考与练习

1. 电路如图所示，$U_{CC}=12$ V，$\beta=60$，$R_B=200$ kΩ，$R_E=2$ kΩ，$R_L=2$ kΩ，信号源内阻 $R_S=100$ Ω，$U_{BE}=0.6$ V。试求：

(1) 静态工作点 Q；

(2) A_u、r_i 和 r_o。

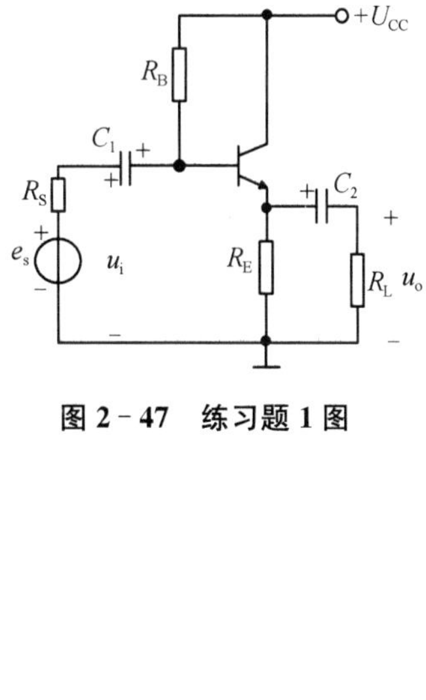

图 2-47　练习题 1 图

2. 如图 2-48 所示电路，已知 $U_{CC}=12\ \text{V}$，$R_B=300\ \text{k}\Omega$，$R_C=4\ \text{k}\Omega$，$R_L=4\ \text{k}\Omega$，$U_{BE}=0.6\ \text{V}$，$\bar{\beta}\approx\beta=37.5$。试求：

(1) 静态工作点 $Q(I_B、I_C$和$U_{CE})$；

(2) 利用微变等效电路法计算电压放大倍数 A_u、输入电阻 r_i 和输出电阻 r_o。

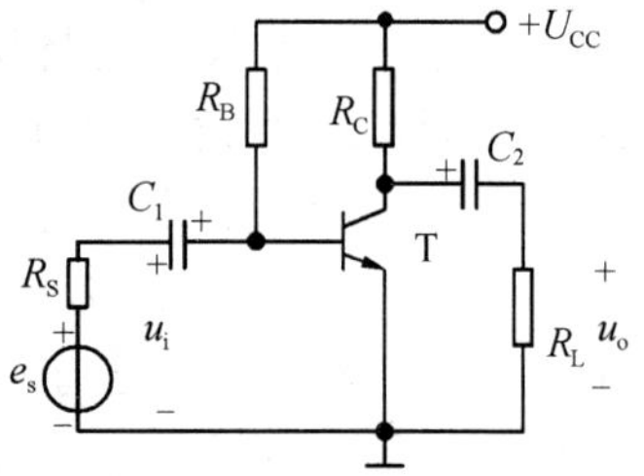

图 2-48 练习题 2 图

3. 电路如图 2-49 所示，已知 $U_{CC}=12\ \text{V}$，$\beta=60$，$R_B=200\ \text{k}\Omega$，$R_E=2\ \text{k}\Omega$，$R_L=2\ \text{k}\Omega$，信号源内阻 $R_S=80\ \Omega$，$U_{BE}=0.6\ \text{V}$。试求：

(1) 静态工作点 $Q(I_B、I_C、U_{CE})$，要求画出直流通路；

(2) 电压放大倍数 A_u、输入电阻 r_i、输出电阻 r_o，要求画出微变等效电路。

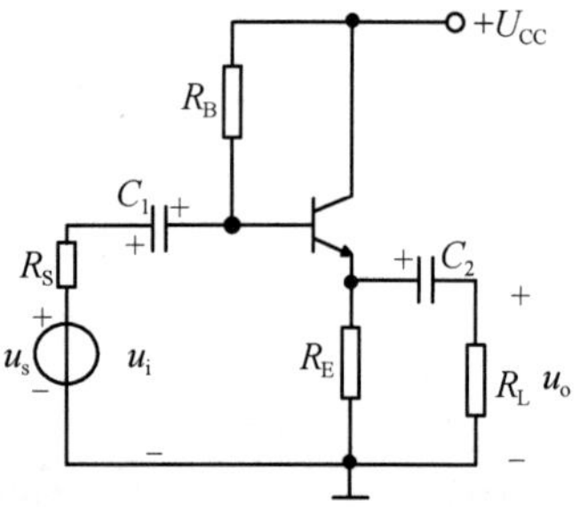

图 2-49 练习题 3 图

4. 如图 2 - 50 所示电路，已知 $U_{CC}=16\ V$，$R_B=300\ k\Omega$，$R_C=6\ k\Omega$，$R_L=6\ k\Omega$，$U_{BE}=0.6\ V$，$\bar{\beta}\approx\beta=40$。试求：

(1) 静态工作点 Q(I_B、I_C和 U_{CE})，要求画出直流通路；

(2) 利用微变等效电路法计算电压放大倍数 A_u、输入电阻 r_i、输出电阻 r_o，要求画出微变等效电路。

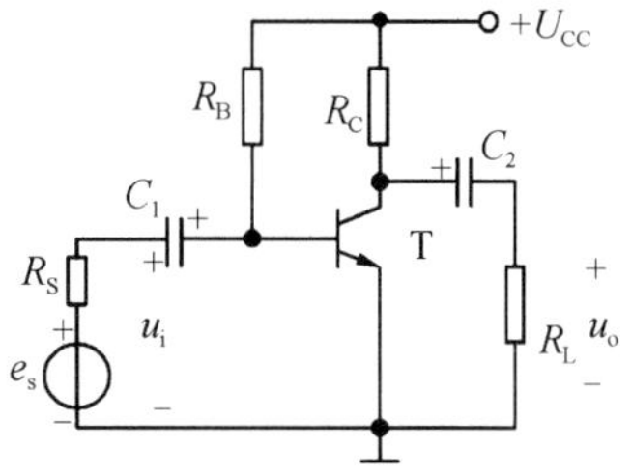

图 2 - 50　练习题 4 图

5. 电路如图 2 - 51 所示，$U_{CC}=12\ V$，$R_C=2\ k\Omega$，$R_E=2\ k\Omega$，$R_{B1}=20\ k\Omega$，$R_{B2}=10\ k\Omega$，$R_L=2\ k\Omega$，$U_{BE}=0.6\ V$，晶体管的电流放大倍数 $\beta=37$。试求：

(1) 静态工作点 Q(I_B、I_C和 U_{CE})，要求画出直流通路；

(2) 动态参数(A_u、r_i 和 r_o)，要求画出微变等效电路。

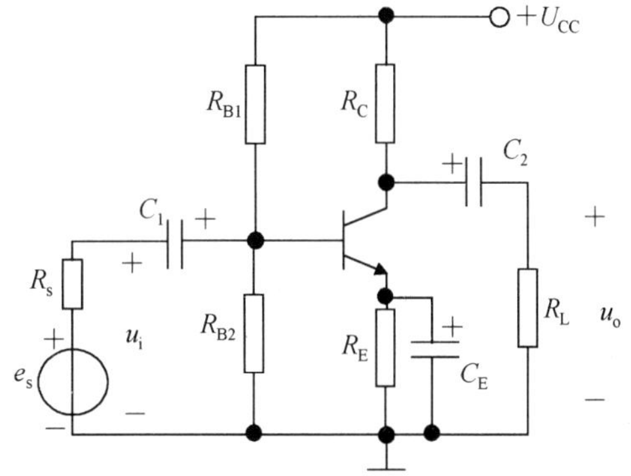

图 2 - 51　练习题 5 图

6. 判断图 2－52 各电路所引入的反馈极性是正反馈还是负反馈？反馈量是交流、直流还是交直流？

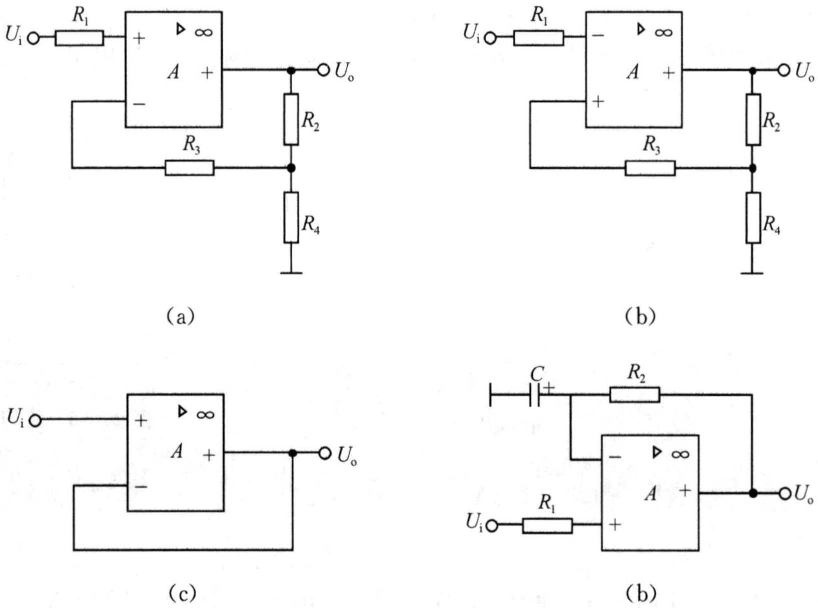

图 2－52 练习题 6 图

7. 判断图 2－53 电路，级间所引入的反馈极性是正反馈还是负反馈？反馈量是交流、直流还是交直流？

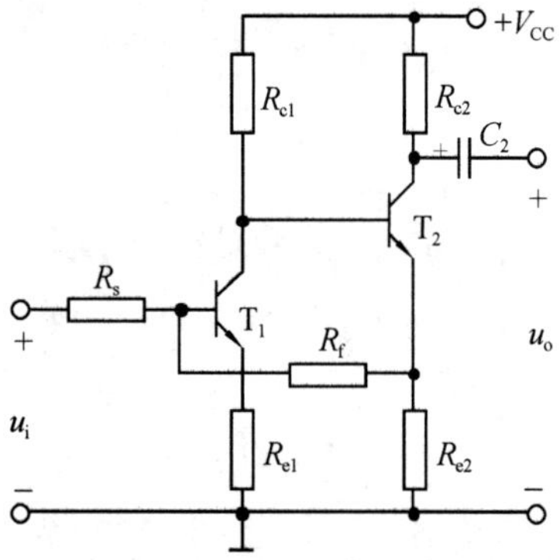

图 2－53 练习题 7 图

8. 判断图 2－54 各电路中的反馈是什么类型。

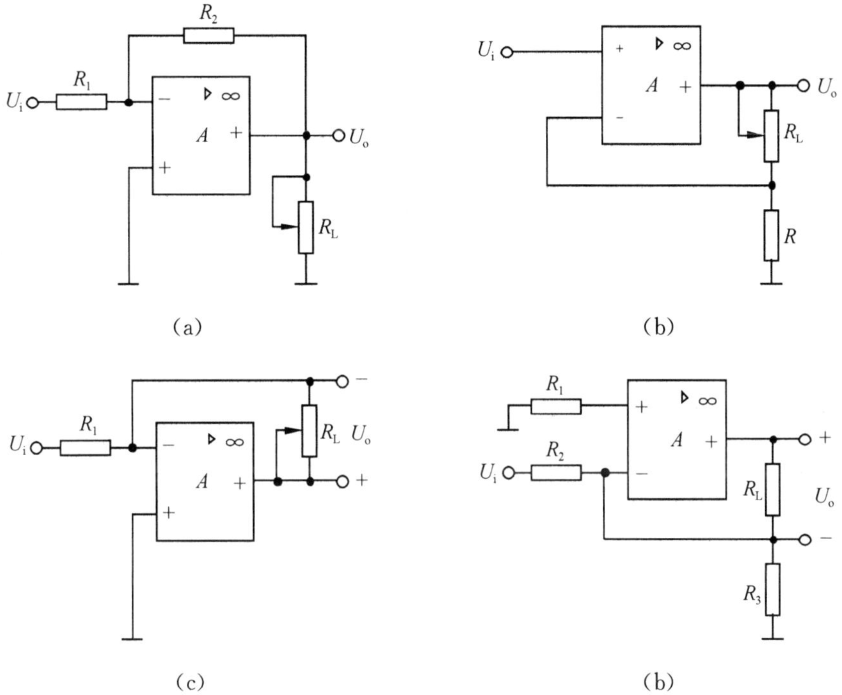

图 2－54　练习题 8 图

9. 有一负反馈放大器，其开环增益 $A=100$，反馈系数 $F=1/10$，它的反馈深度和闭环增益各是多少？

项目三　信号处理电路

任务 3-1　多级放大电路

在实际放大电路中，需要放大的信号是很微弱的，一般只有毫伏的数量级。为了推动终端动作，放大电路的放大倍数是不够高的，必须采用多级放大器进行逐步放大，以获得足够的放大倍数和各种性能的要求。所以在实际应用中常常将不同性能的单管放大电路接成多级放大电路。

任务 3-1-1　多级放大电路的组成

如图 3-1 所示为多级放大电路的组成框图。通常把与信号源相连接的第一级放大电路称为输入级，把与负载相连的末级放大电路称为输出级，输出级与输入级之间的放大电路称为中间级。

输入级又称为前置级，信号源是小信号，此级主要进行电压放大；输出级是大信号放大，以提供负载所需的功率，常采用功率放大电路。

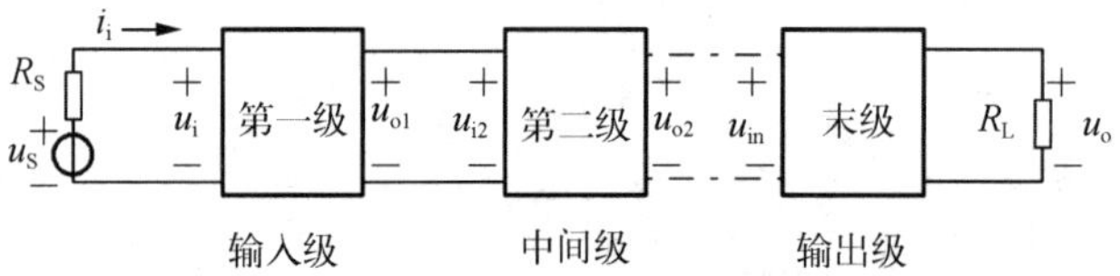

图 3-1　多级放大电路组成框图

任务 3-1-2　多级放大电路的组成和耦合方式

1. 电容耦合

级与级之间采用电容连接，称为电容耦合，如图 3-2 所示。图中第一级与第二级之间通过电容 C_2 相连接。电容耦合放大电路的特点：各级静态工作点"Q"独立，只能放大交流信号，不能放大直流信号或者缓慢变化的信号，不利于集成。

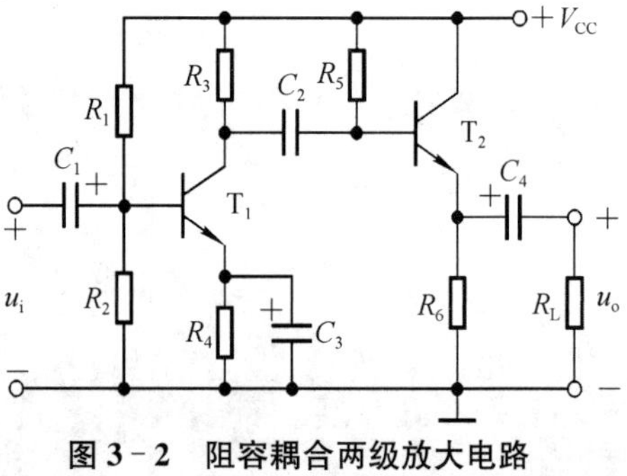

图 3-2　阻容耦合两级放大电路

2. 直接耦合

为了避免电容对缓慢变化的信号在传输过程中带来的不良影响，也可以把级与级之间直接用导线连接起来，这种连接方式称为直接耦合。其电路如

图 3－3 所示。这种耦合方式的优点有：电路简单，元件少，有利于集成，能放大交、直流信号，可以放大缓慢变化的信号；缺点有：工作点 Q 互相牵连，零点漂移严重。

集成电路中多采用直接耦合方式，直接耦合放大电路的第一级一般采用差分放大电路，用来消除零点漂移。

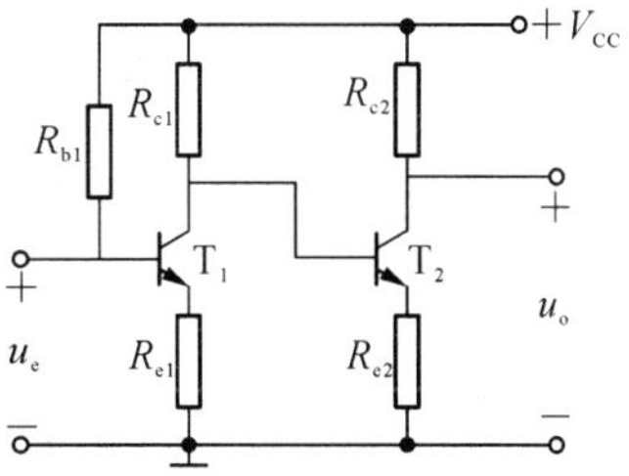

图 3－3　直接耦合两级放大电路

3. 变压器耦合

级与级之间采用变压器连接，称为变压器耦合，如图 3－4 所示。图中第一级与第二级之间用变压器 T_{r1} 连接。变压器耦合的特点：各级 Q 独立，能实现阻抗匹配，但变压器笨重，无法集成化，只能放大交流信号。

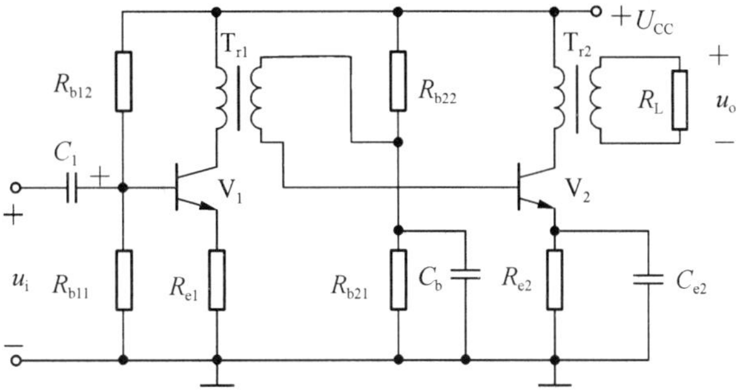

图 3－4　变压器耦合放大电路

任务 3－1－3　多级放大电路的性能指标

如图 3－1 所示的多级放大电路框图中，前级的输出电压就是后级的输入电压，即 $U_{i2}=U_{o1}$，$U_{i3}=U_{o2}$，每一级的电压放大倍数分别为 $A_{u1}=u_{o1}/u_i$，$A_{u2}=u_{o2}/u_{i2}$，…，$A_{un}=u_o/u_{in}$。那么整个放大电路的电压放大倍数为

$$A_u=\frac{u_o}{u_i}=\frac{u_{o1}}{u_i}\cdot\frac{u_{o2}}{u_{i2}}\cdot\cdots\cdot\frac{u_o}{u_{in}}=A_{u1}\cdot A_{u2}\cdot\cdots\cdot A_{un} \tag{3-1}$$

多级放大电路的电压放大倍数用分贝表示为

$$\begin{aligned}A_u(\mathrm{dB})&=A_{u1}(\mathrm{dB})+A_{u2}(\mathrm{dB})+\cdots+A_{un}(\mathrm{dB})\\&=20\lg|A_{u1}|+20\lg|A_{u2}|+\cdots+20\lg|A_{un}|\end{aligned} \tag{3-2}$$

由图 3－1 可见，多级放大器的输入电阻就是第一级的输入电阻，即 $R_i=R_{i1}$。显然，R_i 越高，获取信号源越多。多级放大器的输出电阻就是最后一级的输出电阻，即 $R_o=R_{on}$。显然，R_o 越低，放大器带负载能力就越强。

任务 3－2　差分放大电路

差分放大电路一般用在直接耦合放大电路的输入级，用来抑制零点漂移。它有很多优点，广泛应用于集成电路中。

任务3-2-1 差分放大电路的基本原理

差分放大电路又叫差动放大电路，其特点是对差模输入信号起放大作用，而对共模信号起抑制作用。

1. 电路的组成

图3-5所示为典型的差分放大电路，又称为长尾式差动放大电路。它是完全对称的共发射极电路组成，采用双电源供电。电路中V_1、V_2型号相同，特性一致；电路有两个输入端，两个输出端；R_C为集电极电阻，R_{EE}为差分放大电路的公共发射极电阻。

电路静态时，即$u_{i1}=u_{i2}=0$，由于电路两边的参数完全对称，静态值完全相同，故两边的输出电压u_{C1}和u_{C2}相等，总的输出电压$u_o=u_{C1}-u_{C2}=0$。也就是说差分放大电路零输入时零输出。

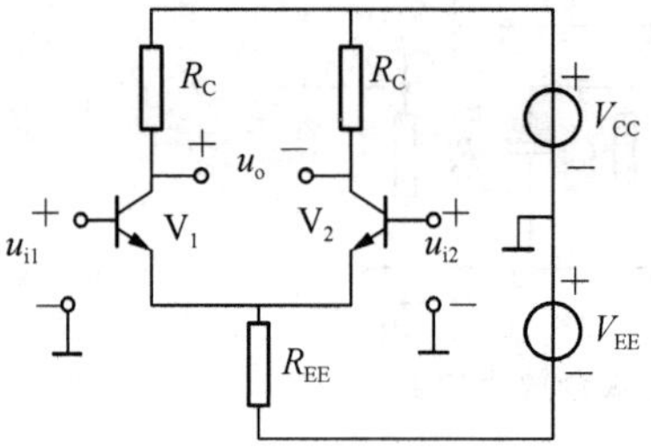

(a) 电路

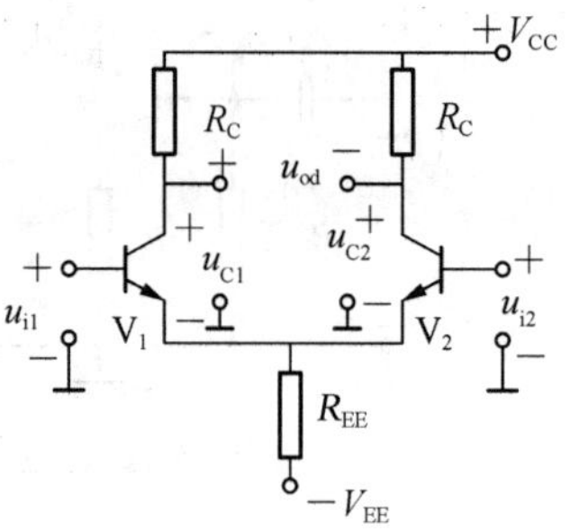

(b) 简化电路

图3-5 基本差分放大电路

2. 对差模输入起放大作用

大小相等、极性相反的信号称为差模信号，即$u_{i1}=-u_{i2}$。差模输入就是在差分电路输入端加上差模信号，差模输入电压u_{id}可以表示为

$$u_{id}=u_{i1}-u_{i2}=2u_{i1} \tag{3-3}$$

此时，两个晶体管的信号电流也是大小相等而方向相反，流过公共发射极电阻R_{EE}的差模信号电流为零，R_{EE}对于差模信号来说相当于短路。差模交流通路如图3-6所示，由分析可知，

$$i_{c1}=-i_{c2},u_{o1}=-u_{o2} \tag{3-4}$$

差模输出$u_{od}=u_{o1}-u_{o2}=2u_{o1}$，差模电压放大倍数

$$A_{ud}=\frac{u_{od}}{u_{id}}=\frac{2u_{o1}}{2u_{i1}}=\frac{u_{o1}}{u_{i1}}=A_{ud1} \tag{3-5}$$

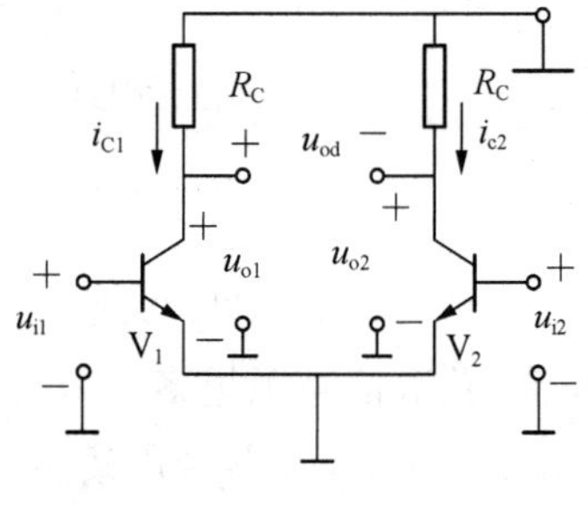

图3-6 差模信号交流通路

由式(3-5)可知，差分放大电路双端输出时的差模电压放大倍数A_{ud}等于单管的差模电压放大倍数A_{ud1}。由图(3-6)易得

$$A_{ud}=-\frac{\beta R_C}{r_{be}} \tag{3-6}$$

由式(3-6)可以看出：双端输入、输出的差模放大倍数与单级放大倍数相等。换句话说，差动电路多用了一只管子，其目的是抑制零点漂移。

3. 对共模输入起抑制作用

大小相等、方向相同的信号称为共模信号，即 $u_{i1}=u_{i2}$。在图 3-5 所示的差分电路加上共模信号，共模输入电压 $u_{ic}=u_{i1}=u_{i2}$。在共模信号的作用下，使得 $i_{e1}=i_{e2}$，流过 R_{EE} 的电流为 $2i_{e1}$（或 $2i_{e2}$），R_{EE} 两端的电压的变化量为 $u_e=2i_{e1}R_{EE}=i_{e1}(2R_{EE})$，也就说 R_{EE} 对每个晶体管的共模信号有 $2R_{EE}$ 的效果，共模信号的交流通路如图 3-7 所示。

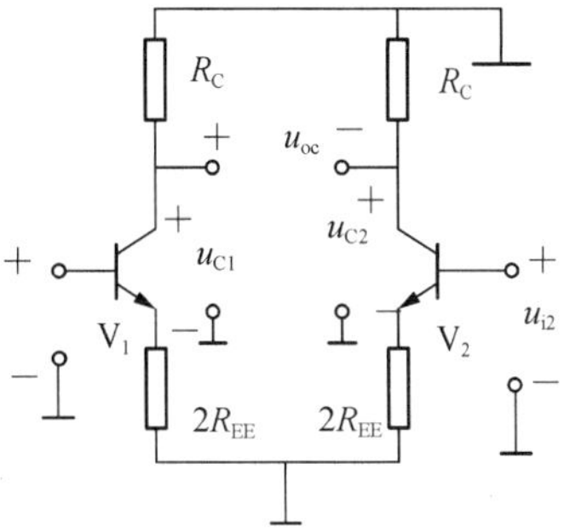

图 3-7　共模信号交流通路

由于差分电路两边完全对称，对于共模输入信号，两管集电极电位的变化相同，即 $u_{c1}=u_{c2}$，因此，双端共模输出电压 $u_{oc}=u_{c1}-u_{c2}=0$，电路无信号输出。显然，完全对称的差分放大电路，$A_{uc}=0$。这种放大电路只有在两端输入信号有差时才能放大，而无差时不能放大，故称为差动放大电路。

4. 共模抑制比 K_{CMR}

在差动放大电路中，无论是温度的变化还是电源电压的波动，引起的两管集电极信号的变化是相同的，其效果相当于两端输入共模信号。由于电路的对称性，在理想情况下，可使两端的输出电压为零，从而抑制了零点漂移。

实际应用中，差分放大电路不可能做到绝对对称，因此漂移还是会有，当有共模信号输入时，也会有输出信号。如果电路尽可能做到对称的话，当输入共模信号时输出电压将会很小，也就是漂移会很小。

差分放大电路对差模输入有很好的放大能力而对共模信号有较强的抑制能力，为了表征差分放大电路的这种能力，通常采用共模抑制比 K_{CMR} 来表示。它的定义为

$$K_{CMR}=\left|\frac{A_{ud}}{A_{uc}}\right| \tag{3-7}$$

也可以用分贝来表示

$$K_{CMR}=20\lg\left|\frac{A_{ud}}{A_{uc}}\right|(\mathrm{dB}) \tag{3-8}$$

上式表明放大电路的差模电压放大倍数愈大、共模电压放大倍数愈小，则该电路的共模抑制比就愈大，也就是说该电路抑制共模信号的能力愈强。当电路两边理想对称、双端输出时，A_{uc} 为零，故共模抑制比为无穷大。

任务 3-2-2　具有电流源的差分放大电路

长尾式差分放大电路中，R_{EE} 越大，共模抑制比越大，对共模信号的抑制能力越强，但 R_{EE} 增大是有限的，因为 R_{EE} 过大，为了保证晶体管有合适的静态工作点，必须加大负电源

V_{EE}的值，这显然是不合适的。另外，集成工艺也不宜制作太大的电阻。为了提高差分放大电路对共模信号的抑制能力，常采用电流源来代替 R_{EE}。因为电流源的静态电阻小，动态电阻很大，所以既不影响工作点，又提高共模抑制比。图 3－8(a)为具有电流源的差分放大电路，图 3－8(b)为它的简化电路。

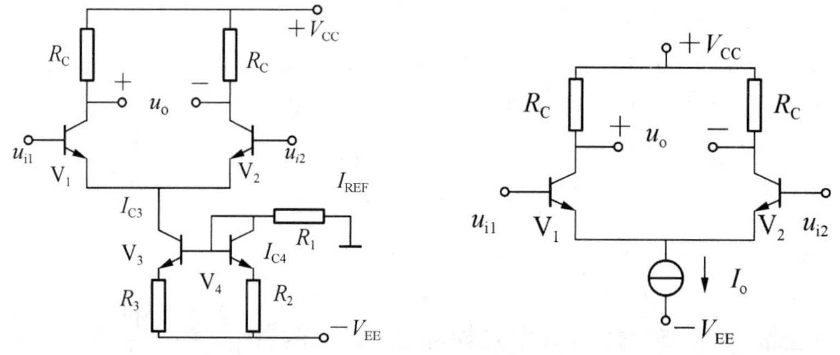

(a) 电路　　(b) 简化电路

图 3－8　具有电流源的差分放大电路

任务 3－2－3　差分放大电路的输入和输出方式

差分电路的连接方式如图 3－9 所示，有四种连接方式，分别是双端输入双端输出、双端输入单端输出、单端输入双端输出和单端输入单端输出。

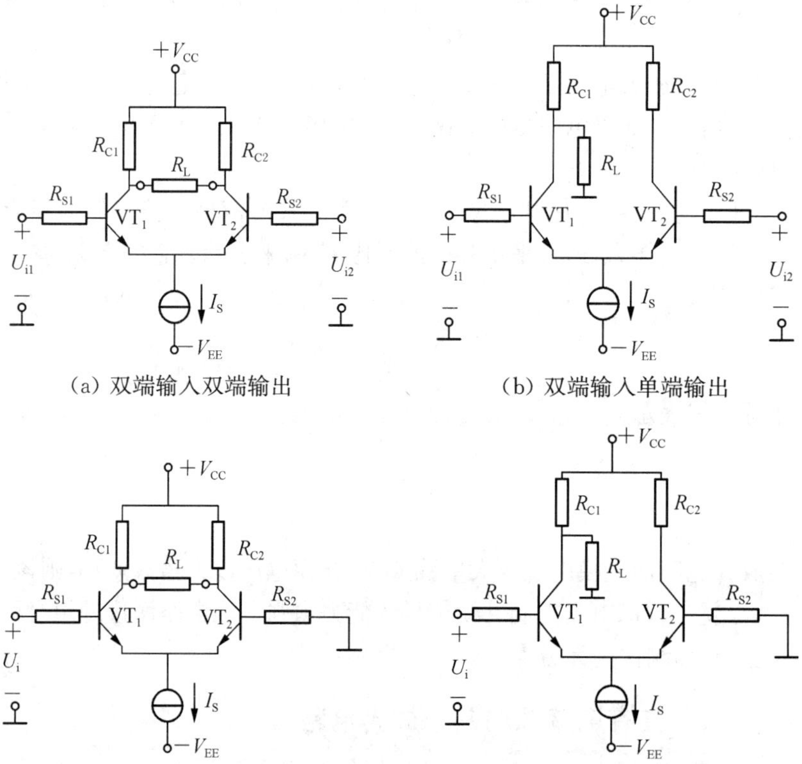

(a) 双端输入双端输出　　(b) 双端输入单端输出

(c) 单端输入双端输出　　(d) 单端输入单端输出

图 3－9　差分电路的连接方式

任务 3 - 3　集成运算放大电路

任务 3 - 3 - 1　集成运算放大器

集成电路是 20 世纪 60 年代初发展起来的一种新型器件。它把整个电路中的二极管、晶体管或场效应管、电阻等元器件以及器件之间的连线，采用半导体集成工艺同时制作在一块半导体芯片上，再将芯片封装并引出相应管脚，做成具有特定功能的电路块。与分立件电路相比，集成电路实现了器件、连线和系统的一体化，外接线少，具有可靠性高、性能优良、重量轻、造价低廉、使用方便等优点。

集成电路可分为数字集成电路和模拟集成电路。模拟集成电路中主要有集成运算放大器、集成稳压器、集成功放器、专用集成电路等。本节我们来学习集成运算放大器。

1. 集成运算放大器的组成

集成运算放大器（简称集成运放）本质上是一个高电压增益、高输入电阻和低输出电阻的直接耦合多级放大电路，常将电路分为输入级、中间级、输出级和偏置电路 4 个组成部分。集成运放的组成框图如图 3 - 10 所示。

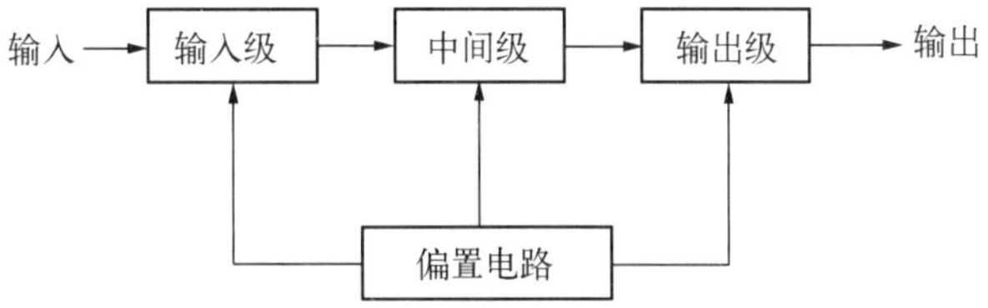

图 3 - 10　集成运放组成框图

输入级要求其有高的输入电阻，为了能够减小零点漂移和提高共模抑制比，因而采用具有恒流源的差分放大电路。

中间级为电压放大级，主要任务是提高电压放大倍数，多采用有源负载的共发射极放大电路。

输出级主要用于提高集成运算放大器的负载能力，要求其输出电阻小，一般采用甲乙类互补对称放大电路。

偏置电路的作用是为上述各级电路提供稳定和合适的偏置电流和静态工作点，一般由各种恒流源电路构成。如图 3 - 11 所示是通用集成运算放大器 741 的符号和管脚图。如图 3 - 12 所示为通用型集成运算放大器 741 的简化电路。在应用集成运算放大器时不一定需要详细了解它的内部电路结构，但需要知道它的引脚的用途及放大器的主要参数。各引脚的用途是：

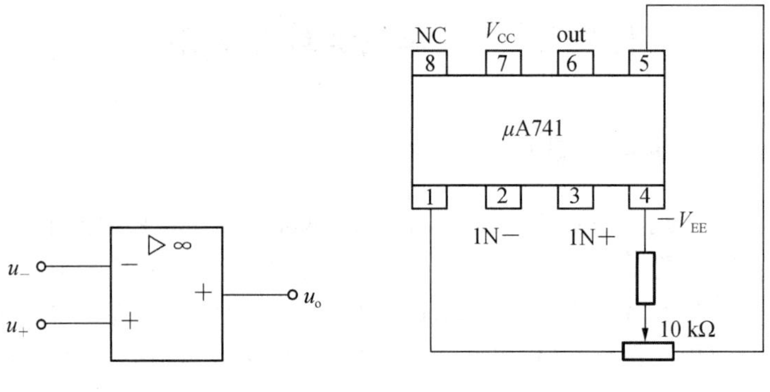

(a) 图形符号　　(b) μA741 的管脚图

图 3-11　集成运放的符号和管脚图

2 脚为反相输入端。由此端接入输入信号，则输出信号与输入信号是反相的。

3 脚为同相输入端。由此端接入输入信号，则输出信号与输入信号是同相的。

4 脚为负电源端。接 −3 V～−18 V 电源。

7 脚为正电源端。接 3 V～18 V 电源。

1 脚和 5 脚为外接调零电位器（通常为 10 kΩ）的两个端子。

6 脚为输出端。

8 脚为空脚。

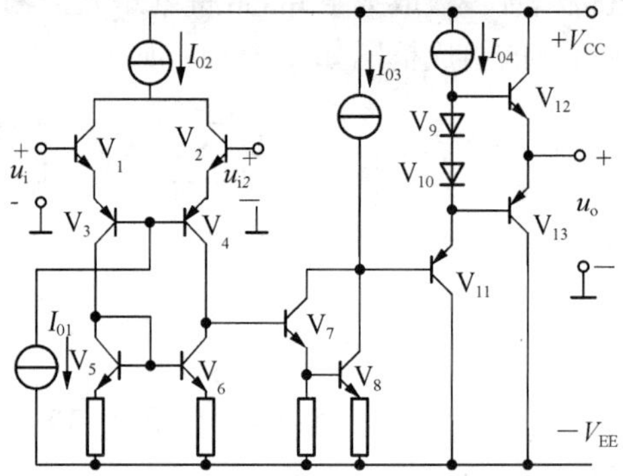

图 3-12　通用型集成运算放大器 741 简化电路

图 3-11(a)为集成运放的电路符号，图中“∞”表示理想条件，两个输入端中，“−”表示反相输入端，用 u_- 表示（有时用 u_N 表示）。“+”表示同相输入端，电压用 u_+ 表示（有时用 u_P 表示）。

2. 集成运算放大器的主要参数

(1) 开环差模电压放大倍数 A_{ud}

它是指集成运放工作在线性区，不加外部反馈电路时的差模电压放大倍数。

(2) 差模输入电阻 R_{id}

指集成运算放大器两输入端间对差模信号所呈现的动态电阻。

(3) 共模抑制比 K_{CMR}

指集成运算放大器开环差模电压放大倍数 A_{ud} 与其共模电压放大倍数 A_{uc} 之比的绝对值，常用分贝表示。

(4) 输入失调电压 U_{IO} 及温漂 dU_{IO}/dT

一个理想的集成运放能实现零输入、零输出。而实际的集成运放，当输入电压为零时，存在一定的输出电压。U_{IO} 是指为使集成运算放大器输出电压为零而在两输入端之间施加的补偿电压，该值越小越好。dU_{IO}/dT 是 U_{IO} 的温度系数，反映输入失调电压随温度而变化的程度。

(5) 输入失调电流 I_{IO} 及温漂 dI_{IO}/dT

I_{IO}是指集成运算放大器两输入端静态偏置电流 I_{BN}和 I_{BP}之差，I_{IO}越小越好。dI_{IO}/dT是 I_{IO}的温度系数，反映输入失调电流随温度而变化的程度。

（6）输入偏置电流 I_{IB}

指集成运放两输入端静态偏置电流 I_{BN}和 I_{BP}的平均值，即 $I_{IB}=(I_{BN}+I_{BP})/2$。

（7）最大差模输入电压 U_{IDM}

是指运放两个输入端之间所能承受的最大差模输入电压，当超过该值时，运放的输入级将有可能损坏。

（8）最大共模输入电压 U_{ICM}

是指运放两个输入端之间所能承受的最大共模输入电压，如果超过此值，运放的 K_{CMR}将明显下降。

3. 集成运算放大器的特性

在分析运算放大器时，一般可将它看成是一个理想运算放大器。理想化的条件主要是：

开环差模电压放大倍数 $A_{ud}\to\infty$；

开环输入电阻 $R_{id}\to\infty$；

开环输出电阻 $R_o\to 0$；

共模抑制比 $K_{CMR}\to\infty$。

在集成运算放大器输出端和输入端之间未外接任何元件，即无反馈时，称为放大器处于开环状态，两输入端有直流差模输入电压 $U_{ID}=U_P-U_N$时，输出电压 U_O与 U_{ID}之比称为集成运放的开环差模放大倍数。理想运算放大器的开环差模电压放大倍数为无穷大。

集成运放工作在线性区的必要条件是引入深度负反馈。工作在线性区的理想集成运放具有如下两个重要特点。

① 集成运放两输入端之间的电压通常接近于 0，$u_p-u_n=u_o/A_{ud}\to 0$，即 $u_p=u_n$。可以将集成运算放大器两个输入端看成是“虚短”。

② 差模输入电阻 R_{id}趋于无穷大，流进集成运算放大器的电流也趋于零，即 $i_p=i_n=0$。可将连个输入端看成是“虚断”。

当集成运放工作在开环或外接正反馈时，集成运放的开环电压放大倍数很大，只有微小的电压信号输入，集成运放就一定工作在非线性区。其特点如下：

① 输出电压只有两种状态，不是正饱和电压$+U_{om}$，就是负饱和电压$-U_{om}$。

② 由于集成运放的输入电阻 $R_{id}\to\infty$，工作在非线性区的集成运放仍然有“虚断”，即 $i_p=i_n=0$。

在具体分析集成运放应用电路时，首先应判断集成运放工作在线性区还是非线性区，再运用线性区或非线性区的特点分析电路的工作原理。

任务 3-3-2　集成运算放大器的线性应用

集成运算放大器接入适当的负反馈就可以构成各种线性应用电路，它们广泛应用于各种信号的运算电路中，并且满足“虚短”和“虚断”。常见的由集成运放构成的基本运算电路有比例、加法、减法、积分与微分等。

1. 比例运算电路

(1) 反相比例运算电路

如图 3-13 所示为反相输入比例运算电路。图中输入信号 u_i 通过电阻 R_1 接到集成运放的反相输入端,反馈电阻 R_f 接在输出端和反相输入端之间,R_f 为反馈电阻,构成深度电压并联负反馈,集成运放工作在线性区。同相输入端通过电阻 R_2 接地,R_2 称为直流平衡电阻,主要是使同相端与反相端外接直流电阻相等,即 $R_2=R_1//R_f$,从而避免集成运放输入偏置电流在两输入端之间产生附加的差模输入电压。

根据"虚断"可得 $i_+\approx 0$,故 $u_+=0$,根据"虚短"可得 $u_+=u_-=0$。

根据"虚断"可得 $i_-\approx 0$,故 $i_1=i_F$,由图 3-13 可求得

$$i_1=\frac{u_i-u_-}{R_1}\approx\frac{u_i}{R_1}$$

$$i_F=\frac{u_--u_o}{R_f}\approx-\frac{u_o}{R_f}$$

那么

$$\frac{u_i}{R_1}=-\frac{u_o}{R_f}$$

故可得输出电压与输入电压的关系为

$$u_o=-\frac{R_f}{R_1}u_i \tag{3-9}$$

由式(3-9)表明,输出电压与输入电压成比例关系,并且相位相反。电压放大倍数为

$$A_{uf}=\frac{u_o}{u_i}=-\frac{R_f}{R_1} \tag{3-10}$$

当 $R_1=R_f=R$ 时,$u_o=u_i$,输入电压与输出电压大小相等,相位相反,称为反相器或反号器,如图 3-14 所示,可以实现变号的运算。

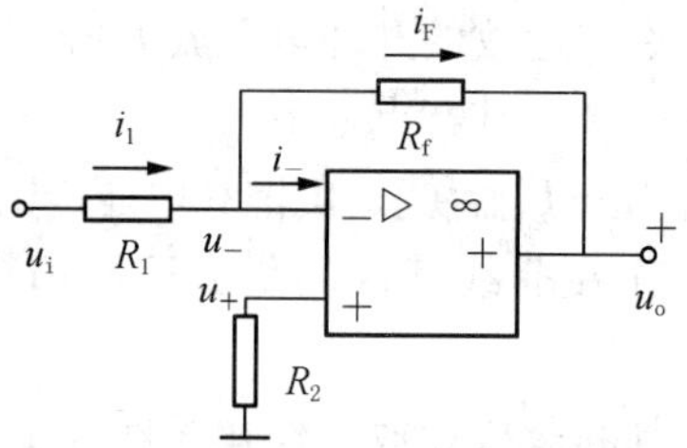

图 3-13　反相输入比例运算电路

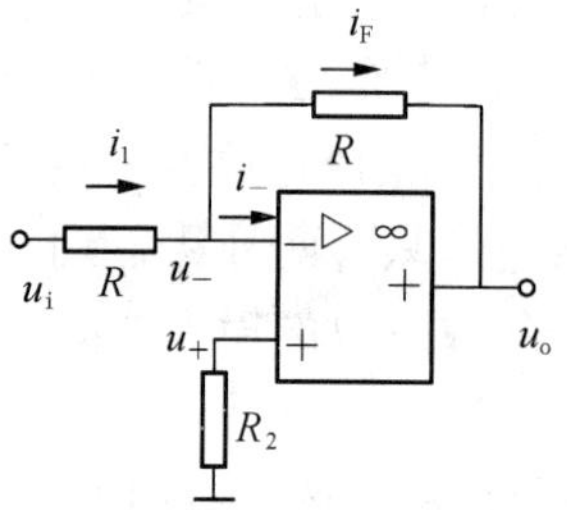

图 3-14　反相器

(2) 同相比例运算电路

同相比例运算电路如图 3-15 所示,输入信号 u_i 通过电阻 R_2 接到集成运放的同相输入端,反馈电阻 R_f 接在输出端和反相输入端之间,R_f 为反馈电阻,构成深度电压串联负反馈,集成运放工作在线性区。反相输入端通过电阻 R_1 接地,R_1 同样为直流平衡电阻,应满足 $R_2=R_1//R_f$。

根据"虚断"可得 $i_-\approx 0$,故有 $i_1=i_F$,由图 3-15 可求得

$$\frac{0-u_-}{R_1}\approx\frac{u_- - u_o}{R_f}$$

由于 $u_- = u_+ = u_i$，所以可求得输出电压 u_o与输入电压 u_i的关系为

$$u_o=\left(1+\frac{R_f}{R_1}\right)u_+=\left(1+\frac{R_f}{R_1}\right)u_i \tag{3—11}$$

可见，u_o与 u_i同相且成比例，故称为同相比例运算电路。电压放大倍数为

$$A_{uf}=\frac{u_o}{u_i}=1+\frac{R_f}{R_1} \tag{3-12}$$

当 $R_1\to\infty$且 $R_f=0$ 或 $R_1\to\infty$时，$u_o=u_i$，即输出电压与输入电压大小相等，相位相同，该电路称为电压跟随器或同相器，如图 3-16 所示。

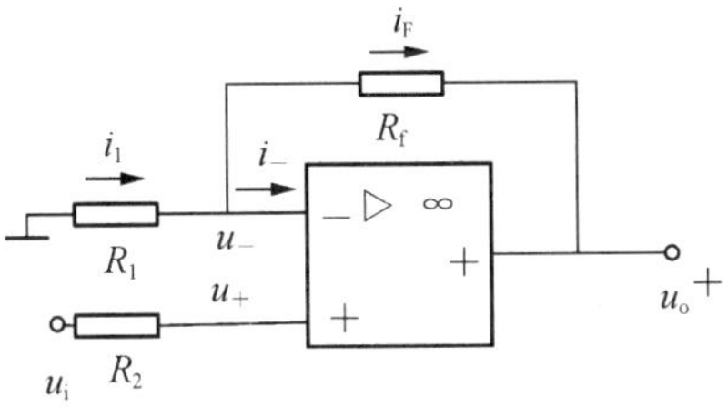

图 3-15　同相输入比例运算电路

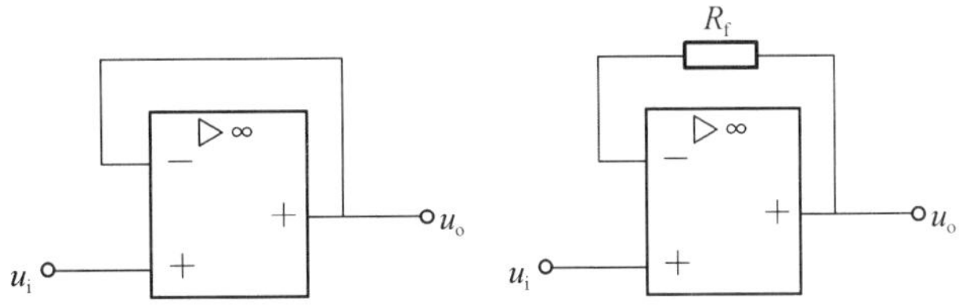

(a)　(b)

图 3-16　电压跟随器

2. 加法运算电路

由集成运算放大器构成的加法可以实现多路信号的相加运算，由于输入信号既可以由反相端引入，也可以由同相端引入，因而有反相输入加法电路和同相输入加法电路之分。

(1) 反相输入加法电路

如图 3-17 所示为反相输入加法电路(也称反相求和电路)，它是利用反相比例运算电路实现的。图中输入信号 u_{i1}、u_{i2}分别通过 R_1、R_2接到反相输入端，R_3为直流平衡电阻，要求 $R_3 = R_1//R_2//R_f$。

根据"虚断"可得 $i_F\approx i_1+i_2$，$u_+=0$，根据"虚短" 知 $u_- = u_+ = 0$。由图 3-17 可求得

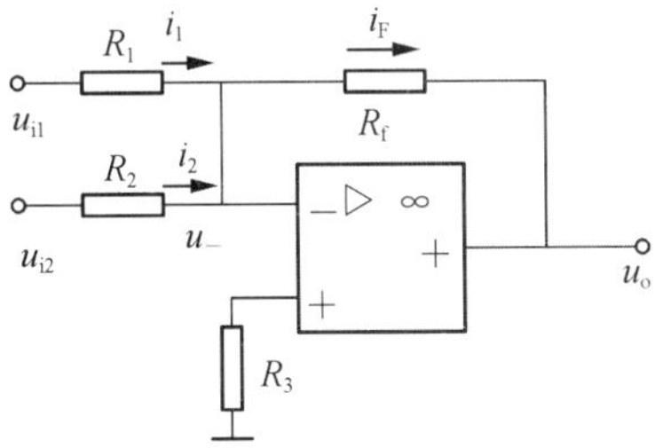

图 3-17　反相输入加法电路

$$-\frac{u_o}{R_f}=\frac{u_{i1}}{R_1}+\frac{u_{i2}}{R_2}$$

则

$$u_o=-R_f\left(\frac{u_{i1}}{R_1}+\frac{u_{i2}}{R_2}\right) \tag{3-13}$$

可见实现了各信号按比例进行加法运算。若 $R_f = R_1 = R_2$，则 $u_o =-(u_{i1}+u_{i2})$，实现了加法运算。

由式(3-13)可见，调节反相输入加法电路的某一路信号的输入电阻时并不影响其他路信号产生的输出值，因而调节方便。

(2) 同相输入加法电路

如图 3-18 所示为同相输入加法电路，它是利用同相比例运算电路实现的。图中，输入信号 u_{i1}、u_{i2} 均接在集成运放的同相输入端。按直流电阻平衡的要求，应满足 $R_2//R_3=R_1//R_f$。

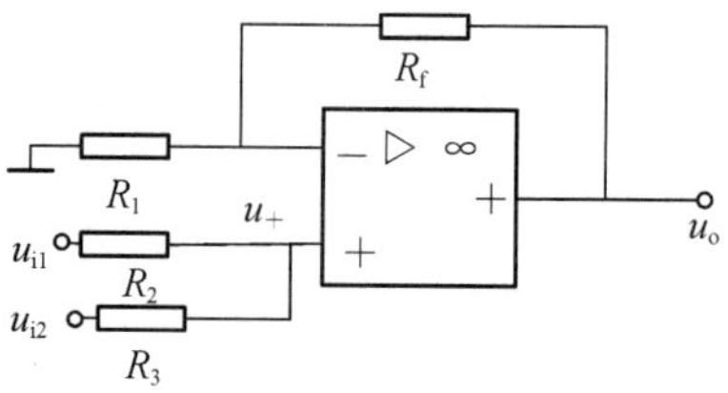

图 3-18 同相输入加法电路

利用叠加定理，根据同相端"虚断"可得

$$u_+=\frac{R_3}{R_2+R_3}u_{i1}+\frac{R_2}{R_2+R_3}u_{i2} \qquad (3-14)$$

根据同相输入时输出电压与同相端电压 u_+ 的关系式，可得

$$u_o=\left(1+\frac{R_f}{R_1}\right)u_+=\left(1+\frac{R_f}{R_1}\right)\left(\frac{R_3}{R_2+R_3}u_{i1}+\frac{R_2}{R_2+R_3}u_{i2}\right) \qquad (3-15)$$

当 $R_2=R_3=R_f$ 时，$u_0=u_{i1}+u_{i2}$。同相输入加法电路在外接电阻选配上，既要考虑运算对各种比例系数的要求，又要满足外接电阻平衡的要求，故比较麻烦。

3. *减法运算电路*

如图 3-19 所示为减法运算电路，图中输入信号 u_{i1} 和 u_{i2} 分别接到反相输入端和同相输入端，这种形式的电路也称为双端输入式放大电路。

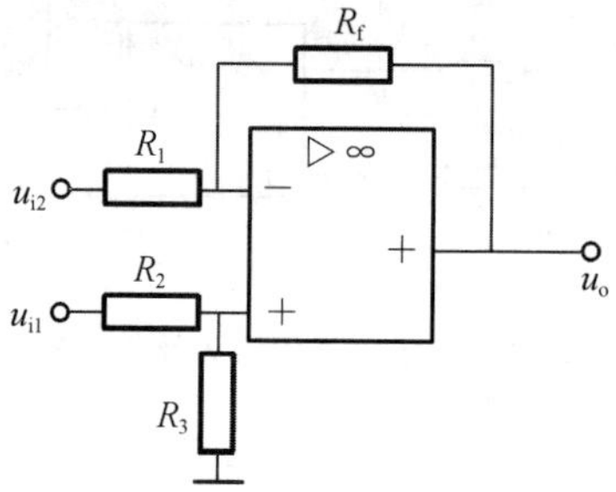

图 3-19 减法运算电路

根据叠加定理，首先令 $u_{i1}=0$，当 u_{i2} 单独作用时，电路相当于一个反相比例运算电路，可得输出电压为

$$u_{o2}=-\frac{R_f}{R_1}u_{i2}$$

然后令 $u_{i2}=0$，当 u_{i1} 单独作用时，电路相当于一个同相比例运算电路，可得输出电压为

$$u_{o1}=\left(1+\frac{R_f}{R_1}\right)u_+=\left(1+\frac{R_f}{R_1}\right)\left(\frac{R_3}{R_2+R_3}\right)u_{i1}$$

由此可求得总输出电压为

$$u_o=u_{o1}+u_{o2}=\left(1+\frac{R_f}{R_1}\right)\left(\frac{R_3}{R_2+R_3}\right)u_{i1}-\frac{R_f}{R_1}u_{i2} \qquad (3-16)$$

当 $R_1=R_2, R_f=R_3$ 时，

$$u_o=\frac{R_f}{R_1}(u_{i1}-u_{i2}) \qquad (3-17)$$

式(3-17)中，当 $R_1=R_f$ 时，$u_o=u_{i1}-u_{i2}$。

4. *积分与微分电路*

(1) 积分电路

如图 3-20(a)所示是利用集成运放组成的积分运算电路，也称为积分器。它和反相比例运算电路的区别是用电容 C_f 代替电阻 R_f。为使直流电阻平衡，要求 $R_1=R_2$。

根据运算放大器反相端虚地可得

$$i_1 = \frac{u_i}{R_1}, i_F = -C_f\frac{du_o}{dt}$$

由于 $i_1 \approx i_F$，可得输出电压 u_o 为

$$u_o = -\frac{1}{R_1 C_f}\int u_i dt \tag{3-18}$$

上式表明，输出电压 u_o 为输入电压 u_i 对时间 t 的积分，从而实现了积分运算。式中，R_1C_f 为电路的时间常数。

积分运算电路的波形变换作用如图 3-20(b)所示，可将矩形波变成三角波输出。

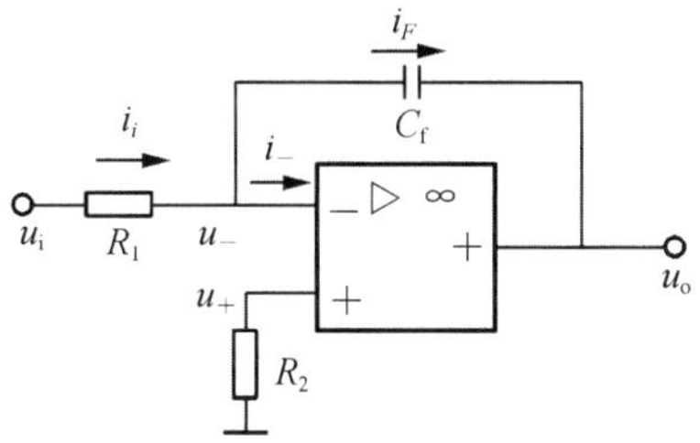

(a) 电路图

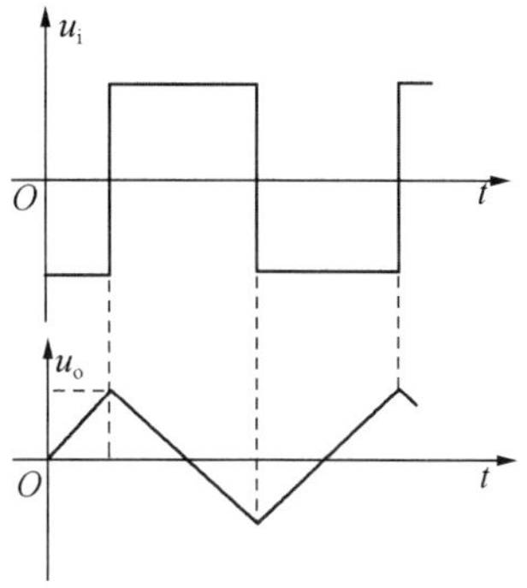

(b) 波形变换作用

图 3-20　积分运算电路

(2) 微分电路

将积分电路中的电阻和电容位置互换，即构成微分运算电路，如图 3-21 所示。

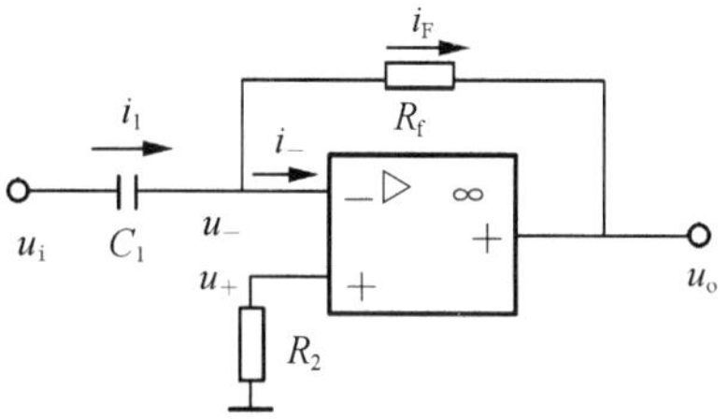

图 3-21　微分运算电路

由图可得

$$i_1 = C_1\frac{du_i}{dt},\ i_F = -\frac{u_o}{R_f}$$

由于 $i_1 \approx i_F$，因此可得输出电压 u_o 为

$$u_o = -R_f C_1 \frac{du_i}{dt} \tag{3-19}$$

上式表明，输出电压 u_o 正比于输入电压 u_i 对时间 t 的微分，从而实现了微分运算。式中 R_fC_1 为电路的时间常数。

任务 3-3-3　集成运算放大器的非线性应用

电压比较器是集成运算放大器非线性应用的典型电路，它可分为简单的电压比较器和迟滞电压比较器两类。电压比较器的基本功能是对两个输入电压进行比较，并根据比较结果输出高电平或低电平电压。电压比较器的主要用途是进行电平检测，它广泛地应用于自动控制和自动测量等技术领域，并用于实现 A/D 转换、组成数字仪表和各种非正弦信号的

产生及变换电路等。

1. 单门限电压比较器

最简单的电压比较器如图 3-22(a)所示，集成运放处于开环状态，具有很高的开环电压放大倍数，工作在非线性区，输入信号 u_i加在反相端，同相端电压为零。当 $u_i>0$ 时，$u_o=-U_{om}$；当 $u_i<0$ 时，$u_o=+U_{om}$。传输特性如图 3-22(b)所示。由于运算放大器的状态在 $u_i=0$时翻转，因此，图 3-22(a)所示的电路称为过零比较器。

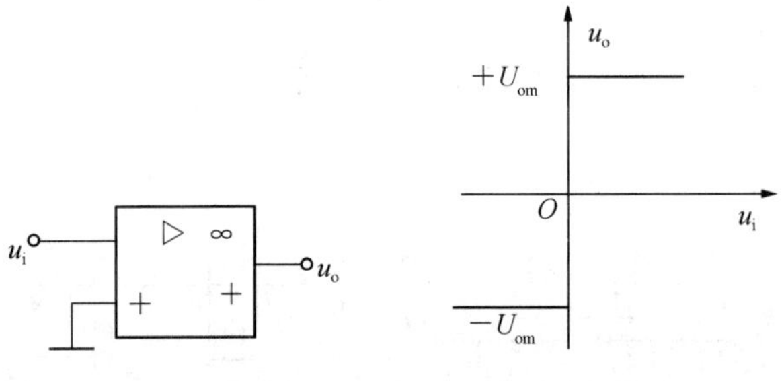

(a) 电路 (b) 传输特性

图 3-22 过零电压比较器

如图 3-23(a)所示为同相输入单限电压比较器，图中输入信号 u_i加在同相端，参考电压 U_{REF}接在反相端，输出端接稳压管用以限定输出高低电平幅度，R 为稳压管限流电阻。当 $u_i>U_{REF}$时，$u_o=U_Z$；当 $u_i<U_{REF}$时，$u_o=-U_Z$。传输特性如图 3-23(b)所示。

通常把比较器输出电平发生跳变时的输入电压称为门限电压 U_T，那么图 3-23(a)电路的 $U_T=U_{REF}$。由于 u_i从同相端输入且只有一个门限，故称同相输入单门限电压比较器；反之，当 u_i由反相端输入，U_{REF}改接到同相端，则称为反相输入单门限电压比较器。

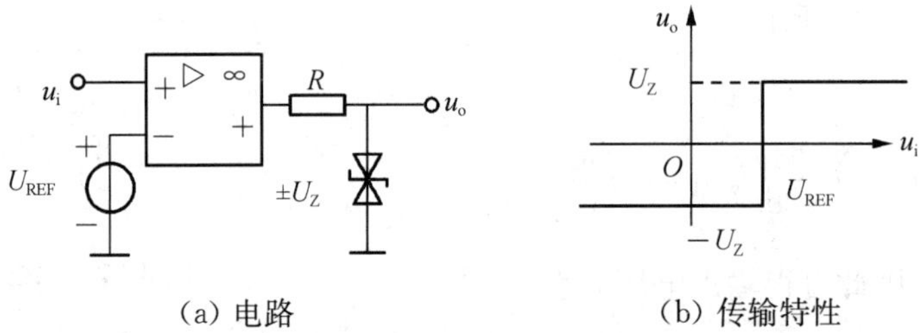

(a) 电路 (b) 传输特性

图 3-23 同相输入单限电压比较器

2. 迟滞比较器

单门限电压比较器有电路简单、灵敏度高等特点，但其抗干扰能力差，如果输入电压有门限附近微小的干扰，就会导致状态翻转使比较器输出电压不稳定而出现错误阶跃，为了克服这一缺点，将比较器引入正反馈就构成了迟滞电压比较器(又称为施密特触发器)。

如图 3-24(a)所示为反相输入迟滞电压比较器，输入信号 u_i通过平衡电阻 R 接到反相端，参考电压 U_{REF}通过 R_2接到同相输入端，同时输出电压 u_o通过 R_1接到同相输入端，构成正反馈。由于集成运放工作于非线性状态，所以它的输出只可能有两种状态，即高电平和低电平。由图 3-24(a)可知，集成运放的同相端电压 u_+是由输出电压和参考电压共同作用叠加而成，因此集成运放的同相端电压 u_+也有两个。

当比较器输出高电平 $U_{OH}=+U_Z$ 时，将集成运放的同相端电压称为上门限电压，用 U_{T+} 表示，利用叠加定理可求得

$$U_{T+}=\frac{R_1U_{REF}}{R_1+R_2}+\frac{R_2U_Z}{R_1+R_2} \tag{3-20}$$

当比较器输出低电平 $U_{OL}=-U_Z$ 时，将集成运放的同相端电压称为下门限电压，用 U_{T-} 表示，利用叠加定理可求得

$$U_{T-}=\frac{R_1U_{REF}}{R_1+R_2}-\frac{R_2U_Z}{R_1+R_2} \tag{3-21}$$

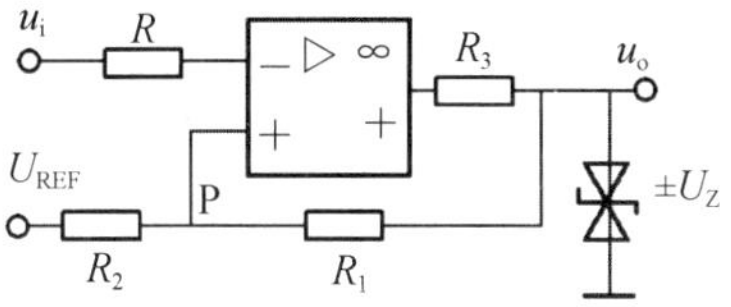

(a) 电路

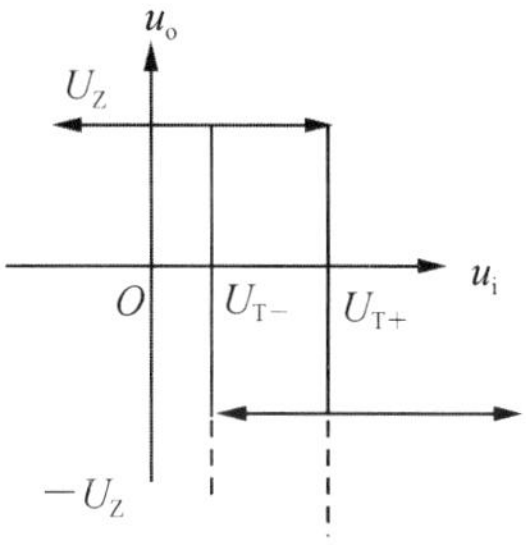

(b) 传输特性

图 3-24　反相输入迟滞电压比较器

迟滞比较器的传输特性如图 3-24(b)所示。当输入信号 u_i 从小变大时，只要 $u_i<U_{T+}$ 比较器的输出电压为 U_Z，当 u_i 逐渐增加到 U_{T+} 时，比较器输出电压翻转，输出电压为 $-U_Z$，当 u_i 再增大时，比较器维持输出电压 $-U_Z$。

反之，当 u_i 从大变小时，比较器先输出低电平 $-U_Z$，只有当 $u_i<U_{T+}$ 时，比较器的输出将由低电平 $-U_Z$ 又跳变到高电平 U_Z，当 u_i 再减小时，比较器维持输出电压 U_Z。

由图 3-24(b)可见，迟滞电压比较器有两个门限电压 U_{T+} 和 U_{T-}，两者的差称为回差电压

$$\Delta U=U_{T+}-U_{T-} \tag{3-22}$$

ΔU 越大，比较器抗干扰能力越强，但分辨度越差。

实训　集成运放的线性应用

一、实训目的

(1) 学会电路的接线和集成运放的使用。

(2) 验证反相比例运算器、同相比例运算器、加法运算器输出电压与输入电压的关系。

二、实训设备

741 型运放芯片、万用表、双路直流稳压电源、信号发生器以及电阻、电位器、电容若干。

三、实训电路

实训电路图如图 3-25 至图 3-27 所示。

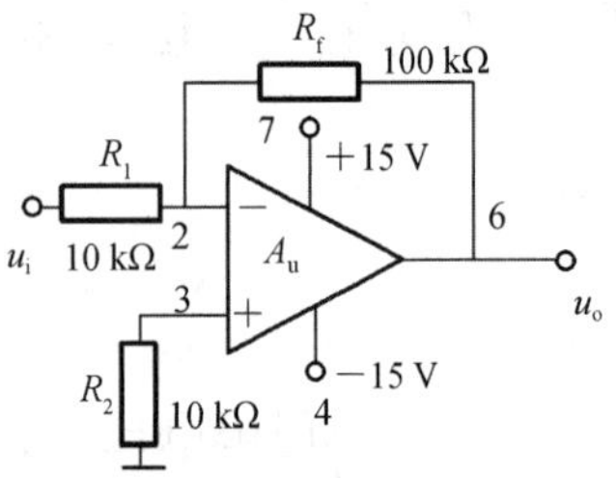

图 3-25　实训电路图一

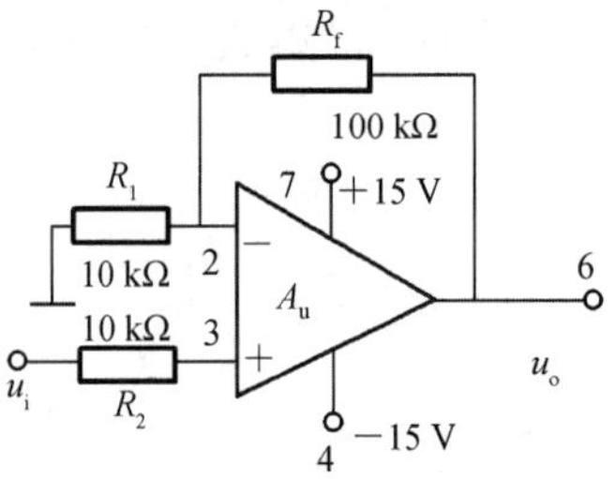

图 3-26　实训电路图二

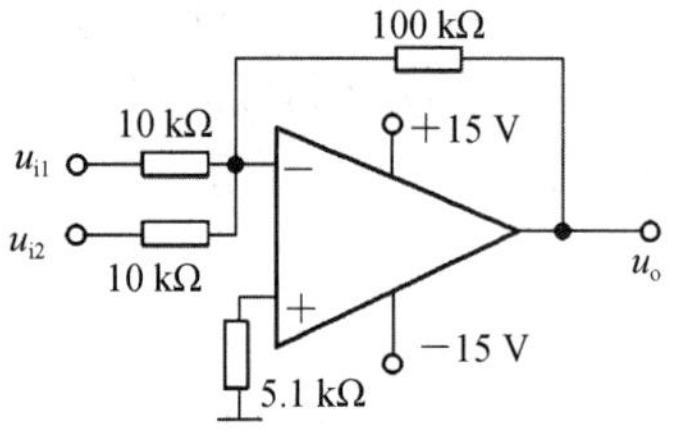

图 3-27　实训电路图三

四、实训内容与步骤

1. 反相比例运算测定

由图 3-25 所示反相比例运算的关系式为：$u_o=-(R_f/R_1)u_i$

(1) 按照图 3-25 所示接线，检测无误后接通 V_{CC}、V_{EE}直流电源(±15 V)；

(2) 接入正弦信号 u_i(频率 1 kHz、50 mV)，用万用表分别测 u_i(交流电压 200 mV 挡)和 u_o(2 V 挡)，并记入表 3-1 中。

2. 同相比例运算测定

由图 3-26 所示同相比例运算的关系式为：$u_o=(1+R_f/R_1)u_i$。若将 R_f短路，则有 $u_o=u_i$，实现了跟随作用。

(1) 按图 3-2 接线，检测无误后接通 V_{CC}、V_{EE}直流电源(±15 V)；

(2) 接入正弦信号 u_i(频率 1 kHz、50 mV)，用万用表分别测 u_i(交流电压 200 mV 挡)和 u_o(2 V 挡)，并记入表 3-1 中；

(3) 将 R_f短路，重测 u_o填入表 3-1 中。

3. 加法运算电路测定

由图 3-26 所示加法运算的关系式为：$u_o=-R_f(u_{i1}/R_1+u_{i2}/R_2)$。

(1) 按照图 3-27 所示接线，检测无误后接通 V_{CC}、V_{EE}直流电源(±15 V)；

(2) 输入信号频率为 1 kHz、电压 $u_{i1}=50$ mV、$u_{i2}=100$ mV；

(3) 用万用表分别测出 u_{i1}、u_{i2}、u_o填入表 3-1 中。

表 3-1　集成运放的测量结果

反相器	R_1	R_2	R_f	u_i测	u_o测	u_o理论	A_u	运算关系式
								$u_o=$
同相器	R_1	R_2	R_f	u_i测	u_o测	u_o理论	A_u	$u_o=$
								$u_o=$
加法器	R_1	R_2	R_f	u_{i1}测	u_{i2}测	u_o测	u_o理论	$u_o=$

五、分析与讨论

(1) 由反相器、同相器、跟随器测出的输入、输出电压，计算出对应的放大倍数填入表中。

(2) 由实测的电阻值代入各运算关系式计算输出电压，并填入表中与测量值比较。

(3) 总结三种运算电路，将运算关系式填入表 3-1 中。

(4) 双路直流电源、双路交流电源是如何获得的？

项目小结

1. 多级放大电路级与级之间的连接方式有电容耦合、直接耦合和变压器耦合等，电容耦合各级静态工作点独立，它只能放大交流信号，不能放大直流信号或缓慢变化的信号；直接耦合可以放大直流信号，也可以放大交流信号，并且易于集成，广泛应用于集电电路中，但其工作点相互影响；变压器耦合各级工作点独立，能实现阻抗匹配，但变压器笨重，无法集成化，只能放大交流信号。

多级放大电路的放大倍数等于各级放大倍数的乘积，也可以用增益来表示。多级放大电路的输入电阻等于第一级的输入电阻，输出电阻等于末级的输出电阻。

2. 差分放大电路主要利用电路的对称性克服零点漂移，它对差模信号有较大的放大能力，对共模信号有较强的抑制能力。差分放大电路可以消除温度变化、电源波动、外界干扰等具有共模特征的信号引起的输出误差电压。差分放大电路的主要性能指标有差模电压放大倍数、共模抑制比、输入电阻和输出电阻等。

3. 差分放大电路中采用电流源后，可使性能显著提高。电流源的特点是直流电阻小、交流电阻大、具有温度补偿作用，常用作有源负载或用来提高偏置电流。

集成运算放大器是用集成电路工艺制成的具有高电压增益的直接耦合多级放大电路。它一般由输入级、中间级、输出级和偏置电路四个基本单元组成。它具有开环电压放大倍数 $A_{ud}\to\infty$，开环输入电阻 $R_{id}\to\infty$，开环输出电阻 $R_o\to0$，共模抑制比 $K_{CMR}\to\infty$ 的特性。

集成运算放大器的应用可分为线性应用和非线性应用。在分析运算放大器的线性应用时，运放电路存在着“虚短”和“虚断”的特点；在分析运算放大器非线性应用时，当同相端的电压大于反相端的电压时，输出为正饱和值，当同相端的电压小于反相端的电压时，输出为负饱和值。

集成运算放大器的线性应用电路有比例、加法、减法、积分与微分等运算电路。集成运算放大器非线性的典型应用电路是电压比较器，电压比较器的功能是比较电压的大小，分为单门限电压比较器和双门限电压比较器。

思考与练习

填空题

1. 多级放大电路根据级与级之间的耦合方式有________耦合放大电路、________耦合放大电路和________耦合放大电路等。在集成电路中广泛应用的是________耦合放大电路，其最大的问题是________。

2. 差分放大电路对________输入信号具有良好的放大作用，对________输入信号具有很强的抑制作用，差分放大电路的零点漂移________。

3. 两级放大的电路，第一级电压增益为 40 dB，第二级电压放大倍数为 10，则两级总电压放大倍数为________，总电压增益为________dB。

4. 集成运算放大器输入级一般采用________放大电路，其作用是用来减小________。

5. 共模抑制比 K_{CMR} 等于________之比，电路的 K_{CMR} 越大，表明电路________能力越强。理想集成运算放大器工作在线性状态时，两输入端电压近似________，称为________；输入电流近似为________，称为________。

6. 集成运算放大器的两输入端分别称为________端和________端，前者的极性与输出端________，后者的极性与输出端________。

7. 理想集成运算放大器的开环放大倍数 A_{ud} 为________，输入电阻 R_{id} 为________，输出电阻 R_o 为________。

8. 运算电路中的集成运算放大器应工作在________区，为此运算电路中必须引入________反馈。

9. 电压比较器输出只有________和________两种状态，由集成运算放大器构成的电压比较器运算放大器工作在________状态。

选择题

1. 放大电路产生零点漂移的主要原因是(　　)。

A. 电压倍数太大　　B. 环境温度的变化引起的参数变化

C. 外界干扰

2. 差动放大电路的主要作用是(　　)。

A. 提高电压放大倍数　　B. 增大输入电阻　　C. 抑制零点漂移

3. 在长尾式差动放大电路中，两个放大晶体管发射极的公共电阻 R_{EE} 的主要作用是(　　)。

A. 提高差模输入电阻　　B. 提高共模电压放大倍数

C. 提高共模电压放大倍数　　D. 提高共模抑制比

4. 直接耦合放大电路的放大倍数越大，在输出端出现的零点漂移现象就越(　　)。

A. 严重　　B. 轻微　　C. 与放大倍数无关

5. 集成运算放大器是一种采用(　　)方式的放大电路。

A. 电容耦合　　B. 直接耦合　　C. 变压器耦合

6. 若实现函数 $u_o = u_{i1} + 4u_{i2} - 4u_{i3}$，应选用(　　)运算电路。

A. 比例　　B. 加减　　C. 积分　　D. 微分

分析题

1. 写出图 3-28 所示各电路名称，分别计算它们的电压放大倍数。

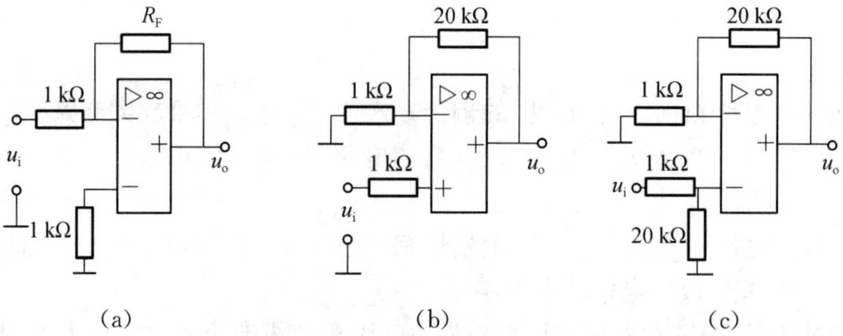

图 3-28　分析题 1 图

2. 运算电路如图 3－29 所示，试求各电路输出电压的大小。

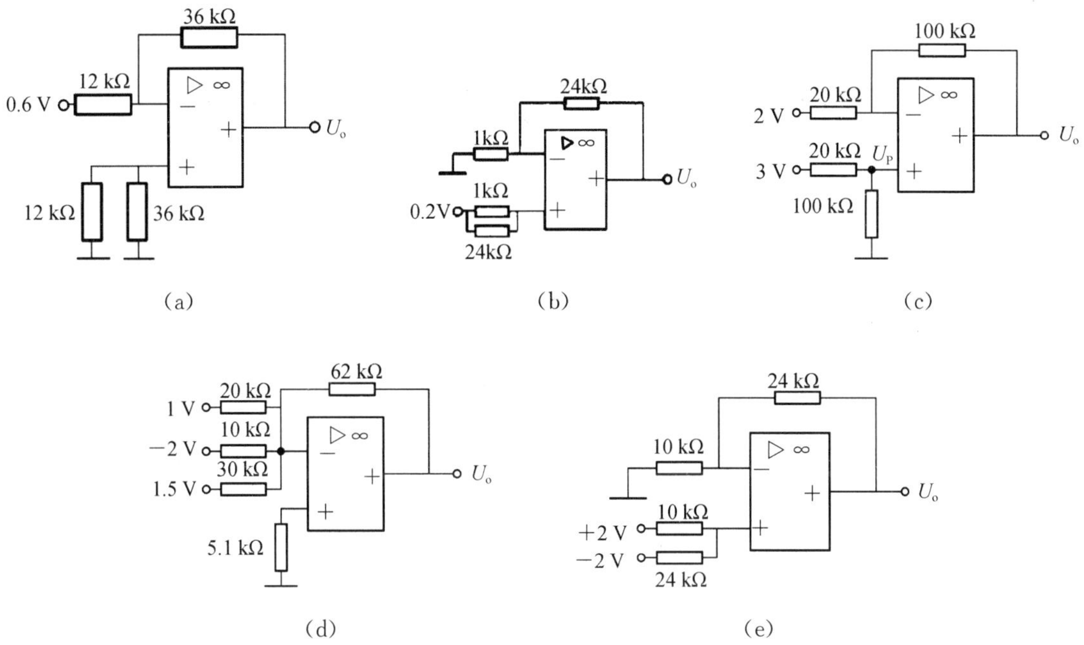

图 3－29　分析题 2 图

3. 运算放大器应用电路如图 3－30 所示，试分别求出各电路的输出电压 U_o 值。

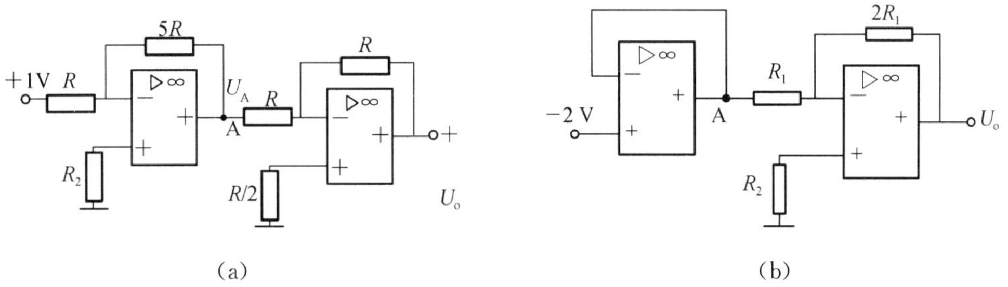

图 3－30　分析题 3 图

项目四　音频功率放大电路

音频功率放大器是音响系统中不可缺少的重要部分，其主要任务是将音频信号放大到足以推动外接负载，如扬声器、音响等。功率放大电路简称功放，和其他放大电路一样，它实际上也是一种能量转换电路，这一点和电压放大电路没有本质区别。但是它们的任务是不相同的：电压放大电路属小信号放大电路，主要用于使负载得到不失真的电压信号，讨论的主要指标是电压增益、输入和输出阻抗等；功放通常在大信号状态下工作，它的主要任务是为了获得尽可能大的输出功率、输出信号去驱动实际负载。因此，功率放大电路就有了不同于电压放大电路的特点。与一般小信号电压放大电路相比，其主要特点有：

1. 输出功率要足够大

功率放大电路提供给负载的信号功率称为输出功率，是交流功率，表达式为

$$P_o = I_o U_o \tag{4-1}$$

最大输出功率 P_{om} 是在电路参数确定的情况下，负载上可能获得的最大交流功率。

2. 效率要高

转换效率 η 定义为功率放大电路的最大输出功率与电源提供的直流功率之比，计算公式为

$$\eta = P_{om}/ P_V \tag{4-2}$$

直流功率等于电源输出电流平均值及电压之积。

$$P_V = I_{CQ} V_{CC} \tag{4-3}$$

3. 非线性失真要小

由于功率晶体管在接近极限状态工作，输出大电压和大电流，电路比较容易产生非线性失真，且输入信号越大，非线性失真越严重。所以，输出大功率时，应将非线性失真限制在允许的范围内。

4. 电子器件要安全可靠工作

在功率放大电路中，为使输出功率尽可能大，要求晶体管工作在极限应用状态。因此选择功放管时，要注意极限参数的选择，还要注意其散热条件，使用时必须安装合适的散热片和各种保护措施。

功率放大电路工作于大信号状态，其动态分析通常采用图解法，而不能用微变等效电路分析法。根据三极管在信号周期内导通时间的长短，可分为甲类、乙类、甲乙类等多种工作状态。

任务 4－1　甲类放大电路与测试

甲类功率放大电路在信号的整个周期内，三极管都导通，如图 4－1 所示。

其特点是非线性失真小，导通角为 360°，但静态工作电流大，功耗最大，效率最低，其效率仅为 25%。

如图 4－2 所示是常用的单管甲类功率放大电路，与小信号变压器所示耦合放大器相似。图中，T1 是输入变压器；R_1、R_2 和 VT 组成分压式电流负反馈偏置电路，建立和稳定晶体三极管的静态工作点；C_E 是发射极旁路电容；C 是交流通路电容；输入变压器 T1 次级的交流信号，通过电容器 C 和 C_E 加到晶体三极管的发射结上；VT 是做功率放大的晶体三极管；T2 是输出变压器。

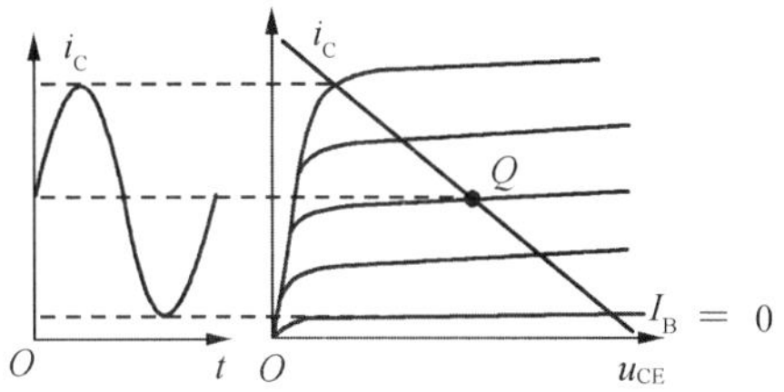

图 4－1　甲类工作状态

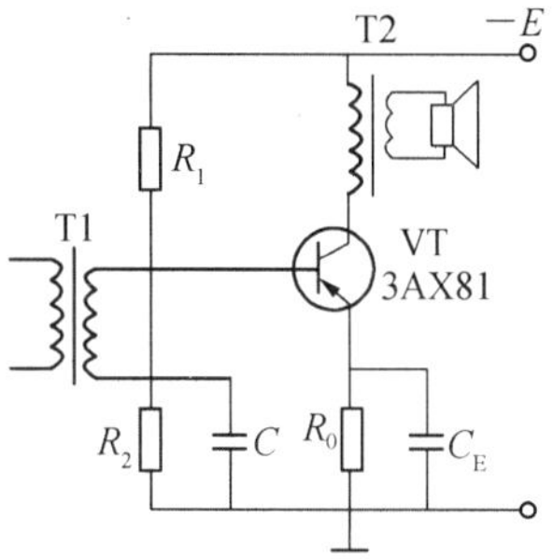

图 4－2　常用的单管甲类功率放大电路

在功率放大器中，为了使负载获得尽可能大的输出功率，功率放大器与负载之间要求阻抗匹配，通常采用输出变压器作为晶体三极管与负载之间的耦合元件。在如图 4－2 中所示的功率放大器中，输出变压器还起隔直流的作用，可避免功放管的静态工作电流通过扬声器引起声音失真。在制作单管功率放大器时，为使放大器能够可靠地工作，并获得尽可能大的输出功率，必须合理地选择静态工作点。此外，正确地设计输出变压器，是设计单管功率放大器的关键环节。

任务 4－2　乙类功率放大电路与测试

乙类功率放大电路仅在信号的半个周期内，三极管导通，如图4－3 所示。

乙类工作状态导通角 θ 为 180°，其特点是失真大，静态电流为零，管耗小，效率高达 78.5%。

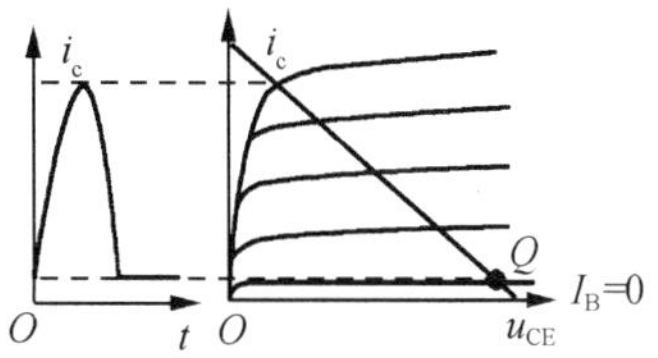

图 4－3　乙类工作状态

乙类互补对称功率放大电路如图 4－4(a)所示，VT1 和 VT2 分别为 NPN 型管和 PNP 型管，两管的基极和发射极分别连接在一起，信号从基极输入，从发射极输出，R_L 为负载，要求两管特性相同。

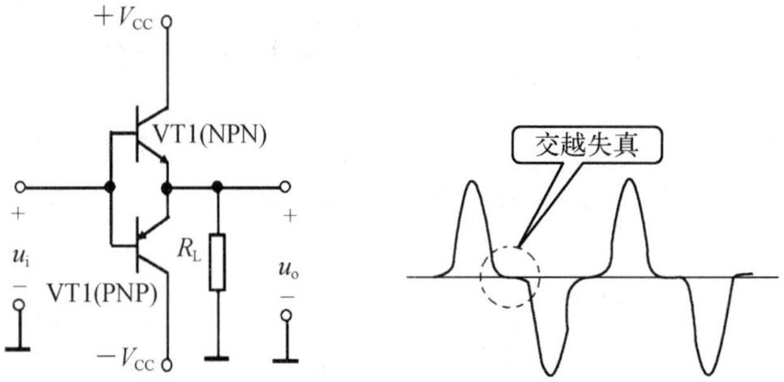

(a) 电路图　　　　(b) 交越失真

图 4-4　乙类互补对称功率放大电路

静态时，即 $u_i=0$ 时，VT1 和 VT2 均处于零偏置，两管的 I_{BQ}、I_{CQ}均为零，因此输出电压为零，那么也就是说静态时不消耗功率。

当放大电路有正弦信号 u_i输入时，在 u_i正半周，VT2 截止，VT1 导通，V_{CC}通过 VT1 向 R_L提供电流 i_{C1}，产生输出电压 u_o的正半周。在 u_i负半周，VT1 截止，VT2 导通，$-V_{CC}$通过 VT2 向 R_L提供电流 i_{C2}，产生输出电压 u_o的负半周。由此可见，由于 VT1、VT2 管轮流导通，相互补足对方缺少的半个周期，在整个周期内 R_L上都有电流流过，都有输出电压。

在乙类功率放大电路中，由于 VT1、VT2 管没有基极偏流，静态时偏置为 0（即 $U_{BEQ1}=U_{BEQ2}=0$），而三极管的导通放大有一个门坎电压，如硅管是 0.5 V，锗管为 0.1 V。这样输入信号小于门坎电压的部分将因三极管处于截止区而没有输出，以致在正负波形的交汇处出现了失真，这种失真称为"交越失真"，如图 4-4(b)所示。

消除交越失真的关键是要使两只推挽管 VT1、VT2 没有截止状态，即在静态时，两只管应当处于微导通区域，当有输入信号 u_i加至基极时，管子能立即导通放大。所以在静态时应有 $U_{BE1Q}=U_{BE2Q}$稍大于 0.5 V。如图 4-5 所示为利用二极管偏置的甲乙类互补对称功率放大电路，可以用来消除交越失真。

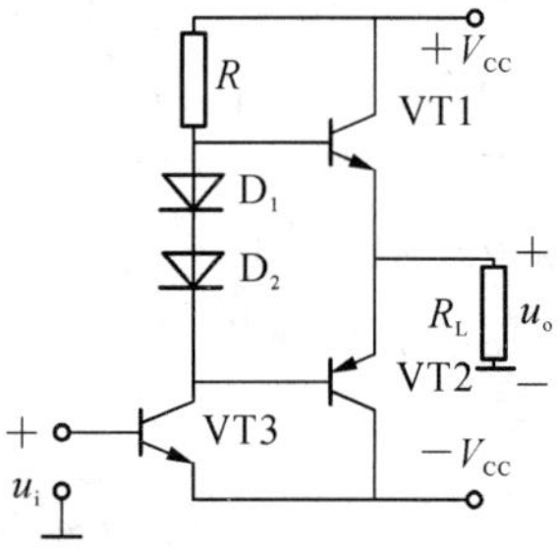

图 4-5　甲乙类互补对称功率放大电路

在电路图中，两只二极管 D1、D2 串在 VT1、VT2 基极间，利用三极管 VT3 管的静态电流流过 VT1、VT2 产生的压降作为 VT1、VT2 管的静态偏置电压，即在静态时供给 VT1 和 VT2 一定的正偏压，使两管在静态时都处于微导通状态。这样，当有输入信号时，就可使波形失真减小或为零。此时电路工作在甲乙类。

任务 4-3　甲乙类 OCL 和 OTL 功率放大电路与测试

由两个射随器组成的乙类互补对称电路，实际并不能使输出很好地反映输入的变化。要解决这个问题，最好使用甲乙类互补对称电路，甲乙类双电源互补对称放大电路（Output Capacitorless，简称 OCL 电路）和单电源互补推挽输出放大电路（Output Transformerless，简称 OTL 电路）是其中两类典型代表。

OCL 互补对称电路原理图如图 4－6 所示，其特点有：

① 双电源供电；

② 输出端不加隔直电容。

静态时，$U_i=0$ V，T1、T2 均不工作，$U_o=0$ V，$U_{CE1}=+V_{cc}$，$U_{CE2}=-V_{CC}$，与其他放大电路分析过程相似，不再赘述。

当输入电压 $U_i>0$ 时，T1 导通 T2 截止，$i_L=i_{C1}$，R_L上得到上正下负的电压。

当输入电压 $U_i<0$ 时，T1 截止 T2 导通，$i_L=i_{C2}$，R_L上得到上负下正的电压。

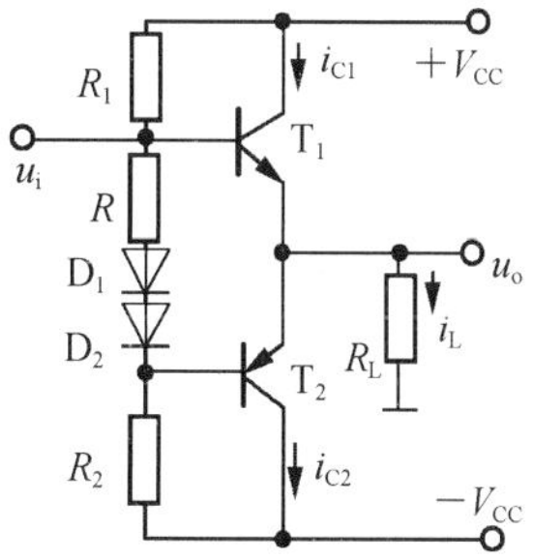

图 4－6　OCL 电路原理图

其中三极管 T1、T2 特性曲线是对称的，则 $I_{cm1}=I_{cm2}=I_{cm}$，$U_{cem1}=|U_{cem2}|=U_{cem}$，则

集电极最大输出电压为

$$U_{cem}=V_{CC}-U_{CES} \tag{4-4}$$

集电极最大输出电流为

$$I_{cem}=(V_{CC}-U_{CES})/R_L \tag{4-5}$$

最大输出功率：$$P_{om}=\frac{U_{cem}}{\sqrt{2}}\cdot\frac{I_{cm}}{\sqrt{2}}=\frac{1}{2}\cdot U_{cem}\cdot I_{cm}=\frac{1}{2}\cdot\frac{(V_{CC}-U_{CES})^2}{R_L}$$

忽略 U_{CES}则 $$P_{om}\approx\frac{1}{2}\cdot\frac{V_{CC}^2}{R_L}$$

直流电源 V_{CC}提供的功率：

$$P_V=V_{CC}\times\frac{1}{\pi}\int_0^{\pi}\sin\omega t\,d(\omega t)=\frac{V_{CC}}{\pi}\int_0^{\pi}\frac{V_{CC}}{R_L}\sin\omega t\,d(\omega t)=\frac{2V_{CC}^2}{\pi R_L}$$

效率：

$$\eta=\frac{P_{om}}{P_V}\approx\frac{1}{2}\cdot\frac{V_{CC}^2}{R_L}/\frac{2V_{CC}^2}{\pi R_L}=\frac{\pi}{4}=78.5\%$$

OCL 放大电路优点：电路省掉大电容，改善了低频响应，又有利于实现集成化。其缺点是：三极管发射极直接连到负载电阻上，若静态工作点失调或电路内元器件损坏，将造成一个较大的电流长时间流过负载，造成电路损坏。实际使用的电路中常常在负载回路接入熔断丝作为保护措施。

OCL 放大电路输出功率大，失真小，保真度高，因此广泛使用在高保真放大电路中，如较高档的音响等。但它要使用两组电源，制造起来电路较为复杂，且成本较高，所以在要求不太高的电路中，通常使用单电源互补对称功率放大 OTL 电路，以降低成本和减少电路的复杂性。

OTL 互补对称电路原理图如图 4－7 所示，其特点有：

① 单电源供电；

② 输出加有大电容 C。C 的作用有：隔直通交，储存电能，代替一个电源。

静态时，电源通过 T1 向 C 充电，调整参数使得三极管发射极电位：

$$U_A=\frac{V_{CC}}{2},U_C=\frac{V_{CC}}{2} \tag{4-6}$$

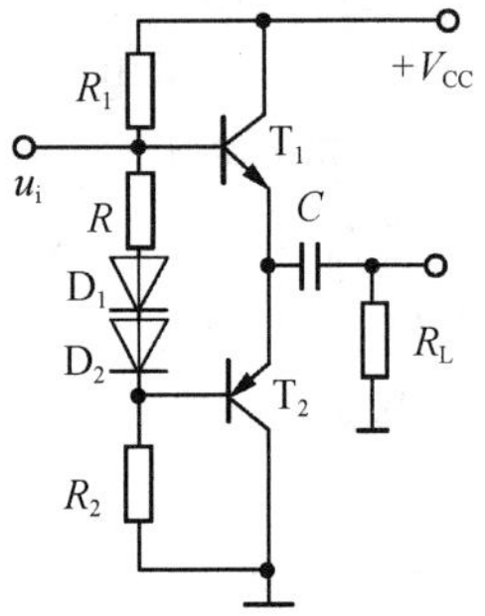

图 4-7 OTL 电路原理图

当输入信号 $u_i>0$ 时，T1 导通 T2 截止，$i_L=i_{C1}$，R_L上得到上正下负的电压。

当输入信号 $u_i<0$ 时，T1 截止 T2 导通，C 两端的电压为 T2、R_L提供电源，$i_L=i_{C2}$，R_L上得到上负下正的电压。

其中三极管 T1、T2 特性曲线是对称的，则

$$I_{cm1}=I_{cm2}=I_{cm} \tag{4-7}$$

$$U_{cem1}=|U_{cem2}|=U_{cem} \tag{4-8}$$

集电极最大输出电压为

$$U_{cem}=V_{CC/2}-U_{CES} \tag{4-9}$$

集电极最大输出电流为

$$I_{cem}=(V_{CC/2}-U_{CES})/R_L \tag{4-10}$$

最大输出功率：$P_{om}=\frac{U_{cem}}{\sqrt{2}}\cdot\frac{I_{cm}}{\sqrt{2}}=\frac{1}{2}\cdot U_{cem}\cdot I_{cm}=\frac{1}{2}\cdot\frac{(V_{CC}-U_{CES})^2}{R_L}$

忽略 U_{CES} 则：$P_{om}\approx\frac{1}{2}\frac{(V_{CC}/2)^2}{R_L}=\frac{1}{8}\cdot\frac{V_{CC}^2}{R_L}$

直流电源 V_{CC} 提供的功率：

$$P_V=\frac{V_{CC}}{2}\times\frac{1}{\pi}\int_0^{\pi}I_{cm}\sin\omega t\,d(\omega t)=\frac{V_{CC}}{2\pi}\int_0^{\pi}\frac{V_{CC}/2}{R_L}\sin\omega t\,d(\omega t)=\frac{V_{CC}^2}{2\pi R_L}$$

效率：$\eta=\frac{P_{om}}{P_V}\approx\frac{1}{8}\cdot\frac{V_{CC}^2}{R_L}/\frac{V_{CC}^2}{2\pi R_L}=\frac{\pi}{4}=78.5\%$

OTL 电路仅需单电源供电，所以在要求不太高的电路中，通常使用单电源互补对称功率放大 OTL 电路，以降低成本和减少电路的复杂性。

实训 OTL 功率放大电路的测试

实训目标：

(1) 进一步理解音频功放电路的工作原理。

(2) 掌握音频功放电路的安装与调试方法。

实训任务：

任务一 理解 OTL 功率放大电路的工作原理

OTL 功率放大电路由激励级、输出级和自举电路组成，本次实训的电路如图 4-8 所示。三极管 V1 组成激励放大级；V3 与 V5 管组成 NPN 型复合管，V4 与 V6 管组成 PNP

型复合管，两只复合管作为功率输出级的互补对管；V2 和 R_{P2} 给 3 个互补对管提供合适的偏置电压，使之有合适的集电极电流；C_4、R_4 组成自举电路，改善输出波形的失真。

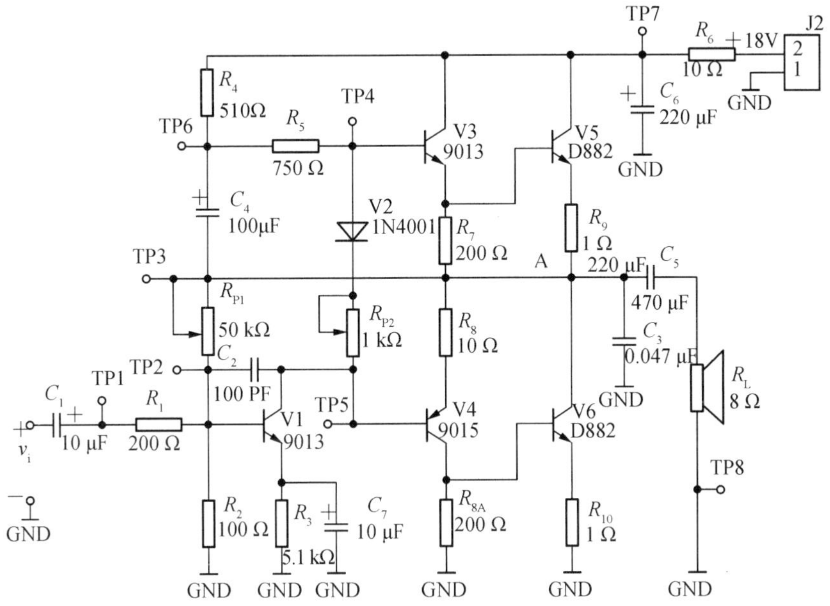

图 4-8　实训 OTL 电路原理图

任务二　电路制作与调试

对照电路原理图，在线路板上安装元器件及进行焊接。

安装元器件时，注意电解电容器 、二极管的极性和三极管的管脚不要装错。

任务三　电路检查与测试

1. 通电前的检查

(1) 对照电路图，仔细核对所用元器件的规格，检查有无漏焊、错焊、极性装反等现象。特别检查 V2 和 R_{P2} 是否焊接良好，因为它们开路，会使两对管损坏。并用一字螺丝刀将 R_{P2} 向右旋转至最底端，此时 R_{P2} 阻值为最小。

(2) 用万用表 $R\times1$ k 挡测查电路板的电源两端电阻(黑表笔接正电源输入，红表笔接负电源输入端)，记录测得的电阻值 $R=$________Ω，正常值应大于 1 kΩ。若阻值很小，说明有短路现象；若阻值很大，说明电路安装有误。对于不正常现象，应先予以排除，方可通电调整。

2. 通电调整

(1) 将电路的输入端短接；输出端接上假负载电阻(8 Ω /2 W)，代替扬声器。

(2) 电路板接上电源(+18 V)，用万用表直流 10 V 电压挡测量推挽互补对点(即 A 点)对地电压，调节 R_{P1}，使该点电压为 $1/2V_{CC}$(即 9 V)。

(3) 用万用表直流 2.5 V 电压挡测量三极管 V3 基极(即 TP4)(接红表笔)与 V4 基极(即 TP5)(接黑表笔)之间的偏置电压 V34，并调节电阻 R_{P2}，使测量得的电压为 1.8 V±0.2 V 左右 。如果该电压值太大，功放管的集电极电流就过大，易致管发热损坏；该电压值太小，则输出功率不足且有交越失真。R_{P2} 取值一定要合适，以保证功率放大器有合适的静态工作点。

(4) 断开+18 V电源，串入万用表直流50 mA电流挡，测量功放电路的静态电流 I，并记录在表4-1中 。正常时 I 在5～25 mA之间。

(5) 用万用表直流电压挡测量功率放大电路中各三极管的静态工作电压对地电压，并记录于表4-1中。

(6) 拆除输入端的短接线，拆去输出端的假负载电阻，接上扬声器。手握螺丝刀的金属部分碰触V1基极，扬声器应发出“ 嘟嘟 ”声。

表4-1 各点参数记录表

电源电压 V_{CC}=_______V			中点电压 V_A=_______V		
偏置电压 V_{34}=_______V			整机电流 I=_______mA		
	V_1	V_3	V_4	V_5	V_6
V_C					
V_B					
V_E					

项目小结

1. 功率放大电路的任务是向负载提供符合要求的交流功率，因此主要考虑的是失真要小，输出功率要大，晶体管的管耗要小，效率要高。主要技术指标是输出功率、管耗、效率和非线性失真等。

2. 根据管子的工作状态不同，放大电路可以分为甲类、乙类和甲乙类。乙类互补对称功率放大电路主要优点是效率高(理想状态达到78.5%)，但有交越失真。采用甲乙类功率放大电路可以有效地改善交越失真。

3. 甲乙类互补对称功率放大电路由于其电路简单、输出功率大、效率高、频率特性好和适于集成化等优点，而被广泛使用。采用双电流源供电、无输出电容的电路简称为OCL电路，采用单电源供电，有输出电容的电路简称OTL电路。

思考与练习

填空题

1. 功率放大电路按晶体管静态工作点的位置不同可以分为__________类、__________类和__________类。

2. 功率放大电路处于多级放大电路的__________级，其任务是向负载提供足够大的__________。

3. 功率放大电路的要求是输出功率尽可能__________，效率尽可能__________，非线性失真尽可能__________。

4. 乙类功率放大电路的效率较高，在理想情况下可达__________，但这种电路会产生__________失真。为了消除这种失真，应使功率管工作在__________状态。

5. 乙类互补对称功放有____________和____________两种类型晶体管构成，其主要优点是____________。

6. 功率放大电路输出具有较大功率来驱动负载，因此其输出的____________和____________信号的幅度均较大，可达到接近功率管的____________参数。

选择题

1. 互补对称功率放大电路从放大作用来看(　　)。

A. 既有电压放大作用，又有电流放大作用

B. 只有电流放大作用，没有电压放大作用

C. 只有电压放大作用，没有电流放大作用

2. 同样输出功率的 OCL 功效和 OTL 功放电路的最大区别在于(　　)。

A. 双电源和单电源　　B. 有电容输出耦合　　C. 晶体管的要求不同

3. OTL 功放电路输出耦合电容的作用是(　　)。

A. 隔直耦合　　B. 相当于提供负电源　　C. 对地旁路

4. 功率放大电路中采用乙类工作状态是为了提高(　　)。

A. 输出功率　　B. 放大器效率　　C. 放大倍数　　D. 负载能力

5. 为了消除乙类功放交越失真，应使功率管工作在(　　)类型。

A. 甲　　B. 乙　　C. 甲乙

分析计算题

1. 功率放大电路如图 4-9 所示。

(1) $u_i=0$ 时，u_E 应调至多大?

(2) 电容 C 的作用是什么?

(3) $R_L=8\ \Omega$，管子饱和压降 $V_{CES}=2$ V，求最大不失真输出功率 P_{om}。

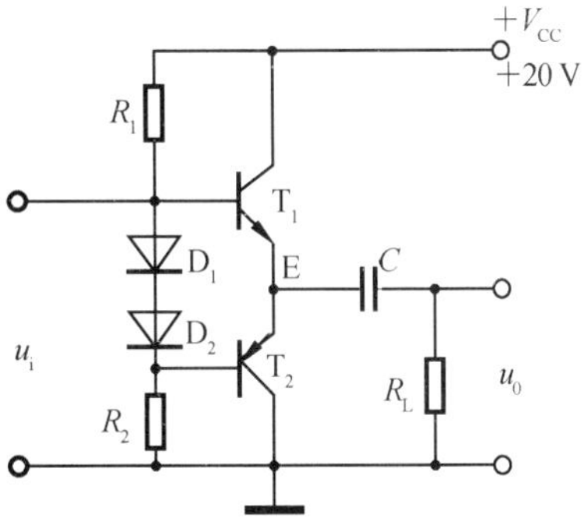

图 4-9　分析计算题 1 图

2. 2030 集成功率放大器的一种应用电路如图 4－10 所示，假定其输出级 BJT 的饱和压降 V_{CES} 可以忽略不计，u_i 为正弦电压。

指出该电路是属于 OTL 还是 OCL 电路；

求理想情况下最大输出功率 P_{om}。

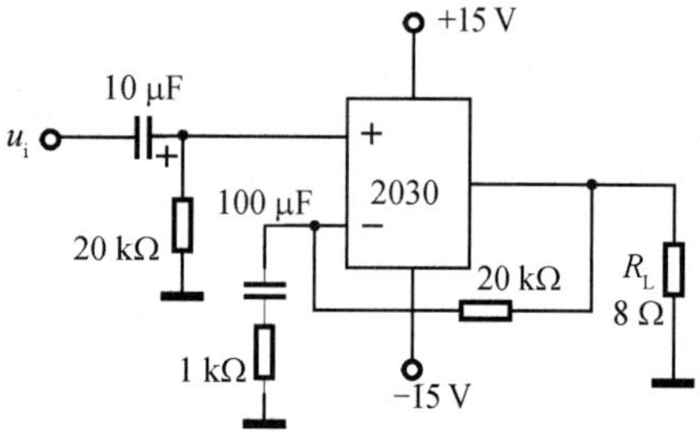

图 4－10　分析计算题 2 图

3. 电路如图 4－11 所示，已知 T1 和 T2 的饱和管压降 $|U_{CES}|=2$ V，直流功耗可忽略不计。

回答下列问题：

(1) R_3、R_4 和 T3 的作用是什么？

(2) 负载上可能获得的最大输出功率 P_{om} 和电路的转换效率 η 各为多少？

(3) 设最大输入电压的有效值为 1 V。为了使电路的最大不失真输出电压的峰值达到 16 V，电阻 R_6 至少应取多少千欧？

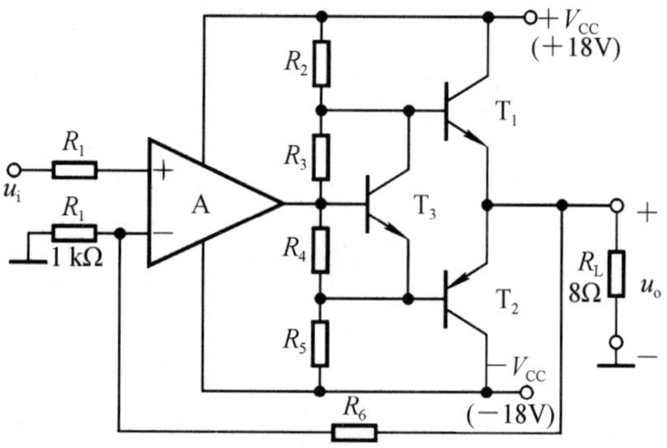

图 4－11　分析计算题 3 图

4. OCL 互补对称电路及元件参数如图 4－12 所示，设 T1、T2 管的饱和压降 $U_{CE,sat}\approx 1$ V。试回答下列问题：

(1) 指出电路中的反馈通路，并判断反馈为何组态；

(2) 估算电路在深度负反馈时的闭环电压放大倍数；

(3) 当 u_i 的幅值 U_{im} 为多大时，R_L 上有最大的不失真输出功率？并求出该最大不失真输出功率。

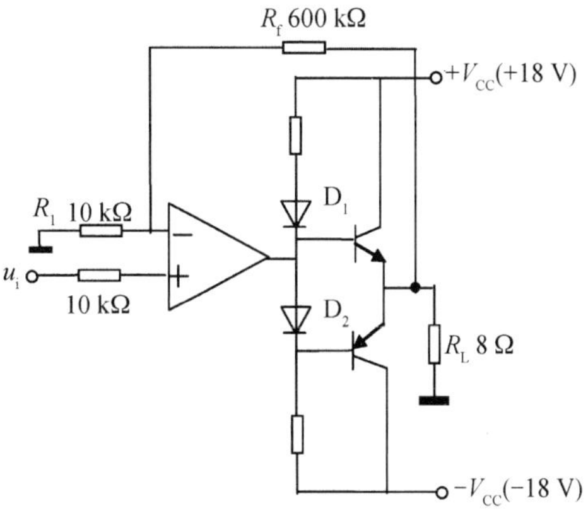

图 4－12　分析计算题 4 图

5. 电路如图 4－13 所示。已知电压放大倍数为－100，输入电压 u_i 为正弦波，T2 和 T3 管的饱和压降 $|U_{CES}|=1$ V。试问：

(1) 在不失真的情况下，输入电压最大有效值 u_{imax} 为多少伏？

(2) 若 $u_i=10$ mV(有效值)，则 u_o 值为多少？若此时 R_3 开路，则 u_o 值为多少？若 R_3 短路，则 u_o 值为多少？

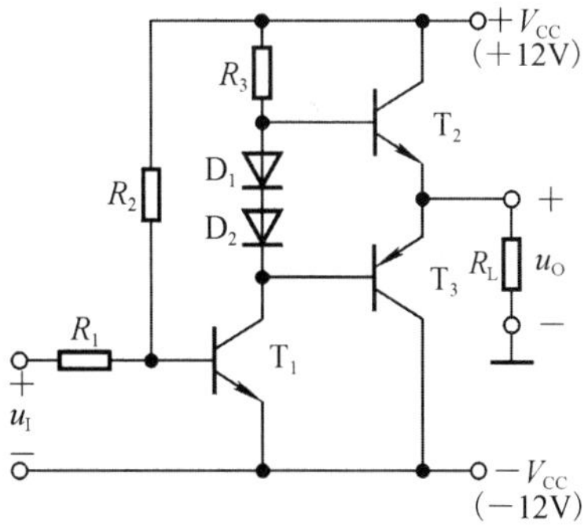

图 4－13　分析计算题 5 图

6. 如图 4－14 所示的功放电路中，设输入信号足够大，晶体管的 P_{CM}、$U_{(BR)CEO}$ 和 I_{CM} 足够大。若晶体管 T1、T2 的 $|U_{CES}|\approx 3$ V，计算此时的 P_o。

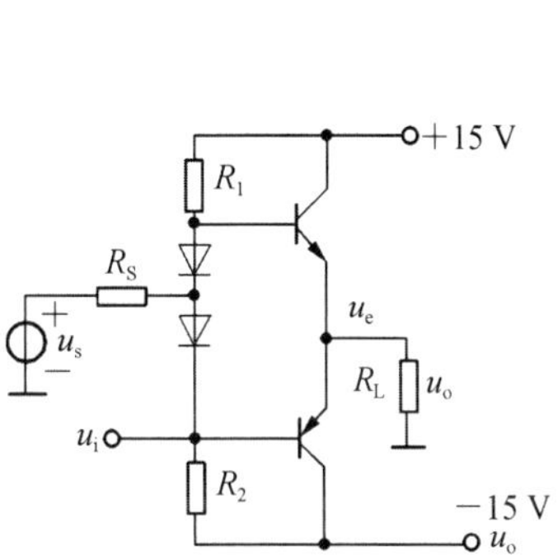

图 4－14　分析计算题 6 图

项目五　直流稳压电源电路

直流稳压电源的原理：首先把交流电转变为脉动的直流电，然后通过滤波电路和稳压电路，使输出的直流电压维持稳定。直流稳压电源一般由电源变压器、整流电路、滤波电路和稳压电路四部分组成，其框图如图 5－1 所示。

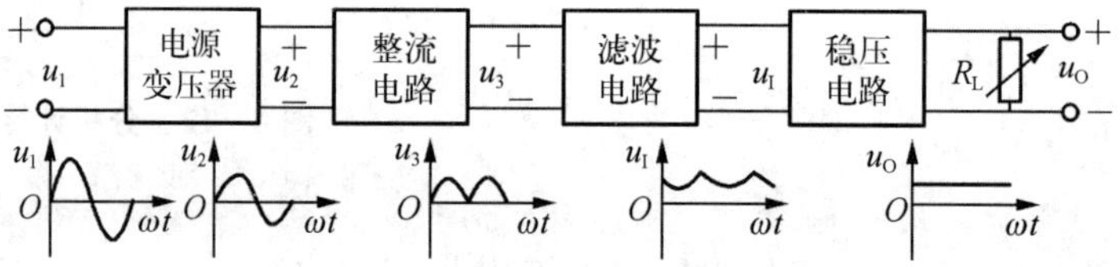

图 5－1　直流稳压电源组成方框图

① 电源变压器将电网供给的交流电压转变为符合整流需要的交流电压。

② 整流电路将变压器输出的交流电压转变为单向脉动的直流电压。

③ 滤波电路将单向脉动的直流电压转变为平滑的直流电压。

④ 稳压电路的作用是使直流输出电压稳定。

任务 5－1　整流电路与测试

小功率的直流电源，通常采用单相整流。如图 5－2(a)所示是一个典型的桥式整流电路，电路中采用了四个二极管，接成桥式，故称为桥式整流电路。图中 u_2 是交流电源电压 u_1 经变压器的输出电压，u_2 仍然是交流正弦电压。图 5－2(b)是桥式整流电路的简化画法。

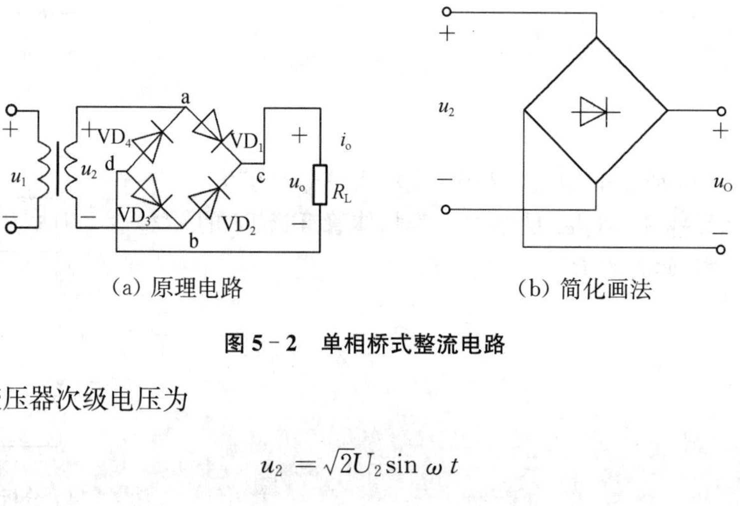

(a) 原理电路　　(b) 简化画法

图 5－2　单相桥式整流电路

设电源变压器次级电压为

$$u_2 = \sqrt{2} U_2 \sin \omega t$$

在 u_2 为正半周时，二极管 VD_1、VD_3 导通，VD_2、VD_4 截止；在 u_2 为负半周时，二极管 VD_1、VD_3 导通，VD_2、VD_4 截止。无论在正半周还是负半周，都有电流流过 R_L，并且电流的方向是一致的。在整个周期内，四个管子分两组轮流导通或截止，这样在负载上就得到了单方向的全波脉动直流电压。如图 5－3 所示为桥式整流电路的波形图。

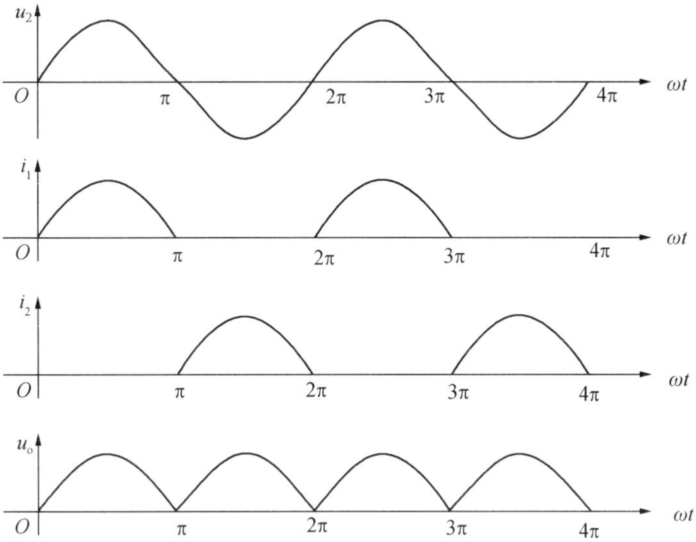

图 5－3　桥式整流电路的波形图

由此可见，在交流电压 u_2 的整个周期始终有同方向的电流流过负载电阻 R_L，故 R_L 上得到单方向全波脉动的直流电压。桥式整流电路输出电压平均值为

$$U_o = 0.9U_2$$

桥式整流电路中，由于每两只二极管只导通半个周期，故流过每只二极管的平均电流仅为负载电流的一半，即

$$I_D = \frac{1}{2}I_o = \frac{1}{2}\frac{U_o}{R_L} = 0.45\frac{U_2}{R_L}$$

在 u_2 的正半周，D_1、D_3 导通时，D_2、D_4 截止。此时，D_2、D_4 二极管承受的反向峰值电压为

$$U_{RM} = \sqrt{2}U_2$$

选择整流二极管时，其最高允许反向工作电压 U_R 应大于 U_{RM}。

将桥式整流电路的四只二极管制作在一起，封装成为一个器件就成为整流桥，其外形如图 5－4 所示。a、b 端接交流输入电压，c、d 端为直流输出端，c 端为正极性端，d 端为负极性端。

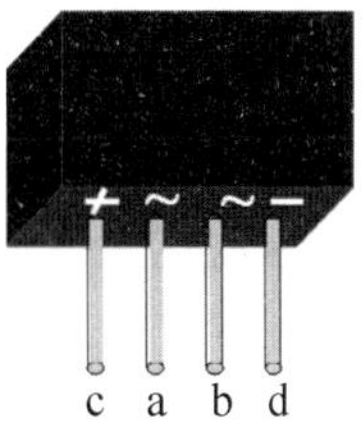

图 5－4　整流桥外形图

任务 5－2　滤波电路与测试

整流电路将交流电变为脉动直流电，但其中含有大量的交流成分（称为纹波电压）。为

了获得平滑的直流电压，应在整流电路的后面加接滤波电路，以滤去交流成分。

常用的滤波电路有电容滤波、电感滤波、π 型滤波电路等。

任务 5－2－1　电容滤波电路

在整流电路的输出端与负载端之间并联一个电解电容 C，构成电容滤波电路如图 5－5 所示。

设电容两端初始电压为零，且在交流电压 u_2 过零的时刻接通交流电源。u_2 为正半周，从零开始上升时，VD_1、VD_3 导通，一方面给负载供电，同时对电容器 C 充电。由于二极管的正向导通电阻和变压器的等效电阻都很小(在此假设为零)，所以充电时间常数近似为零，电容器充电电压随电源电压 u_2 的上升而上升，在 u_2 达到最大值时，u_C 也到达最大值，见图 5－5(b)中 a 点。过了这一点之后，电源电压 u_2 开始下降，此时 $u_C>u_2$，VD_1、VD_3 截止，电容 C 向负载电阻放电。由于放电时间常数 $\tau=R_LC$ 很大，所以电容器两端电压下降的速度比电源电压 u_2 的下降速度慢很多。当 $u_o(u_C)$ 下降到图 5－5(b)中的 b 点后，$|u_2|>u_C$，VD_2、VD_4 导通，电容 C 再次被充电，输出电压增大，以后重复上述充、放电过程，就得到图 5－5(b)所示的输出电压波形。

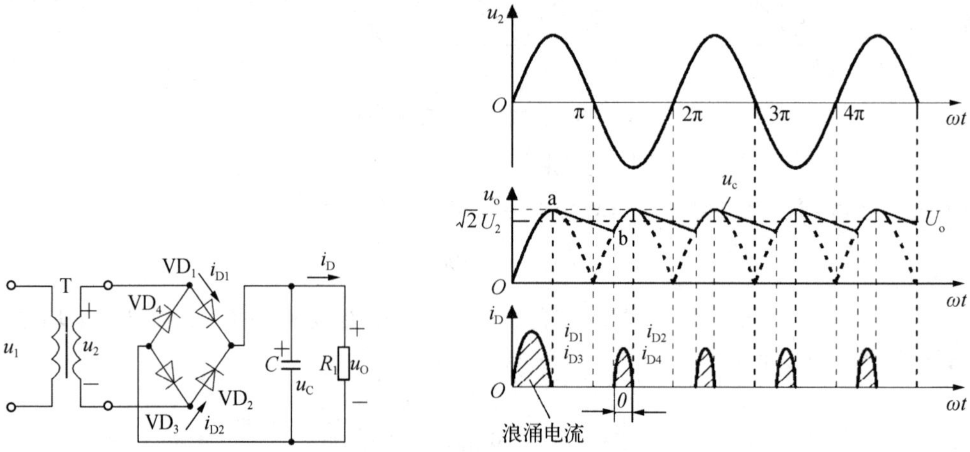

(a) 电路　　　　(b) 电压、电流波动

图 5－5　桥式整流电容滤波电路及波形

由图可见，整流电路加了滤波电容之后，输出电压的波形比没有滤波电容时平滑多了，同时输出电压的平均值也增大了。输出电压平均值 U_o 的大小与滤波电容 C 及负载电阻 R_L 的大小有关，C 的容量一定时，R_L 越大，C 的放电时间常数 τ 就越大，其放电速度越慢，输出电压就越平滑，U_o 就越大。为了获得良好的滤波效果，一般取

$$R_LC \geqslant (3\sim5)\frac{T}{2}$$

式中，T 为输出交流电压的周期。此时输出电压的平均值近似为

$$U_o \approx 1.2U_2$$

在整流电路采用电容滤波后，只有当 $|u_2|>u_C$ 时，二极管才能导通。因此，二极管的导

通角 $\theta<\pi$，如图 5－5(b)所示。由于电容 C 充电的瞬时电流很大，形成了浪涌电流，容易损坏二极管，故在选用二极管时，其额定整流电流应留有充分的裕量。一般可按（2～3）I_o来选择二极管。最好采用硅管，它比锗管更经得起过电流的冲击。

任务 5－2－2　电感滤波电路

电感滤波电路如图 5－6 所示，电感 L 起着阻止负载电流变化、使之趋于平直的作用。整流电路输出的电压中，其直流分量由于电感近似于短路而全部加到负载 R_L 两端，即 $U_o=0.9U_2$。交流分量由于 L 的感抗远大于负载电阻而大部分降在电感 L 上，负载 R_L 上只有很小的交流电压，达到了滤波交流的目的。电感滤波克服了整流管受冲击电流大的缺点，滤波效果好；但相对来讲其输出电压较低。一般电感滤波电路只用于低电压、大电流的场合。

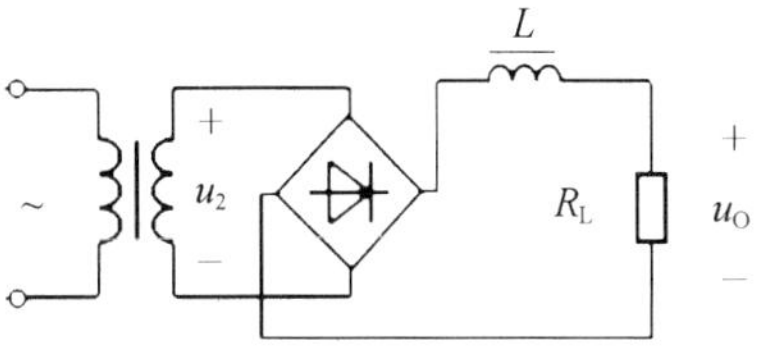

图 5－6　电感滤波电路

任务 5－2－3　π 型滤波电路

为了进一步减少负载电压中的纹波可采用图 5－7 所示 π 型 LC 滤波电路。由于电容 C_1、C_2对交流的容抗很小，而电感 L 对交流阻抗很大，因此负载 R_L上纹波电压很小。若负载电流较小时也可用电阻代替电感组成 π 型 RC 滤波电路。由于电阻要消耗功率，所以，此时电源的损耗功率较大，电源效率较低。

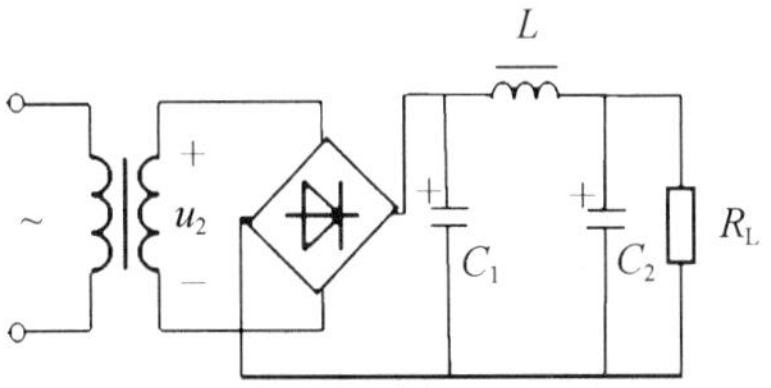

图 5－7　π 型 LC 滤波电路

任务 5－3　稳压电路与测试

任务 5－3－1　硅稳压管稳压电路

如图 5－8 所示为硅稳压管组成的稳压电路，图中经变压器降压、桥式整流、电容滤波接稳压二极管实现稳压，U_i为滤波后输出的未经稳定的直流输入电压，R 起限流作用。由于负载 R_L与用作调整元件的稳压管 VD_Z并联，故又称并联型稳压电路。硅稳压管稳压电路的工作原理在任务 1－4 中已经介绍。

硅稳压管稳压电路所使用的元器件少，线路简单，可以实现稳压作用，但稳压性能差，输出电压受稳压管稳压值限制，而且不能任意调节，输出功率小，一般适用于电压固定、负载电流较小的场合，常用作基准电压源。

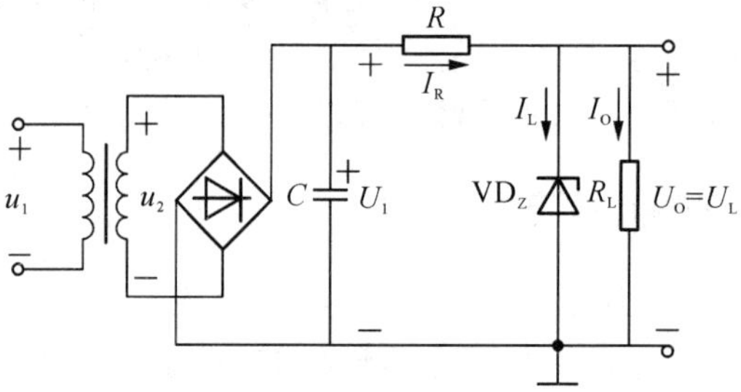

图 5-8 硅稳压管稳压电路

任务 5-3-2 串联型稳压电路

一、电路组成

串联型稳压电路如图 5-9 所示，它由调整管、取样电路、基准电压和比较放大电路等部分组成。图中，V_1为调整管，由于调整管与负载串联，故称为串联型稳压电路。R_3和稳压管 V_2组成基准电压源，为集成运算放大器 A 的同相输入端提供基准电压 U_Z，R_1、R_2和 R_P组成取样电路，它将稳压电路的输出电压分压后 U_F送到集成运算放大器 A 的反相输入端，集成运算放大器 A 构成比较放大电路，用来对取样电压与基准电压的差值进行放大。

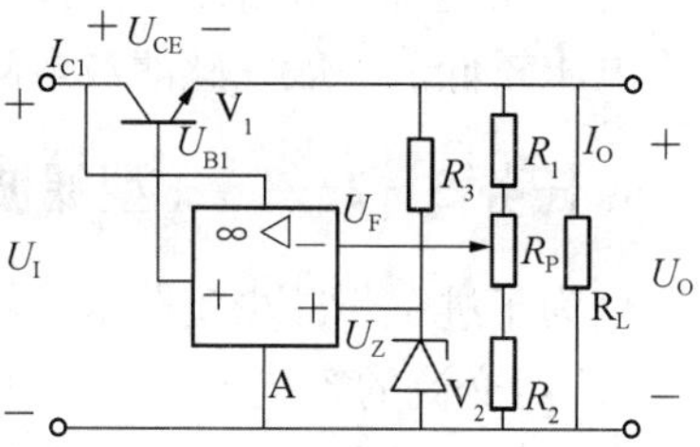

图 5-9 串联型稳压电路

二、稳压原理

串联型稳压电路在输入电压 U_I增大或负载电流 I_o减小引起输出电压 U_o增大时，取样电压 U_F随之增大，U_Z与 U_F的差值减小，经 A 放大后使调整管的基极电压 U_{B1}减小，集电极电流 I_{C1}减小，管压降 U_{CE}增大，输出电压 U_o减小，从而使得稳压电路的输出电压上升趋势受到抑制，稳定了输出电压。

上述稳压过程表示为：

$U_I\uparrow$（或 $I_o\downarrow$）$\rightarrow U_o\uparrow\rightarrow U_{B2}\uparrow\rightarrow U_{C2}\downarrow$（$U_{B1}\downarrow$）$\rightarrow U_{BE1}\downarrow$
$\rightarrow U_{CE1}\downarrow\rightarrow U_o\downarrow$

上述带放大器的串联型稳压电路可用图 5-10 的框图表示。

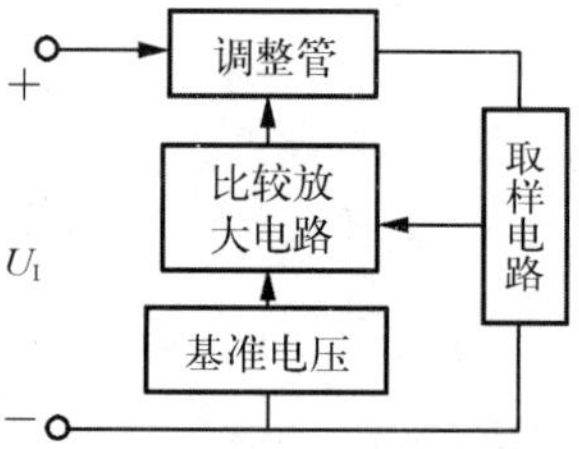

图 5-10 串联型稳压电路框图

任务 5-3-3 线性集成稳压器

随着电子技术的发展，集成化的串联型稳压器应用越来越广泛，集成稳压器具有性能好、体积小、质量轻、价格便宜、使用方便、安全可靠等优点。

串联型集成稳压器根据输出电压是否可调分为固定式和可调式；按照输出电压的正、负极性划分，可分为正稳压器和负稳压器；按照端子多少划分，可分为三端式和多端式稳压器。

一、三端固定输出集成稳压器

1. 三端固定式集成稳压器的外形、引脚排列

如图 5-11 所示为 CW7800 和 CW7900 系列塑料封装和金属封装的三端集成稳压器的外形及引脚排列。由于它只有输入、输出和公共端 3 个端子,故称为三端式稳压器。

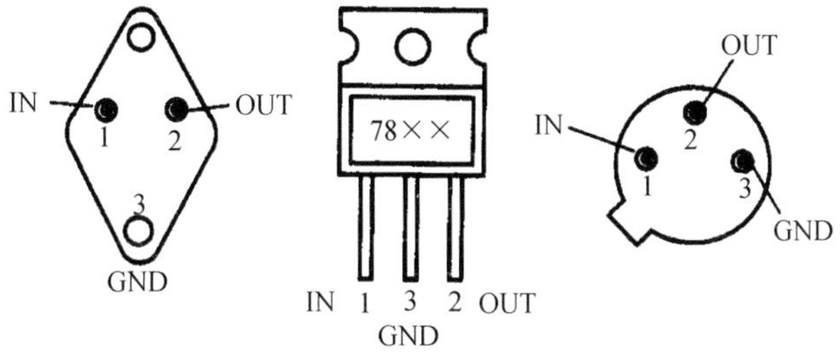

(a) 78 系列

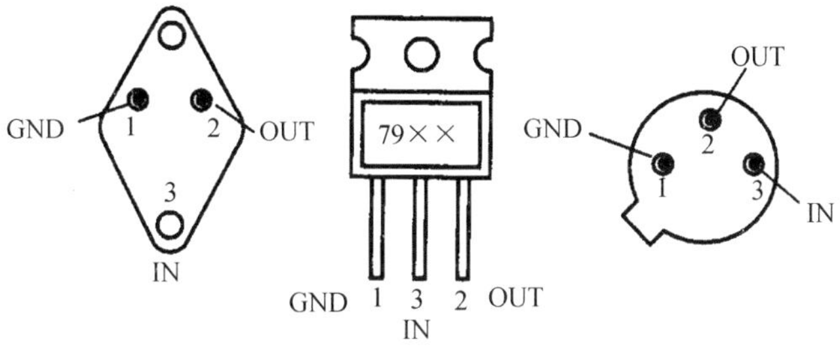

(b) 79 系列

图 5-11　三端固定式集成稳压器外形及管脚排列

三端固定输出集成稳压器通用产品有 CW7800 系列(正电源)和 CW7900(负电源)。输出电压用具体型号中的后两个数字代表,有±5 V、±6 V、±9 V、±12 V、±15 V、±18 V、±24 V 等。其额定电流以 78 或 79 后面所加字母来区分,L 表示 0.1 A,M 表示 0.5 A,无字母表示 1.5 A。例如,CW7805 表示输出电压为+5 V,额定输出电流为 1.5 A。

2. 应用电路

(1) 基本应用电路

如图 5-12 所示为 7800 系列集成稳压器的基本应用电路,其输出电压为 12 V,最大输出电流为 1.5 A。电路中,C_1为滤波电容,C_2的作用是在输入线较长时抵消其电感效应,防止自激振荡,C_3的作用是消除电路的高频噪声,以改善负载的瞬态响应。

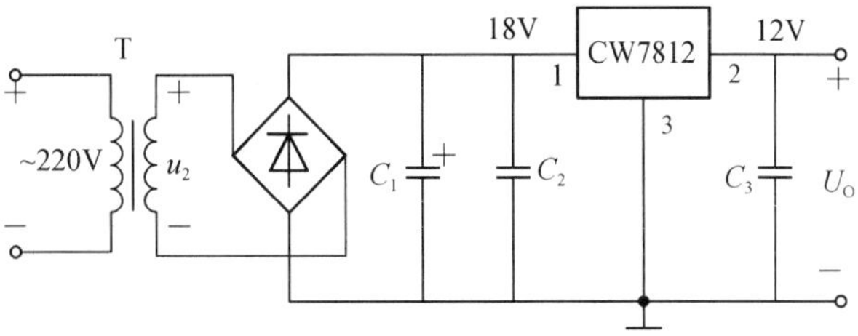

图 5-12　CW7800 基本应用电路

(2) 提高输出电压的电路

如果需要输出电压高于三端稳压器输出电压时，就可采用图 5-13 所示的提高输出电压的稳压电路。图中 I_Q 为稳压器的静态工作电流，一般为几毫安；外接电阻 R_1 上的电压为 $U_{\times\times}$，要求 $I_1=\frac{U_{\times\times}}{R_1}\geqslant 5I_Q$。

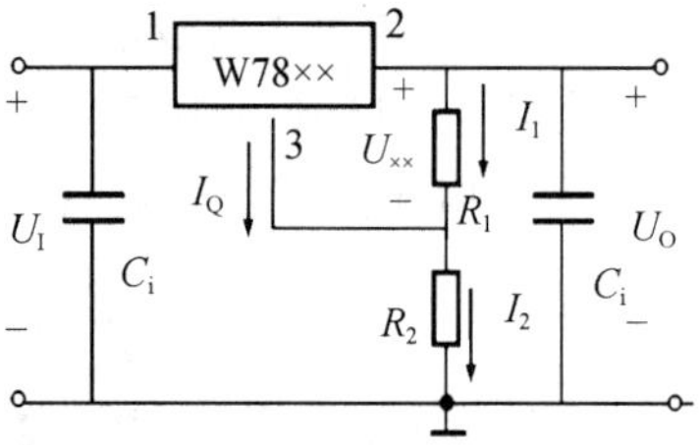

图 5-13　提高输出电压的电路

由图 5-13 可求得输出电压为

$$
\begin{aligned}
U_o &= U_{\times\times}+(I_1+I_Q)R_2 \\
&= U_{\times\times}+\left(\frac{U_{\times\times}}{R_1}+I_Q\right)R_2 \\
&= \left(1+\frac{R_2}{R_1}\right)U_{\times\times}+I_QR_2
\end{aligned}
$$

若忽略 I_Q的影响，则

$$U_o\approx\left(1+\frac{R_2}{R_1}\right)U_{\times\times}$$

由此可见，通过调整 R_2与 R_1的比值可以得到所需的电压，但它的电压可调范围小。

(3) 输出正、负电压的电路

当需要正、负电压同时输出的稳压电源时，可用 CW7800 和 CW7900 稳压器各一块，接成如图 5-14 所示的正、负对称输出两组电源的稳压电路。图 5-14 采用 CW7815 和 CW7915 构成的具有同时输出＋15 V 和－15 V 电压的稳压电路。

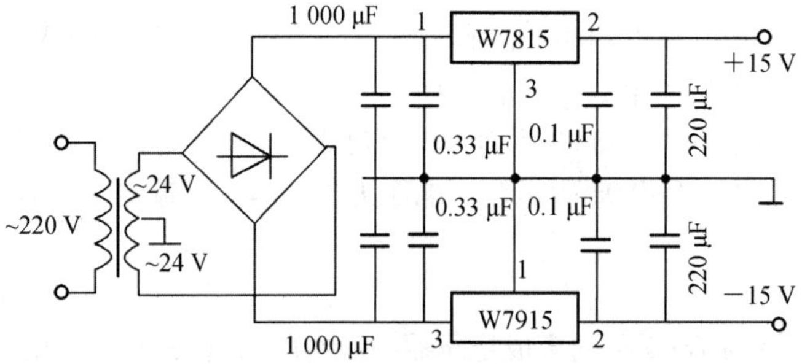

图 5-14　正、负同时输出的稳压电源

二、三端可调输出集成稳压器

三端可调集成稳压器是指输出电压可以调节的稳压器。按输出电压分为正电压稳压器 CW117/CW217/CW317 系列和负电压稳压器 CW137/CW237/CW337 系列两大类。按输出电流的大小，每个系列又分为 L 型、M 型等。CW117 及 CW137 系列塑料直插式封装引脚如图 5-15 所示。其内部电路与固定式稳压器相似。所不同的 3 个端子分别为输入端、输出端及调整端。在输出端与调整端之间为 $U_{REF}=1.25$ V 的基准电压，从调整端流出电流为 50 μA。

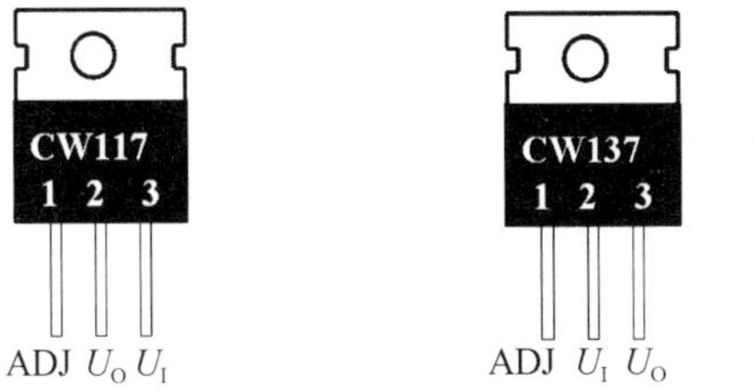

(a) CW117 系列　　(b) CW137 系列

图 5－15　三端可调输出集成稳压器外形及引脚排列

三端可调输出集成稳压器的基本应用电路如图 5－16 所示，图中 V_1 用于防止输入短路时 C_4 上存储的电荷产生很大的电流反向流入稳压器使之损坏。V_2 用于防止输出短路时 C_2 通过调整端放电而损坏稳压器。C_2 用于减小输出纹波电压。R_1、R_2 构成取样电路。该电路的输出电压为

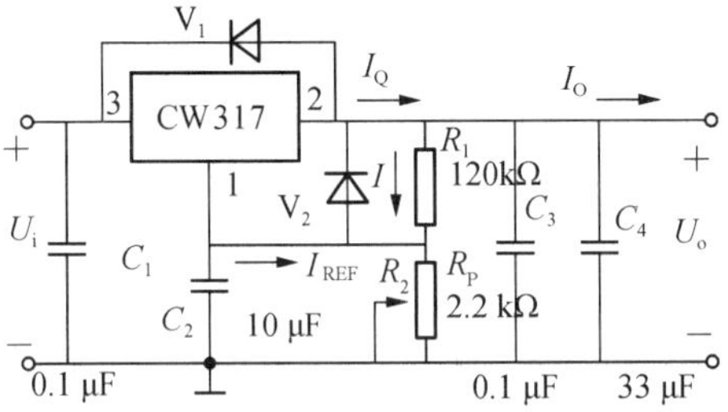

图 5－16　三端可调稳压器基本应用电路

$$U_o = \frac{U_{REF}}{R_1}(R_1 + R_2) + I_{REF}R_2$$

由于 $I_{REF} \approx 50\ \mu A$，可以略去，又 $U_{REF} = 1.25\ V$，所以

$$U_o \approx 1.25 \times \left(1 + \frac{R_2}{R_1}\right)$$

可见，调节 R_2 即可改变输出电压的大小。当 $R_2 = 0$ 时，$U_o = 1.25\ V$；当 $R_2 = 2.2\ k\Omega$ 时，$U_o \approx 24\ V$。

实训　直流稳压电源的安装与调试

一、实训目的

(1) 观察整流电路输入、输出波形，测定输入、输出电压的数量关系。

(2) 观察整流滤波电路输入、输出的波形，测定输入、输出电压的数量关系。

(3) 熟悉三端固定式集成稳压器的型号、参数及其应用。

(4) 掌握电子电路布线、安装等基本技能，培养独立进行电路组装和调试的能力。

(5) 掌握对简单电路故障的排除方法，培养独立解决问题的能力。

二、实训设备

(1) 仪器：多组输出变压器(取输出 6 V)，直流稳压电源，万用表，示波器。

(2) 元器件：4 只二极管(4007)，$R_L = 1\ k\Omega$ ，容值为 220 μF、470 μF 的电容，三端稳压器

7805 一个，导线若干，面包板一块。

三、实训电路

实训电路图如图 5－17 和图 5－18 所示。

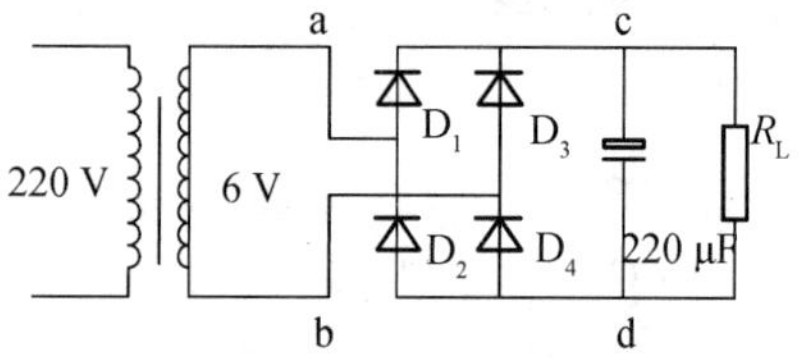

图 5－17　实训电路图一

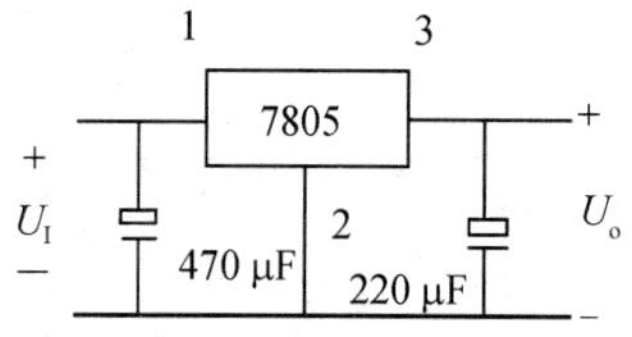

图 5－18　实训电路图二

四、实训内容与步骤

（1）按图 5－17 接线，由调压器取输出电压为 6 V 的两端接到整流电路输入端 a、b 上。

（2）用示波器观察未并入电容 C 和并入电容 C 两种情况的输出（c-d 间）波形，填入表 5－1中。

（3）用万用表测量未并入电容 C 和并入电容 C 两种情况的输出电压，填入表 5－1 中（拿掉 D_3 重复(3)步骤）。

（4）以三端稳压元件 7805 为例，按图 5－18 接线，按表 5－2 输入的直流电压，用万用表测相应的输出电压填入表 5－2 中。（注意：(3)～(4)步骤的输出电压都用直流电压 20 V 挡测）。

表 5－1　输出电压及输入、输出波形

	U_o测量值	输入波形	输出波形
桥式整流（未并入 C）			
桥式整流滤波（并入 C）			
桥式整流滤波（并入 C）R_L 开路			

表 5－2　输出电压值

U_I	10 V	9 V	8 V	7 V	6 V	5 V	3 V
U_o							

五、实训分析与报告

由测量数据：

（1）总结桥式整流电路 U_o与 U_I的大小关系；

（2）总结桥式整流滤波电路 U_o与 U_I的大小关系；

（3）总结桥整滤波空载时 U_o与 U_I的大小关系；

（4）从图 5－18 的实验，改变输入电压（U_I＝7～10 V），输出电压是否基本稳定不变？输入电压小于 7 V 后，输出还能稳压吗？

项目小结

1. 直流稳压电源是电子设备中的重要组成部分，用来将交流电网电压变为稳定的直流电压。一般小功率直流电源由变压器、整流电路、滤波电路和稳压电路四部分组成。

2. 整流滤波电路利用二极管的单向导电性和电容器的储能作用将交流电压转换成单向脉动且相对比较平滑的直流电压。最常用的整流滤波电路是桥式整流和电容滤波电路。

3. 稳压电路用来在交流电源电压波动或负载变化时，稳定直流输出电压。硅稳压管并联稳压电路利用硅稳压管的稳压特性来稳定负载电压，适用于输出电流较小、输出电压固定、稳压要求不高的场合。目前广泛采用集成稳压器，在小功率供电系统中多采用线性集成稳压器。

4. 串联型线性集成稳压器由调整管、取样电路、基准电压和比较放大器组成，它实际上是一个电压串联负反馈系统。三端集成稳压器的核心是串联型稳压电路。三端集成稳压器仅有输入端、输出端和公共端(或调整端)，有固定输出和可调输出两种，均有正、负电源两类，使用方便、稳压性能好且价格低廉。但由于调整管工作在线性区，功耗较大，效率较低。

思考与练习

填空题

1. 直流稳压电源一般有________、________、________和________组成。
2. 并联稳压电路，稳压部分由________和________两个元件组成的。
3. 串联反馈式稳压电路有________、________、________和________四部分构成。

选择题

1. 将交流电变成单向脉动直流电的电路称为(　　)电路。

A. 变压　　B. 整流　　C. 滤波　　D. 稳压

2. 由硅稳压管组成的稳压电路只适用于(　　)的场合。

A. 输出电压不变、负载电压变化较小

B. 输出电压可调、负载电流不变

C. 输出电压可调、负载电流变化较小

3. 下列型号中是线性正电源可调输出集成稳压器是(　　)。

A. CW7812　　B. CW7905　　C. CW317　　D. CW137

分析计算题

有一单相桥式整流电路，如图 5-19 所示，变压器副边电压 $U_2=75$ V 负载电阻 $R_L=100\ \Omega$，试计算电路的输出电压 U_o，负载电流 I_o，流过每个二极管的电流平均值 I_D，二极管所承受的最大反向电压 U_{RM}。

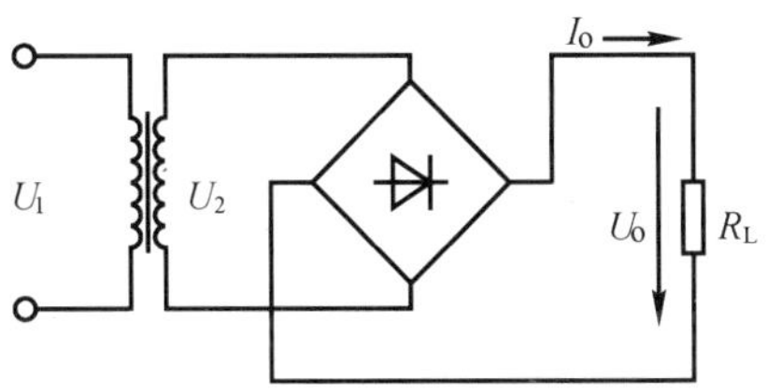

图 5-19　分析计算题图

项目六　信号产生电路

前面几章所介绍的各种类型的放大电路，其作用都是把输入信号的电压和功率加以放大，输出信号受输入信号的控制。本章讨论的信号产生电路，它一般不需要输入控制信号就能产生周期性的波形输出，通常称为信号发生器。按振荡波形可将振荡电路分为正弦波振荡电路和非正弦波振荡电路。

根据选频网络所采用的元器件不同，正弦波振荡电路又可分为 *RC* 正弦波振荡电路、*LC* 正弦波振荡电路和石英晶体正弦波振荡电路。

任务 6－1　*RC* 正弦波振荡电路

任务 6－1－1　正弦波振荡电路的基本概念

1. 产生正弦波自激振荡的平衡条件

如图 6－1 所示是正弦波振荡电路的框图，图中 $\dot{A}$ 是放大电路的电压放大倍数，$\dot{F}$ 是正反馈网络的反馈系数。如果在放大电路的输入端加入正弦波信号 $\dot{X}_i$，经放大电路后输出信号为 $\dot{X}_o=\dot{A}\dot{X}_i$，在反馈网络的输出端可得到反馈信号 $\dot{X}_f=\dot{F}\dot{X}_o=\dot{A}\dot{F}\dot{X}_i$。当反馈信号 $\dot{X}_f$ 无论在幅值和相位上都与输入信号 $\dot{X}_i$ 一样时，若用 $\dot{X}_f$ 代替 $\dot{X}_i$，则可在输出端继续维持原有的输出信号 $\dot{X}_o$，也就是自激。

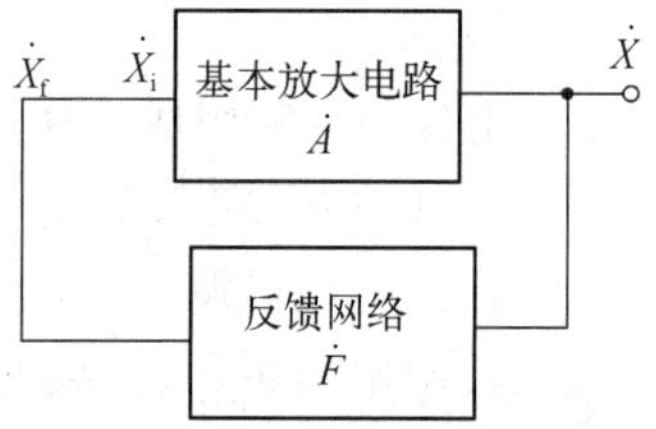

任务图 6－1　正弦波振荡电路的框图

由上面的分析可知，产生自激振荡的基本条件是反馈信号与输入信号大小相等、相位相同，即 $\dot{X}_f=\dot{X}_i$，而 $\dot{X}_f=\dot{A}\dot{F}\dot{X}_i$

可得
$$\dot{A}\dot{F}=1 \tag{6-1}$$

式(6－1)就是产生自激振荡的平衡条件。可分为幅度平衡条件和相位平衡条件。

(1) 振幅平衡条件

$$|\dot{A}\dot{F}|=1 \tag{6-2}$$

式(6－2)表明，反馈信号的幅度应当等于输入信号的幅值，在放大倍数一定的条件下，应该有足够强的正反馈量。

（2）相位平衡条件

$$\varphi_a + \varphi_f = 2n\pi(n = 0, 1, 2, \cdots) \qquad (6-3)$$

式(6－3)表明，放大电路和反馈网络的总相移必须等于 2π 的整数倍，使反馈电压与输入电压相位相同，以保证正反馈。

2. 振荡的建立与稳定

我们知道振荡电路一般不会外加激励信号，那么，振荡怎样才能建立起来呢？我们知道，放大电路中存在噪声或干扰，接通电源的瞬间，电路中的脉冲或电子元件内部产生噪声电压信号等作为原始的输入信号，这些信号频带很宽，包含从低频到高频的各种频率成分。其中比如包含振荡频率 f_0 的分量。经过选频网络的选频作用，只有 f_0 这一频率的分量满足相位平衡条件，只要此时 $AF>1$，则可形成增幅振荡，使输出电压逐渐变大，使得振荡建立起来。

利用正反馈使输出信号从无到有地建立起来，称为起振。

振幅起振条件为

$$|\dot{A}\dot{F}| > 1 \qquad (6-4)$$

相位起振条件为

$$\varphi_a + \varphi_f = 2n\pi(n\text{ 为整数}) \qquad (6-5)$$

自激振荡电路的起振过程如图 6－2 所示，刚开始起振时要求 $AF>1$。起振后，振荡幅度迅速增大，此时放大倍数减小使得 $AF=1$，振荡幅度不再增大，振荡进入稳定平衡状态。作为正弦波振荡电路应避免放大器进入非线性区工作，也就是说，在放大器没有进入非线性区以前，应设法使 AF 由大于 1 逐渐减小到 $AF=1$。因此还应有稳幅环节来实现这个过程。

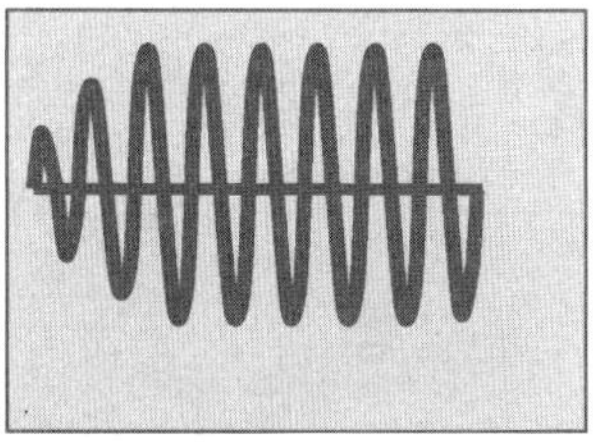

图 6－2　自激振荡电路的起振过程

3. 正弦波振荡电路的组成及分析方法

（1）振荡电路的组成

根据振荡电路对起振、稳幅和振荡频率的要求，一般振荡电路由放大电路、反馈网络、选频网络和稳幅电路组成。放大电路具有放大信号作用，并将直流电能转换成振荡的能量；反馈网络形成正反馈，满足相位平衡条件。选频网络的作用是实现单一频率的正弦波振荡；稳幅电路用于稳定振幅并改善波形。

（2）振荡电路的分析方法

判断电路是否会产生正弦波振荡通常采用下列步骤来判断：

① 观察电路的组成，是否含有放大电路、反馈网络、选频网络及稳幅环节等组成部分，并检查放大电路的静态工作点设置是否合适。

② 分析振荡电路是否满足自激振荡的条件。

③ 根据选频网络参数，估算振荡频率 f_0。

任务 6-1-2 RC 振荡电路

采用 RC 选频网络构成的振荡电路称为 RC 振荡电路，它适用于低频振荡电路，一般用于产生 1 Hz～1 MHz 的低频信号。RC 型正弦波振荡电路有桥式振荡电路、移相式振荡电路、双 T 网络式振荡电路等。下面讨论最常用的 RC 桥式振荡电路。

1. RC 串并联选频网络

如图 6-3 所示为 RC 串并联选频网络，若输入为幅度恒定、频率可调的电压$\dot{U}_1$，由图可得 RC 串并联网络的反馈系数

$$\dot{F}_u=\frac{\dot{U}_2}{\dot{U}_1}=\frac{Z_2}{Z_1+Z_2}=\frac{R\,/\!/\,\frac{1}{\mathrm{j}wC}}{R+\frac{1}{\mathrm{j}wC}+R\,/\!/\,\frac{1}{\mathrm{j}wC}}=\frac{1}{3+\mathrm{j}\left(wRC-\frac{1}{wRC}\right)} \quad (6-6)$$

令 $w_0=\frac{1}{RC}$，即 $f_0=\frac{1}{2\pi RC}$，则

$$\dot{F}_u=\frac{1}{3+\mathrm{j}\left(\frac{w}{w_0}-\frac{w}{w_0}\right)}=\frac{1}{3+\mathrm{j}\left(\frac{f}{f_0}-\frac{f_0}{f}\right)} \quad (6-7)$$

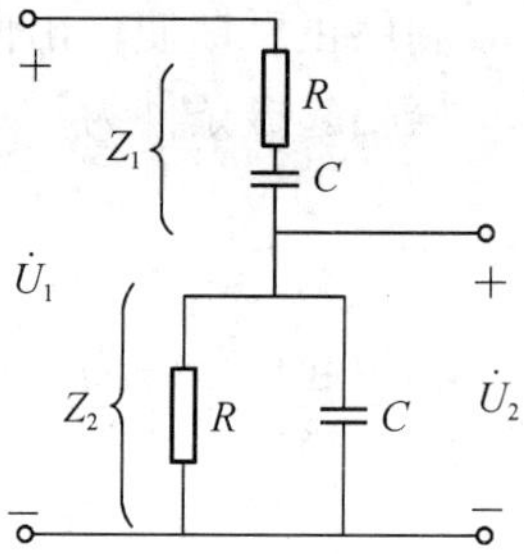

图 6-3 RC 串并联选频网络

式(6-7)即为 RC 串并联网络的频率特性，其幅频特性和相频特性分别为

$$|\dot{F}_u|=\frac{1}{\sqrt{3^2+\left(\frac{w}{w_0}-\frac{w_0}{w}\right)^2}} \quad (6-8)$$

$$\varphi_f=-\arctan\left(\frac{\frac{w}{w_0}-\frac{w_0}{w}}{3}\right) \quad (6-9)$$

作出幅频特性和相频特性曲线如图 6-4 所示。由图可见，当 $w=w_0$时，幅频相应达到最大，即$|\dot{F}_u|=1/3$，且 $\varphi_f=0$，输出电压与输入电压相位相同，所以 RC 串并联网络具有选频作用。

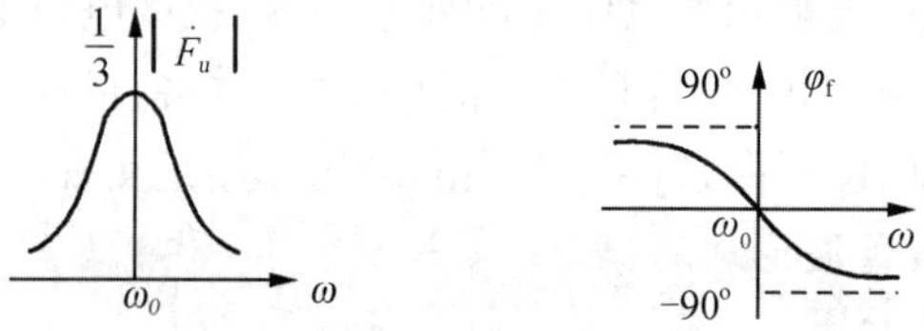

(a) 幅频特性 (b) 相频特性

图 6-4 RC 串并联网络幅频特性和相频特性

2. RC 振荡电路

(1) 电路组成

如图 6-5 所示为 RC 串并联正弦波振荡电路，它由放大电路、R_f负反馈回路和 RC 串并

联正反馈网络组成。放大器采用集成运算放大器，RC 串并联网络接在运放的输出端和同相端之间，构成正反馈，同时它又是选频网络。R_f、R_1 接在运放的输出端和反相端之间，构成负反馈。

(2) 振荡频率

RC 串并联正弦波振荡电路的振荡频率为

$$f_0 = \frac{1}{2\pi RC} \tag{6-10}$$

可见，改变 R、C 的参数值，就可以调节振荡频率。

(3) 起振条件

由图可知，振荡信号由同相输入，故构成同相放大器，输出电压 $\dot{U}_o$ 与输入电压 $\dot{U}_i$ 同相，满足起振的相位条件。根据起振振幅条件 $AF>1$，而 $F=1/3$，故要求同相比例放大电路的电压放大倍数 $A_f=1+\frac{R_f}{R_1}$ 应大于 3，即 $R_f>2R_1$。

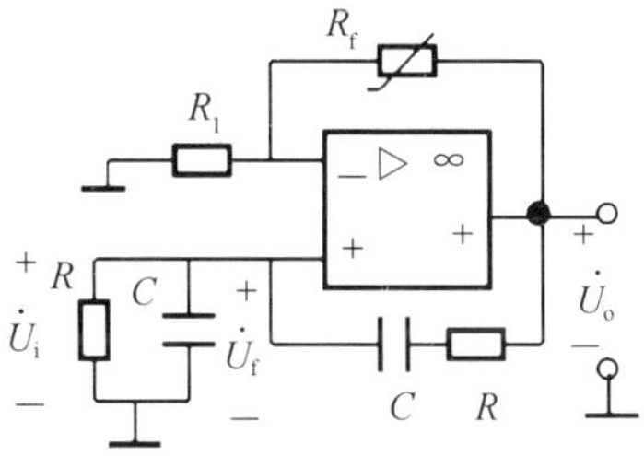

图 6-5　*RC* 桥式振荡电路

(4) 常用的稳幅措施

图 6-5 电路中，选择负温度系数的热敏电阻 R_f 作为反馈电阻，用以改善振荡波形、稳定振荡幅度。起振时，由于 $\dot{U}_o=0$，流过 R_f 的电流为 0，热敏电阻 R_f 处于冷态，且阻值比较大，电压放大倍数 $A_f=1+\frac{R_f}{R_1}$ 很大，振荡很快建立。随着振荡幅度的增大，流过 R_f 的电路也增大，使 R_f 的温度升高，其阻值减小，$A_f=1+\frac{R_f}{R_1}$ 自动下降，当 $A_f=3$ 时，输出电压的幅值稳定，达到自动稳幅的目的。

RC 正弦波振荡电路具有电路结构简单、波形好、振幅稳定、频率调节方便等优点，但振荡频率不能太高，一般适用于 $f_0<1$ MHz 的场合。

任务 6-2　*LC* 正弦波振荡电路

采用 LC 并联回路作为选频网络的振荡电路称为 LC 振荡电路，主要用于产生高频正弦波振荡信号，一般在 1 MHz 以上。常见的 LC 正弦波振荡电路有变压器反馈式、电感三点式和电容三点式 3 种。

任务 6-2-1　变压器反馈式 *LC* 振荡电路

1. LC 并联网络的频率特性

LC 并联谐振回路如图 6-6(a)所示。图中 r 表示线圈 L 的等效损坏电阻，其值一般很小，可以忽略。由图可得并联谐振回路的等效阻抗为

$$Z = \frac{(r+j\omega L)\dfrac{1}{j\omega C}}{r+j\omega L+\dfrac{1}{j\omega C}} \tag{6-11}$$

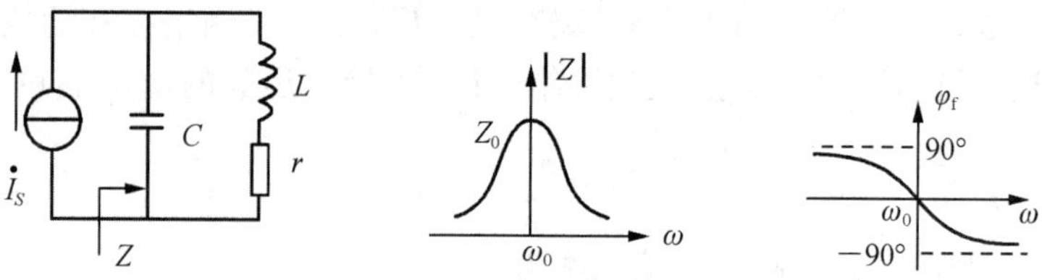

（a）电路　（b）幅频特性　（c）相频特性

图 6 - 6　*LC* 并联谐振回路

通常 $wL \gg r$，则上式可近似写为

$$Z = \frac{\frac{L}{C}}{r + \mathrm{j}\left(wL - \frac{1}{wC}\right)} = \frac{\frac{L}{Cr}}{1 + \mathrm{j}Q\left(\frac{w}{w_0} - \frac{w_0}{w}\right)} \tag{6-12}$$

其中，

$$w_0 = \frac{1}{\sqrt{LC}}$$

由于电路谐振时，*LC* 回路呈纯电阻性，所以式(6 - 12)中分母虚部一定为 0。所以并联谐振角频率为 w_0。

谐振频率为

$$f_0 = \frac{1}{2\pi\sqrt{LC}} \tag{6-13}$$

谐振时，*LC* 回路等效阻抗 Z_0 为

$$Z_0 = \frac{L}{rC} \tag{6-14}$$

通常令

$$Q = \frac{w_0 L}{r} = \frac{1}{w_0 rC} \tag{6-15}$$

Q 为并联谐振回路的品质因数，用来评价回路损耗的大小，一般在几十到几百范围。

由式(6 - 12)可得并联谐振回路的阻抗幅频特性和相频特性分别为

$$|Z| = \frac{\frac{L}{rC}}{\sqrt{1 + Q_2\left(\frac{w}{w_0} - \frac{w_0}{w}\right)}} \tag{6-16}$$

$$\varphi = -\arctan Q\left(\frac{w}{w_0} - \frac{w_0}{w}\right) \tag{6-17}$$

作出幅频特性和相频特性曲线如图 6 - 6(b)、(c)所示。从图中可以看出，当频率 $w = w_0$ 时具有选频性，此时 $|Z| = Z_0$，$\varphi = 0°$，Z 达到最大值，并为纯阻性，Z_0 称为谐振电阻。

2. 变压器反馈式 *LC* 振荡电路

变压器反馈式 *LC* 振荡电路原理图如图 6 - 7 所示。图中 L、L_1 组成变压器，其中 L 为

一次线圈电感，L_1为反馈线圈电感，用来构成正反馈。L、C组成并联谐振回路，作为放大器的负载，构成选频放大器。R_{B1}、R_{B2}和R_E为放大器的直流偏置电阻，C_B为耦合电容，C_E为反射极旁路电容，对振荡频率而言，C_B、C_E的容抗很小可看作短路。这个电路的反馈式通过L、L_1之间的互感耦合来实现的，因此称为变压器反馈式振荡电路。

如图6－7所示，假设$\dot{U}_i$的瞬时极性为正，其频率为LC的谐振频率f_0，此时放大管的集电极负载等效为一个纯电阻，$\dot{U}_o$与$\dot{U}_i$反相，$\dot{U}_f$与$\dot{U}_o$反相，所以$\dot{U}_f$与$\dot{U}_i$同相，满足了振荡的相位条件。由于LC回路的选频作用，电路中只有等于谐振频率的信号得到足够地放大，为了满足幅度条件$AF>1$，对晶体管的β值有一定要求。一般只要β值较大，变压器一、二次间有足够的耦合度，就能满足振荡的幅度条件。反馈线圈越多，耦合越强，电路越容易起振。

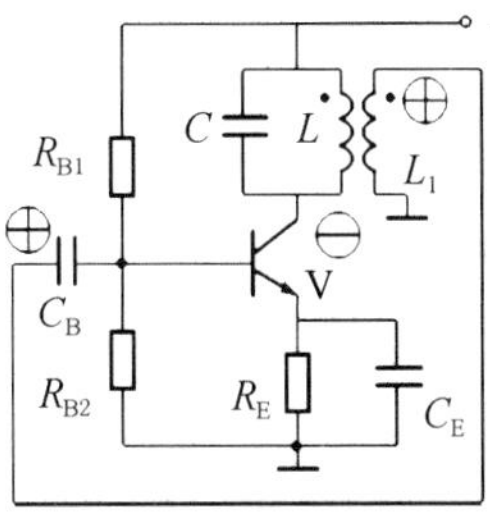

图6－7　变压器反馈式振荡电路原理图

变压器反馈式振荡电路的振荡频率取决于LC并联回路的谐振频率，此谐振频率为

$$f_0=\frac{1}{2\pi\sqrt{LC}}$$

变压器反馈式振荡电路的特点：

① 易起振，输出电压较大。由于采用变压器耦合，易满足阻抗匹配的要求。

② 调频方便。一般在LC回路中采用接入可变电容器的方法来实现，调频范围较宽，工作频率通常在几兆赫左右。

③ 输出波形不理想。由于反馈电压取自电感两端，它对高次谐波的阻抗大，反馈也强，因此在输出波形中含有较多高次谐波成分。

任务6－2－2　三点式LC振荡电路

1. 电感三点式LC振荡器

电感三点式振荡电路又称为哈特莱振荡电路，其电路原理如图6－8所示，图中晶体管V、R_{B1}、R_{B2}、R_C、R_E构成了分压式放大电路，C_B、C_E为旁路电容。电感L_1、L_2和电容C构成正反馈选频网络。谐振回路的三个端子1、2、3分别与晶体管的三个电极相接，反馈信号$\dot{U}_f$取自电感线圈L_2两端电压，故称为电感三点式振荡电路，也称为电感反馈式振荡电路。

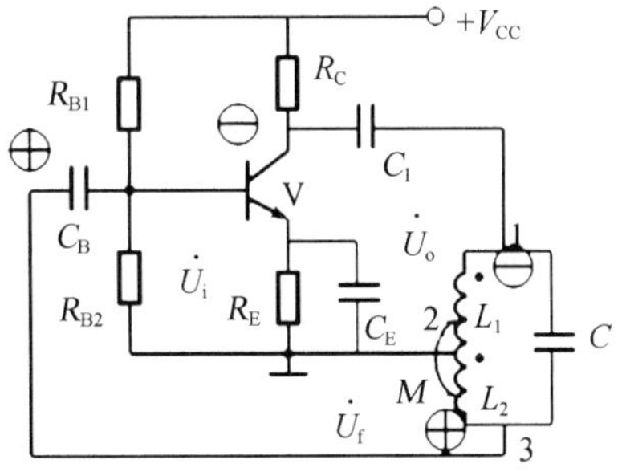

图6－8　电感三点式振荡电路原理图

假设输入信号$\dot{U}_i$为正，则各点的瞬时极性变化如图6－8所示。因此，$\dot{U}_f$与$\dot{U}_i$同相，满足相位平衡条件。

电感三点式振荡电路的振荡频率为

$$f_0=\frac{1}{2\pi\sqrt{LC}}=\frac{1}{2\pi\sqrt{(L_1+L_2+2M)C}}\qquad(6-18)$$

式中，M 为两部分线圈之间的互感系数。

电感三点式振荡电路中，由于 L_1、L_2 耦合紧密，所以容易起振。如果采用可变电容器，就可以很方便地调节振荡信号的频率。但是由于反馈信号取自电感 L_2，对高次谐波信号具有较大阻抗，使输出波形也含有较大高次谐波成分，输出波形差。所以这种振荡电路常用于对波形要求不高的设备中。

2. 电容三点式 LC 振荡器

电容三点式振荡电路也称为考毕兹振荡器，其原理如图6－9 所示，由图可见，其电路结构与电感三点式振荡电路基本相同，只是选频网络由电容 C_1、C_2 和电感 L 构成，反馈信号取自电容 C_2 两端。由图 6-9 不难判断在回路谐振频率上，反馈信号 $\dot{U}_f$ 与 $\dot{U}_i$ 同相，满足相位平衡条件。

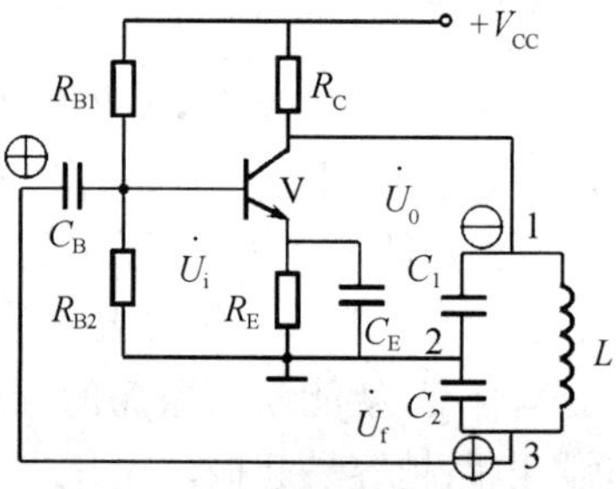

图 6－9　电容三点式振荡电路原理图

电容三点式振荡电路的振荡频率由 LC 并联谐振频率确定，即

$$f_0 = \frac{1}{2\pi\sqrt{LC}} = \frac{1}{2\pi\sqrt{L\dfrac{C_1C_2}{C_1+C_2}}} \tag{6-19}$$

由于 LC 并联电路中，电容 C_1、C_2 的 3 个端子分别与晶体管 V 的 3 个电极相连，所以称为电容三点式振荡电路。反馈电压取自电容 C_2 两端的电压，故又称为电容反馈式振荡电路。

由于反馈电压取自电容两端的电压，电容对高次谐波容抗小，对高次谐波的正反馈比基波弱，所以输出波形中的高次谐波成分小，波形较好，振荡频率较高，常在电感 L 并联可变电容器，以调节频率，但调节范围小。

任务 6－3　石英晶体正弦波振荡电路简介

任务 6－3－1　石英晶体振荡电路

我们知道，石英表计时非常准确，这是因为它内部有一个石英晶体振荡电路简称为“晶振”。它具有极高的频率稳定性，频率稳定度可高达 $10^{-9}\sim10^{-11}$ 数量级。而一般的 LC 振荡电路的频率稳定无法到达 10^{-4}。所以在要求频率稳定度高的场合，常采用石英晶体振荡电路，它广泛应用于电话、电视、计算机等设备中。

1. 石英晶体谐振器的结构

石英晶体是一种各向异性的结晶体，其化学成分为二氧化硅（SiO_2）。从一块晶体上按一定的方向角切下的薄片，称为石英晶片，其形状可以是正方形、矩形或圆形等。在晶片的两个对应表面上镀银并引出两个电极，再用金属或玻璃外壳封装，就构成了石英晶体谐振器，简称石英晶体或晶片。石英晶体谐振器的外形、结构和符号如图 6－10 所示。

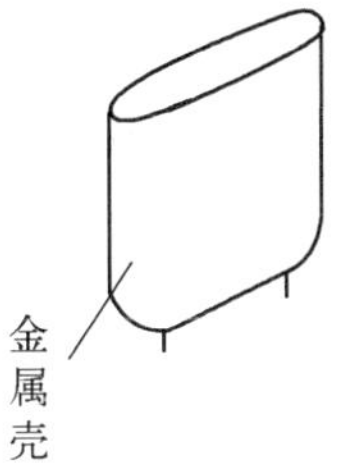

(a) 石英晶体的外形

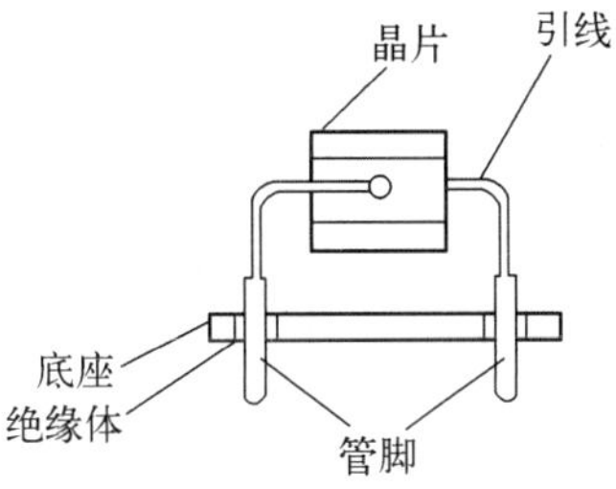

(b) 石英晶体的结构

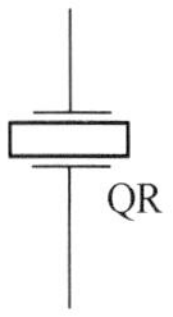

(c) 石英晶体的符号

图 6-10　石英晶体谐振器

2. 石英晶体的压电效应

当在晶片的两个电极之间加上电场时，晶片就会产生机械形变；反之，若在晶片的两侧施加机械力，又会在相应的方向产生电场，这种物理现象称为为压电效应。利用石英晶片的这一特性，当在晶片的两电极之间加交变电压时，晶片就会产生机械变形振动，同时晶片的机械变形振动又会产生交变电场。在一般情况下，晶片的机械振动和交变电场的振幅都很小，如果外加交变电压的频率等于晶片的固有机械振动频率时，机械振动的振幅急剧增加，晶体的这种现象称为压电谐振。

3. 石英晶振的等效电路

石英晶体的等效电路如图 6-11 所示，图中 C_0 为两金属电极间构成的静态电容，L、C 分别为晶片振动时的动态电感和动态电容，R 为晶片振动时的等效摩擦损耗电阻。由于晶片的等效电感 L 很大，而动态电容 C 非常小，因此 Q 很大，可达 $10^4 \sim 10^6$。因此，利用石英晶体组成的振荡电路时，振荡频率非常稳定。

4. 石英晶振的谐振频率和谐振曲线

图 6-12 是石英晶体谐振器的电抗一频率特性，它具有两个谐振频率 f_s 和 f_p，这两个频率非常接近，当 $f_s < f < f_p$ 时，石英晶体呈感性，其余频率范围内，均呈容性。

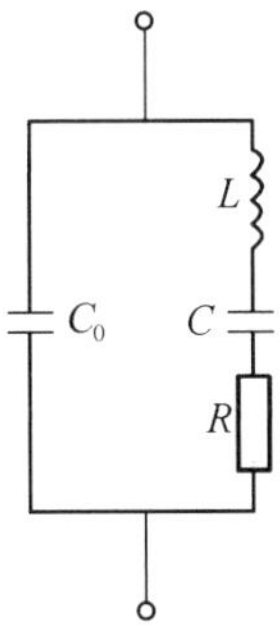

图6-11　石英晶体的等效电路

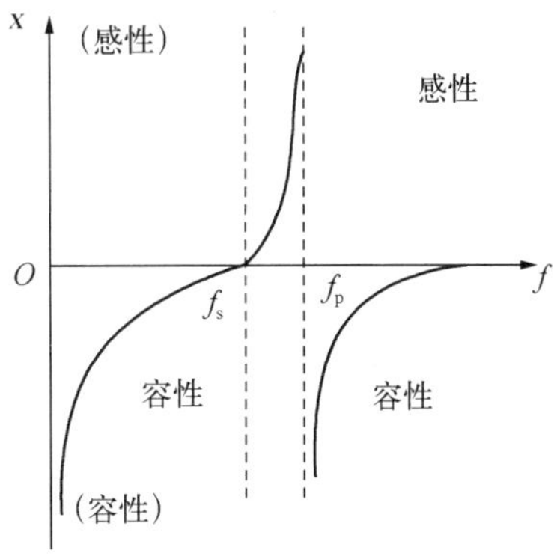

图 6-12　石英晶片的电抗—频率特性

任务 6-3-2　石英晶体振荡电路的应用

石英晶体振荡电路的基本形式有串联型和并联型两类。

1. 并联型石英晶体振荡电路

如图 6－13 所示为并联型晶体振荡电路的原理电路，利用频率在 f_s 和 f_p 之间时，晶体阻抗呈感性的特点，与外接电容 C_1、C_2、C_3 构成改进型电容三点式 LC 振荡电路。

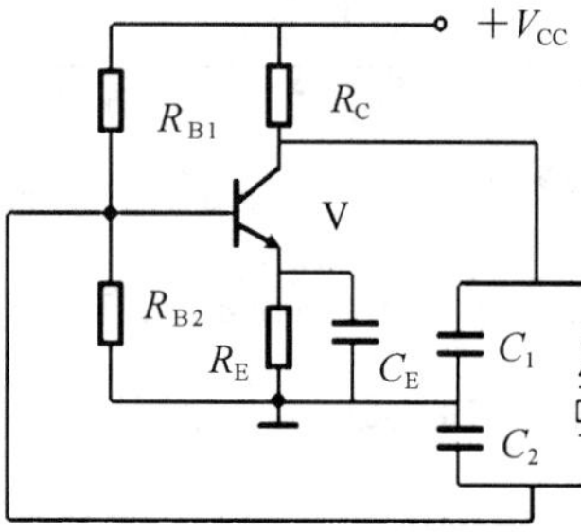

图 6－13　并联型石英晶体振荡电路

此时，谐振回路的总电容为

$$C=\frac{1}{\frac{1}{C_1}+\frac{1}{C_2}+\frac{1}{C_3}} \tag{6-20}$$

当 $C_3 \ll C_1$、$C_3 \ll C_2$ 时，$C \approx C_3$。所以，电路的谐振频率为

$$f_0=\frac{1}{2\pi\sqrt{LC}}\approx\frac{1}{2\pi\sqrt{LC_3}} \tag{6-21}$$

2. 串联型石英晶体振荡电路

如图 6－14 所示是串联型石英晶体振荡电路。电路中选频和正反馈都由石英晶体谐振器来完成。R_F 和 R_1 构成负反馈支路，起稳幅作用。当工作频率等于石英晶体串联谐振频率 f_s 时，晶体的阻抗最小，且为纯电阻，电路满足相位平衡条件。电路的振荡频率由石英晶体的串联谐振频率 f_s 决定。

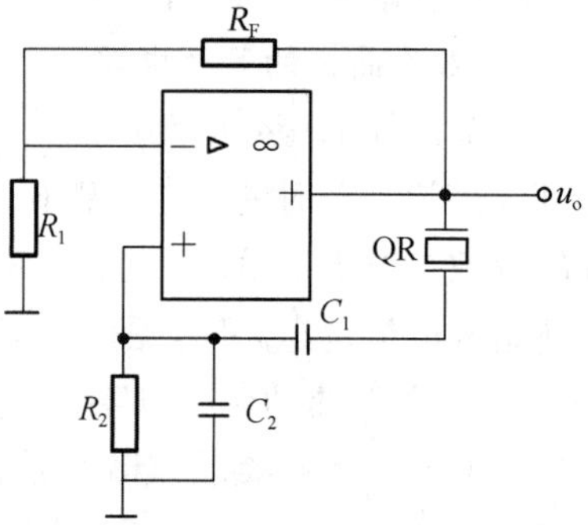

图 6－14　串联型石英晶体振荡电路

实训　正弦波振荡电路测试

一、实训目的

(1) 学习和掌握 RC 桥式振荡电路元器件的选择和振荡电路的调整测试方法。

(2) 掌握电子电路布线、安装等基本技能，培养独立进行电路组装和调试的能力。

(3) 掌握对简单电路故障的排除方法，培养独立解决问题的能力。

二、实训设备

(1) 仪器：直流稳压电源、信号发生器、万用表、示波器各一个。

(2) 元器件：集成运放 μA741 一块；二极管 2CP 两只；电阻 4.3 kΩ、6.2 kΩ 各一个，阻值 8.2 kΩ 的电阻 2 个；22 kΩ 的电位器一个；0.01 μF 的电容 2 个；连接导线若干；面包板一块。

三、实训内容与步骤

按图 6－14 所示的 *RC* 桥式正弦波振荡器连接实训电路。

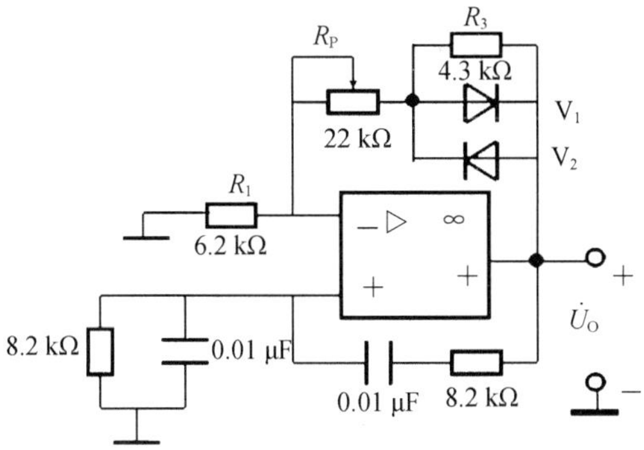

图 6－14　*RC* 桥式正弦波振荡器

(1) 接通±12 V 电源，调节电位器 R_P，使输出波形从无到有，直至正弦波出现失真为止。记下在临界起振、正弦波输出及失真情况下的 R_P值，分析负反馈强弱对起振条件及输出波形的影响。

(2) 调节电位器 R_P，使输出电压 u_o幅值最大且不失真，用交流毫伏表分别测量输出电压 u_o，反馈电压 u_+和 u_-，分析振幅平衡条件。

(3) 用示波器观察波形并测量频率 f_0，与理论值进行比较。

(4) 断开 V_1、V_2，重复前面(2)的操作，将测试结果与(2)进行比较，分析 V_1、V_2 的稳幅作用。

四、分析与思考

(1) 根据整流实训数据，画出波形，将实测频率与理论值进行比较。

(2) 根据实训分析 *RC* 振荡器的起振条件。

(3) 讨论二极管 V_1、V_2 的稳幅作用。

项目小结

1. 信号产生电路通常称为振荡器，用于产生一定频率和幅度的正弦波和非正弦波信号，正弦波振荡电路有 *RC*、*LC*、石英晶体振荡电路等。

2. 正弦波振荡电路由放大器、正反馈网络、选频网络和稳幅环节四个功能部分组成。产生振荡的幅度平衡条件是 $AF=1$、相位平衡条件是 $\varphi_a+\varphi_f=2n\pi$($n$ 为整数)。当满足 $AF>1$(起振条件)时，振荡比较容易建立起来。

3. 分析电路是否有可能产生振荡时，首先判断放大器能否工作在放大状态，其次用瞬时极性法判断电路是否满足相位平衡条件(即是否构成正反馈)，必要时再分析电路是否满足起振条件。

4. *RC* 正弦波振荡电路适用于低频振荡，一般不超过 1 MHz，常采用桥式振荡电路，其振荡频率 $f_0=1/2\pi RC$。

5. *LC* 振荡电路的选频网络由 *LC* 回路构成，它可以产生高频率的正弦波振荡信号。

它有变压器耦合、电感三点式和电容三点式等电路，其振荡频率 $f_0=\dfrac{1}{2\pi\sqrt{LC}}$。

6. 石英晶体振荡电路是采用石英晶体谐振器代替 LC 谐振回路构成，其振荡频率的准确性和稳定性很高。石英晶体振荡电路有并联型和串联型，并联型晶体振荡电路中，石英晶体的作用相当于一电感；而串联型晶体振荡电路中，利用石英晶体的串联谐振特性，以低阻抗接入电路。

思考与练习

思考题

1. 正弦波振荡电路产生自激振荡的平衡条件是什么？一般正弦波振荡电路由哪几个部分组成？正弦波振荡电路的起振条件又是什么？

2. 你知道哪几种类型的正弦波振荡电路？它们各自有什么特点？

填空题

1. 正弦波振荡器一般是由________、________、________和________组成。

2. 正弦波振荡电路产生自激振荡的相位平衡条件是________；幅值平衡条件是________。

3. 正弦波振荡电路起振的相位平衡条件是________；幅值平衡条件是________。

4. RC 桥式振荡电路输出电压均为正弦波时，其反馈系数 $F=$________，放大电路的电压放大倍数 $A_u=$________；若 RC 串并联网络中的电阻均为 R，电容均为 C，则振荡频率 $f_0=$________。

5. 产生低频正弦波一般选用________振荡器；产生高频正弦波一般选用________振荡器；产生频率稳定性很高的正弦波可选用________振荡器。

选择题

1. 信号产生电路的作用是在(　　)情况下，产生一定频率和幅度的正弦或非正弦信号。

A. 外加输入信号　　B. 没有输入信号

C. 没有直流电源电压　　D. 没有反馈信号

2. 正弦波振荡电路中振荡频率主要由(　　)决定。

A. 放大倍数　　B. 反馈网络参数

C. 稳幅电路参数　　D. 选频网络参数

3. 正弦波振荡电路的输出信号最初是由(　　)而来的。

A. 基本放大电路　　B. 干扰或噪声信号

C. 选频网络　　D. 输入信号

4. 常用正弦波振荡电路中，频率稳定度最高的是(　　)振荡电路。

A. RC 桥式　　B. 电感三点式

C. 电容三点式　　D. 石英晶体

分析计算题

1. 试用振荡相位平衡条件判断如图 6－15 所示各电路能否产生正弦波振荡，为什么？

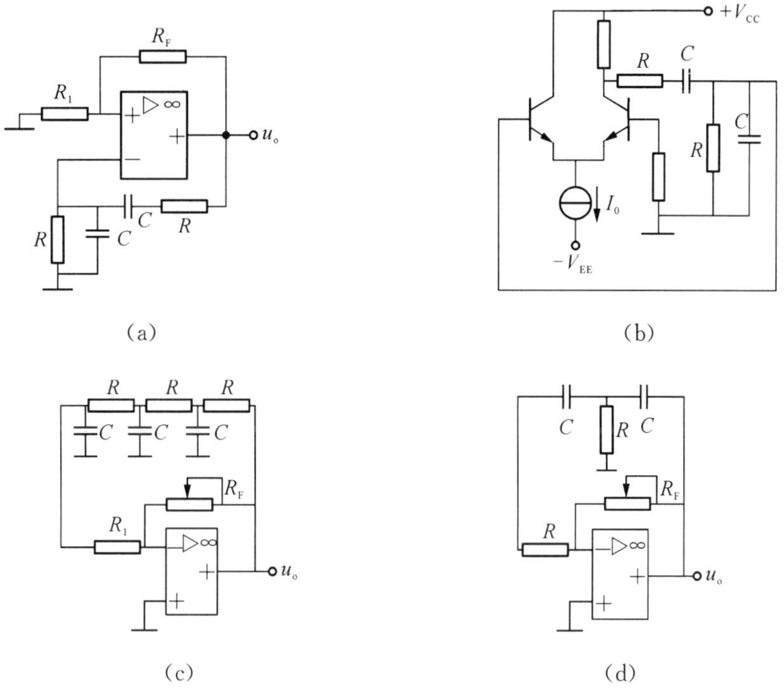

图 6－15　分析计算题 1 图

2. 已知 RC 振荡电路如图 6－16 所示。(1) 求振荡频率 f_0 值；(2) 求热敏电阻 R_t 的冷态电阻；(3) 说明 R_t 应具有怎样的温度特性？

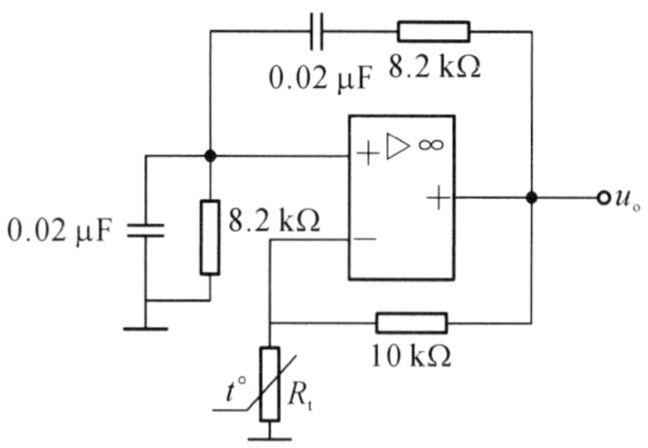

图 6－16　分析计算题 2 图

3. 分析图 6-17 所示电路,标明二次线圈的同名端,使之满足相位平衡条件,并求出振荡频率。

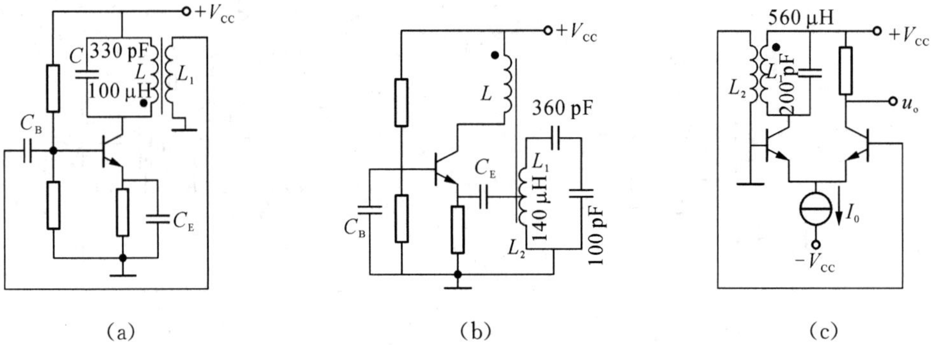

图 6-17　分析计算题 3 图

下篇　数字电子技术

项目七　数字电路基础

任务 7-1　数字电路及其特点

任务 7-1-1　数字信号与数字电路的概念

在模拟电子技术中，被传递、加工和处理的信号是模拟信号，这类信号的特点是在时间和幅度上都是连续变化的，例如广播系统中传送的各种语音信号。如图 7-1(a)所示就是一种模拟信号。用于传递、加工和处理模拟信号的电子电路称为模拟电路。

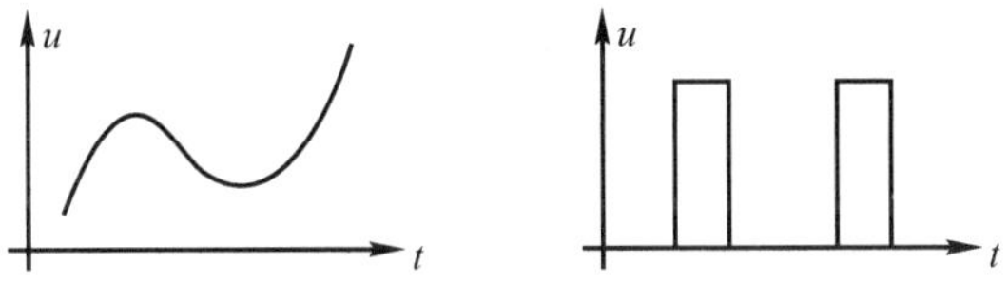

(a) 模拟信号　　(b) 数字信号

图 7-1　模拟信号和数字信号

在数字电子技术中，被传递、加工和处理的信号是数字信号，这类信号的特点是在时间上和幅度上都是断续变化(离散)的，也就是说，这类信号只在某些特定时间内出现，如图 7-1(b)所示。其高电平和低电平常用二进制数 1 和 0 来表示。用于传递、加工和处理数字信号的电子电路称为数字电路。它主要是研究输出与输入信号之间的对应逻辑关系，分析数字电路的主要工具是逻辑代数，因此，数字电路又称为逻辑电路。

任务 7-1-2　数字电路的类型

1. 根据电路结构分类

根据电路结构的不同，数字电路可分为分立元件电路和集成电路两大类。分立元件电路是将晶体管、电阻、电容等元器件用导线在线路板上连接起来的电路；而集成电路则是将这些元器件和导线通过半导体制造工艺在一块半导体芯片上制作出来的不可分割的整体电路。一般来说，数字电路的集成度高于模拟电路。

根据集成度的不同，数字集成电路的类型如表 7-1 所示。

表 7-1 数字集成电路的类型

数字集成电路类型	集成度	电路规模与范围
小规模集成电路(SSI)	1～10 门/片，或 10～100 个元件/片	逻辑单元电路，包括逻辑门电路、集成触发器等
中规模集成电路(MSI)	10～100 门/片，或 100～1 000 个元件/片	逻辑部件，包括计数器、译码器、编码器寄存器、比较器等
大规模集成电路(LSI)	100～1 000 门/片，或 1 000～100 000个元件/片	数字逻辑系统，包括中央控制器、存储器、各种接口电路等
超大规模集成电路(VLSI)	大于 1 000 门/片，或大于 10 万个元件/片	高集成度数字逻辑系统，包括各种型号的单片机芯片

2. 根据所用晶体管类型分类

根据半导体导电类型不同，可将数字电路分为双极型电路和单极型电路。以双极型晶体管作为基本器件的数字集成电路称为双极型数字集成电路，如 TTL、ECL 集成电路等；以单极型 MOS 管作为基本器件的数字集成电路称为单极型数字集成电路，如 NMOS、PNMOS、CMOS 集成电路等。

3. 根据逻辑功能分类

根据数字电路的逻辑功能分类，可分为组合逻辑电路和时序逻辑电路两种。前者在任何时刻的输出只与该时刻的输入信号的状态有关；而后者的输出状态既与该时刻的输入状态有关，还与电路原来的状态有关。

任务 7-1-3 数字电路的特点

与模拟电路比较，数字电路具有以下优点。

① 集成度高。由于数字电路采用二进制，凡具有两种状态的电路都可以用 0 和 1 两个数来表示，因此基本单元电路的结构简单，允许电路参数有较大的离散性，有利于将众多的基本单元电路集成在一块半导体芯片上和进行批量生产。

② 工作可靠性高、抗干扰能力强。数字信号是用 1 和 0 来表示信号的有和无，数字电路辨别信号的有和无很容易做到，从而大大提高了电路的工作可靠性。同时，数字信号不易受到噪声干扰，抗干扰能力强。

③ 数字信息便于长期保存。借助某些媒介(如磁盘、光盘等)可将数字信息长期保存下来。

④ 数字集成电路产品系列多、通用性强、成本低。

⑤ 保密性好，数字信息容易进行加密，不易被窃取。

任务 7-2　数制与码制

任务 7-2-1　数制

数制是一种计数的方法，它是进位计数制的简称。采用何种计数方法应根据实际需要来定。在数字电路中，常用的数制除了十进制之外，还有二进制、八进制和十六进制。

1. 十进制

十进制是以 10 作为基数的计数体制。在十进制数中，每一位有 0、1、2、3、4、5、6、7、8、9 十个数码，它的进位规律是逢十进一。在十进制数中，数码所处位置不同时，其所代表的数值也是不同的，如：

$$(2412.68)_{10}=2\times 10^3+4\times 10^2+1\times 10^1+2\times 10^0+6\times 10^{-1}+8\times 10^{-2}$$

式中，10^3、10^2、10^1和 10^0分别为整数部分千位、百位、十位和个位的权，10^{-1}、10^{-2}为小数部分十分位、百分位的权，它们都是基数 10 的幂。数码与权的乘积，称为加权系数，如上式中的 2×10^3、2×10^0、8×10^{-2}等。可见，十进制数的数值等于各位加权系数之和。

2. 二进制

二进制数是以 2 作为基数的计数体制，在二进制数中，每位只有 0 和 1 两个数码，它的进位规律是逢二进一。二进制数各位的权都是 2 的幂，如：

$$\begin{aligned}(1101.01)_2&=1\times 2^3+1\times 2^2+0\times 2^1+1\times 2^0+0\times 2^{-1}+1\times 2^{-2}\\&=8+4+0+1+0+0.25\\&=(13.25)_{10}\end{aligned}$$

式中，整数部分的权为 2^3、2^2、2^1、2^0，小数部分的权为 2^{-1}、2^{-2}。因此，二进制数各位加权系数的和就是其所对应的十进制数。

3. 八进制

八进制数是以 8 作为基数的计数体制，在八进制数中，每位有 0、1、2、3、4、5、6、7 八个数码，它的进位规律是逢八进一。八进制数各位的权都是 8 的幂，如：

$$\begin{aligned}(437.25)_8&=4\times8^2+3\times8^1+7\times8^0+2\times8^{-1}+5\times8^{-2}\\&=256+24+7+0.25+0.078125\\&=(287.328125)_{10}\end{aligned}$$

式中，整数部分的权为 8^2、8^1、8^0，小数部分的权为 8^{-1}、8^{-2}。一样，八进制数各位加权系数的和就是其所对应的十进制数。

4. 十六进制

十六进制数是以 16 作为基数的计数体制，在十六进制数中，每位有 0、1、2、3、4、5、6、7、8、9、A、B、C、D、E、F 十六个数码，它的进位规律是逢十六进一。十六进制数各位的权都是 16 的幂，如：

$(3BE.C4)_{16}=3\times16^2+11\times16^1+14\times16^0+12\times16^{-1}+4\times16^{-2}$

$=768+176+14+0.75+0.015625$

$=(958.765625)_{10}$

式中，整数部分的权为 16^2、16^1、16^0，小数部分的权为 16^{-1}、16^{-2}。同样，十六进制数各位加权系数的和就是其所对应的十进制数。

表 7-2 列出了十进制数 0～15 所对应的二进制、八进制和十六进制数。

表 7-2　十进制、二进制、八进制和十六进制对照表

十进制	二进制	八进制	十六进制	十进制	二进制	八进制	十六进制
0	0000	0	0	8	1000	10	8
1	0001	1	1	9	1001	11	9
2	0010	2	2	10	1010	12	A
3	0011	3	3	11	1011	13	B
4	0100	4	4	12	1100	14	C
5	0101	5	5	13	1101	15	D
6	0110	6	6	14	1110	16	E
7	0111	7	7	15	1111	17	F

任务 7-2-2　不同数制间的转换

1. 其他数制转换为十进制

方法是将它们按权展开，求出各加权系数的和，就可得到对应的十进制数。如：

$(11010.011)_2=1\times2^4+1\times2^3+0\times2^2+1\times2^1+0\times2^0+0\times2^{-1}+1\times2^{-2}+1\times2^{-3}$

$=16+8+0+2+0+0+0.25+0.125$

$=(26.375)_{10}$

$(172.8)_8=1\times8^2+7\times8^1+2\times8^0+8\times8^{-1}$

$=64+56+2+0.125$

$=(122.125)_{10}$

$(4C2)_{16}=4\times16^2+12\times16^1+2\times16^0$

$=1024+192+2$

$=(1218)_{10}$

2. 十进制转换为二进制

十进制数分为整数部分和小数部分，在转换时须分别进行，再将转换结果排列在一起，就可得到该十进制数的整体转换结果。举例说明如下。

[例 7－1]　将十进制数 107.625 转换为二进制数。

解:① 整数部分的转换。

整数部分的转换采用“除 2 取余法”，方法是将整数部分除以 2，依次取出每一个余数，直到商为 0。第一个余数为最低位，最后一个余数为最高位。

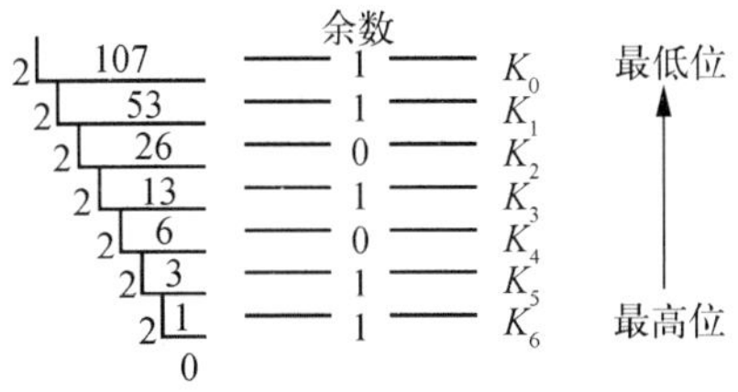

所以整数部分的转换为：

$$(107)_{10}=(K_6K_5K_4K_3K_2K_1K_0)_2=(1101011)_2$$

② 小数部分的转换。

小数部分的转换采用“乘 2 取整法”，方法是将小数部分乘以 2，依次取出每次乘积的整数部分作为二进制数的小数。先取出的整数为高位，后取出的整数为低位。

$$0.625\times2=1.250\qquad K_{-1}=1$$

$$0.250\times2=0.500\qquad K_{-2}=0$$

$$0.500\times2=1.000\qquad K_{-3}=1$$

所以小数部分的转换为：$(0.625)_{10}=(0.K_{-1}K_{-2}K_{-3})_2=(0.101)_2$

由此可得：

$$(107.625)_{10}=(1101011.101)_2$$

3. 二进制与八进制、十六进制之间的相互转换

(1) 二进制和八进制的相互转换

① 二进制数转换为八进制数。由于八进制数的基数 $8=2^3$，故每位八进制数由 3 位二进制数构成。因此，二进制数转换为八进制数的方法是：整数部分从第 K_0 位开始向左分组，每 3 位为 1 组，最后不足 3 位的，则在高位补 0 至 3 位为止，小数部分从第 K_{-1} 位开始向右分组，每 3 位为 1 组，最后不足 3 位的，则在低位补 0 至 3 位为止，然后再将每一组二进制数转换为相应的八进制数。

[例 7－2]　将二进制数 $(11100101.11101011)_2$ 转换为八进制数。

解:

011	100	101	.	111	010	110
↓	↓	↓		↓	↓	↓
3	4	5	·	7	2	6

所以

$$(11100101.11101011)_2=(345.726)_8$$

② 八进制数转换为二进制数。方法是：将每位八进制数分别转换为 3 位二进制数，再按原来的顺序排列起来，高位和低位的 0 为无效位，可舍去。

[例 7 - 3] 将八进制数$(217.354)_8$转换为二进制数。

解：

2	1	7	.	3	5	4
↓	↓	↓		↓	↓	↓
010	001	111	·	011	101	100

舍去高位和低位的无效位 0 后可得

$$(217.354)_8 = (10001111.0111011)_2$$

(2) 二进制和十六进制的相互转换

① 二进制数转换为十六进制数。由于十六进制数的基数 $16=2^4$，故每位十六进制数由 4 位二进制数构成。因此，二进制数转换为十六进制数的方法是：整数部分从第 K_0 位开始向左分组，每 4 位为 1 组，最后不足 4 位的，则在高位补 0 至 4 位为止，小数部分从第 K_{-1} 位开始向右分组，每 4 位为 1 组，最后不足 4 位的，则在低位补 0 至 4 位为止，然后再将每一组二进制数转换为相应的十六进制数。

[例 7 - 4] 将二进制数$(1001011101.101001)_2$转换为十六进制数。

解：

0010	0101	1101	.	1010	0100
↓	↓	↓		↓	↓
2	5	D	·	A	4

所以

$$(1001011101.101001)_2 = (25D.A4)_{16}$$

② 十六进制数转换为二进制数。方法是：将每位十六进制数分别转换为 4 位二进制数，再按原来的顺序排列起来，高位和低位的 0 为无效位，可舍去。

[例 7 - 5] 将十六进制数$(6AB.C28)_{16}$转换为二进制数。

解：

6	A	B	.	C	2	8
↓	↓	↓		↓	↓	↓
0110	1010	1011	·	1100	0010	1000

舍去高位和低位的无效位 0 后可得

$$(6AB.C28)_{16} = (11010101011.110000101)_2$$

任务 7 - 2 - 3　码制

在数字系统中，数码除了可以表示数值的大小之外，还常常用来表示一些特定信息。用数码作为代号来表示不同事物时，称其为代码。不同的代码都有一定的编码规则，通常将这些规则称为码制。比较常见的码制有二—十进制代码、可靠性代码和 ASCII(美国标准信息交换码)码等。

1. 二一十进制代码

我们在日常生活中用得最多的码制是十进制代码，而在数字系统中是以二进制代码作为处理对象的，进而产生了一种利用 4 位二进制数表示 1 位十进制数的编码方式，这种码称为二一十进制代码(Binary Coded Decimal)，简称为 BCD 码。

由于十进制数有 10 个数码，而 4 位二进制代码共有 16 种组合，从这 16 种组合中取出 10 种组合来表示 0～9 这 10 个数，可以有多种方案，所以 BCD 码也有多种，表 7-3 是几种常见的 BCD 代码表。

表 7-3 常见的 BCD 代码表

十进制数	有权码				无权码
	8421 码	5421 码	2421(a) 码	2421(b) 码	余 3 码
0	0000	0000	0000	0000	0011
1	0001	0001	0001	0001	0100
2	0010	0010	0010	0010	0101
3	0011	0011	0011	0011	0110
4	0100	0100	0100	0100	0111
5	0101	1000	0101	1011	1000
6	0110	1001	0110	1100	1001
7	0111	1010	0111	1101	1010
8	1000	1011	1110	1110	1011
9	1001	1100	1111	1111	1100

(1) 8421BCD 码

8421 码是最常用的 BCD 码，这种代码每一位的权值是固定不变的，为恒权码。它取 4 位二进制数的前 10 种组合 0000～1001 来分别表示 0～9 这 10 个十进制数码，而去掉 1010～1111这 6 种组合，这种代码从高位到低位的权值分别为 8、4、2、1，所以称为 8421BCD 码。每组二进制代码各位加权系数之和便是它所代表的十进制数码。

(2) 2421BCD 码和 5421BCD 码

它们也是恒权码，从高位到低位的权值分别为 2、4、2、1 和 5、4、2、1，这也是它们名称的来历。每组代码各位加权系数之和为其所代表的十进制数。2421(a) 码和 2421(b) 码的编码状态不完全相同，由表 7-3 可看出：2421(b) 码具有互补性，即 0 和 9、1 和 8、2 和 7、3 和 6、4 和 5 这 5 对代码互为反码。

(3) 余 3BCD 码

这种代码没有固定的权，为无权码，它比相应的 8421BCD 码多(0011)，所以称为余 3 码。由表 7-3 可见：0 和 9、1 和 8、2 和 7、3 和 6、4 和 5 这 5 对代码也互为反码。

2. 可靠性代码

由于外部条件的干扰，代码在形成和传输的过程中可能会产生错误，为了校正这种错误，就需采用可靠性编码。常用的可靠性代码有格雷码、奇偶校验码等。

(1) 格雷码

格雷码是一种无权码,它有多种形式,表 7-4 所示为典型 4 位格雷码的编码。它的特点是:任意两组相邻代码之间只有 1 位不同,其余各位都相同,而 0 和最大数(2^n-1)之间也只有 1 位不同。因此,格雷码是一种循环码。格雷码的这一特性使它在形成和传输过程中出现的错误较少。例如,计数电路按格雷码计数时,电路输出状态的每次更新只有一位代码变化,从而减少了计数错误。

表 7-4 格雷码与二进制码对照表

十进制数	二进制码	格雷码	十进制数	二进制码	格雷码
0	0000	0000	8	1000	1100
1	0001	0001	9	1001	1101
2	0010	0011	10	1010	1111
3	0011	0010	11	1011	1110
4	0100	0110	12	1100	1010
5	0101	0111	13	1101	1011
6	0110	0101	14	1110	1001
7	0111	0100	15	1111	1000

(2) 奇偶校验码

由于干扰,二进制信息在传输过程中可能会出现错误。为了能发现和校正错误,提高设备的抗干扰能力,就需采用可靠性编码,而奇偶校验码就具有检验这种差错的能力。奇偶校验码由两个部分组成:一部分是需要传送的信息本身,其为位数不限的二进制代码;另一部分是位数为 1 位的奇偶校验位,其数值(0 或 1)应使整个代码中 1 的个数为奇数个或偶数个。当 1 的个数为奇数个时,称为奇校验;反之,若 1 的个数为偶数个,则称为偶校验。

表 7-5 所示为 8421 码的奇偶校验码。例如,奇校验码在传送过程中多一个 1 或少一个 1,就会出现偶数个 1,用奇校验电路就可发现传送过程中数据出错了;同理,偶校验码在传送过程中多一个 1 或少一个 1,就会出现奇数个 1,用偶校验电路就可发现数据在传送过程中出错了。

表 7-5 8421 奇偶校验码

十进制数	8421 奇校验码		8421 偶校验码	
	信息码	校验位	信息码	校验位
0	0000	1	0000	0
1	0001	0	0001	1
2	0010	0	0010	1
3	0011	1	0011	0
4	0100	0	0100	1
5	0101	1	0101	0
6	0110	1	0110	0
7	0111	0	0111	1
8	1000	0	1000	1
9	1001	1	1001	0

任务 7－3　逻辑代数基础

逻辑代数又称为布尔代数，它是分析和设计逻辑电路的数学工具。逻辑代数是二值代数，其变量的取值和函数值只有 0 或 1 这两个值。这两个值不具有数量大小关系，仅表示客观事物相反的两个方面：如真和假、电平的高和低、开关的闭合和断开等等。逻辑代数有自己的运算规则，与普通代数不同。数字电路在早期又称为开关电路，具有相反的二状态特征，特别适合用逻辑代数来分析和研究。

任务 7－3－1　常用逻辑函数

1. 基本逻辑关系

基本的逻辑关系有与逻辑、或逻辑和逻辑非三种，与之对应的逻辑运算为与运算（逻辑乘）、或运算（逻辑加）和非运算（逻辑非）。

（1）与逻辑

如图 7－2 所示的开关串联电路中，开关 A、B 的状态（闭合或断开）与灯的状态（亮或灭）之间存在着确定的因果关系，这种因果关系就是逻辑关系。如果规定开关闭合、灯亮为逻辑 1 态；开关断开、灯灭为逻辑 0 态，则开关 A、B 的全部状态组合与灯 Y 状态之间的对应关系如表 7－6 所示。这种关系可表述为：决定某个事物的全部条件都具备（开关都闭合）时，这件事才会发生（灯亮），这种因果关系称为与逻辑。

由表 7－6 可知，逻辑变量（开关变量）A、B 的取值和逻辑函数 Y 的值之间的关系满足逻辑乘运算规律，可用下式表示这一逻辑关系。

$$Y = A \cdot B \tag{7-1}$$

式中的“·”表示逻辑乘，在不需要特别强调的地方，常常将“·”省掉，式（7－1）可写成 $Y=AB$。逻辑乘又称为与运算，实现与运算的电路称为与门，其逻辑符号如图 7－3 所示。对于多变量的逻辑乘可写成

$$Y = A \cdot B \cdot C \cdots \tag{7-2}$$

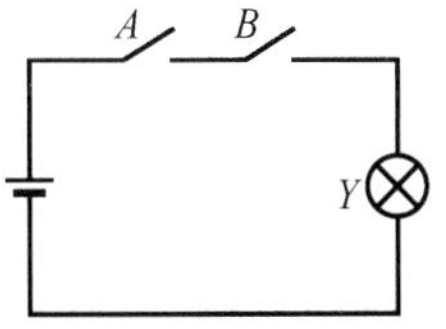

图 7－2　串联开关电路

表 7－6　与逻辑真值表

A	B	Y
0	0	0
0	1	0
1	0	0
1	1	1

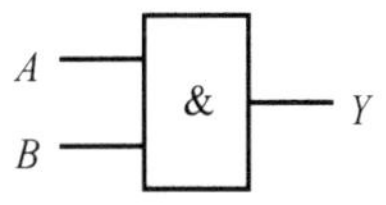

图 7－3　与门符号

（2）或逻辑

如图 7－4 所示的开关并联电路中，开关 A、B 的状态（闭合或断开）与灯的状态（亮或灭）之间存在着确定的逻辑关系。如果规定开关闭合、灯亮为逻辑 1 态；开关断开、灯灭为逻

辑 0 态，则开关 A、B 的全部状态组合与灯 Y 状态之间的对应关系如表 7－7 所示。这种关系可表述为：决定某个事物的全部条件中只要有一个或几个条件具备（开关闭合）时，这件事就会发生（灯亮），这种逻辑关系称为或逻辑。

由表 7－7 可知，逻辑变量 A、B 的取值和逻辑函数 Y 的值之间的关系满足逻辑加运算规律，可用下式表示这一逻辑关系。

$$Y = A + B \tag{7-3}$$

式中的“＋”表示逻辑加，又称为或运算，实现或运算的电路称为或门，其逻辑符号如图 7－5 所示。对于多变量的逻辑加可写成

$$Y = A + B + C + \cdots \tag{7-4}$$

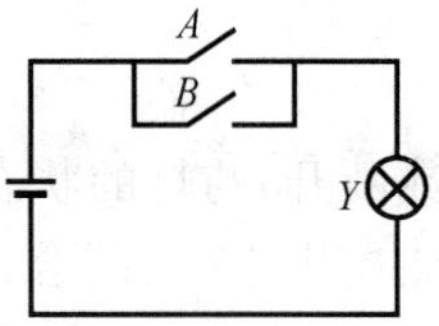

图 7－4 并联开关电路

表 7－7 与逻辑真值表

A	B	Y
0	0	0
0	1	1
1	0	1
1	1	1

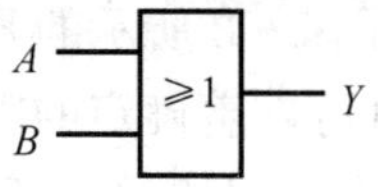

图 7－5 或门符号

(3) 逻辑非

如图 7－6 所示的电路中，开关 A 的状态（闭合或断开）与灯的状态（亮或灭）之间存在着确定的逻辑关系，开关闭合则灯灭，反之，开关断开则灯亮。如果规定开关闭合、灯亮为逻辑 1 态；开关断开、灯灭为逻辑 0 态，则开关 A 的状态与灯 Y 状态之间的对应关系如表 7－8 所示，这个表称为逻辑非的真值表，这种相互否定的逻辑关系称为逻辑非，用式(7－5)来表示。

式中变量 A 上方的“－”表示逻辑非，又称为非运算。$\bar{A}$ 是 A 的反变量，读作 A 非，显然 A 与 $\bar{A}$ 互为反变量。实现非运算的电路称为非门，又称为反相器，它只有一个输入端，其逻辑符号如图 7－7 所示。

$$Y = \bar{A} \tag{7-5}$$

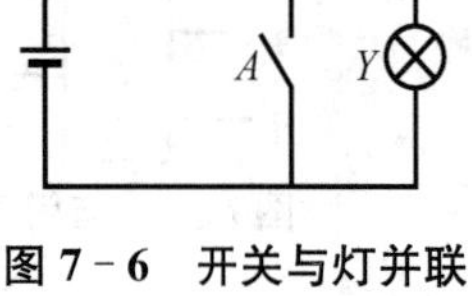

图 7－6 开关与灯并联

表 7－8 逻辑非真值表

A	Y
0	1
1	0

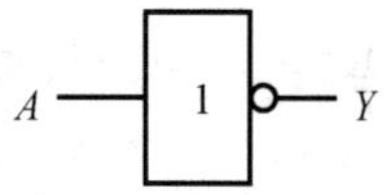

图 7－7 非门符号

2. 常用复合逻辑函数

(1) 与非、或非、与或非运算

与非运算是先进行与运算，然后进行非运算；或非运算是先进行或运算，然后进行非运

算；与或非运算是先进行与运算，然后进行或运算，再进行非运算。假设输入逻辑变量为 A、B、C、D，输出逻辑函数为 Y，则相应的表达式如下：

① 与非运算。

$$Y=\overline{AB} \tag{7-6}$$

② 或非运算。

$$Y=\overline{A+B} \tag{7-7}$$

③ 与或非运算。

$$Y=\overline{\overline{AB}+\overline{CD}} \tag{7-8}$$

实现这些逻辑运算的电路分别称为与非门、或非门和与或非门，它们的逻辑图和逻辑符号如图 7-8 所示。图中用基本逻辑门符号表示的逻辑关系图叫作逻辑图，它是描述逻辑函数的一种形式。

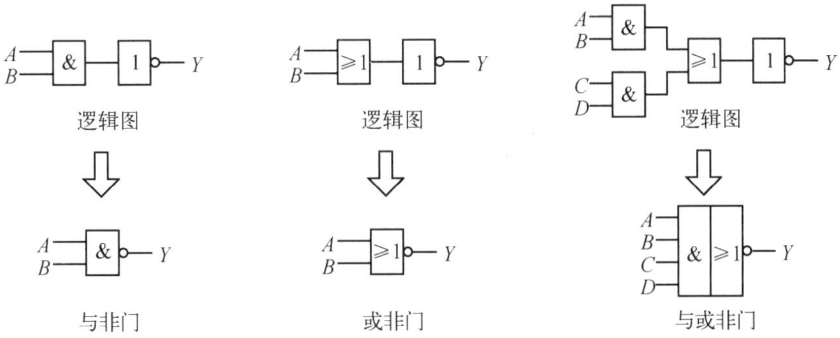

(a) 与非运算　(b) 或非运算　(c) 与或非运算

图 7-8　与非、或非、与或非运算

(2) 异或运算和同或运算

异或运算是二变量逻辑运算。设输入逻辑变量为 A、B，输出逻辑函数为 Y，则异或运算的逻辑函数式为：

$$Y=A\oplus B=\overline{A}B+A\overline{B} \tag{7-9}$$

它的逻辑关系是：当输入变量 A、B 相异($A\neq B$)时，输出函数 Y 为 1；当输入变量 A、B 相同($A=B$)时，输出函数 Y 为 0。表 7-9 为异或逻辑的真值表。

表 7-9　异或逻辑真值表

A	B	Y	A	B	Y
0	0	0	1	0	1
0	1	1	1	1	0

同或运算也是二变量逻辑运算。设输入逻辑变量为 A、B，输出逻辑函数为 Y，则同或运算的逻辑函数式为：

$$Y=A\odot B=\overline{A}\overline{B}+AB \tag{7-10}$$

它的逻辑关系是：当输入变量 A、B 相同($A=B$)时，输出函数 Y 为 1；当输入变量 A、B 相异($A\neq B$)时，输出函数 Y 为 0。表 7－10 为同或逻辑的真值表。

表 7－10 同或逻辑真值表

A	B	Y	A	B	Y
0	0	1	1	0	0
0	1	0	1	1	1

比较异或逻辑和同或逻辑的真值表可知，异或函数和同或函数在逻辑上互为反函数，即：

$$A\oplus B=\overline{A\odot B} \text{ 或 } A\odot B=\overline{A\oplus B} \tag{7-11}$$

实现异或运算的电路称为异或门，实现同或运算的电路称为同或门，它们的逻辑符号如图 7－9 所示。

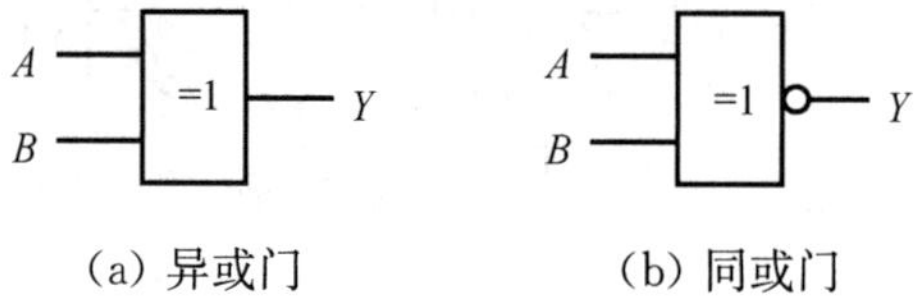

图 7－9 异或门和同或门的逻辑符号

任务 7－3－2 逻辑函数的表示方法

1. 逻辑函数的建立

逻辑表达式描述了逻辑变量和逻辑函数之间的逻辑关系，它是实际逻辑问题的抽象表达。这种抽象表达抓住了逻辑问题的本质，并且用简练的形式表示出来。下面用例子说明建立逻辑函数的方法，加深对逻辑函数概念的理解。

[**例 7－6**] 如图 7－10 所示为楼道照明灯控制电路，两个单刀双掷开关 A 和 B 分别安装在楼上和楼下。上楼前在楼下开灯，上楼后在楼上关灯；反之，下楼前在楼上开灯，下楼后在楼下关灯。试建立其逻辑表达式。

解：设开关 A、B 的闸刀向上为 1 状态，向下为 0 状态；灯用 Y 表示，灯亮为 1 状态，灯灭为 0 状态。则开关 A、B 与灯 Y 之间的逻辑关系真值表如表 7－11 所示。

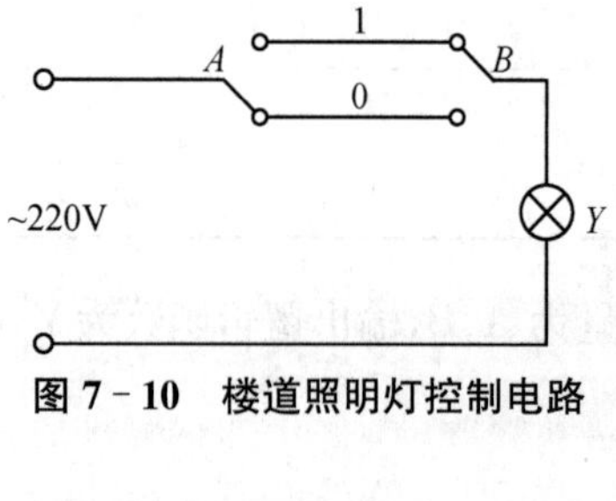

图 7－10 楼道照明灯控制电路

表 7－11 例 7－6 真值表

A	B	Y
0	0	1
0	1	0
1	0	0
1	1	1

有真值表可知，在开关 A、B 的 4 种不同状态组合中，只有在 A、B 取值相同时，Y 才为 1（灯亮）。这时开关 A、B 为串联连接关系，反映了 A、B 之间是与逻辑关系，而这两种组合之间又是并联的，出现其中任意一种组合，灯都会亮。因此，它们是或逻辑关系，所以表示灯亮的逻辑表达式为：

$$Y=\overline{A}\,\overline{B}+AB$$

该式就是前面介绍过的同或逻辑函数。

还可采用以下方法写出函数的逻辑表达式：在真值表中找出使函数值为 1 的所有取值组合，将每一个都写成一个与项，方法是将变量中取值为 0 的用反变量代替，取值为 1 的用原变量代替。然后将这些与项相或，就可得到函数的逻辑表达式。例如，由表 7－11 可知，使 Y 为 1 的取值组合有两个，其一是 $A=0$、$B=0$，对应的与项为 $\overline{A}\,\overline{B}$；另一个为 $A=1$、$B=1$，对应的与项为 AB。从而也可得到与上面相同的逻辑表达式。

［例 7－7］ 比较两个一位二进制数的大小，它有 3 种可能的结果：$A>B$、$A<B$、$A=B$。试建立表示这一逻辑关系的表达式。

解：由题意可知，这是一个多输入（2 个）、多输出（3 个）的逻辑问题。用 $Y_{(A<B)}$、$Y_{(A=B)}$、$Y_{(A>B)}$ 分别表示 $A>B$、$A<B$、$A=B$ 三种比较结果，结果成立时为 1，不成立时为 0，由此可列出真值表如表 7－12 所示。

分析真值表可知，使 $Y_{(A<B)}=1$ 的取值组合只有 $A=0$、$B=1$ 一种，对应的与项为 $\overline{A}B$；使 $Y_{(A=B)}=1$ 的取值组合有 $A=0$、$B=0$ 和 $A=1$、$B=1$ 两种，对应的与项分别为 $\overline{A}\,\overline{B}$ 和 AB；使 $Y_{(A>B)}=1$ 的取值组合只有 $A=1$、$B=0$ 一种，对应的与项为 $A\overline{B}$。从而，写出 3 个输出函数的逻辑表达式如下

$$\begin{cases}Y_{(A<B)}=\overline{A}B\\Y_{(A=B)}=\overline{A}\,\overline{B}+AB=\overline{\overline{A}B+A\overline{B}}\\Y_{(A>B)}=A\overline{B}\end{cases}$$

根据这 3 个逻辑表达式，可画出它们的逻辑图，如图 7－11 所示。

表 7－12　例 7－7 真值表

A	B	$Y_{(A<B)}$	$Y_{(A=B)}$	$Y_{(A>B)}$
0	0	0	1	0
0	1	1	0	0
1	0	0	0	1
1	1	0	1	0

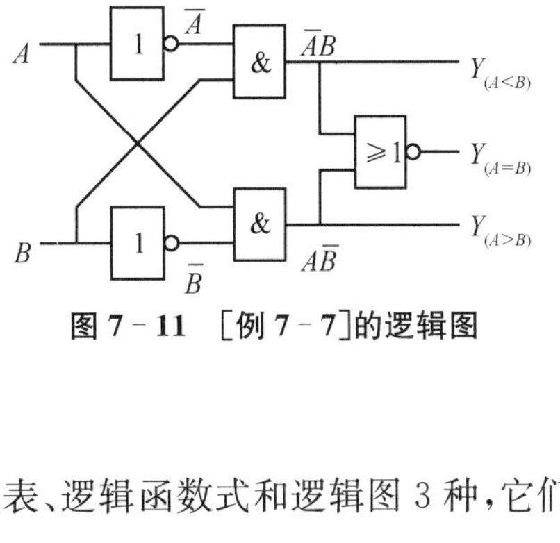

图 7－11　［例 7－7］的逻辑图

2. *逻辑函数的表示方法*

表示一个逻辑函数的方法有多种，常用的有真值表、逻辑函数式和逻辑图 3 种，它们各有特点，又相互联系，还可相互转换。

（1）真值表

真值表是根据给定的逻辑问题，把输入逻辑变量各种可能的取值组合和对应的输出函数值排列成的表格。它表示逻辑函数与逻辑变量各种取值之间的一一对应关系。逻辑函数的真值表具有唯一性。若两个逻辑函数的真值表相同，则这两个逻辑函数必然相等。

有 n 个变量逻辑函数，共有 2^n 种不同的取值组合。在列真值表时，为了避免遗漏，变量的取值组合一般按 n 位二进制数递增的方式列出。用真值表表示逻辑函数的优点是直观、明了，可直接看出逻辑函数值与变量取值之间的关系。

（2）逻辑函数式

逻辑函数式是用与、或、非等基本逻辑运算来表示输入变量和输出函数之间因果关系的逻辑代数式。由真值表直接写出的逻辑式是标准的与—或逻辑式。写标准与或逻辑式的方法是：

① 在真值表中找出使函数值为 1 的所有取值组合，将每一个都写成一个与项，方法是将变量中取值为 0 的用反变量代替，取值为 1 的用原变量代替。

② 然后将这些与项相或，就可得到函数的逻辑表达式。

（3）逻辑图

逻辑图是用基本逻辑门和复合逻辑门的逻辑符号组成的对应于某一逻辑功能的电路图。根据逻辑函数画逻辑图时，只要把逻辑函数式中各逻辑运算用相应门电路的逻辑符号代替，就可画出和逻辑函数相对应的逻辑图。

[例 7－8]　已知逻辑函数的真值表如表 7－13 所示，试写出它的逻辑式，并画出逻辑图。

表 7－13　例 7－8 真值表

A	B	C	Y	A	B	C	Y
0	0	0	1	1	0	0	0
0	0	1	0	1	0	1	0
0	1	0	0	1	1	0	0
0	1	1	0	1	1	1	1

解：① 写逻辑式。分析真值表可知，使函数 Y 为 1 的取值组合有 000 和 111 两种，它们对应的与项分别为 $\overline{A}\,\overline{B}\,\overline{C}$ 和 ABC，故可得该逻辑函数的逻辑式为：

$$Y=\overline{A}\,\overline{B}\,\overline{C}+ABC$$

② 根据逻辑式可画出该逻辑函数的逻辑图如图7－12 所示。

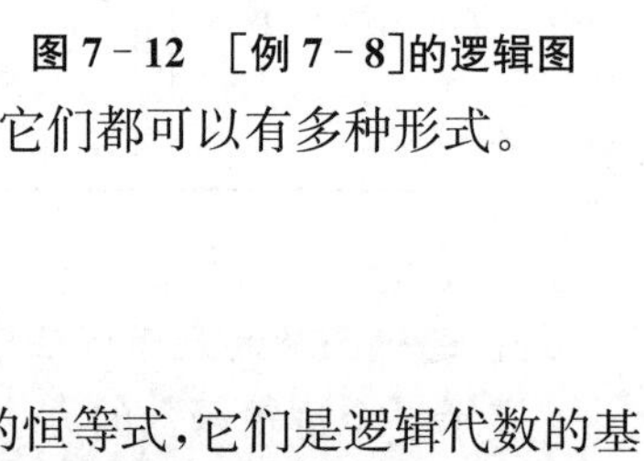

图 7－12　[例 7－8]的逻辑图

要注意的是，一个函数的逻辑式和逻辑图不具有唯一性，它们都可以有多种形式。

任务 7－3－3　逻辑代数的基本定律和规则

1. 逻辑代数的基本公式

逻辑代数的基本公式是一些不需要证明的、可直观看出的恒等式，它们是逻辑代数的基础。利用这些基本公式，可以化简逻辑函数，还可以推导出逻辑代数的其他定律。

(1) 逻辑常量运算公式

逻辑常量只有 0 和 1 两个，常量之间的与、或、非三种基本运算公式如表 7－14 所示。

表 7－14　逻辑常量运算公式

与运算	或运算	非运算
$0\cdot0=0$ $0\cdot1=0$ $1\cdot0=0$ $1\cdot1=1$	$0+0=0$ $0+1=1$ $1+0=1$ $1+1=1$	$\overline{0}=1$ $\overline{1}=0$

(2) 逻辑常量和变量间的运算公式

以 A 为逻辑变量，则逻辑变量和常量间的运算公式如表 7－15 所示。

表 7－15　逻辑变量和常量间的运算公式

与运算	或运算	非运算
$A\cdot0=0$ $A\cdot1=A$ $A\cdot A=A$ $A\cdot\overline{A}=0$	$A+0=A$ $A+1=1$ $A+A=A$ $A+\overline{A}=1$	$\overline{\overline{A}}=A$

2. 逻辑代数的基本定律

逻辑代数的基本定律是分析、设计逻辑电路，化简、变换逻辑函数式的重要工具。

(1) 与普通代数相似的定律

表 7－16　交换律、结合律和分配律

交换律	$A+B=B+A$
	$A\cdot B=B\cdot A$
结合律	$A+B+C=(A+B)+C=A+(B+C)$
	$A\cdot B\cdot C=(A\cdot B)\cdot C=A\cdot(B\cdot C)$
分配律	$A\cdot(B+C)=AB+AC$
	$A+BC=(A+B)\cdot(A+C)$

(2) 吸收律

吸收律如表 7－17 所示，它是逻辑函数化简时常用的基本定律。

① $AB+A\overline{B}=A$。

证明如下：

$$AB+A\overline{B}=A(B+\overline{B})=A\cdot1=A$$

② $A+AB=A$。

证明如下：

$$A+AB=A(1+B)=A\cdot 1=A$$

③ $A+\overline{A}B=A+B$。

证明如下：

$$A+\overline{A}B=(A+\overline{A})(A+B)=1\cdot(A+B)=A+B$$

④ $AB+\overline{A}C+BC=AB+\overline{A}C$ 。

证明如下：

$$\begin{aligned}AB+\overline{A}C+BC&=AB+\overline{A}C+(A+\overline{A})BC\\&=AB+\overline{A}C+ABC+\overline{A}BC\\&=AB(1+C)+\overline{A}C(1+B)\\&=AB+\overline{A}C\end{aligned}$$

该公式还可推广为：$AB+\overline{A}C+BCDE=AB+\overline{A}C$。

也就是说，如果有这样 3 个与项，前两个与项有部分因子互反，它们剩下的因子都存在于第三个与项中，则第三个与项是冗余的，可以去掉。例如：

$$ABC+\overline{AB}D+CD(E+\overline{\overline{F}B})=ABC+\overline{AB}D$$

要注意的是，在化简逻辑表达式时，这些公式的使用，可以根据实际需要，从等号左边变化到右边，也可以从右边变化到左边。

(3) 摩根定律

摩根定律又称为反演定律，它有下面两种形式。

$$\overline{A\cdot B}=\overline{A}+\overline{B} \tag{7-12}$$

$$\overline{A+B}=\overline{A}\cdot\overline{B} \tag{7-13}$$

摩根公式可推广到多个变量，其逻辑式如下：

$$\overline{A\cdot B\cdot C\cdot\cdots}=\overline{A}+\overline{B}+\overline{C}+\cdots \tag{7-14}$$

$$\overline{A+B+C+\cdots}=\overline{A}\cdot\overline{B}\cdot\overline{C}\cdot\cdots \tag{7-13}$$

3. 逻辑代数的三个重要规则

(1) 代入规则

对于任何一个含有变量 A 的逻辑等式，可以将等式两边的所有变量 A 用同一个逻辑函数代替，代替后等式仍然成立，这个规则称为代入规则。

利用代入规则，可以把基本定律加以推广。例如基本定律 $A+\overline{A}B=A+B$，用 $\overline{A}$ 代替

A 后，有公式 $\overline{A}+AB=\overline{A}+B$。这可以看作原基本定律的一种变形，这种变形可以扩大基本定律的应用。

［**例 7 - 9**］ 证明用 BC 代替 B 后，摩根公式 $\overline{A\cdot B}=\overline{A}+\overline{B}$ 仍成立。

解：左式 $=\overline{A\cdot(BC)}=\overline{A}+\overline{BC}=\overline{A}+\overline{B}+\overline{C}$

右式 $=\overline{A}+\overline{BC}=\overline{A}+\overline{B}+\overline{C}$

左式 = 右式

（2）反演规则

反演规则常常用于求一个函数的反函数。对于任何一个函数 Y，如果将函数式中所有的"·"换成"+"，"+"换成"·"；将"0"换成"1"，"1"换成"0"；将原变量换成反变量，反变量换成原变量，则得到原来逻辑函数 Y 的反函数 $\overline{Y}$，这种变换规则称为反演规则。

使用反演规则时应注意下面两点：

① 应保持表达式变换前后的运算优先顺序不变，必要时可加括号表明运算的先后顺序。

② 规则中的原变量和反变量间的转换只对单个变量有效，长非号保持不变。

［**例 7 - 10**］ 已知逻辑函数 $Y=A\overline{B}+\overline{A}B$，试用反演规则求反函数 $\overline{Y}$。

解：根据反演规则可写出

$$\overline{Y}=(\overline{A}+B)\cdot(A+\overline{B})$$

$$=\overline{A}A+\overline{A}\,\overline{B}+AB+B\overline{B}$$

$$=\overline{A}\,\overline{B}+AB$$

［**例 7 - 11**］ 已知逻辑函数 $Y=A\cdot\overline{B+C}+CD$，试用反演规则求反函数 $\overline{Y}$。

解：根据反演规则可写出

$$\overline{Y}=(\overline{A}+\overline{\overline{B}\,\overline{C}})\cdot(\overline{C}+\overline{D})$$

$$=(\overline{A}+B+C)(\overline{C}+\overline{D})$$

$$=\overline{A}\,\overline{C}+\overline{A}\,\overline{D}+B\overline{C}+B\overline{D}+C\overline{D}$$

当然，利用摩根定律也可以求一个函数的反函数，例如用摩根定律求解［例 7 - 11］，只需对函数的两边同时求反，再用摩根公式进行变换即可。具体解法如下。

$$
\begin{aligned}
\overline{Y} &= \overline{A \cdot \overline{B+C} + CD} \\
&= \overline{A \cdot \overline{B+C}} \cdot \overline{CD} \\
&= (\overline{A} + \overline{\overline{B+C}})(\overline{C} + \overline{D}) \\
&= (\overline{A} + B + C)(\overline{C} + \overline{D}) \\
&= \overline{A}\,\overline{C} + \overline{A}\,\overline{D} + B\overline{C} + B\overline{D} + C\overline{D}
\end{aligned}
$$

(3) 对偶规则

对于任何一个函数 Y，如果将函数式中所有的“·”换成“+”，“+”换成“·”；将“0”换成“1”，“1”换成“0”，这样就得到一个新的函数式 Y'，则 Y 和 Y' 是互为对偶式，这种变换规则称为对偶规则。对偶变换要注意变换前后的运算顺序保持不变。

对偶规则的意义在于：若两个函数式相等，则它们的对偶式也一定相等，反之亦然。可见，对偶规则也适用于逻辑等式，例如，将逻辑等式的两边进行对偶变换，得到的对偶式仍然相等。利用对偶规则，可以扩充基本逻辑定律和公式，表 7-17 列出了一些基本定律的对偶式，这些对偶式也可以作为基本定律来使用。

表 7-17 一些常用基本定律、公式的对偶式

基本定律		对偶式
分配律	$A+BC=(A+B)(A+C)$	$A\cdot(B+C)=AB+AC$
吸收律	$AB+A\overline{B}=A$	$(A+B)\cdot(A+\overline{B})=A$
	$A+AB=A$	$A\cdot(A+B)=A$
	$A+\overline{A}B=A+B$	$A\cdot(\overline{A}+B)=AB$
	$AB+\overline{A}C+BC=AB+\overline{A}C$	$(A+B)\cdot(\overline{A}+C)\cdot(B+C)=(A+B)\cdot(\overline{A}+C)$

任务 7-3-4 逻辑函数的公式化简法

1. 化简逻辑代数的意义和标准

(1) 化简逻辑函数的意义

进行逻辑设计时，根据逻辑问题归纳出来的逻辑函数式往往不是最简逻辑函数式，并且可以有不同的表示形式。因此，实现这些逻辑函数就会有不同的逻辑电路。对逻辑函数进行化简和变换，可以得到最简的逻辑函数式和所需要的表示形式，设计出最简洁的逻辑电路。这对于节省元器件，优化生产工艺，降低成本和提高系统的可靠性是非常重要的。

(2) 逻辑函数的几种常见形式和变换

逻辑函数的表达式不是唯一的，可以有多种形式，并且能互相变换。这种变换在逻辑分析和设计中经常遇到。常见的逻辑式有 5 种形式。例如，逻辑式 $Y=AB+\overline{B}C$ 可表示如下：

① 与—或表达式。

$$Y = AB + \overline{B}C$$

② 或—与表达式。

$$Y = (A + \overline{B})(B + C)$$

③ 与非—与非表达式。

$$Y = \overline{\overline{AB} \cdot \overline{\overline{B}C}}$$

④ 或非—或非表达式。

$$Y = \overline{\overline{A + \overline{B}} + \overline{B + C}}$$

⑤ 与或非表达式。

$$Y = \overline{\overline{A}B + \overline{B}\overline{C}}$$

(3) 逻辑函数式的最简与—或表达式

不同形式的逻辑函数式有不同的最简表达式，而这些逻辑表达式的繁简程度又相差很大，但大多都可以根据最简与一或表达式变换得到。因此，往往先将逻辑函数式化为最简与一或表达式，再根据需要转换为其他表示形式。

一个逻辑函数式如果满足下面条件，就是一个最简与一或表达式。

① 逻辑函数式中的与项的个数最少；

② 每个与项中的变量数最少。

例如，逻辑函数

$$Y_1 = AB + ABCD$$

$$Y_2 = A + \overline{A}BC$$

都不是最简与一或表达式。这是因为函数 Y_1 的与项 $ABCD$ 是多余的，而函数 Y_2 的与项 $\overline{A}BC$ 中的因子 $\overline{A}$ 是多余的，它们的最简与一或表达式如下：

$$Y_1 = AB$$

$$Y_2 = A + BC$$

2. 逻辑函数的代数化简法

使用逻辑代数的基本定律和公式，可以对逻辑函数进行化简，这种方法称为代数化简法。常用的代数化简法有如下几种。

(1) 并项法

◆ 使用公式：$A+\overline{A}=1$

◆ 方法：将两个与项合并为一项，同时消去互反的因子。

◆ 举例：

① $A\bar{B}C+A\bar{B}\bar{C}=A\bar{B}(C+\bar{C})=A\bar{B}$

② $A(BC+\bar{B}\bar{C})+A(B\bar{C}+\bar{B}C)=A(\overline{B\bar{C}+\bar{B}C})+A(B\bar{C}+\bar{B}C)=A$

(2) 吸收法

◆ 使用公式:$A+AB=A$、$AB+\bar{A}C+BC=AB+\bar{A}C$
◆ 方法:消去多余的与项。
◆ 举例:

① $AB+AB(E+F)=AB$

② $AB+\bar{A}D+\bar{C}D+BD=AB+\bar{A}D+\bar{C}D$

(3) 消去法

◆ 使用公式:$A+\bar{A}B=A+B$
◆ 方法:消去与项中多余的因子。
◆ 举例:

① $AB+\bar{A}C+\bar{B}C=AB+(\bar{A}+\bar{B})C=AB+\overline{AB}C=AB+C$

② $$\begin{aligned}A\bar{B}+\bar{A}B+ABCD+\bar{A}\bar{B}CD&=(A\bar{B}+\bar{A}B)+(AB+\bar{A}\bar{B})CD\\&=(A\bar{B}+\bar{A}B)+\overline{(A\bar{B}+\bar{A}B)}CD\\&=A\bar{B}+\bar{A}B+CD\end{aligned}$$

(4) 配项法

◆ 使用公式:$A+\bar{A}=1$、$A\cdot\bar{A}=0$
◆ 方法:将一个与项乘以$(A+\bar{A})$或在一个函数式中加上$A\cdot\bar{A}$进行配项,再化简。
◆ 举例:

① $$\begin{aligned}AB+\bar{B}\bar{C}+A\bar{C}D&=AB+\bar{B}\bar{C}+A\bar{C}D(B+\bar{B})\\&=AB+\bar{B}\bar{C}+A\bar{B}\bar{C}D+AB\bar{C}D\\&=AB(1+\bar{C}D)+\bar{B}\bar{C}(1+AD)\\&=AB+\bar{B}\bar{C}\end{aligned}$$

② $$\begin{aligned}AB\bar{C}+\overline{ABC}\cdot\overline{AB}&=AB\bar{C}+\overline{ABC}\cdot\overline{AB}+AB\cdot\overline{AB}\\&=AB(\bar{C}+\overline{AB})+\overline{ABC}\cdot\overline{AB}\\&=\overline{ABC}\cdot AB+\overline{ABC}\cdot\overline{AB}\\&=\overline{ABC}=\bar{A}+\bar{B}+\bar{C}\end{aligned}$$

3. 代数化简法举例

在实际化简逻辑函数时，往往需要灵活运用多种化简方法，才能得到最简与—或表达式。

[例 7-12]　化简逻辑函数 $Y=AD+A\bar{D}+AB+\bar{A}C+\bar{C}D+A\bar{B}EF$。

解：
$$
\begin{aligned}
Y &= AD+A\bar{D}+AB+\bar{A}C+\bar{C}D+A\bar{B}EF \\
&= A(D+\bar{D})+AB+\bar{A}C+\bar{C}D+A\bar{B}EF \\
&= A+AB+\bar{A}C+\bar{C}D+A\bar{B}EF \\
&= A+\bar{A}C+\bar{C}D \\
&= A+C+D
\end{aligned}
$$

[例 7-13]　化简逻辑函数 $Y=AB+A\bar{C}+\bar{B}C+B\bar{C}+\bar{B}D+B\bar{D}+ADE$。

解：
$$
\begin{aligned}
Y &= AB+A\bar{C}+\bar{B}C+B\bar{C}+\bar{B}D+B\bar{D}+ADE \\
&= AB+\bar{B}C+AC+A\bar{C}+B\bar{C}+\bar{B}D+B\bar{D}+ADE \\
&= AB+\bar{B}C+A+B\bar{C}+\bar{B}D+B\bar{D}+ADE \\
&= A+\bar{B}C+B\bar{C}+\bar{B}D+B\bar{D} \\
&= A+\bar{B}C(D+\bar{D})+B\bar{C}+\bar{B}D+B\bar{D}(C+\bar{C}) \\
&= A+\bar{B}CD+\bar{B}C\bar{D}+B\bar{C}+\bar{B}D+BC\bar{D}+B\bar{C}\bar{D} \\
&= A+C\bar{D}+B\bar{C}+\bar{B}D
\end{aligned}
$$

代数法化简逻辑函数的优点是简单方便，对逻辑函数式中的变量个数没有限制。它适用于变量较多、较复杂的逻辑函数式的化简。但是，用这种方法化简逻辑函数，必须熟练掌握和灵活运用相关的公式和定律，还需要有一定的化简技巧。代数化简法不容易判断所化简的逻辑函数式是否已是最简式，接下来介绍的卡诺图化简法就可以直观地将逻辑函数化简为最简与—或表达式。

任务 7-3-5　逻辑函数的卡诺图化简法

卡诺图是逻辑函数的一种表示方法。卡诺图化简法是逻辑函数的图解化简法，它具有确定的化简步骤，能比较方便地获得逻辑函数的最简与—或表达式。

1. 最小项的定义和性质

(1) 最小项的定义

在 n 个变量的逻辑函数中，如果一个与项中包含了全部变量，并且每个变量在该与项中只以原变量或反变量的形式出现一次，则这个与项就是该逻辑函数的一个最小项。一个包含有 n 个变量的逻辑函数，共有 2^n 个最小项。

为了书写方便，用 m 表示最小项，其下标为最小项的编号。最小项编号的方法是：最小项中的原变量取 1，反变量取 0，从而构成一组二进制数，其对应的十进制数就是该最小项的编号。例如，一个三变量的最小项 $AB\bar{C}$ 的二进制数组合为 110，所对应的十进制数为 6，因此，该最小项的编号为 m_6。

如表 7－18 所示为 3 变量逻辑函数的全部最小项及其编号。

表 7－18　3 变量逻辑函数的全部最小项及其编号

A	B	C	最小项	编号	A	B	C	最小项	编号
0	0	0	$\bar{A}\bar{B}\bar{C}$	m_0	1	0	0	$A\bar{B}\bar{C}$	m_4
0	0	1	$\bar{A}\bar{B}C$	m_1	1	0	1	$A\bar{B}C$	m_5
0	1	0	$\bar{A}B\bar{C}$	m_2	1	1	0	$AB\bar{C}$	m_6
0	1	1	$\bar{A}BC$	m_3	1	1	1	ABC	m_7

（2）最小项的性质

① 对于任意一个最小项，只有一种取值组合使其值为 1，其余取值组合均使其值为 0。

② 不同的最小项，使它的值为 1 的变量取值也不同。

③ 对于任意一组取值，任意两个最小项的乘积为 0。

④ 对于任意一组取值，全体最小项的和为 1。

2. 卡诺图

（1）相邻最小项

如果两个最小项中只有一个变量为互反变量，其余变量均相同，则这两个最小项为逻辑相邻，把它们称为相邻最小项，简称相邻项。例如三变量的最小项 ABC 和 $AB\bar{C}$ 就是一对相邻最小项。显然，两个相邻最小项可以合并为一项，并消去互反的变量，只保留相同的变量，例如，前面的那对相邻最小项有 $ABC+AB\bar{C}=AB$。

（2）最小项的卡诺图表示

最小项卡诺图又称为最小项方格图，它用 2^n 个小方格来表示 n 个变量的 2^n 个最小项，并且使逻辑相邻的最小项在几何位置上也相邻，按这样的相邻要求排列起来的方格图叫作 n 变量最小项卡诺图，这种相邻原则又称为卡诺图的相邻性。

① 二变量卡诺图。

设两个变量为 A 和 B，则全部 4 个最小项为 $\bar{A}\bar{B}$、$\bar{A}B$、$A\bar{B}$、AB，分别记为 m_0、m_1、m_2、m_3。按相邻性作出二变量卡诺图如图 7－13 所示。

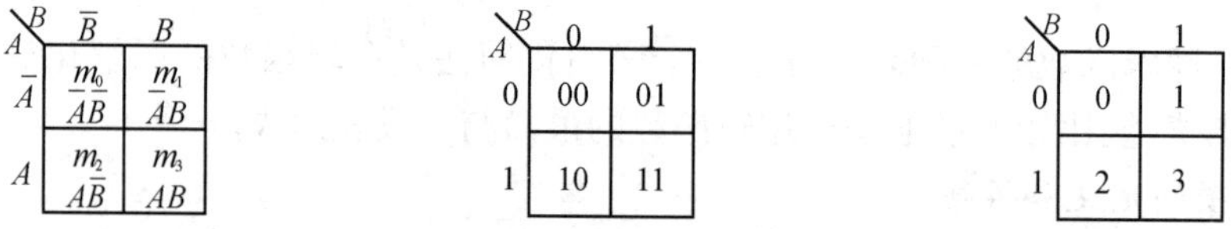

(a) 方格内标最小项　(b) 方格内标最小项取值　(c) 方格内标最小项编号

图 7－13　二变量卡诺图

在图 7－13(a)中标出了两个变量所在的位置，变量这样放置的目的是为了保证卡诺图中最小项的相邻性。某个小方格中的变量组合，就是该方格在横向和纵向所对应位置之积。如果用 0 表示反变量，用 1 表示原变量，则图 7－13(a)可表示为图 7－13(b)，此时，方格中的数字就是相应最小项的变量取值。如用最小项编号表示，又可得图 7－13(c)。

② 三变量卡诺图。

设 3 个变量为 A、B、C，则全部最小项有 $2^3=8$ 个，分别记作 $m_0, m_1, \cdots, m_7$。卡诺图由 8 个方格组成，按相邻性放置最小项，可画出 3 变量卡诺图如图 7－14 所示。该图将一个变量放在行上，两个变量放在列上；当然，也可在行上放两个变量，在列上放一个变量。

$A \backslash BC$	$\bar{B}\bar{C}$	$\bar{B}C$	BC	$B\bar{C}$
$\bar{A}$	m_0 $\bar{A}\bar{B}\bar{C}$	m_1 $\bar{A}\bar{B}C$	m_3 $\bar{A}BC$	m_2 $\bar{A}B\bar{C}$
A	m_4 $A\bar{B}\bar{C}$	m_5 $A\bar{B}C$	m_7 ABC	m_6 $AB\bar{C}$

(a) 方格内标最小项

$A \backslash BC$	00	01	11	10
0	0	1	3	2
1	4	5	7	6

(b) 方格内标最小项编号

图 7－14　三变量卡诺图

注意，图 7－14 中变量 BC 的排列不是按自然二进制码(00、01、10、11)的顺序排列，而是按格雷码(00、01、11、10)的顺序排列的，这样才能保证卡诺图中最小项的相邻性。不难看出，图中同一行最左的方格和最右的方格，同一列的最上方格和最下方格也都具有相邻性，这表明了卡诺图的循环相邻性，它是由格雷码的循环相邻性决定的。

③ 四变量卡诺图。

设 4 个变量为 A、B、C、D，则全部最小项有 $2^4=16$ 个，分别记作 $m_0, m_1, \cdots, m_{15}$。卡诺图由 16 个方格组成，按相邻性放置最小项，可画出四变量卡诺图如图 7－15 所示。该图将在行和列上各放两个变量。

$AB \backslash CD$	$\bar{C}\bar{D}$	$\bar{C}D$	CD	$C\bar{D}$
$\bar{A}\bar{B}$	m_0 $\bar{A}\bar{B}\bar{C}\bar{D}$	m_1 $\bar{A}\bar{B}\bar{C}D$	m_3 $\bar{A}\bar{B}CD$	m_2 $\bar{A}\bar{B}C\bar{D}$
$\bar{A}B$	m_4 $\bar{A}B\bar{C}\bar{D}$	m_5 $\bar{A}B\bar{C}D$	m_7 $\bar{A}BCD$	m_6 $\bar{A}BC\bar{D}$
AB	m_{12} $AB\bar{C}\bar{D}$	m_{13} $AB\bar{C}D$	m_{15} $ABCD$	m_{14} $ABC\bar{D}$
$A\bar{B}$	m_8 $A\bar{B}\bar{C}\bar{D}$	m_9 $A\bar{B}\bar{C}D$	m_{11} $A\bar{B}CD$	m_{10} $A\bar{B}C\bar{D}$

(a) 方格内标最小项

$AB \backslash CD$	00	01	11	10
00	0	1	3	2
01	4	5	7	6
11	12	13	15	14
10	8	9	11	10

(b) 方格内标最小项编号

图 7－15　四变量卡诺图

图中放在行上的变量 A、B 和放在列上的变量 C、D 都按格雷码顺序排列，保证了最小项在卡诺图中的循环相邻性，同一行的最左和最右方格相邻，同一列的最上和最下方格也相邻。

对于五变量及以上的卡诺图，由于比较复杂，在逻辑函数的化简中很少用。

3. 用卡诺图表示逻辑函数

(1) 逻辑函数的标准与—或表达式

如果一个与—或逻辑表达式的每一个与项都是最小项，则这个逻辑式称为标准与—或表达式，又称为最小项表达式。任何一种形式的逻辑式都可以利用基本定律和配项法转换为标准与—或表达式，并且对于这个逻辑函数来说，该标准与—或表达式是唯一的。

［例 7－14］ 将逻辑函数 $Y=\bar{A}\bar{B}\bar{C}+\overline{\overline{AB}+C\bar{D}}$ 转换为标准与—或表达式。

解： $Y=\bar{A}\bar{B}\bar{C}+\overline{\overline{AB}+C\bar{D}}$

$$=\bar{A}\bar{B}\bar{C}+AB(\bar{C}+D)$$

$$=\bar{A}\bar{B}\bar{C}(\bar{D}+D)+AB\bar{C}(\bar{D}+D)+ABD(\bar{C}+C)$$

$$=\bar{A}\bar{B}\bar{C}\bar{D}+\bar{A}\bar{B}\bar{C}D+AB\bar{C}\bar{D}+AB\bar{C}D+AB\bar{C}D+ABCD$$

$$=\bar{A}\bar{B}\bar{C}\bar{D}+\bar{A}\bar{B}\bar{C}D+AB\bar{C}\bar{D}+AB\bar{C}D+ABCD$$

该标准与—或表达式也可简记为：

$$Y=m_0+m_1+m_{12}+m_{13}+m_{15}=\sum m(0,1,12,13,15)$$

（2）用卡诺图表示逻辑函数

用卡诺图表示逻辑函数的步骤是：

① 根据逻辑式中的变量数 n，画出 n 变量最小项卡诺图；

② 在卡诺图中有最小项的方格内填 1，没有最小项的方格内填 0。

逻辑函数的卡诺图是唯一的，它是描述逻辑函数的又一种形式。下面举例说明根据逻辑函数不同表示形式画出卡诺图的方法。

［例 7－15］ 逻辑函数 $Y=\bar{A}\bar{B}\bar{C}\bar{D}+\bar{A}\bar{B}\bar{C}D+AB\bar{C}\bar{D}+AB\bar{C}D+ABCD$ 为一个标准与—或表达式，试画出它的卡诺图。

解： 这是一个四变量的逻辑函数。

① 画出四变量最小项卡诺图；

② 将逻辑函数中的最小项填入卡诺图中。

画出来的卡诺图如图 7－16 所示。

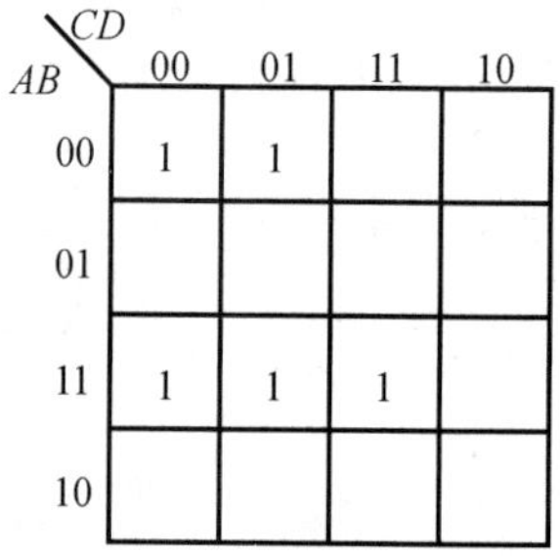

图 7－16 ［例 7－15］卡诺图

［例 7－16］ 已知逻辑函数 Y 的真值表如表 7－19 所示，试画出它的卡诺图。

解： ① 画出三变量最小项卡诺图；

② 将真值表中使 $Y=1$ 的取值组合用相应的最小项代替，并填入卡诺图中，本例为 m_0、m_2、m_4、m_6。

画出来的卡诺图如图 7－17 所示。

表 7－19 例 7－16 真值表

A	B	C	Y	A	B	C	Y
0	0	0	1	1	0	0	1
0	0	1	0	1	0	1	0
0	1	0	1	1	1	0	1
0	1	1	0	1	1	1	0

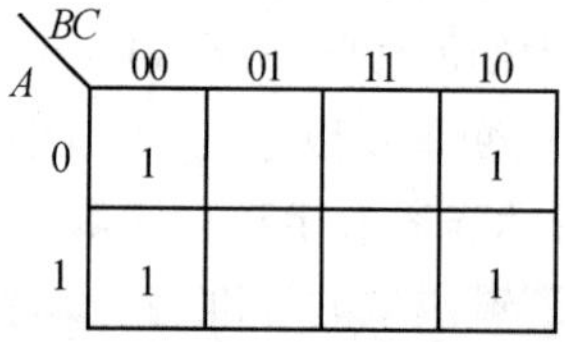

图7－17 ［例 7－16］卡诺图

当逻辑函数为一般表达式时，可先将其转换为标准与—或表达式，然后再画出卡诺图。但这样做往往很麻烦，实际上只需要将其展开成与—或表达式就行了，然后将每个与项直接填入卡诺图中，方法是：把卡诺图中含有某个与项各变量的方格填入 1，直至填完表达式中的全部与项。

［例 7－17］ 画出逻辑函数 $Y=\bar{A}D+\overline{\overline{AB}(C+\overline{BD})}$ 的卡诺图。

解：① 将该函数展开为与—或表达式：

$$Y=\bar{A}D+AB+B\bar{C}D$$

② 画四变量最小项卡诺图；

③ 将函数式中的每个与项填入卡诺图中。

第一个与项是 $\bar{A}D$，缺少了 B、C 两个变量，可见该与项对应着 4 个最小项。在卡诺图中找到 $A=0$ 的两行和 $D=1$ 的两列，在它们交叉的方格中填入 1。

第二个与项是 AB，缺少了 C、D 两个变量，可见该与项也对应着 4 个最小项。在卡诺图中找到 $A=1$、$B=1$ 的行，在该行的 4 个方格中填入 1。

第三个与项是 $B\bar{C}D$，缺少了 A 这个变量，可见该与项对应着 2 个最小项。在卡诺图中找到 $B=1$ 的两行和 $C=0$、$D=1$ 的那一列，在它们交叉的方格中填入 1。

AB \ CD	00	01	11	10
00		1	1	
01		1	1	
11	1	1	1	1
10				

图 7－18　［例 7－17］卡诺图

对于有重复最小项的方格，只需填入一次 1，例如本例在填入第 3 个与项 $B\bar{C}D$ 时，发现在填第 1、2 个与项时，已在它的方格中填入 1 了。

画出来的卡诺图如图 7－18 所示。

4. 用卡诺图化简逻辑函数

用卡诺图化简逻辑函数的原理是利用卡诺图的相邻性，对相邻最小项进行合并，消去互反的变量，以达到化简的目的。2 个相邻最小项合并，可消去 1 个变量；4 个相邻最小项合并，可消去 2 个变量；把 2^n 个相邻最小项合并，可消去 n 个变量。

用卡诺图化简逻辑函数的步骤如下：

① 画出逻辑函数的卡诺图。

② 合并卡诺图中的相邻最小项。

把 2^n 个相邻最小项（填 1 的方格）用一个圈包围起来进行合并，直到所有填 1 的方格被全部圈完为止。画包围圈的规则是：

a. 只有相邻的 1 方格才能合并，并且每个包围圈只能包含 2^n（$n=0,1,2,\cdots$）个 1 方格。也就是说，每个包围圈包含的 1 方格个数只能是 1，2，4，8，16，…个。

b. 包围圈的个数应尽量少，这样可减少与项的数目。

c. 包围圈应尽量大，这样可减少每个与项的变量数。

d. 为充分化简，1 方格可以被重复圈在不同的包围圈中，但在每个包围圈中，必须有未被圈过的 1 方格，否则该包围圈是多余的。

e. 为了避免画出多余的包围圈，画包围圈时应先画小圈，再画大圈。

③ 将化简后的各个与项进行逻辑加，就是所求的逻辑函数的最简与—或表达式。

[例 7-18] 用卡诺图化简逻辑函数 $Y(A,B,C,D)=\sum m(0,2,4,5,6,7,9,15)$。

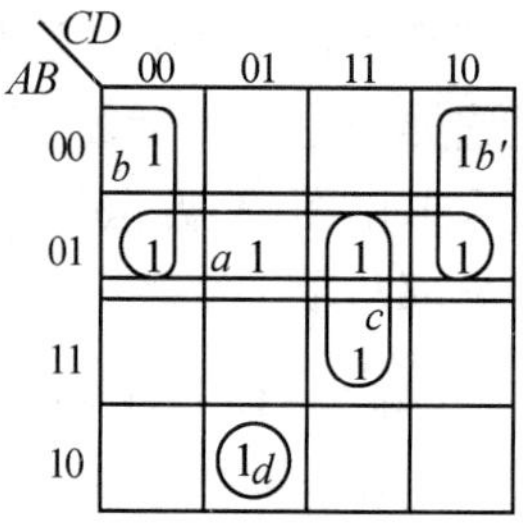

图 7-19 [图 7-18]卡诺图

解:① 画出函数卡诺图如图 7-19 所示。

② 对卡诺图中的 1 方格画圈。先画小圈,再画大圈,如图 7-19 所示。

③ 合并相邻最小项。每一个圈合并为一个与项,方法是取出该圈所有 1 方格相同的变量,去除不同的变量,图中的圈 a,可合并为与项 $\bar{A}B$,圈 b 与圈 b'(循环相邻)合并为与项 $\bar{A}\bar{D}$,圈 c 合并为与项 BCD,圈 d 是孤立的,对应的与项为 $A\bar{B}\bar{C}D$。

④ 写出最简与—或表达式为

$$Y=\bar{A}B+\bar{A}\bar{D}+BCD+A\bar{B}\bar{C}D$$

[例 7-19] 用卡诺图化简逻辑函数 $Y=\bar{A}\bar{B}CD+\bar{A}B\bar{C}\bar{D}+A\bar{C}D+ABC+BD$。

解:① 画出函数卡诺图,将各个与项填入相应方格中,如图 7-20 所示。

② 对卡诺图中的 1 方格画圈。先画小圈,再画大圈,如图 7-20(a)所示。不要把卡诺图中间的 4 个 1 方格画成一个圈,否则该圈是多余的,如图 7-20(b)所示。

③ 合并相邻最小项。图中 4 个圈对应的与项分别为 $\bar{A}B\bar{C}$、$\bar{A}CD$、$A\bar{C}D$ 和 ABC。

④ 写出最简与—或表达式为:

$$Y=\bar{A}B\bar{C}+\bar{A}CD+A\bar{C}D+ABC$$

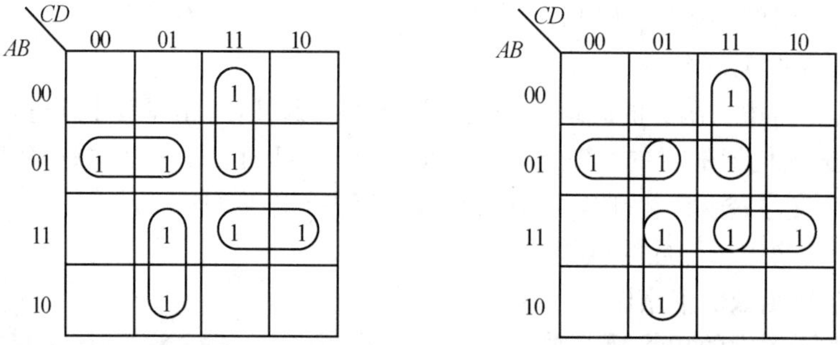

(a) 正确圈法 (b) 错误圈法

图 7-20 [例 7-19]卡诺图

[例 7-20] 已知某逻辑函数的卡诺图如图 7-21 所示,试写出其最简与—或表达式。

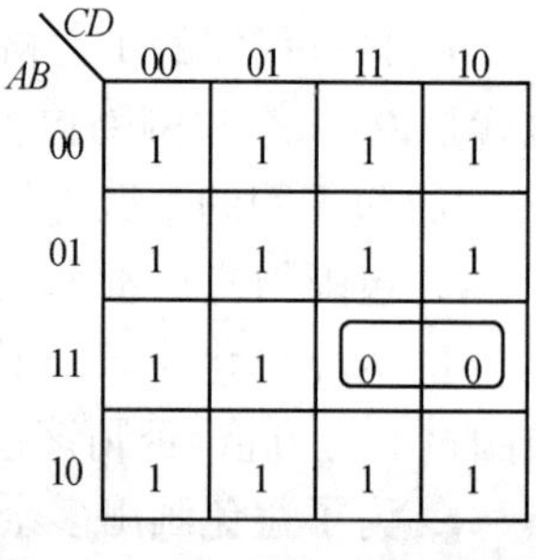

图 7-21 [例 7-20]卡诺图

解:分析该卡诺图,发现只有两个方格为 0,其他方格均为 1,因此可以采用圈 0 方格的方法来写逻辑表达式,但这个逻辑表达式是所求逻辑函数 Y 的反函数 $\bar{Y}$,所以还需对其再求一次反,才能得到原函数。

根据卡诺图所画的圈可得:

$$\bar{Y} = ABC$$

所以原函数为：

$$Y = \bar{\bar{Y}} = \overline{ABC} = \bar{A} + \bar{B} + \bar{C}$$

5. 具有无关项的逻辑函数的化简

(1) 逻辑函数中的无关项

无关项是指那些与所讨论的逻辑问题没有关系的变量取值组合所对应的最小项。这些最小项有两种，一种是某些变量取值组合不允许出现，如 8421BCD 编码中 1010～1111 这 6 种代码是不允许出现的，是受约束的，所以又称为约束项；另一种是某些变量取值组合在客观上不会出现，如连锁互动开关系统中，几个开关的状态是互相排斥的，每次只闭合一个开关，其余开关必须断开，多个开关同时闭合在客观上是不存在的，这种开关组合称为随意项。

约束项和随意项统称为无关项，它们都是一种不会在逻辑函数中出现的最小项，所以对应于这些最小项的变量取值组合，函数值视为 1 或视为 0 都可以，因为实际上并不存在这些取值组合。

(2) 利用无关项化简逻辑函数

在卡诺图中，无关项对应的方格中常用"×"或"Φ"来标记，根据化简的需要，可以将无关项看成 1 或 0。在逻辑函数式中用字母 d 和相应的编号来表示无关项。

[例 7 - 21]　用卡诺图化简含有无关项的逻辑函数

$$Y(A,B,C,D) = \sum m(0,1,4,6,9,13) + \sum d(2,3,5,7,10,11,15)$$

解：① 画出该函数的卡诺图，在最小项方格中填入 1，在无关项方格中填入"×"，如图 7 - 22 所示。

② 按图 7 - 22 所示画圈。

③ 写出最简与—或表达式为：

$$Y = \bar{A} + D$$

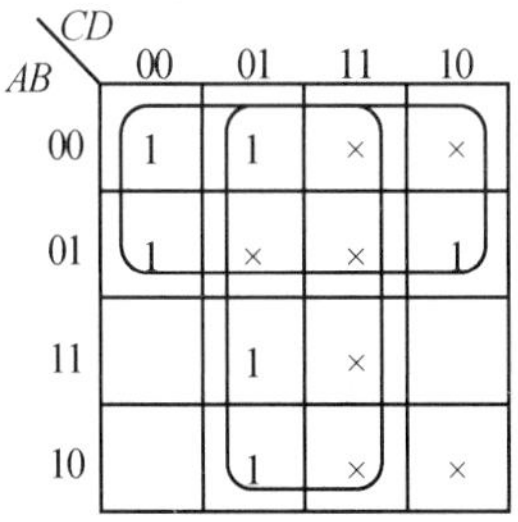

图 7 - 22　[例 7 - 21]卡诺图

在本例中，为了使得到的逻辑函数为最简与—或表达式，将 d_2、d_3、d_5、d_7、d_{11} 和 d_{15} 当成 1，而将 d_{10} 当成 0，这样使得两个圈都有 8 个最小项，从而保证函数化简后为最简与—或表达式。

任务 7 - 3 - 6　不同系列逻辑门电路

1. TTL 系列门电路

TTL 门电路只制成单片集成电路。输入级由多发射极晶体管构成，输出级由推挽电路(功率输出电路)构成。标准 TTL 与非门电路如图 7 - 23 所示。

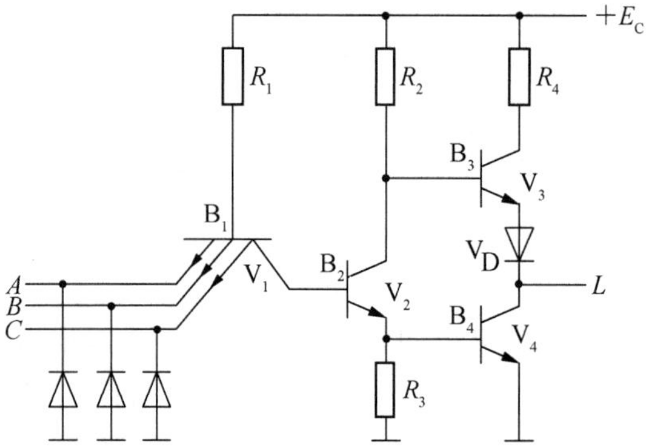

图 7－23　标准 TTL 与非门电路

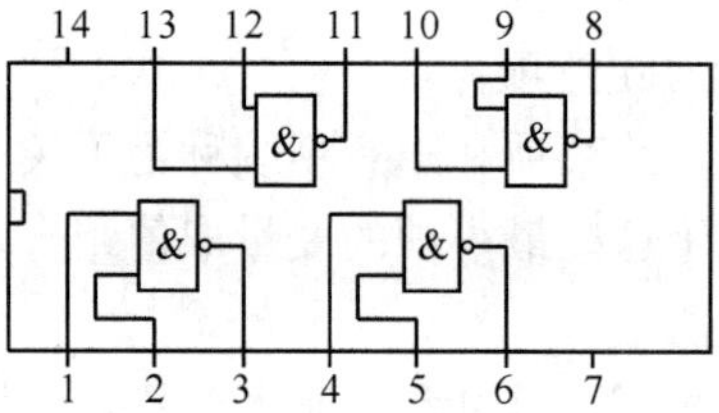

图 7－24　TTL 系列 74LS00 与非门电路

多发射极晶体管由空间上彼此分离的多个 PN 结构成，而推挽输出级既能输出较大的电流又能汲取较大的电流。

若图 7－23 中的一个发射极或 3 个发射极都接低电平（A、B、C 接地），多发射极晶体管 V_1 一定工作在饱和导通状态，其集电极电位约为 0.2 V，晶体管 V_2 必定截止，使 V_3 饱和导通，V_4 截止，输出端 L 为高电平。

若 3 个发射极都接高电平（A、B、C 都接＋5 V）时，V_1 的 bc 结处于正向偏置而导通，从而晶体管 V_2 饱和导通，晶体管 V_4 饱和导通，B4 点的电位约为 0.7 V。晶体管 V_2 的饱和压降约为 0.2 V，故 B_3 点的电位约为 0.9 V，因此晶体管 V_3 截止。L 端输出低电平（0.2 V）。

从上述分析可见，输入信号与输出信号符合与非逻辑关系。

图 7－24 是 TTL 与非门 74LS00 集成电路示意图，它包括 4 个双输入与非门。此类电路多数采用双列直插式封装。封装表面上都有一个小豁口，用来标识管脚的排列顺序。

2. MOS 系列门电路

MOS 系列门电路采用金属氧化物半导体（Metal Oxide Semiconductor，MOS）场效应晶体管（FEV）制作。MOS 场效应晶体管几乎不需要驱动功率。这种系列的门电路或开关电路体积小且制造简单，可以制成高集成度的集成电路。由于场效应晶体管的电容作用，其开关时间较长，这种系列门电路的工作速度较慢。

MOS 系列的门电路，若采用 P 沟道耗尽型 MOS 场效应晶体管作为电路元件，则称为 PMOS 电路；若采用 N 沟道耗尽型 MOS 场效应晶体管作为电路元件，则称为 NMOS 电路；若电路中既采用 P 沟道耗尽型 MOS 场效应晶体管又采用 P 沟道耗尽型 MOS 场效应晶体管以构成互补对称电路，则称为 CMOS 电路。如图 7－25 所示为 CMOS 非门电路。

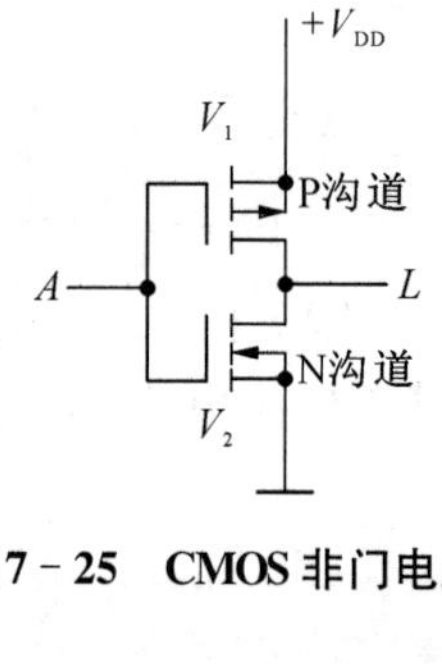

图 7－25　CMOS 非门电路

实训　TTL 与非门的逻辑功能和电压传输特性的测试

一、实验目的

(1) 熟悉 TTL 与非门逻辑功能的测试方法。

(2) 观察门电路对输入信号的控制作用。

(3) 学会数字电路的调试方法。

二、实验前预习与准备

(1) 熟悉逻辑门电路的种类和功能。

(2) 复习 TTL 与非门的逻辑功能。

(3) 预习下面的“实验内容及步骤”。

三、实验器材

(1) TTL 四—二输入与非门 74LS00;

(2) 逻辑电平开关盒(盒上有逻辑电平显示二极管);

(3) 14 脚集成座;

(4) 10 kΩ 电位器;

(5) 双踪示波器;

(6) 数字万用表。

四、实验内容及步骤

1. TTL 与非门逻辑功能的测试

(1) 将 14 脚集成座和逻辑电平开关盒插到实验台面上,将 74LS00 插到集成座上,注意芯片上的标志应朝左。其管脚图如图 7 - 26 所示,该芯片上集成了四个二输入端与非门。

(2) 将实验台上的 5V 直流电源引到集成座和逻辑开关上,注意电源的极性不能接错。

(3) 将芯片中一个与非门的两个输入端接到两个逻辑电平开关上,输出端接到一个逻辑电平显示二极管上。如图 7 - 27 所示。

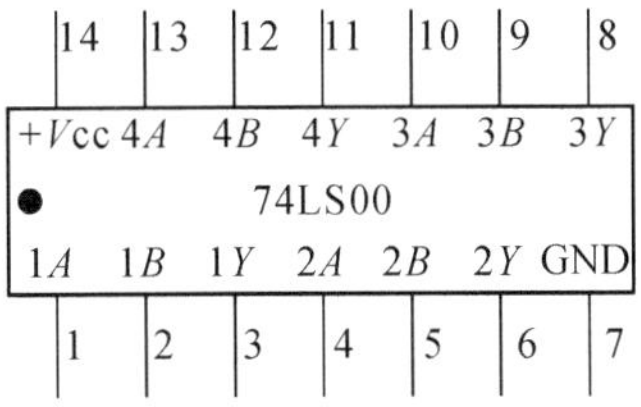

图 7 - 26　74LS00 管脚图

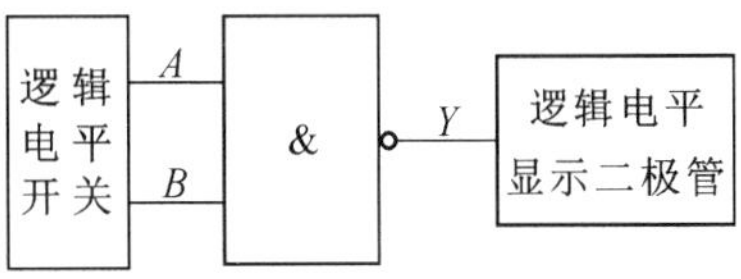

图 7 - 27　逻辑图

(4) 根据表 7 - 20 给定的 A、B 端的输入逻辑信号(逻辑电平开关往上打为 1,往下打为 0,下同),观察发光二极管显示的结果。发光二极管亮,表示输出 $Y=1$,发光二极管熄灭表示 $Y=0$。并将 Y 的结果填入表 7 - 20 中。

表 7-20 二输入与非门的真值表

输入		输出
A	B	Y
0	0	
0	1	
1	0	
1	1	

2. 观察与非门对输入信号的控制作用

接线图如图 7-28 所示,输入端 A 接振荡频率为 1kHz、幅度为 4V 的周期性矩形脉冲信号,将输入端 B 接逻辑电平开关。分别使 $B=0$ 和 $B=1$,用示波器观察输出端 Y 的输出波形。记入表 7-21 中。并说明 $B=0$ 和 $B=1$ 时,与非门对 A 端输入矩形脉冲的控制作用。

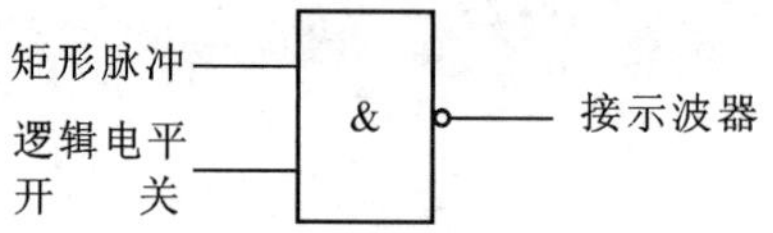

图 7-28 接线示意图

表 7-21 输入端状态对与非门输出的控制作用

输入波形	逻辑开关的状态	输出波形
周期性矩形脉冲	0	
周期性矩形脉冲	1	

五、分析与思考

(1) 根据表 7-20 所示说明与非门的逻辑功能。

(2) 由图 7-28 的实验结果,说明与非门对输入信号的控制作用,若是或非门,则又如何?

项目小结

数字信号是在时间和幅度上断续的、离散的信号。对数字信号进行加工和处理的电路称为数字电路,常见的数字电路都是数字集成电路。数字集成电路的优点是工作稳定可靠、抗干扰能力强、集成度高等。

在数字电路中使用的是二进制数,数字信号的高、低电平和二进制数的 1 和 0 正好相对应。二进制数是以 2 作为基数,逢二进一的计数体制。将二进制数按权展开,然后求出各加权系数之和,即为它所对应的十进制数。十进制数转换为二进制数的方法是:整数部分采用除 2 取余法,小数部分采用乘 2 取整法。为了方便,在分析数字电路时,也常采用八进制或十六进制数。二进制、八进制和十六进制数之间可以很方便地进行转换。

用数码作为代号来表示不同事物时，称其为代码。不同的代码都有一定的编码规则，通常将这些规则称为码制。比较常见的码制有二—十进制代码、可靠性代码和 ASCII 码(美国标准信息交换码)等。

逻辑代数是分析和设计逻辑电路的重要工具。逻辑变量是一种二值变量，它的取值只能是 0 或 1。逻辑变量仅用来表示两种截然不同的状态，可以运用逻辑代数的定律和公式进行逻辑运算。

基本逻辑运算有与运算、或运算和非运算三种，实现这些运算的门电路分别称为与门、或门和非门。常用的复合运算有与非运算、或非运算、与或非运算以及异或运算、同或运算等。利用这些简单的逻辑关系可以组合成复杂的逻辑运算。

逻辑函数有真值表、逻辑表达式、逻辑图和卡诺图四种表示形式，对于一个逻辑函数，其真值表和卡诺图是唯一的，而逻辑表达式和逻辑图则可以有多种形式。这四种表示方式可以相互转换。

化简逻辑函数的目的是获得最简与—或表达式，从而使逻辑电路简单、成本低、可靠性高。化简逻辑函数的常用方法是公式化简法和卡诺图化简法。公式化简法是使用逻辑代数的基本公式和定律，对逻辑函数进行化简，要求熟练掌握相关的公式和定律，能灵活运用这些公式和定律，并要求具有一定的技巧和经验。卡诺图化简法是基于合并相邻最小项的原理进行化简的，这种方法比较直观，但需要掌握化简的步骤和画圈的技巧。

无关项是指那些与所讨论的逻辑问题没有关系的变量取值组合所对应的最小项。在化简逻辑函数时，可根据需要，将无关项作 1 处理或作 0 处理。

思考与练习

1. 将下列十进制数转换为二进制数。

(1) $(37.438)_{10}$；(2) $(0.416)_{10}$；(3) $(174)_{10}$；(4) $(81.125)_{10}$

2. 将下列二进制数转换为十进制数。

(1) $(1100110011)_2$；(2) $(101110.011)_2$；(3) $(1000110.101)_2$；(4) $(0.001011)_2$

3. 将下列十六进制数转换为二进制数和八进制数。

(1) $(36B)_{16}$；(2) $(4DE.C8)_{16}$；(3) $(7FF.ED)_{16}$；(4) $(69E.BC)_{16}$

4. 将下列二进制数转换为八进制数和十六进制数。

(1) $(1001011.010)_2$；(2) $(1110010.1101)_2$；(3) $(1100011.011)_2$；(4) $(111001.11)_2$

5. 写出下列 8421BCD 码所表示的十进制数。

(1) $(0111\ 0100)_{8421BCD}$；(2) $(1000\ 0101\ 0011.0110)_{8421BCD}$；

(3) $(0101\ 0111)_{8421BCD}$；(4) $(1001\ 0011\ 0000.0011\ 0010)_{8421BCD}$

6. 写出下列十进制数的 8421BCD 码。

(1) $(48)_{10}$；(2) $(34.15)_{10}$；(3) $(121.08)_{10}$；(4) $(241.86)_{10}$

7. 用公式化简法化简下列函数式。

(1) $Y=A\bar{B}+BD+DCE+\bar{A}D$；　(2) $Y=(A+B+C)(\bar{A}+\bar{B}+\bar{C})$；

(3) $Y=A+A\bar{B}\bar{C}+\bar{A}CD+(\bar{C}+\bar{D})E$；　(4) $Y=A+ABC+A\overline{BC}+BC+\bar{B}C$；

(5) $Y=(A\oplus B)C+ABC+\bar{A}\bar{B}C$；　　(6) $Y=\bar{D}\cdot\overline{A\bar{B}\bar{D}+\bar{A}B\bar{D}}$

8. 根据下列描述建立真值表，写出逻辑函数式。

(1) 一个 8421BCD 码的四舍五入电路，当它输入的 BCD 码小于或等于 4 时，输出 Y 等于 0，否则 Y 等于 1。

(2) X、Y 均为 4 位二进制数，X 为不大于 9 的变量，Y 为函数。当 $0\leqslant X\leqslant 4$ 时，$Y=X+1$；当 $5\leqslant X\leqslant 9$ 时，$Y=X-1$。

9. 求下列函数的反函数。

(1) $Y=AB+(\bar{A}+B)(C+D+E)$；　　(2) $Y=[A+(B\bar{C}+CD)E]F$；

(3) $Y=\overline{\overline{AB}+ABC}(A+BC)$；　　(4) $Y=AB+\bar{C}D+BC$

10. 用卡诺图化简下列逻辑函数为最简与—或表达式。

(1) $Y=\bar{A}C+A\bar{C}+\bar{B}C+B\bar{C}$；

(2) $Y=\overline{\bar{A}\bar{B}+ABD}(B+\bar{C}D)$；

(3) $Y=\sum m(0,1,2,3,4,6,7,8,9,10,11,14)$；

(4) $Y=\sum m(0,2,5,7,8,10,13,15)$；

(5) $Y=\sum m(3,6,8,9,11,12)+\sum d(0,1,2,13,14,15)$

(6) $Y=\sum m(2,4,6,7,12,15)+\sum d(0,1,3,8,9,11)$

11. 用与非门实现下列逻辑函数。

(1) $Y=AB+AC$；

(2) $Y=(\bar{A}+B)(A+\bar{B})(C+\overline{BC})$；

(3) $Y=AB\bar{C}+A\bar{B}C+\bar{A}BC$；

(4) $Y=A\overline{BC}+\overline{\overline{A\bar{B}}+BC+\bar{A}\bar{B}}$

12. 画出下列逻辑函数的逻辑图。

(1) $Y=(A\bar{B}C+\bar{A}C\bar{D})A\bar{C}D$；

(2) $Y=AB+\bar{C}D+BC$；

(3) $Y=(A\oplus B)\overline{BC+\bar{B}\bar{C}}+AB$；

(4) $Y=\overline{\overline{AB}+(C\oplus D)}$

项目八　组合逻辑电路分析与设计

任务 8－1　组合逻辑电路的分析和设计方法

组合逻辑电路具有如下特点：

① 从结构上看，是由各种门电路组成，电路输出和输入间无反馈，也不含任何具有记忆功能的逻辑单元电路。

② 从逻辑功能上看，在任何时刻，电路的输出状态仅仅取决于该时刻的输入状态，而与电路的前一时刻的状态无关。组合电路示意图如图 8－1 所示。

图 8－1　组合电路示意图

任务 8－1－1　组合逻辑电路的分析方法

组合逻辑电路的分析，就是根据给定的逻辑图，找出输出与输入之间的逻辑关系，确定电路的逻辑功能。分析组合逻辑电路的目的是为了确定已知电路的逻辑功能，或者检查电路设计是否合理。

1. 组合逻辑电路的分析步骤

① 根据已知的逻辑图，从输入到输出逐级写出逻辑函数表达式。

② 利用公式法或卡诺图法化简逻辑函数表达式。

③ 列真值表，用文字描述其逻辑功能。

2. 组合逻辑电路分析举例

[例 8－1]　分析如图 8－2 所示组合逻辑电路的功能。

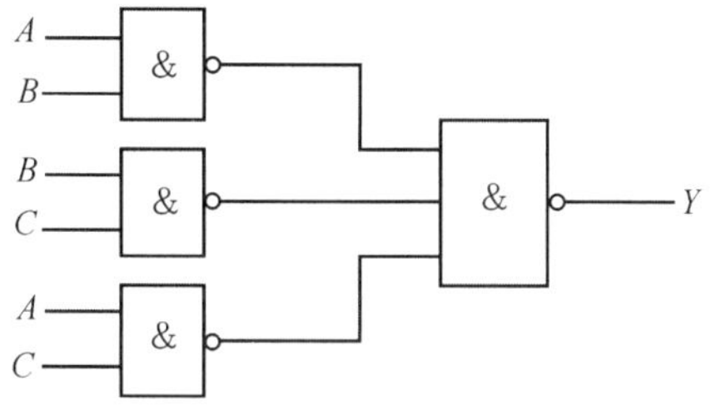

图 8－2　[例 8－1]逻辑电路图

解　① 根据逻辑图写出逻辑表达式

$$Y = \overline{\overline{AB} \cdot \overline{BC} \cdot \overline{AC}}$$

② 化简得：$Y = AB + BC + AC$

③ 列真值表，如表 8－1 所示。

表 8-1 [例 8-1]真值表

A B C	Y	A B C	Y	A B C	Y
0 0 0	0	0 1 1	1	1 1 0	1
0 0 1	0	1 0 0	0	1 1 1	1
0 1 0	0	1 0 1	1		

由表 8-1 可知，当 3 个输入变量中，有 2 个或者 2 个以上为 1 时，输出 Y 为 1，否则为 0，此电路在实际应用中可作为多数表决电路使用。

[例 8-2] 分析如图 8-3 所示组合逻辑电路的功能。

解 ① 写出各门电路的逻辑表达式

$$Y_1=\overline{AB} \qquad Y_2=\overline{A\cdot\overline{AB}} \qquad Y_3=\overline{B\cdot\overline{AB}}$$

所以

$$Y=\overline{\overline{A\cdot\overline{AB}}\cdot\overline{\overline{AB}\cdot B}}$$

② 化简：

$$Y=\overline{\overline{A\cdot\overline{AB}}\cdot\overline{\overline{AB}\cdot B}}=\overline{(\bar{A}+AB)\cdot(AB+\bar{B})}=\overline{\bar{A}\bar{B}+AB}=\bar{A}B+A\bar{B}=A\oplus B$$

③ 从逻辑表达式可以看出，电路具有“异或”功能。

从以上例题可以看出，分析的关键是如何从真值表中找出输出和输入之间的逻辑关系，并用文字概括出电路的逻辑功能，这需要对常用组合逻辑电路很熟悉。

目前常用的组合逻辑电路种类很多，主要有编码器、译码器、数据选择器、比较器等。这些电路目前均已有中规模集成电路产品，其功能和应用在后续内容讲解。

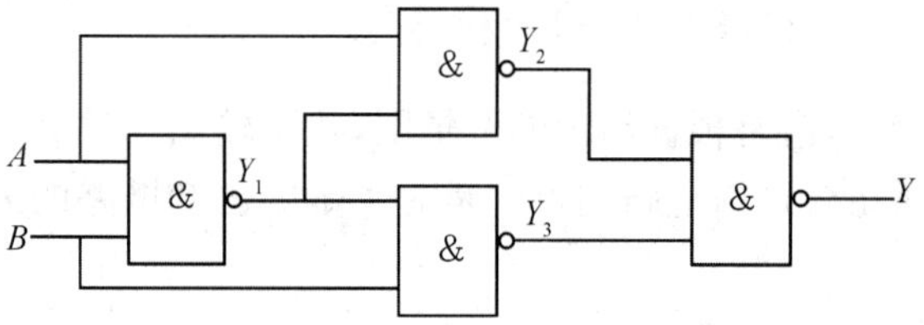

图 8-3 [例 8-2]逻辑电路图

任务 8-1-2 组合逻辑电路的传统设计方法

组合逻辑电路设计是分析的逆过程，它根据给定的逻辑功能，设计出实现这些功能的最佳逻辑电路。

1. 组合逻辑电路设计步骤

① 根据设计要求，确定输入、输出变量的个数，并对它们进行逻辑赋值(即确定 0 和 1 代表的含义)。

② 根据逻辑功能要求列出真值表。

③ 根据真值表利用卡诺图进行化简得到逻辑表达式。

④ 根据要求画出逻辑图。

2. 组合逻辑电路设计举例

[例 8－3]　某工厂有 A、B、C 三个车间，各需电力 1 000 kW，由两台发电机 $X=$ 1 000 kW和 $Y=$2 000 kW 供电。但三个车间经常不同时工作，为了节省能源，需设计一个自动控制电路，去自动起停电动机。试设计此控制电路。

解　① 确定输入、输出变量的个数：

根据电路要求，A、B、C 三个车间的工作信号是输入变量，1 表示工作，0 表示不工作；输出变量 X 和 Y 分别表示小电动机（1 000 kW）和大电动机（2 000 kW）的信号，1 表示起作用，0 表示停止。

② 列真值表：如表 8－2 所示。

表 8－2　发电机工作真值表

$A\ B\ C$	$X\ \ Y$	$A\ B\ C$	$X\ \ Y$	$A\ B\ C$	$X\ \ Y$
0 0 0	0 0	0 1 1	0 1	1 1 0	0 1
0 0 1	1 0	1 0 0	1 0	1 1 1	1 1
0 1 0	1 0	1 0 1	0 1		

③ 化简：利用卡诺图化简，如图 8－4 所示可得。

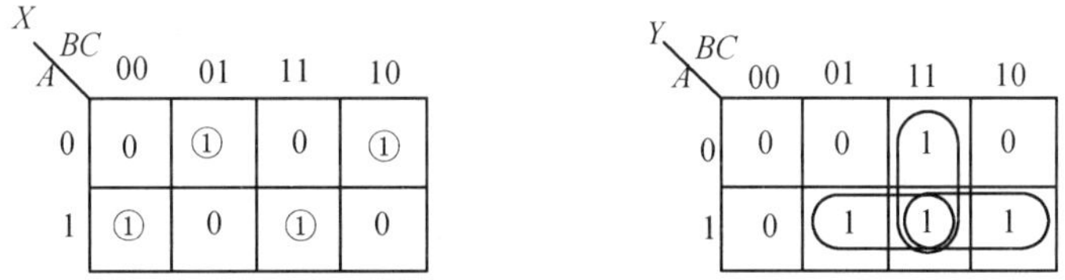

(a) 求解 X 的卡诺图　　(b) 求解 Y 的卡诺图

图 8－4　[例 8－3]卡诺图

化简后表达式为

$$X=\bar{A}\,\bar{B}C+\bar{A}B\bar{C}+A\bar{B}\,\bar{C}+ABC$$

$$=C(\bar{A}\bar{B}+AB)+\bar{C}(\bar{A}B+A\bar{B})$$

$$=C\overline{A\oplus B}+\bar{C}A\oplus B$$

$$=A\oplus B\oplus C$$

$$Y=AB+AC+BC$$

④ 画逻辑图：逻辑电路图如图 8－5(a)所示。

若要求全部用 TTL 与非门实现，则电路设计步骤如下：首先，将化简后的与或表达式转换为与非形式；然后再画出全部用与非门实现的组合逻辑电路，如图 8－5（b)所示。

$$X=\bar{A}\bar{B}C+\bar{A}B\bar{C}+A\bar{B}\bar{C}+ABC$$

$$=\overline{\overline{\bar{A}\bar{B}C}}+\overline{\overline{\bar{A}B\bar{C}}}+\overline{\overline{A\bar{B}\bar{C}}}+\overline{\overline{ABC}}$$

$$=\overline{\overline{\bar{A}\bar{B}C}\cdot\overline{\bar{A}B\bar{C}}\cdot\overline{A\bar{B}\bar{C}}\cdot\overline{ABC}}$$

$$Y=AB+AC+BC$$

$$=\overline{\overline{AB}}+\overline{\overline{AC}}+\overline{\overline{BC}}$$

$$=\overline{\overline{AB}\cdot\overline{AC}\cdot\overline{BC}}$$

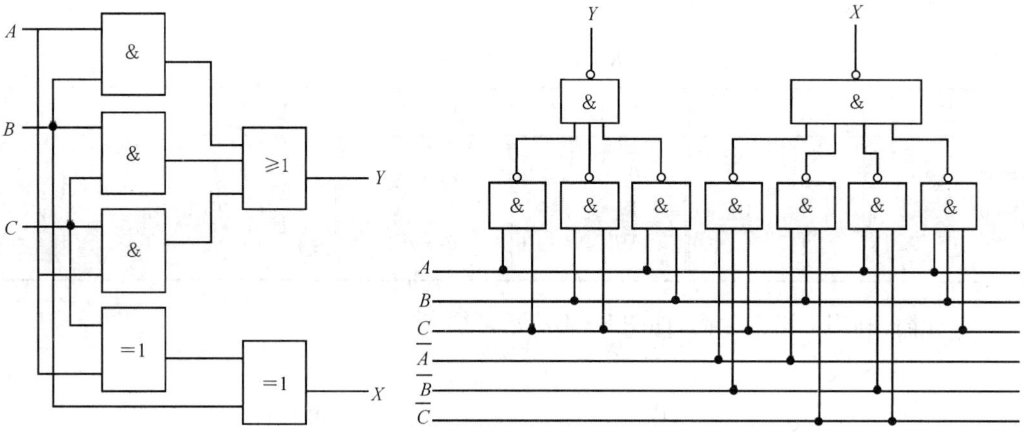

(a) 用与门、或门和异或门实现　　(b) 全部用与非门实现

图 8-5 [例 8-3]逻辑电路图

任务 8-2 集成组合逻辑电路分析与设计

任务 8-2-1 编码器

所谓编码就是将特定含义的输入信号(文字、数字、符号等)转换成二进制代码的过程。实现编码操作的数字电路称为编码器。按照被编码信号的不同特点和要求,编码器可分为二进制编码器、二—十进制编码器和优先编码器。

1. 二进制编码器

若输入信号的个数 N 与输出变量的位数 n 满足 $N=2^n$,此电路称为二进制编码器。这种编码器有一特点:任何时刻只允许输入一个有效信号,不允许同时出现两个或两个以上的有效信号,即输入是一组有约束(即互相排斥)的变量。常用的有 4-2 线、8-3 线、16-4 线编码器。

[例 8-4] 设计一个 4-2 线编码器。

解:① 确定输入、输出变量个数。

由题意知输入为 I_0、I_1、I_2、I_3四个信息,输出为 Y_0、Y_1。设 1 为输入有效信号,0 为输入无效。

② 列编码表：因为每次只能有一个有效输入信号，所以编码表如表 8－3 所示。

表 8－3　4－2 线编码器的编码表

I_3	I_2	I_1	I_0	Y_1	Y_0
0	0	0	1	0	0
0	0	1	0	0	1
0	1	0	0	1	0
1	0	0	0	1	1

③ 因任何时刻输入只有一个有效信号，利用此约束条件化简得

$$Y_0 = I_1 + I_3 \qquad Y_1 = I_2 + I_3$$

为方便编码，化简表 8－3 得表 8－4.

(4) 画编码器电路，如图 8－6 所示。

需要指出的是，在图 8－6 所示的编码器中，I_0的编码是隐含的，当 $I_1 \sim I_3$均为 0 时，电路的输出就是 I_0的编码。

表 8－4　表 8－3 的简化

I	Y_1　Y_0	I	Y_1　Y_0	I	Y_1　Y_0	I	Y_1　Y_0
I_0	0　0	I_1	0　1	I_2	1　0	I_3	1　1

2. 二—十进制编码器

二—十进制编码器是指用四位二进制代码表示一位十进制数的编码电路，也称 10 线 4 线编码器。最常见是 8421BCD 码编码器，如图 8－7 所示。其中，输入信号 $I_0 \sim I_9$代 0～9 共 10 个十进制信号，输出信号 $Y_0 \sim Y_3$为相应二进制代码。

由图 8－7 可以写出各输出逻辑函数式为

$$Y_3 = \overline{\overline{I}_9 \cdot \overline{I}_8} \qquad Y_2 = \overline{\overline{I}_7 \cdot \overline{I}_6 \cdot \overline{I}_5 \cdot \overline{I}_4}$$

$$Y_1 = \overline{\overline{I}_7 \cdot \overline{I}_6 \cdot \overline{I}_3 \cdot \overline{I}_2} \qquad Y_0 = \overline{\overline{I}_9 \cdot \overline{I}_7 \cdot \overline{I}_5 \cdot \overline{I}_3 \cdot \overline{I}_1}$$

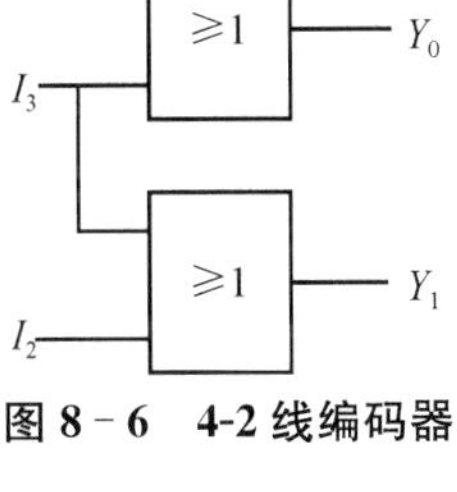

图 8－6　4-2 线编码器

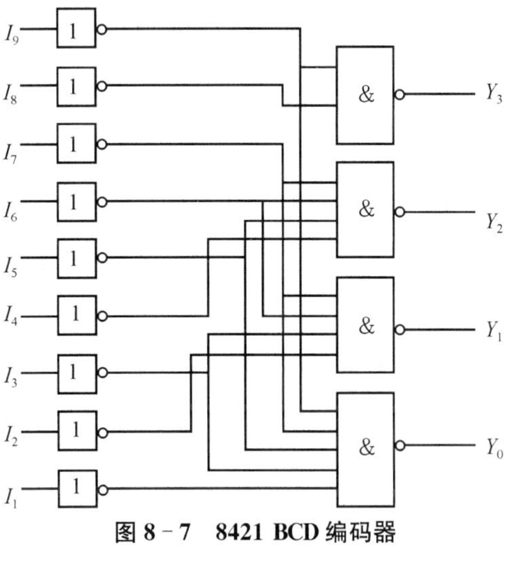

图 8－7　8421 BCD 编码器

根据逻辑函数式列出功能表，如表 8-6 所示。

表 8-5 8421 BCD 码编码器功能表

I	Y_3	Y_2	Y_1	Y_0	I	Y_3	Y_2	Y_1	Y_0
I_0	0	0	0	0	I_5	0	1	0	1
I_1	0	0	0	1	I_6	0	1	1	0
I_2	0	0	1	0	I_7	0	1	1	1
I_3	0	0	1	1	I_8	1	0	0	0
I_4	0	1	0	0	I_9	1	0	0	1

可见，该编码器的逻辑电路图中，I_0的编码也是隐含的，当 $I_1 \sim I_9$均为 0 时，电路的输出就是 I_0的编码。

3. 优先编码器

优先编码器常用于优先中断系统和键盘编码。与普通编码器不同，优先编码器允许多个输入信号同时有效，但它只按其中优先级别最高的有效输入信号编码，对级别较低的输入信号不予理睬。常用的 MSI 优先编码器有 10-4 线(如 74LS147)、8-3 线(74LS148)等。

10-4 线集成优先编码器常见型号为 54/74147、54/74LS147；8-3 线优先编码器常见型号为 54/74148、54/74LS148。

① 优先编码器 74LS148。74LS148 是 8-3 线优先编码器，符号及管脚排列如图 8-8 所示。逻辑功能表如表 8-6 所示。

表 8-6 8-3 线优先编码器逻辑功能表

输入									输出					说明
$\overline{E}_I$	$\overline{I}_7$	$\overline{I}_6$	$\overline{I}_5$	$\overline{I}_4$	$\overline{I}_3$	$\overline{I}_2$	$\overline{I}_1$	$\overline{I}_0$	$\overline{Y}_2$	$\overline{Y}_1$	$\overline{Y}_0$	$\overline{GS}$	E_O	
1	×	×	×	×	×	×	×	×	1	1	1	1	1	禁止编码
0	1	1	1	1	1	1	1	1	1	1	1	1	0	允许但输入无效
0	0	×	×	×	×	×	×	×	0	0	0	0	1	正
0	1	0	×	×	×	×	×	×	0	0	1	0	1	
0	1	1	0	×	×	×	×	×	0	1	0	0	1	常
0	1	1	1	0	×	×	×	×	0	1	1	0	1	
0	1	1	1	1	0	×	×	×	1	0	0	0	1	编
0	1	1	1	1	1	0	×	×	1	0	1	0	1	
0	1	1	1	1	1	1	0	×	1	1	0	0	1	码
0	1	1	1	1	1	1	1	0	1	1	1	0	1	

在符号图中，小圆圈表示低电平有效，应注意其文字符号标在框内时，上面不加“非”号，而在管脚排列图中，文字符号在外应加注“非”号，引线上不加小圆圈。各引脚功能如下：

$\overline{I}_0 \sim \overline{I}_7$ 为输入信号端，低电平有效，且$\overline{I}_7$ 的优先级别最高，$\overline{I}_0$ 的优先级别最低。$\overline{Y}_0 \sim \overline{Y}_3$ 是三个编码输出端。

$\overline{E}_I$ 是使能端，低电平有效。当$\overline{E}_I=0$ 时，电路允许编码；当$\overline{E}_I=1$ 时，电路禁止编码，输出均为高电平。

E_O和$\overline{GS}$为使能输出端和优先标志输出端，主要用于级联和扩展。

当 $E_O=0$，$\overline{GS}=1$ 时，表示标志$\overline{E}_I=0$ 可以编码，但输入信号全 1 无效，即无码可编；当 $E_O=1$，$\overline{GS}=0$ 时，表示该电路允许编码，并正在编码；当 $E_O=\overline{GS}=1$ 时，表示该电路禁止编码，为非工作状态，即无法编码，$\overline{Y}_2\overline{Y}_1\overline{Y}_0$ 为 111 属非编码输出。

② 优先编码器 74LS148 的扩展。用 74LS148 优先编码器可以多级连接实现扩展功能，如用两块 74LS148 可以扩展成为一个 16－4 线优先编码器，如图 8－9 所示。

根据图 8－9 进行分析可以看出，高位片 $E_I=0$ 允许对输入$\overline{I}_8\sim\overline{I}_{15}$编码，此时高位片的 $E_O=1$，$\overline{GS}=0$，则高位片编码；而因为将 $E_O=1$ 送入低位的 E_I，使得低位禁止编码，使低位片 $E_O=1$。但若$\overline{I}_8\sim\overline{I}_{15}$都是高电平，即均无编码请求，则高位片 $E_O=0$ 允许低位片对输入$\overline{I_0}$ $\sim\overline{I}_7$ 编码。显然，高位片的编码级别优先于低位片。例如高位工作，设$\overline{I}_9=0$，则$\overline{Y}_2\ \overline{Y}_1\ \overline{Y}_0=110$，$E_O=1$，使低位$\overline{E_I}=1$，利用$\overline{Y}_2\ \overline{Y}_1\ \overline{Y}_0=111$，故总的输出$\overline{Y}_3\ \overline{Y}_2\ \overline{Y}_1\ \overline{Y}_0=0110$，因此对应$\overline{I}_{15}$ $\sim\overline{I}_0$ 有输出时，对应编码输出为 0000～1111。

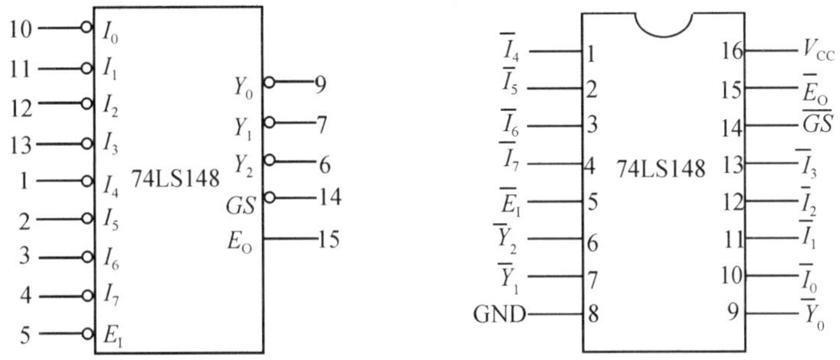

(a) 符号图　　(b) 管脚排列图

图 8－8　74LS148 符号图和管脚排列图

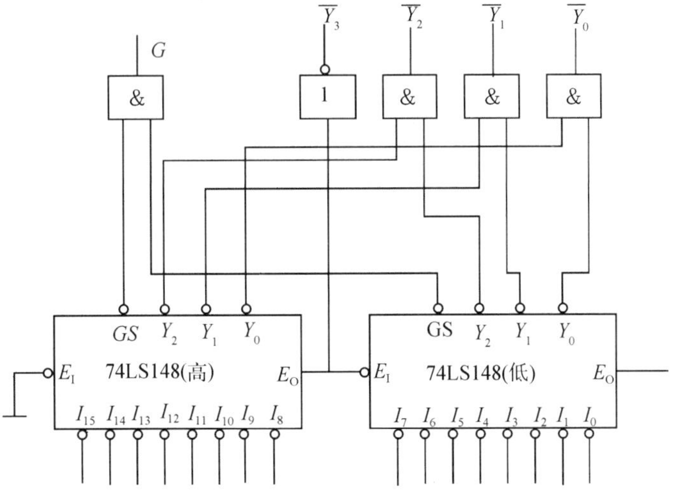

图 8－9　74LS148 优先编码器功能扩展

任务 8－2－2 译码器及显示电路

译码是编码的逆过程，即将每一组输入二进制代码“翻译”成为一个特定的输出信号。实现译码功能的数字电路称为译码器。译码器分为变量译码器和显示译码器。变量译码器有二进制译码器和二—十进制译码器。显示译码器按显示材料分为荧光、发光二极管译码器和液晶显示译码器；按显示内容分为文字、数字、符号译码器等。

1．二进制译码器（变量译码器）

二进制译码器有 n 个输入端（即 n 位二进制代码），2^n 个输出线。常用的有：TTL 系列中的 54/74HC138 和 54/74LS138；CMOS 系列中的 54/74HC138、54/74HCT138 等。如图 8－10 所示为 74LS138 的符号及管脚排列图，其逻辑功能如表 8－7 所示。

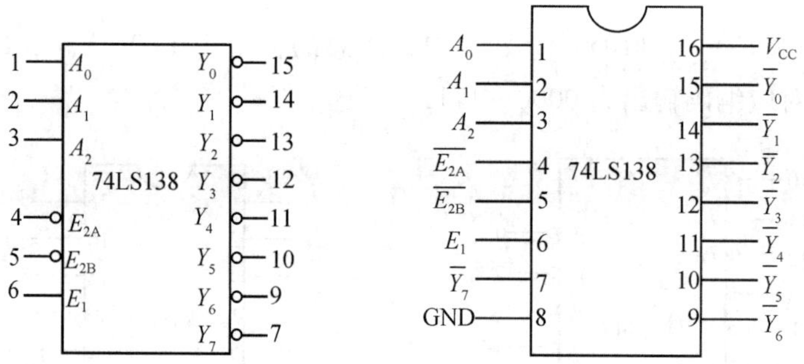

(a) 符号图　　(b) 管脚排列图

图 8－10　74LS138 的符号及管脚排列图

三—八译码器的输出逻辑函数：

$$\bar{Y}_0 = \overline{\bar{A}_2\bar{A}_1\bar{A}_0} \quad \bar{Y}_1 = \overline{\bar{A}_2\bar{A}_1A_0} \quad \bar{Y}_2 = \overline{\bar{A}_2A_1\bar{A}_0} \quad \bar{Y}_3 = \overline{\bar{A}_2A_1A_0}$$

$$\bar{Y}_4 = \overline{A_2\bar{A}_1\bar{A}_0} \quad \bar{Y}_5 = \overline{A_2\bar{A}_1A_0} \quad \bar{Y}_6 = \overline{A_2A_1\bar{A}_0} \quad \bar{Y}_7 = \overline{A_2A_1A_0}$$

表 8－7　74LS138 逻辑功能表

输入						输出							
E_1	$\bar{E}_{2A}$	$\bar{E}_{2B}$	A_2	A_1	A_0	$\bar{Y}_7$	$\bar{Y}_6$	$\bar{Y}_5$	$\bar{Y}_4$	$\bar{Y}_3$	$\bar{Y}_2$	$\bar{Y}_1$	$\bar{Y}_0$
×	1	1	×	×	×	1	1	1	1	1	1	1	1
0	×	×	×	×	×	1	1	1	1	1	1	1	1
1	0	0	0	0	0	1	1	1	1	1	1	1	0
1	0	0	0	0	1	1	1	1	1	1	1	0	1
1	0	0	0	1	0	1	1	1	1	1	0	1	1
1	0	0	0	1	1	1	1	1	1	0	1	1	1
1	0	0	1	0	0	1	1	1	0	1	1	1	1
1	0	0	1	0	1	1	1	0	1	1	1	1	1
1	0	0	1	1	0	1	0	1	1	1	1	1	1
1	0	0	1	1	1	0	1	1	1	1	1	1	1

由功能表 8－7 可知，它能译出三个输入变量的全部状态。该译码器设置了 E_1、E_{2A} 和 E_{2B} 三个使能输入端，当 E_1 为 1 且 $\overline{E_{2A}}$ 和 $\overline{E_{2B}}$ 均为 0 时，译码器处于工作状态，否则译码器不工作。

2. 译码器的扩展

用两片 74LS138 实现一个 4 线 16 线译码器。

利用译码器的使能端作为高位输入端，如图 8-11 所示，当 $A_3=0$ 时，由表 8-7 可知，低位片 74LS138 工作，对输入 A_3、A_2、A_1、A_0进行译码，依次从 $Y_0\sim Y_7$输出，此时高位禁止工作；当 $A_3=1$ 时，高位片 74LS138 工作，从 $Y_8\sim Y_{15}$依次输出，而低位片禁止工作。

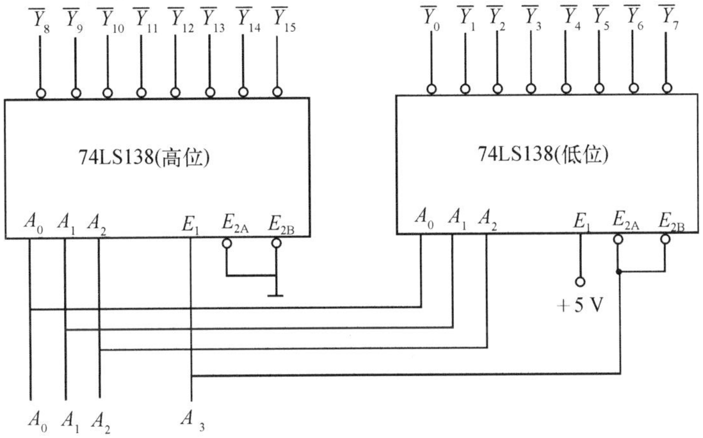

图 8-11　74LS138 的扩展应用

3. 二—十进制译码器

二—十进制译码器常用型号有：TTL 系列的 54/7442、54/74LS42 和 CMOS 系列中的 54/74HC42、54/74HCT42 等。图 8-12 所示为 74LS42 的符号图和管脚排列图。该译码器有 $A_0\sim A_3$四个输入端，$Y_0\sim Y_9$共 10 个输出端，简称 4-10 线译码器。74LS42 的逻辑功能如表 8-8 所示。

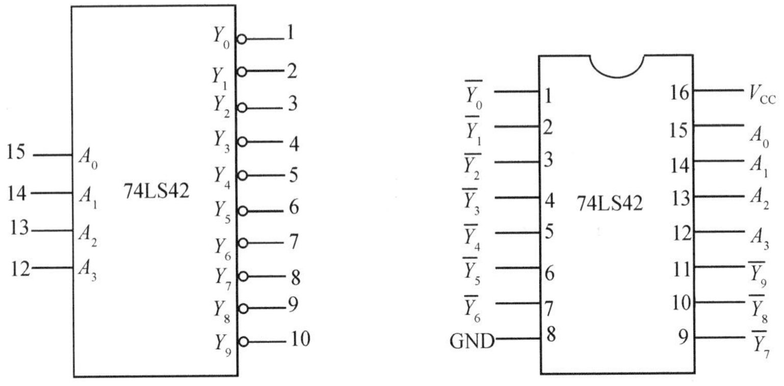

(a) 符号图　　(b) 管脚排列图

图 8-12　74LS42 的符号图和管脚排列图

由表 8-8 知，当输入一个 BCD 码时，就会在它所表示的十进制数的对应输出端产生一个低电平有效信号。如果输入的是非法码，输出均无低电平信号产生，即译码器拒绝翻译，因此这个电路结构具有拒绝非法码的功能。

表 8-8 74LS42 二—十进制译码器功能表

十进制数	输入				输出									
	A_3	A_2	A_1	A_0	$\overline{Y}_9$	$\overline{Y}_8$	$\overline{Y}_7$	$\overline{Y}_6$	$\overline{Y}_5$	$\overline{Y}_4$	$\overline{Y}_3$	$\overline{Y}_2$	$\overline{Y}_1$	$\overline{Y}_0$
0	0	0	0	0	1	1	1	1	1	1	1	1	1	0
1	0	0	0	1	1	1	1	1	1	1	1	1	0	1
2	0	0	1	0	1	1	1	1	1	1	1	0	1	1
3	0	0	1	1	1	1	1	1	1	1	0	1	1	1
4	0	1	0	0	1	1	1	1	1	0	1	1	1	1
5	0	1	0	1	1	1	1	1	0	1	1	1	1	1
6	0	1	1	0	1	1	1	0	1	1	1	1	1	1
7	0	1	1	1	1	1	0	1	1	1	1	1	1	1
8	1	0	0	0	1	0	1	1	1	1	1	1	1	1
9	1	0	0	1	0	1	1	1	1	1	1	1	1	1
非法码	1	0	1	0	1	1	1	1	1	1	1	1	1	1
	1	0	1	1	1	1	1	1	1	1	1	1	1	1
	1	1	0	0	1	1	1	1	1	1	1	1	1	1
	1	1	0	1	1	1	1	1	1	1	1	1	1	1
	1	1	1	0	1	1	1	1	1	1	1	1	1	1
	1	1	1	1	1	1	1	1	1	1	1	1	1	1

4. 显示译码器

显示译码器常见于数字显示电路中，它通常由译码器、驱动器和显示器等部分组成。

(1) 显示器件

数码显示器按显示方式有分段式、字形重叠式和点阵式。其中，七段显示器应用最普遍。如图 8-13(a)所示为由七段发光二极管组成的数码显示器的外形，利用字段的不同组合，可分别显示出 0～9 十个数字，如图 8-13(b)所示。

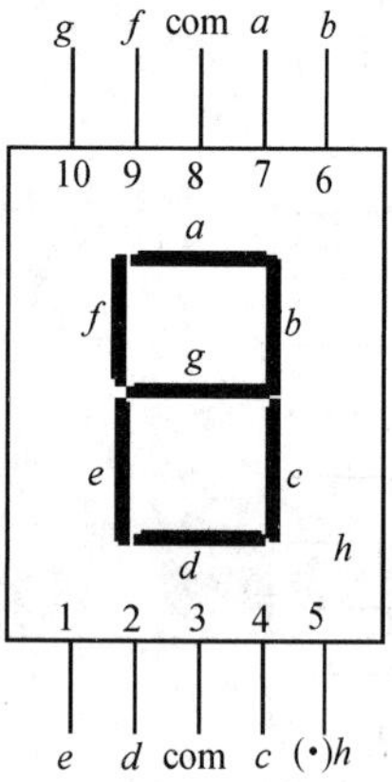

(a) 外形

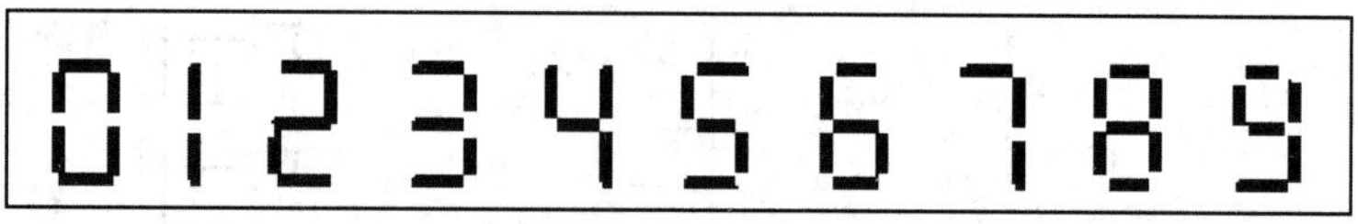

(b) 显示的数字

图 8-13 七段数码显示器

七段数码显示器的内部有共阳极和共阴极两种接法。

共阳极接法如图 8-14(a)所示，各发光二极管阳极连接在一起，当各阴极接低电平时，对应二极管发光。图 8-14(b)所示为发光二极管的共阴极接法，共阴极接法是各发光二极管的阴极共接，当有阳极接高电平时，对应二极管发光。

数码显示器通常需要与七段译码器配合使用。七段译码器输出低电平时，需选用共阳极接法的数码显示器；译码器输出高电平时，则需要选用共阴极接法的数码显示器。

二极管数码显示器的优点是工作电压低、体积小、寿命长、工作可靠性高、响应速度快、亮度高。它的主要缺点是工作电流稍大，且每个字段外加限流电阻，使每段工作电流约为 10 mA 左右。

（2）集成电路 74LS48

如图 8－15 为显示译码器 74LS48 的管脚排列图，表 8－9 所示为 74LS48 的逻辑功能表，它有三个辅助控制端$\overline{LT}$、$\overline{BI}/\overline{RBO}$和$\overline{RBI}$。

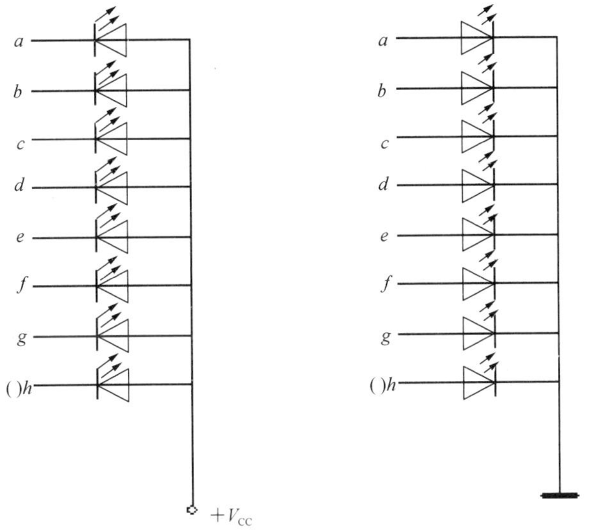

（a）共阳极接法　　（b）共阴极接法

图 8－14　七段数码显示器的两种接法

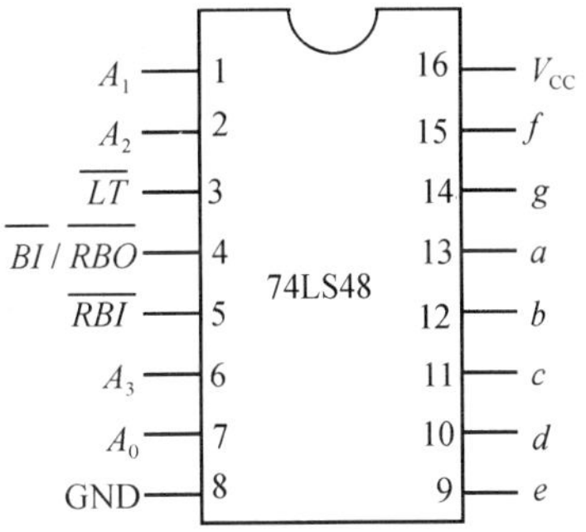

图 8－15　74LS48 的管脚排列图

表 8－9　74LS48 的逻辑功能表

数字	输　入						输入/输出	输　出							字形
十进制	$\overline{LT}$	$\overline{RBI}$	A_3	A_2	A_1	A_0	$\overline{BI}/\overline{RBO}$	a	b	c	d	e	f	g	
0	1	1	0	0	0	0	1	1	1	1	1	1	1	0	0
1	1	×	0	0	0	1	1	0	1	1	0	0	0	0	1
2	1	×	0	0	1	0	1	1	1	0	1	1	0	1	2
3	1	×	0	0	1	1	1	1	1	1	1	0	0	1	3
4	1	×	0	1	0	0	1	0	1	1	0	0	1	1	4
5	1	×	0	1	0	1	1	1	0	1	1	0	1	1	5
6	1	×	0	1	1	0	1	0	0	1	1	1	1	1	6
7	1	×	0	1	1	1	1	1	1	1	0	0	0	0	7
8	1	×	1	0	0	0	1	1	1	1	1	1	1	1	8
9	1	×	1	0	0	1	1	1	1	1	1	0	1	1	9
无效码输入	1	×	1	0	1	0	1	0	0	0	1	1	0	1	乱码
	1	×	1	0	1	1	1	0	0	1	1	0	0	1	
	1	×	1	1	0	0	1	0	1	0	0	0	1	1	
	1	×	1	1	0	1	1	1	0	0	1	0	1	1	
	1	×	1	1	1	0	1	0	0	0	1	1	1	1	
	1	×	1	1	1	1	1	0	0	0	0	0	0	0	
灭灯	×	×	×	×	×	×	0	0	0	0	0	0	0	0	
灭零	1	0	0	0	0	0	0	0	0	0	0	0	0	0	
试灯	0	×	×	×	×	×	1	1	1	1	1	1	1	1	8

$\overline{LT}$为试灯输入端：当$\overline{LT}=0$，$\overline{BI}/\overline{RBO}=1$时，若七段均完好，则显示字形“8”，该输入端常用于检查74LS48显示器的好坏；当$\overline{LT}=1$时，译码器方可进行译码显示。

$\overline{RBI}$用来动态灭零，低电平有效；当$\overline{RBI}=0$，且输入$A_3A_2A_1A_0=0000$时，则使数字符的各段熄灭，此时$\overline{BI}/\overline{RBO}$端口输出低电平0。

$\overline{BI}/\overline{RBO}$具有双重功能，灭灯输入/灭灯输出，当$\overline{BI}/\overline{RBO}=0$时不管输入如何，数码管不显示数字；当它作为输出端时，是本位灭零标志信号，当本位已灭零，则该端口输出0。

任务8-2-3 数据选择器和数据分配器

数据选择器又称多路选择器(简称MUX)，其框图如图8-16所示。它有n位地址输入、2^n位数据输入和1位输出。每次在地址输入端信号的控制下，从多路输入数据中选择一路输出，其功能类似于一个单刀多掷开关，如图8-17所示。

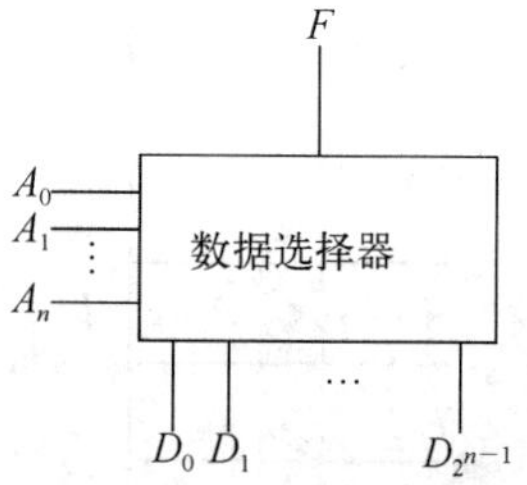

图8-16 数据选择器框图

常用的数据选择器有2选1、4选1、8选1和16选1等。

如图8-18所示是四选一选择器的符号图。其中，A_1、A_0为地址输入信号；D_0～D_3为并行数据输入信号；E为选通端或使能端，低电平有效；Y为输出端，被选中的信号从Y输出。其功能如表8-10所示。

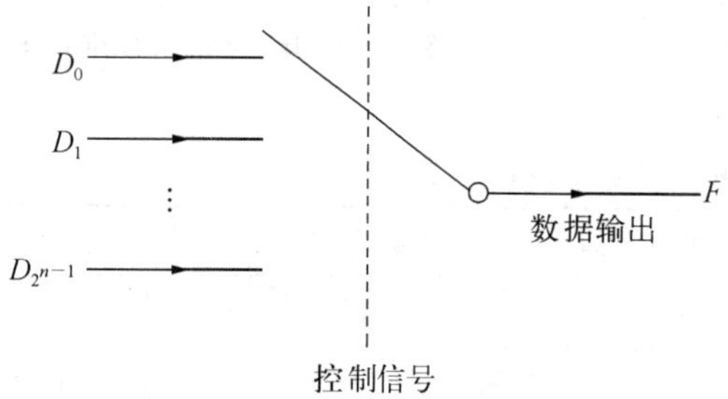

图8-17 数据选择器功能示意图

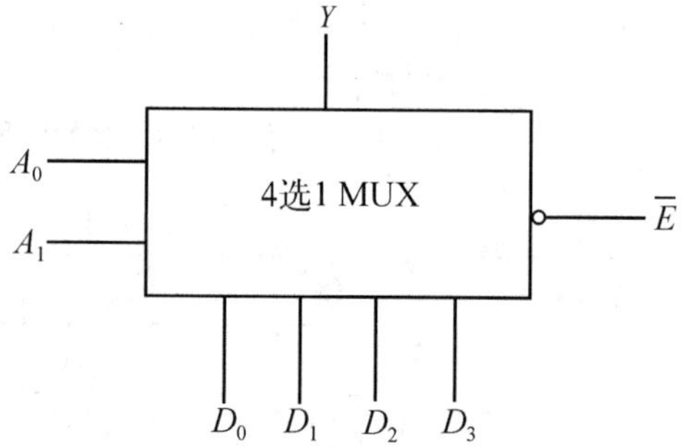

图8-18 四选一选择器符号图

表8-10 四选一选择器功能表

输入			输出	输入			输出
$\overline{E}$	A_1	A_0	Y	$\overline{E}$	A_1	A_0	Y
1	×	×	0	0	1	0	D_2
0	0	0	D_0	0	1	1	D_3
0	0	1	D_1				

当$\overline{E}=1$时，选择器不工作，禁止数据输入。当$\overline{E}=0$时，选择器正常工作，允许数据选通。由表8-10可写出四选一数据选择器输出逻辑表达式

$$Y=(\overline{A}_1\overline{A}_0)D_0+(\overline{A}_1A_0)D_1+(A_1\overline{A}_0)D_2+(A_1A_0)D_3$$

1. 集成数据选择器

74LS151是典型的八选一数据选择器。如图8-19所示是74LS151的管脚排列图。它有三个地址端A_0～A_2，可

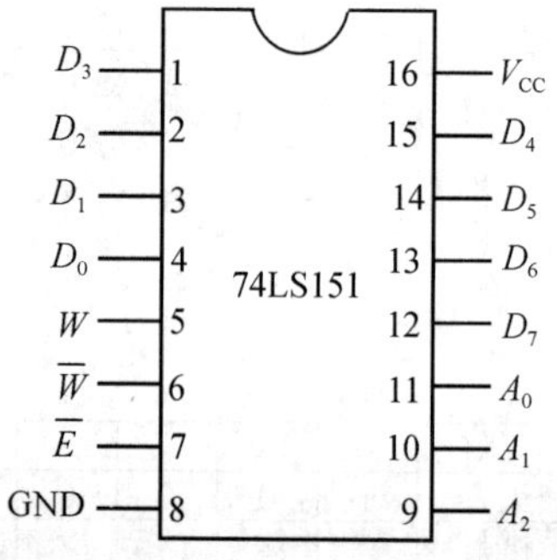

图8-19 74LS151的管脚排列图

选择 $D_0 \sim D_7$ 八个数据，具有两个互补输出端 W 和 $\overline{W}$。其功能如表 8-11 所示。

表 8-11　74LS151 的功能

$\overline{E}$	A_2	A_1	A_0	W	$\overline{W}$
1	×	×	×	0	1
0	0	0	0	D_0	$\overline{D_0}$
0	0	0	1	D_1	$\overline{D_1}$
0	0	1	0	D_2	$\overline{D_2}$
0	0	1	1	D_3	$\overline{D_3}$
0	1	0	0	D_4	$\overline{D_4}$
0	1	0	1	D_5	$\overline{D_5}$
0	1	1	0	D_6	$\overline{D_6}$
0	1	1	1	D_7	$\overline{D_7}$

74LS151 输出函数表达式：

$$W = \overline{A}_2\,\overline{A}_1\,\overline{A}_0 D_0 + \overline{A}_2\,\overline{A}_1 A_0 D_1 + \overline{A}_2 A_1\,\overline{A}_0 D_2 + \overline{A}_2 A_1 A_0 D_3 + A_2\,\overline{A}_1\,\overline{A}_0 D_4 + A_2\,\overline{A}_1 A_0 D_5 + A_2 A_1\,\overline{A}_0 D_6 + A_2 A_1 A_0 D_7$$

$$= m_0 D_0 + m_1 D_1 + m_2 D_2 + m_3 D_3 + m_4 D_4 + m_5 D_5 + m_6 D_6 + m_7 D_7$$

2. *数据选择器的扩展*

试用两片 74LS151 连接成一个十六选一的数据选择器。

十六选一的数据选择器的地址输入端需要四位，最高位 A_3 的输入可以由两片八选一数据选择器的使能端接非门来实现，低三位地址输入端由两片 74LS151 的地址输入端相连接而成，连接图如图 8-20 所示。

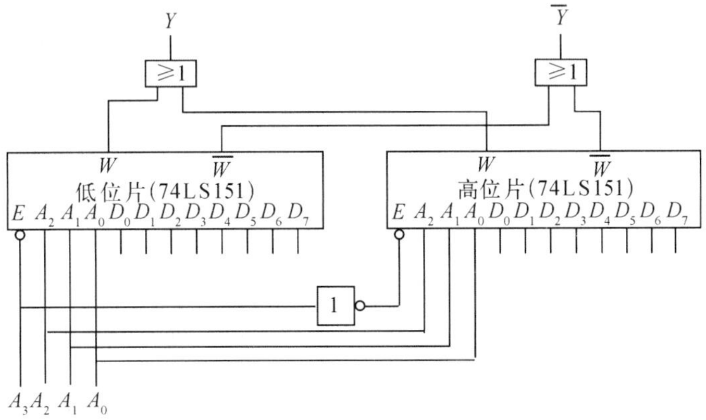

图 8-20　74LS151 功能扩展

当 $A_3=0$ 时，由表 8-11 知，低位片 74LS151 工作，根据地址控制信号 $A_2A_1A_0$ 选择数据 $D_0 \sim D_7$ 输出；$A_3=1$ 时，高位片工作，选择 $D_8 \sim D_{15}$ 进行输出。

3. 数据分配器

数据分配是数据选择的逆过程。根据地址码的要求，将一路数据分配到指定输出通道上去的电路，称为数据分配器（简称 DMUX）。

如图 8－21 所示为 4 路数据分配器工作示意图。

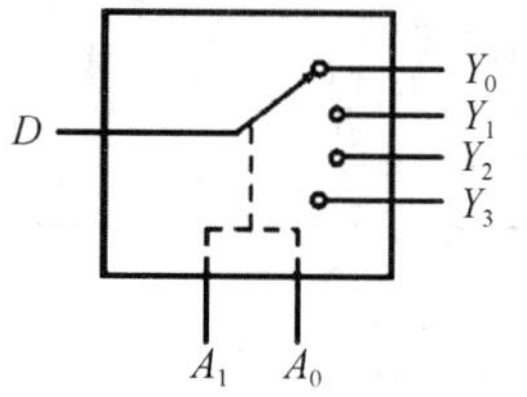

图 8－21 4 路数据分配器工作示意

任务 8－2－4 加法器

1. 半加器

只考虑两个 1 位二进制数的相加，而不考虑来自低位进位数的运算电路，称为半加器。

设两个 1 位二进制数分别为加数 A 和被加数 B，没有来自低位的进位数，和数为 S，进位数为 C。如输入 A、B 都为 1 时，它们相加的结果进位数 C 为 1，本位和数 S 为 0；当 A 和 B 不同时，相加后的和数 S 为 1，没有进位数，即 $C=0$。可见，半加器应有本位和数 S 及进位数 C 两个输出。由此可列出半加器的真值表如表 8－12 所示。根据真值表可写出它的输出逻辑函数式为

$$\begin{cases} S = \bar{A}B + A\bar{B} \\ C = AB \end{cases}$$

可见，半加器由一个异或门和一个与门组成。逻辑电路如图 8－22(a) 所示，图 8－22(b) 为其逻辑符号。框内“Σ”为加法运算总限定符号，“CO” 为进位输出的限定符号。

表 8－12 半加器的真值表

输入		输出	
A	B	S	C
0	0	0	0
0	1	1	0
1	0	1	0
1	1	0	1

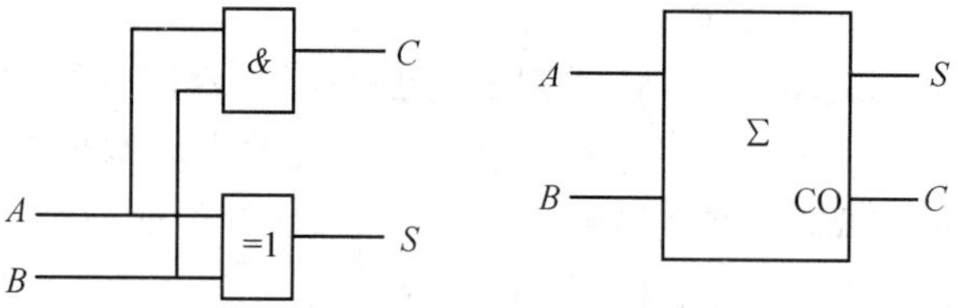

(a) 逻辑图　(b) 逻辑符号

图 8－22 半加器及其逻辑符号

2. 一位全加器

一位全加器是完成两个一位二进制数 A_i 和 B_i 及相邻低位的进位 C_{i-1} 相加的逻辑电路。

设计一个全加器，其中，A_i 和 B_i 分别是被加数和加数，C_{i-1} 为来自低位的进位，S_i 为本位的和，C_i 为本位向高位的进位。全加器的真值表如表 8－13 所示。

表 8－13 全加器的真值表

输入			输出		输入			输出		输入			输出	
A_i	B_i	C_{i-1}	S_i	C_i	A_i	B_i	C_{i-1}	S_i	C_i	A_i	B_i	C_{i-1}	S_i	C_i
0	0	0	0	0	0	1	1	0	1	1	1	0	0	1
0	0	1	1	0	1	0	0	1	0	1	1	1	1	1
0	1	0	1	0	1	0	1	0	1					

由真值表可以直接画出 S_i和 C_i的卡诺图，如图 8－23 所示。

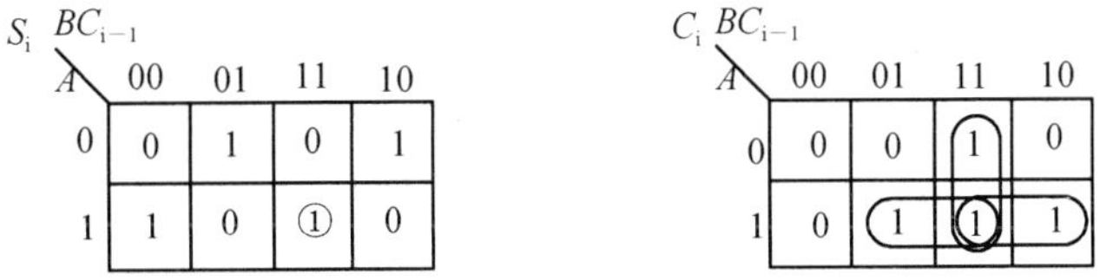

（a）S_i 的卡诺图　　（b）C_i 的卡诺图

图 8－23　全加器卡诺图

写出 S_i和 C_i的逻辑表达式

$$S_i=\overline{A}_i\overline{B}_iC_{i-1}+\overline{A}_iB_i\overline{C}_{i-1}+A_i\overline{B}_i\overline{C}_{i-1}+A_iB_iC_{i-1}$$

$$=A_i\oplus B_i\oplus C_{i-1}$$

$$C_i=A_iB_i+B_iC_{i-1}+A_iC_{i-1}$$

如图 8－24 所示是全加器的逻辑图和逻辑符号。在图 8－24(b)的逻辑符号中，CI 是进位输入端，CO 是进位输出端。

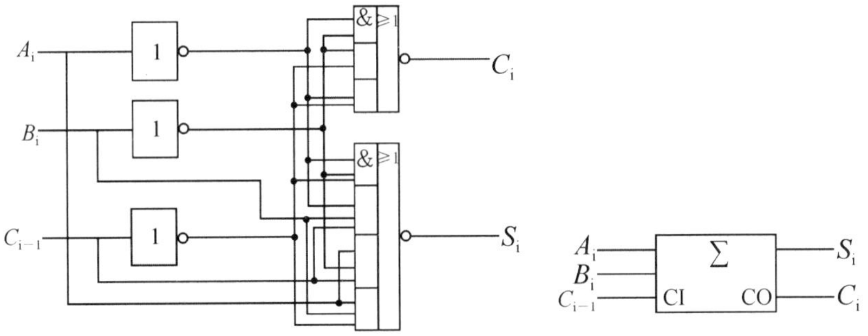

（a）全加器逻辑图　　（b）全加器逻辑符号

图 8－24　全加器逻辑图和逻辑符号

3. *多位加法器*

多位数相加时，要考虑进位，进位的方式有串行进位和超前进位两种。可以采用全加器并行相加串行进位的方式完成，如图 8－25 所示是一个四位串行进位加法器。

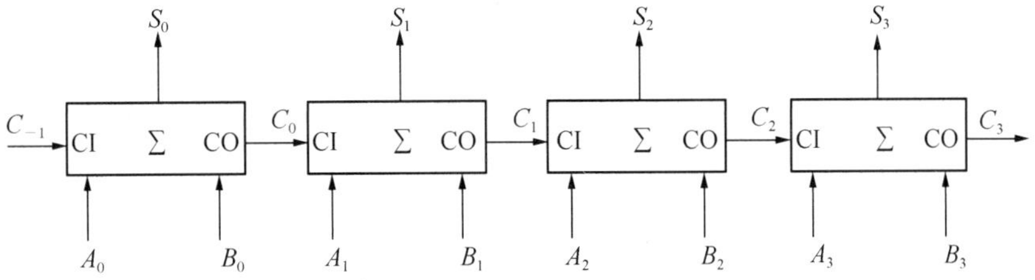

图 8－25　四位串行进位加法器

这种电路由于进位信号的逐级传送耗费时间，所以运算速度慢。为了提高运算速度，人们把串行进位改为超前进位。超前进位就是每一位全加器的进位信号直接由并行输入的被加数、加数以及外部输入进位信号 CO 同时决定，不再需要逐级等待低位送来的进位信号，用超前进位方式构成的加法器叫超前进位加法器。

如图 8-26 所示是四位二进制超前进位加法器 74LS83 的逻辑符号图，其中进位输入端 CI 和进位输出端 CO 主要用来扩展加法器字长，作为芯片之间串行进位之用。如图 8-27 所示是将 74LS83 扩展为八位并行加法器，将低位片 CI 端接地，同时将低位片的 CO 端接高位片的CI 端。

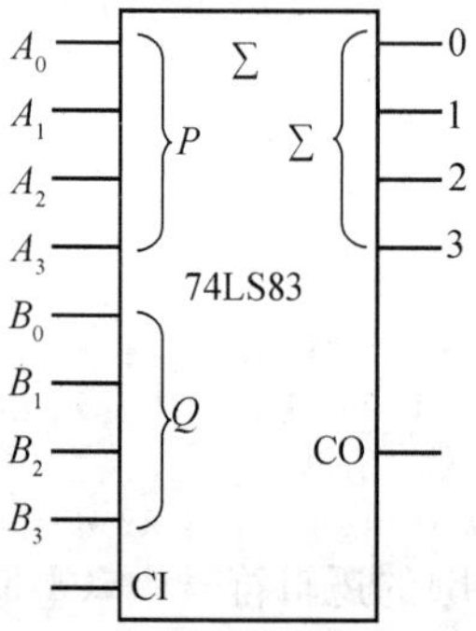

图 8-26 74LS38 逻辑符号图

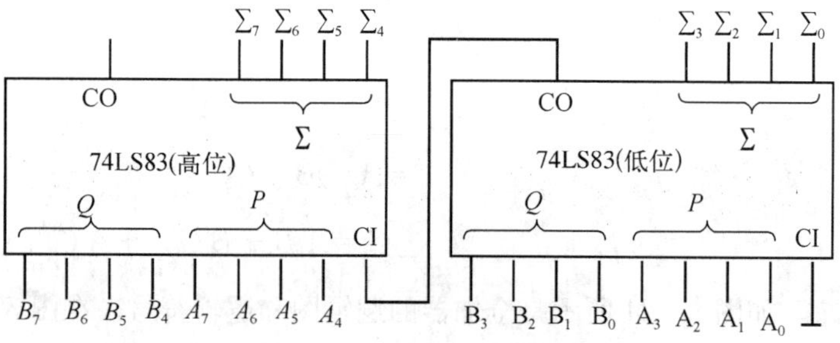

图 8-27 74LS38 功能扩展

任务 8-3 常用集成组合电路应用实例

任务 8-3-1 编码器的应用

1. 微控制器报警编码电路

如图 8-28 所示为利用 74LS148 编码器监视 8 个化学罐液面的报警编码电路。若 8 个化学罐中任何一个的液面超过预定高度时，其液面检测传感器便输出一个 0 电平到编码器的输入端。编码器输出 3 位二进制代码到微控制器。此时，微控制器仅需要 3 根输入线就可以监视 8 个独立的被测点。

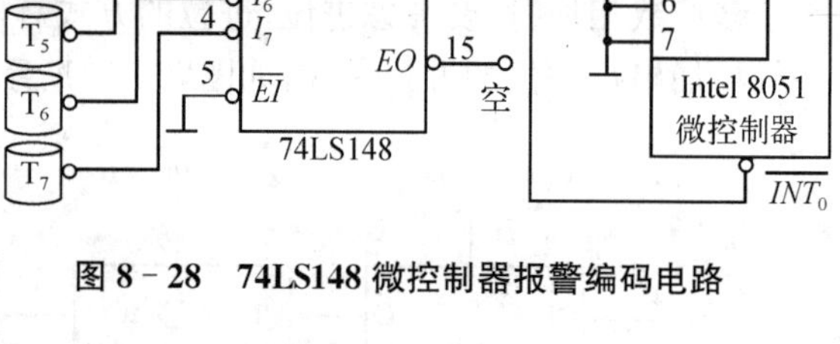

图 8-28 74LS148 微控制器报警编码电路

这里用的是 Intel 8051 微控制器，它有 4 个输入/输出接口。我们使用其中的一个口输入被编码的报警代码，并且利用中断输入$\overline{INT_0}$接收报警信号$\overline{GS}$（$\overline{GS}$是编码器输入信号有效的标志输出，只要有一个输入信号为有效的低电平，$\overline{GS}$就变成低电平）。当 Intel 8051 的$\overline{INT_0}$端接收到一个 0 时，就运行报警处理程序并做相应的反应，完成报警。

2. 用编码器构成 A/D 转换器

如图 8-29 所示为 74LS148 构成的 A/D 转换器。这个电路主要由比较器、寄存器和编码器三部分组成。

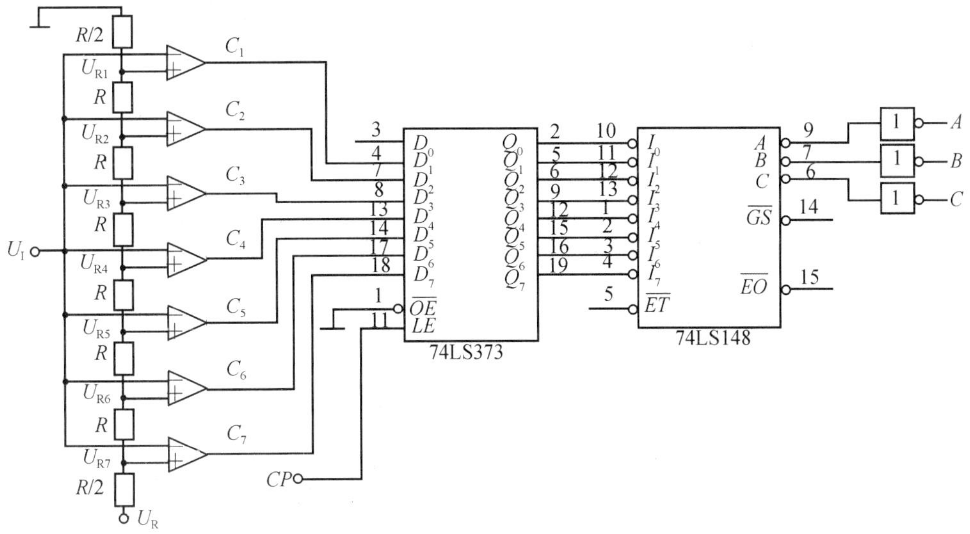

图 8-29　A/D 转换器

输入信号 U_I（模拟电压），同时加到 7 个比较器（$C_1 \sim C_7$）的反相端。基准电源 U_R 经串联电阻分压为 8 级，量化单位 $q=U_R/7$。各基准电压分别加到比较器的同相端。若 U_I 大于基准电压时，比较器 C_i 的输出电压 $U_{Ci}=0$，否则 $U_{Ci}=1$。7 个比较器的基准电压依次为 $U_{R1}=(1/14)U_R$、$U_{R2}=(3/14)U_R$、$U_{R3}=(5/14)U_R$、$U_{R4}=(7/14)U_R$、$U_{R5}=(9/14)U_R$、$U_{R6}=(11/14)U_R$、$U_{R7}=(13/14)U_R$。

寄存器是暂时存放数据或代码的逻辑功能部件，将在项目九的任务 9-4 中讨论。寄存器 74LS373 由 8 个 D 触发器构成。它的作用是寄存缓冲比较器输出的信号，以避免因比较器响应速度不一致可能造成的逻辑错误。比较器的输出量保存一个时钟周期后，供编码使用。

编码器根据寄存器提供的信号进行编码。编码可以反码输出，也可以原码输出。

例如，当 $U_I=6/14\ U_R$ 时，7 个比较器输出为 $U_{C1}=U_{C2}=U_{C3}=0$，$U_{C7}=U_{C6}=U_{C5}=U_{C4}=1$。这 7 个信号就是 7 个 D 触发器的输入信号。在时钟信号 CP 上升沿的作用下，7 个 D 触发器的输出信号为 $Q_7=Q_6=Q_5=Q_4=1$，$Q_1=Q_2=Q_3=0$，74LS148 译码器的输出 $\overline{Y}_2\overline{Y}_1\overline{Y}_0=100$，经非门输出的原码 $CBA=011$。这样，A/D 转换器就把输入的模拟信号 U_I 变成了 3 位数字信号。

通常 R 选用 1 kΩ，$U_R=5$ V，CP 的周期应大于手册给出的比较器、寄存器、编码器、非门平均传输延迟时间之和的 2 倍，而脉冲宽度只要大于寄存器的平均传输延迟时间即可。该转换器的转换精度取决于电阻分压网络的精度。这种转换器适合于高速度、低精度的情况。

任务 8-3-2　译码器的应用

由于二进制译码器的输出为输入变量的全部最小项，即每个输出对应一个最小项，而任何一个逻辑函数都可变换为最小项之和的形式，因此，用译码器和门电路可实现任何单输出或多输出的组合逻辑电路。

[例 8-5] 用 3—8 线译码器实现函数 $Y=\bar{A}\bar{B}C+A\bar{B}\bar{C}+\bar{A}B\bar{C}$。

解:由 3—8 线译码器的功能表可以写出其 8 个输出的表达式

$$\bar{Y}_0=\overline{\bar{A}_2\bar{A}_1\bar{A}_0}\quad \bar{Y}_1=\overline{\bar{A}_2\bar{A}_1A_0}\quad \bar{Y}_2=\overline{\bar{A}_2A_1\bar{A}_0}\quad \bar{Y}_3=\overline{\bar{A}_2A_1A_0}$$

$$\bar{Y}_4=\overline{A_2\bar{A}_1\bar{A}_0}\quad \bar{Y}_5=\overline{A_2\bar{A}_1A_0}\quad \bar{Y}_6=\overline{A_2A_1\bar{A}_0}\quad \bar{Y}_7=\overline{A_2A_1A_0}$$

若将输入变量 A_2、A_1、A_0分别代替 A、B、C,则可将函数 $Y=\bar{A}\bar{B}C+A\bar{B}\bar{C}+\bar{A}B\bar{C}$变化为:

$$Y=\bar{A}_2\bar{A}_1A_0+A_2\bar{A}_1\bar{A}_0+\bar{A}_2A_1\bar{A}_0=\overline{\overline{\bar{A}_2\bar{A}_1A_0}\cdot\overline{A_2\bar{A}_1\bar{A}_0}\cdot\overline{\bar{A}_2A_1\bar{A}_0}}$$
$$=\overline{\bar{Y}_1\cdot\bar{Y}_4\cdot\bar{Y}_2}$$

可见,用 3—8 线译码器再加上一个与非门就可实现函数 Y,其逻辑图如图 8-30 所示。

[例 8-6] 用译码器设计一个一位全加器电路。

解:① 由第二节可以写出全加器的输出逻辑表达式

$$S_i=\bar{A}_i\bar{B}_iC_{i-1}+\bar{A}_iB_i\bar{C}_{i-1}+A_i\bar{B}_i\bar{C}_{i-1}+A_iB_iC_{i-1}$$
$$C_i=A_iB_i+B_iC_{i-1}+A_iC_{i-1}$$

② 选择译码器。全加器有三个输入信号,两个输出信号,因此选择 3—8 线译码器。

③ 将输出 S_i、C_i和 3—8 线译码器的输出表达式进行比较,设 $A_i=A_2$,$B_i=A_1$,$C_{i-1}=A_0$,于是可得

$$S_i=\bar{A}_i\bar{B}_iC_{i-1}+\bar{A}_iB_i\bar{C}_{i-1}+A_i\bar{B}_i\bar{C}_{i-1}+A_iB_iC_{i-1}$$
$$=\bar{A}_2\bar{A}_1A_0+\bar{A}_2A_1\bar{A}_0+A_2\bar{A}_1\bar{A}_0+A_2A_1A_0$$
$$=\overline{\bar{Y}_1\cdot\bar{Y}_2\cdot\bar{Y}_4\cdot\bar{Y}_7}$$

$$C_i=A_iB_i+B_iC_{i-1}+A_iC_{i-1}$$
$$=A_iB_iC_{i-1}+A_iB_i\bar{C}_{i-1}+\bar{A}_iB_iC_{i-1}+A_i\bar{B}_iC_{i-1}$$
$$=A_2A_1A_0+A_2A_1\bar{A}_0+\bar{A}_2A_1A_0+A_2\bar{A}_1A_0=\overline{\bar{Y}_7\cdot\bar{Y}_6\cdot\bar{Y}_3\cdot\bar{Y}_5}$$

④ 画接线图如图 8-31 所示。

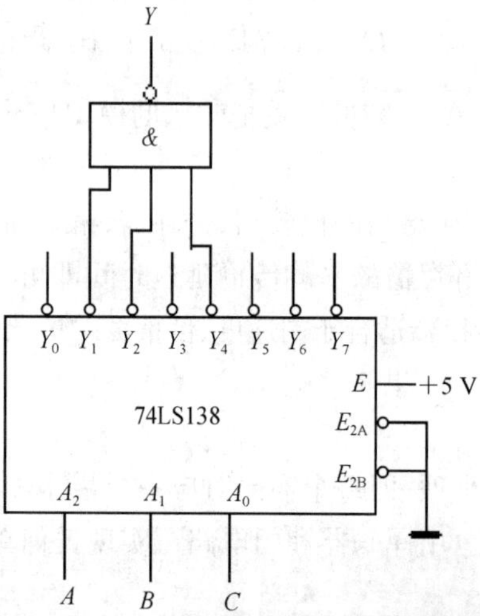

图 8-30 用 3—8 译码器实现组合逻辑电路

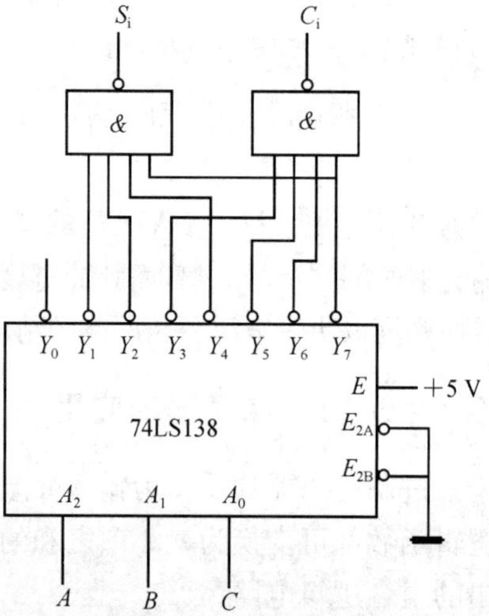

图 8-31 用 74LS138 译码器实现一位全加器

任务 8－3－3　数据选择器的应用

数据选择器的应用很广，可以实现多路信号的分时传送；实现组合逻辑电路；实现数据传送的并串转换；产生序列信号等。

利用数据选择器，当使能端有效时，将地址输入、数据输入代替逻辑函数中的变量实现逻辑函数。

［例 8－7］　用八选一数据选择器 74LS151 实现逻辑函数 $Y=AB\bar{C}+\bar{A}BC+\bar{A}\bar{B}$。

解：把逻辑函数变换成最小项表达式

$$Y=AB\bar{C}+\bar{A}BC+\bar{A}\bar{B}=AB\bar{C}+\bar{A}BC+\bar{A}\bar{B}C+\bar{A}\bar{B}\bar{C}$$

若用 A、B、C 代替 74LS151 中的 A_2、A_1、A_0，对比其功能表，可见此时选择出的是 D_6、D_3、D_1、D_0。即 $D_6=D_3=D_1=D_0=1$，其余几项为 0。逻辑图如图 8－32 所示。

［例 8－8］　用数据选择器实现三变量多数表决器。

解：三变量多数表决器其逻辑表达式为 $Y=AB+BC+AC$

化为最小项表达式为　　$Y=\bar{A}BC+A\bar{B}C+AB\bar{C}+ABC$

对比 74LS151 功能表得

$$D_0=D_1=D_2=D_4=0$$

$$D_3=D_5=D_6=D_7=1$$

逻辑图如图 8－33 所示

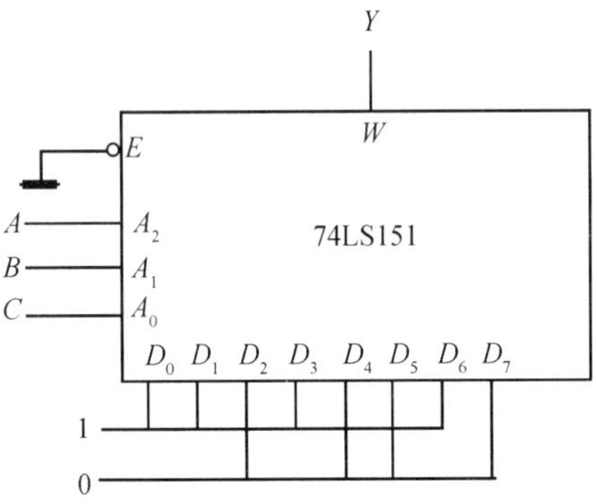

图 8－32　用 74LS151 实现组合逻辑函数

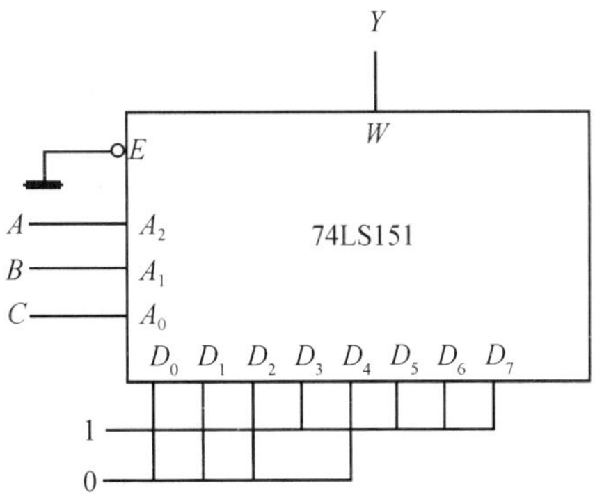

图 8－33　用数据选择器实现三变量多数表决器

任务 8－4　常用集成电路简介

编码器和译码器集成电路（IC）产品很多，现将常见的编码器、译码器 IC 列于表8－14 中。

表 8-14 常用编码器和译码器

类型	型号	功能
编码器	74148 74LS148 74HC148 74147 74LS147 74HC42 74LS348	8—3 线优先编码 10—4 线优先编码 8—3 线优先编码(三态输出)
译码器	7442 74L42 74LS42 74HC42 74C42 7443 74L43 7444 74L44 74HC131 74S137 74LS137 74HC137 74HC237 74S138 74LS138 74HC138 74S139 74LS139 74HC139 74141 74145 74LS155 74HC145 74154 74L154 74LS154 74HC154	二—十进制译码器 余 3 码 二—十进制译码器 3—8 线译码器(带地址锁存) 3—8 线译码器/多路转换器 双 2—4 线译码器/多路转换器 BCD—十进制译码器/驱动器 BCD—十进制译码器/驱动器(OC) 4—16 线译码器/多路分配器
	74159 74HC1459 74HC238 74HC239 74LS48 74C48 7449 74LS49 74246 74LS247 74247 74248 74LS248 74249 74LS249 74LS373 74LS447 7446 74L46 7447 74L47 74LS47 74249 74LS249 74LS445 74LS537 74LS538	4—16 线译码器/多路分配器 双 2—4 线译码器/多路分配器 BCD—七段译码器/驱动器 BCD—七段译码器/驱动器(OC) BCD—十进制译码器/驱动器(OC) BCD—十进制译码器(三态) 3—8 多路分配器(三态)

实训 1 组合逻辑电路设计

一、实验目的

(1) 掌握用小规模集成电路(SSI)或中规模集成电路(MSI)设计简单组合逻辑电路的方法。

(2) 进一步掌握组合逻辑电路的连接和调试方法。

二、实验前的预习与准备

(1) 复习组合逻辑电路的设计方法。

(2) 根据课题的要求,写出设计过程并画出所设计的逻辑电路图,拟出实验步骤及各种记录表格,实验前交任课老师或实验室老师检查。

三、实验器材

(1) 四—二输入与非门 74LS00 一片;

(2) 双 4 选 1 数据选择器 74LS153 一片;

(3) 14 脚集成座两个、16 脚集成座一个；

(4) 逻辑电平开关盒一个。

四、实验课题

设计一个三人(A、B、C)表决电路。在表决某个提案时，若多数人同意，则提案通过，同时 A 具有否决权。要求用两种方法来实现：① 用与非门实现；② 用四选一数据选择器实现。

74LS00、74LS153 的管脚图分别如图 8－34 和图 8－35 所示。74LS153 的 1～7 脚、9～15 脚为 A、B 两个数据选择器的管脚。其中 1、15 脚为各自的"使能端"，低电平有效。A_1、A_0 脚为公共的地址信号输入端。D_{0a}～D_{3a} 为数据选择器 A 的数据输入端，D_{0b}～D_{3b} 为数据选择器 B 的数据输入端。Y_a、Y_b 为各自的输出端。

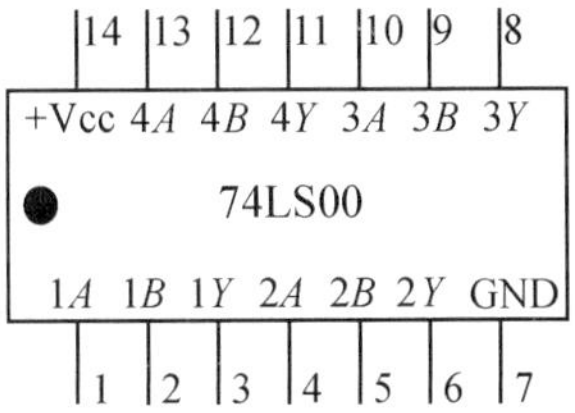

图 8－34　74LS00 管脚图

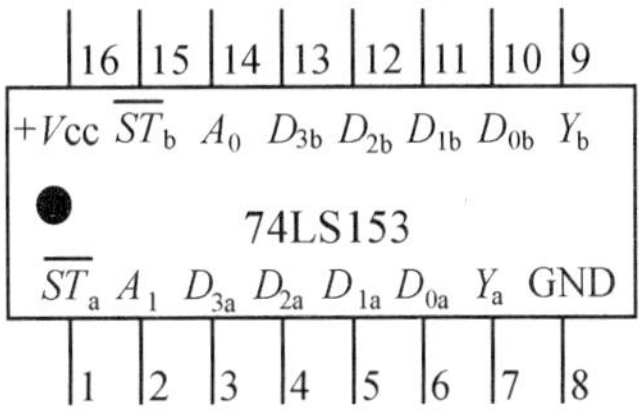

图 8－35　74LS153 管脚图

五、分析与思考

(1) 写出设计过程，画出逻辑电路图，列出实验表格，验证结果。

(2) 通过这次实验，自己有何心得和体会?

(3) 若用 8 选 1 数据选择器来实现，应如何连线?

实训 2　译码器实验

一、实验目的

(1) 掌握译码器的工作原理和特点。

(2) 熟悉常用译码器的逻辑功能和它们的典型应用。

二、实验前的预习与准备

(1) 复习二进制译码器、数码显示译码器的工作原理及译码的方法。

(2) 预习下面的"实验内容及步骤"。

三、实验器材

(1) 二进制 3—8 译码器 74LS138 一片；

(2) 双四输入与非门 74LS20 一片；

(3) 译码/驱动器 74LS247 及共阳极数码管；

(4) 逻辑电平开关盒；

(5) 14 脚、16 脚集成座各一个。

四、实验内容及步骤

1. 二进制译码器功能测试

(1) 如图 8－36 所示为 3—8 译码器 74LS138 的管脚图。A_2、A_1、A_0 为三个二进制代码的输入端 A_2 为最高位，A_0 为最低位；4、5、6 脚为使能端，前两者为 0，后者为 1 时可以译码；否则输出全 1，没有信号；7 脚、9～15 为译码器的输出端，低电平有效。

(2) 按图 8－37 所示接线，注意芯片、逻辑电平开关盒应加上电源，并注意电源极性不能接反。逻辑电平开关往上打为 1，往下打为 0。显示二极管发光表示输出为 1，不发光则输出为 0。

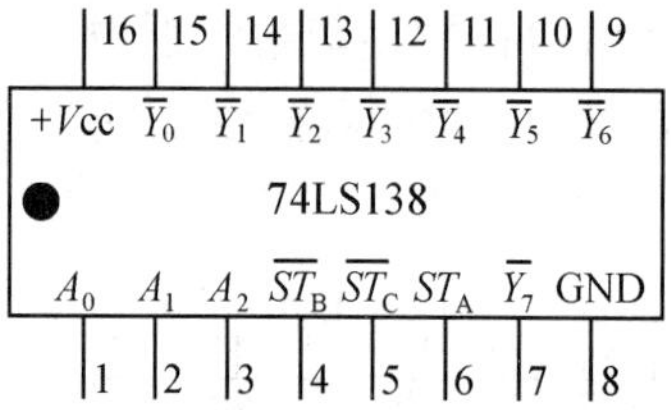

图 8－36 74LS138 管脚图

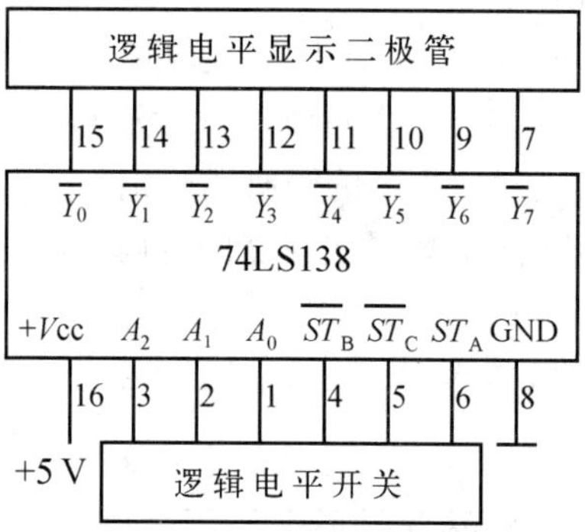

图 8－37 74LS138 接线图

(3) 根据表 8－15 输入端和控制端的不同取值，测出对应的输出值，填入表 8－15 中。

表 8－15 74LS138 二进制译码器功能表

输入					输出							
使能端		二进制数			Y_0	Y_1	Y_2	Y_3	Y_4	Y_5	Y_6	Y_7
ST_A	$\overline{ST}*$	A_2	A_1	A_0								
X	1	X	X	X								
0	X	X	X	X								
1	0	0	0	0								
1	0	0	0	1								
1	0	0	1	0								
1	0	0	1	1								
1	0	1	0	0								
1	0	1	0	1								
1	0	1	1	0								
1	0	1	1	1								

注：$\overline{ST}* = \overline{ST_B} + \overline{ST_C}$

2. 译码器的应用(选做)

用 3—8 译码器 74LS138、双四输入与非门 74LS20 设计一个一位全加器，能将两个二进制数及来自低位的进位数相加，并产生本位的和数与进位数。要求画出接线图，列出相应的表格，验证其逻辑功能(实验前交老师检查)。74LS20 的管脚分布图如图 8－38 所示。其中，1、2、4、5 脚，9、10、12、13 脚分别为两个与非门的输入端；6 脚、8 脚为它们的输出端。

74LS247 脚分布如图 8－39 所示。

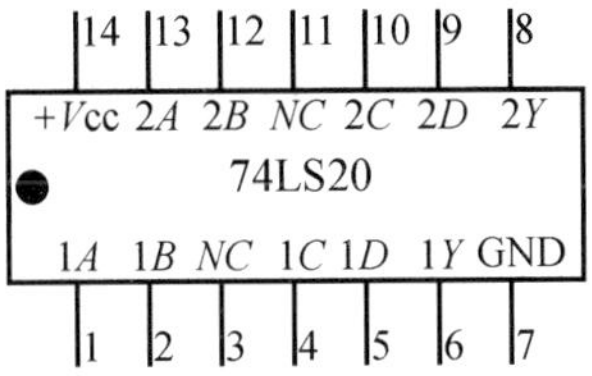

图 8－38　74LS20 管脚图

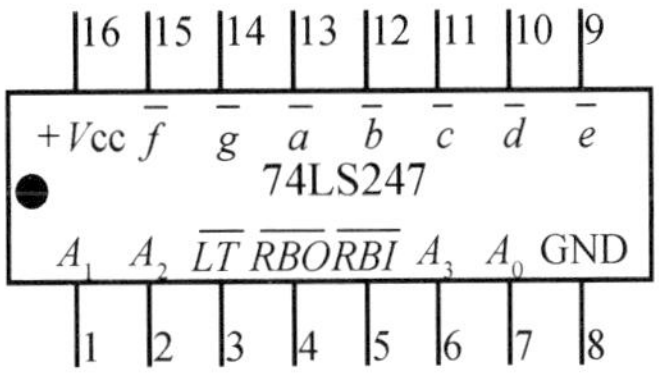

图 8－39　74LS247 管脚图

3. 数码显示译码器实验

(1) 按图 8－40 所示接线，74LS247 为输出低电平有效的 BCD－7 段译码器/驱动器。其管脚图如图 8－39 所示，A_3、A_2、A_1、A_0 为四位 BCD 码输入端；3、4、5 三个管脚悬空。9～15 脚为译码/驱动器的七个输出端，分别与共阳极数码管的对应管脚连接(可通过串接 390 Ω的限流电阻来连接，也可直接连接)。如图 8－41 所示是共阳极数码管的管脚图，注意其 3 脚或 8 脚应接电源正极。

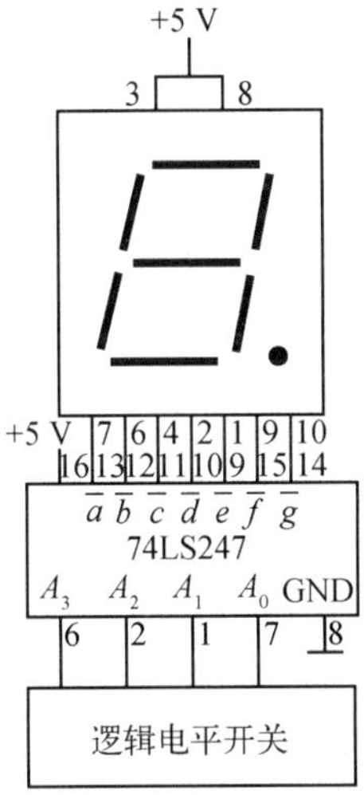

图 8－40　数码管接线图

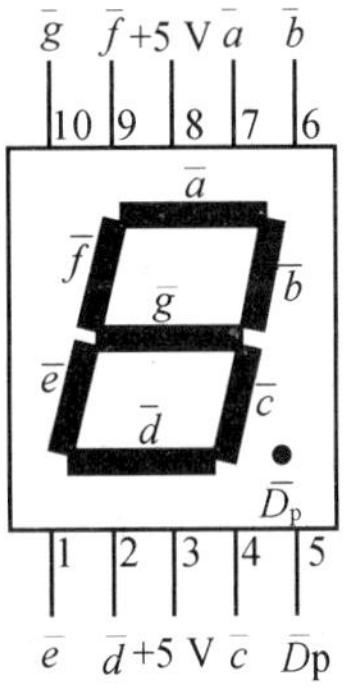

图 8－41　数码管管脚图

(2) A_3、A_2、A_1、A_0 按表 8－16 取值，观察数码管显示的数码，并填入表中。

表 8－16　图 8－41 译码显示电路的输入与输出

输入				输出数码
A_3	A_2	A_1	A_0	
0	0	0	0	
0	0	0	1	
0	0	1	0	
0	0	1	1	
0	1	0	0	

续表

输入				输出数码
A_3	A_2	A_1	A_0	
0	1	0	1	
0	1	1	0	
0	1	1	1	
1	0	0	0	
1	0	0	1	

五、分析与思考

(1) 整理试验线路图、实验表格。

(2) 总结本次实验的心得与体会。

项目小结

1. 组合逻辑电路:在任何时刻,电路的输出状态仅仅取决于该时刻的输入状态,而与电路的前一时刻的状态无关。

2. 组合逻辑电路的分析方法:就是根据给定的逻辑图,找出输出与输入之间的逻辑关系,确定电路的逻辑功能。分析组合逻辑电路的目的是为了确定已知电路的逻辑功能,或者检查电路设计是否合理。

分析步骤:

(1) 根据已知的逻辑图,从输入到输出逐级写出逻辑函数表达式。

(2) 利用公式法或卡诺图法化简逻辑函数表达式。

(3) 列真值表,用文字描述其逻辑功能。

3. 组合逻辑电路的设计方法:根据设计要求,确定输入和输出变量的个数,并对它们进行逻辑赋值(即确定 0 和 1 代表的含义);根据逻辑功能要求列出真值表;根据真值表利用卡诺图进行化简得到逻辑表达式;根据要求画出逻辑图。

4. 对用中规模集成电路组成的加法器、译码器、编码器、数据选择器等常用的典型组合逻辑电路,重点掌握它们的逻辑功能及基本应用。

思考与练习

1. 什么是编码?什么是二进制编码?

2. 编码器的功能是什么?优先编码器有什么优点?

3. 什么是译码?译码器的功能是什么?

4. 如表 8-7 所示是 74LS248 逻辑功能表。根据功能表回答下列问题:

(1) 74LS248 直接驱动共阴极显示器还是共阳极显示器?

(2) 在表 8-15"字形"栏中填入相应字形。

(3) 74LS248 是否有拒伪数据的能力。

(4) 正常显示时，$\overline{LT}$、$\overline{BI}/\overline{RBO}$应处于什么电平？

(5) 试灯时$\overline{LT}$为多少？对数据输入端 $A_0 \sim A_3$ 有要求吗？

(6) 灭零时，应如何处理$\overline{RBO}$端？

(7) 当$\overline{RBO}=0$，但输入数据不为 0 时，显示器是否正常显示？

(8) 当灭零时，$\overline{BI}/\overline{RBO}$输出什么电平？

表 8－17　74LS248 逻辑功能表

十进制数或功能	$\overline{LT}$	$\overline{RBI}$	输入				$\overline{BI}/\overline{RBO}$	输出							字形
			A_3	A_2	A_1	A_0		a	b	c	d	e	f	g	
0	1	1	0	0	0	0	1	1	1	1	1	1	1	0	
1	1	×	0	0	0	1	1	0	1	1	0	0	0	0	
2	1	×	0	0	1	0	1	1	1	0	1	1	0	1	
3	1	×	0	0	1	1	1	1	1	1	1	0	0	1	
4	1	×	0	1	0	0	1	0	1	1	0	0	1	1	
5	1	×	0	1	0	1	1	1	0	1	1	0	1	1	
6	1	×	0	1	1	0	1	1	0	1	1	1	1	1	
7	1	×	0	1	1	1	1	1	1	1	0	0	0	0	
8	1	×	1	0	0	0	1	1	1	1	1	1	1	1	
9	1	×	1	0	0	1	1	1	1	1	1	0	1	1	
10	1	×	1	0	1	0	1	0	0	0	1	1	0	1	
11	1	×	1	0	1	1	1	0	0	1	1	0	0	1	
12	1	×	1	1	0	0	1	0	1	0	0	0	1	1	
13	1	×	1	1	0	1	1	1	0	0	1	0	1	1	
14	1	×	1	1	1	0	1	0	0	0	1	1	1	1	
15	1	×	1	1	1	1	1	0	0	0	0	0	0	0	
消息	×	×	×	×	×	×	0	0	0	0	0	0	0	0	
脉冲消息	1	0	0	0	0	0	0	0	0	0	0	0	0	0	
试灯	0	×	×	×	×	×	1	1	1	1	1	1	1	1	

注：a、b、c、d、e、f、g 显示为高电平有效。

5. 试用两片 74LS148 扩展为 16—4 线优先编码器。

6. 试用 74LS148 并辅以适当门电路实现 10—4 线优先编码器。

7. 试用译码器和门电路分别实现下列逻辑函数：

(1) $Y=\overline{A}\,\overline{B}+BC+A\overline{C}$

(2) $Y=AB\overline{C}+\overline{B}\,\overline{D}+\overline{A}CD+ABC\overline{D}$

(3) $Y(A,B,C,D)=\sum m(0,3,7,9,11,14,15)$

8. 试分析图 8-42 中所示电路的逻辑功能。

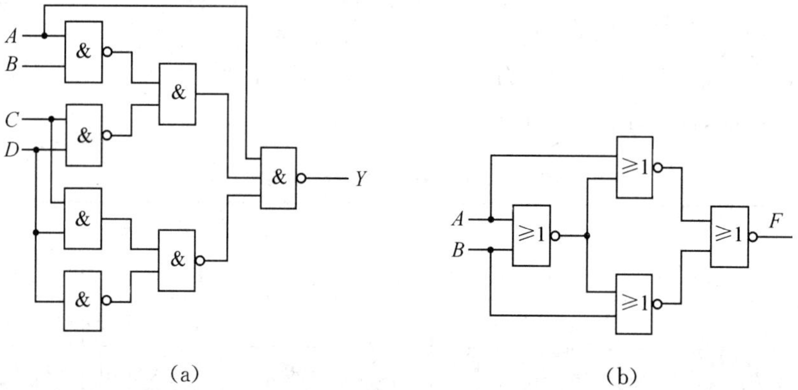

图 8-42　练习题 8 图

9. 用最少的门电路设计能实现如下功能的组合逻辑电路。

(1) 三变量判奇电路(有奇数个 1 时,输出为 1);

(2) 三变量不一致电路(三个变量取值不同时,输出为 1,否则为 0);

(3) 四变量判偶电路(有偶数个 1 和全 0 时,输出为 1)。

10. 设计一个路灯控制电路。要求在 4 个不同的地方都能独立控制路灯的亮和灭。当一个开关动作后灯亮,则另一个开关动作后灯灭。设计一个能实现此要求的组合逻辑电路。

11. 设计一个 4 人表决电路。当表决某一提案时,多数人同意提案通过;如两人同意,其中一人为董事长时,提案也通过。用与非门实现。

12. 试用 3 线—8 线译码器 CT74LS138 和门电路实现下面多输出逻辑函数:

$$\begin{cases} Y_1 = AC + A\overline{B} \\ Y_2 = \overline{A}\overline{B}C + A\overline{B}\overline{C} + BC \\ Y_3 = AB\overline{C} + \overline{B}\overline{C} \end{cases}$$

13. 用 8 选 1 数据选择器实现下列逻辑函数:

(1) $Y(A,B,C,D)=\sum m(0,2,3,5,6,8,10,12)$

(2) $Y(A,B,C,D)=\sum m(0,2,5,7,9,10,12,15)$

14. 用 8 选 1 数据选择器实现下列逻辑函数:

$$Y = A\overline{B} + B\overline{C} + C\overline{D} + D\overline{A}$$

$$Y = (A+\overline{B}+D)(\overline{A}+C)$$

项目九　时序逻辑电路

逻辑电路可分为组合逻辑电路和时序逻辑电路两大类。从逻辑功能上看，组合逻辑电路在任一时刻的输出信号仅仅与当时的输入信号有关；而在时序逻辑电路中，任意时刻电路的输出信号不仅取决于当时的输入信号，而且还取决于电路原来的状态，或者说电路的输出信号还与以前的输入信号有关。

从结构上来说，时序逻辑电路有两个特点。第一，时序逻辑电路包含组合电路和存储电路两部分，其中存储电路是由具有记忆功能的触发器组成的，是电路必不可少的组成部分。第二，存储电路输出的状态必须反馈到输入端，与输入信号一起共同决定时序电路的输出。

任务 9-1　触发器

在数字系统中，不但要对数字信号进行算术运算和逻辑运算，而且还需要将运算结果保存起来，这就需要具有记忆(memory)功能的逻辑单元。我们把能够存贮一位二进制数字信号的基本逻辑单元电路叫作触发器(flip-flop，简称 *FF*)。触发器应具有两个稳定状态(steady state)，用来表示逻辑 1 和逻辑 0(或二进制数的 1 和 0)，在触发信号作用下，两个稳定状态可以相互转换或称翻转(turn over)，当触发信号消失后，电路能将新建立的状态保存下来。因此这种电路也称为双稳态(bistable)电路。

根据触发器电路结构的不同，可以把触发器分为基本 *RS* 触发器、同步触发器、边沿触发器等。

根据触发器逻辑功能的不同，我们又可以把触发器分为 *RS* 触发器、*D* 触发器、*JK* 触发器、*T* 和 T' 触发器等。

触发器的逻辑功能常用状态转换特性表和时序波形图来描述。

以下将主要介绍触发器的基本结构、逻辑功能及各种触发器间的逻辑功能转换。

任务 9-1-1　触发器的基本电路

基本 *RS* 触发器又称为 *RS* 锁存器(latch)，在各种触发器中，它的结构最简单，但却是各种复杂结构触发器的基本组成部分。

一、电路组成

如图 9-1(a)所示的电路是由两个与非门 G_1、G_2 的输入和输出交叉反馈连接成的基本 *RS* 触发器。$\overline{S}$、$\overline{R}$ 是两个信号输入端，字母上的非号表示该两端正常情况下处于高电平，有触发信号时变为低电平。Q、$\overline{Q}$为两个互补的信号输出端，通常规定以Q端的状态作为触发器状态。如图9－1(b)所示为其逻辑符号，R、S端的小圆圈也表示该种触发器的触发信号为低电平有效。

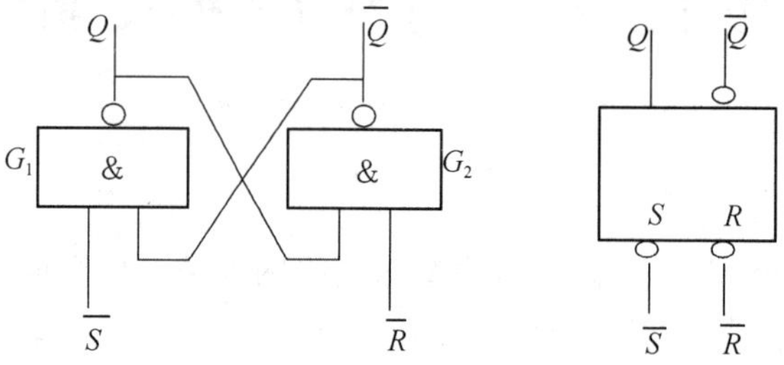

(a) 逻辑图　　(b) 逻辑符号

图9－1　基本*RS*触发器

二、逻辑功能

1. 逻辑功能分析

在组合逻辑电路中，电路的输出状态仅取决于当时的输入信号，当输入信号发生改变时，输出状态也随之改变，即电路对原来的输出状态没有"记忆"。而在基本RS触发器中，触发器的输出不仅由触发器信号来决定，而且当触发信号消失后，电路能依靠自身的正反馈作用，将输出状态保持下来，即具备了记忆功能。

下面进行具体分析：

① 当$\overline{R}=\overline{S}=1$时，电路可有两个稳定状态$Q=1$、$\overline{Q}=0$或$Q=0$、$\overline{Q}=1$，我们把前者称为触发器处于1状态或置位(set)状态，把后者称为触发器处于0状态或复位(reset)状态。由电路不难看出这两种状态依靠正反馈将稳定地保持下去。例如，$Q=1$、$\overline{Q}=0$时，$\overline{Q}$反馈到G_1输入端，将G_1封锁，使Q恒为高电平1，Q反馈到G_2，由于这时$\overline{R}=1$，G_2打开，使$\overline{Q}$恒为低电平0。因此，我们又把触发器称为双稳态电路。

② 当$\overline{R}=1$、$\overline{S}=0$(即在$\overline{S}$端加有低电平触发信号)时，G_1门被封锁(lockout)，$Q=1$，G_2门输入全为1，$\overline{Q}=0$，即触发器被置成1状态。因此我们把$\overline{S}$端称为置1输入端，又称置位端。这时，即使$\overline{S}$端恢复到高电平，$Q=1$，$\overline{Q}=0$的状态仍将保持下去，这就是所谓的记忆功能。

③ 当$\overline{R}=0$、$\overline{S}=1$(即在$\overline{R}$端加有低电平触发信号)时，G_2门被封锁，$\overline{Q}=1$，G_1门输入全为1，$Q=0$，即触发器被置成0状态。因此我们把$\overline{R}$端称为置0输入端，又称复位端。这时，即使$\overline{R}$端恢复到高电平，$Q=0$，$\overline{Q}=1$的状态亦能得到保持。

④ 当$\overline{R}=0$、$\overline{S}=0$(即在$\overline{R}$、$\overline{S}$端同时加有低电平触发信号)时，G_1和G_2门都处于封锁状态，有$Q=\overline{Q}=1$，这是一种未定义的状态，在RS触发器中属于不正常状态。这是因为在这种情况下，当$\overline{R}=\overline{S}=0$的信号同时消失变为高电平后，由于无法预知$G_1$、$G_2$门动态传输特

性的差异，故触发器转换到什么状态将不能确定，可能为 1 态，也可能为 0 态。因此，对于这种随机性的不定输出，在使用中是不允许的，应予以避免。

由上述可见，在正常工作条件下，当触发信号到来时（低电平有效），触发器翻转成相应的状态，当触发信号过后（恢复到高电平），触发器维持状态不变，因此基本 RS 触发器具有记忆功能。

2. 逻辑功能的描述

在描述触发器的逻辑功能时，为了分析上方便，我们规定：触发器在接收触发信号之前的原稳定状态称为初态（present），用 Q^n 表示；触发器在接收触发信号之后建立的新稳定状态叫作次态（next state），用 Q^{n+1} 表示。由上述可知触发器的次态 Q^{n+1} 是由触发信号和初态 Q^n 的取值情况所决定的。例如，在 $Q^n=1$、$\overline{Q^n}=0$ 时，若 $\overline{S}=0$、$\overline{R}=1$，则 $Q^{n+1}=1$ 将维持不变；若 $\overline{S}=1$、$\overline{R}=0$，则 $Q^{n+1}=0$，即触发器由 1 状态翻转到 0 状态。

在数字电路中，可采用下述四种方法来描述触发器的逻辑功能：

（1）状态转换特性表

由项目八内容可知，描述逻辑电路输出与输入之间逻辑关系的表格称为真值表。由于触发器次态 Q^{n+1} 不仅与输入的触发信号有关，而且还与触发器原来所处的状态 Q^n 有关，所以应把 Q^n 也作为一个逻辑变量（也称状态变量）列入真值有中，并把这种含有状态变量的真值表叫作触发器的特性表。基本 RS 触发器的特性表如表 9－1 所示。

表 9－1　基本 *RS* 触发器状态转换特性表

$\overline{R}$	$\overline{S}$	Q^n	Q^{n+1}
1	1	0	0
1	1	1	1
1	0	0	1
1	0	1	1
0	1	0	0
0	1	1	0
0	0	0	∅不定
0	0	1	∅不定

表中，Q^{n+1} 和 Q^n、$\overline{R}$、$\overline{S}$ 之间一一对应的关系，直观地表示了 RS 触发器的逻辑功能。表 9－2 为简化的特性表。

（2）时序图（又称波形图）

时序图（sequential diagram）是以输出状态随时间变化的波形图的方式来描述触发器的逻辑功能。在图 9－1(a)所示电路中，假设触发器的初态为 $Q=0$、$\overline{Q}=1$，触发信号 $\overline{R}$、$\overline{S}$ 的波形已知，则根据上述逻辑关系不难画出 Q 和 $\overline{Q}$ 的波形，如图 9－2 所示。

表 9-2　简化的 RS 触发器特性表

$\overline{R}$	$\overline{S}$	Q^{n+1}
1	1	Q^n
1	0	1
0	1	0
0	0	不定

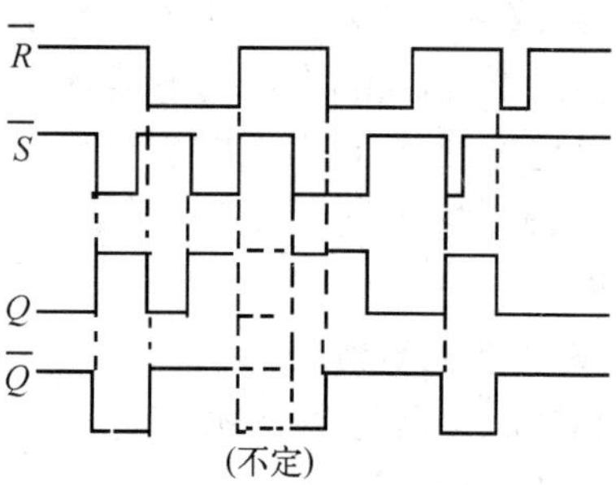

图 9-2　时序波形图

(3) 特征方程

触发器次态 Q^{n+1} 与 R、S 及初态 Q^n 之间关系的逻辑表达式称为触发器的特征方程。据表 9-3 画出卡诺图如图 9-3 所示，化简得

$$Q^{n+1} = S + \overline{R}Q^n \tag{9-1}$$

$$RS = 0\text{（约束条件，即 } R\text{、}S \text{ 不能同时为 } 0\text{）}$$

表 9-3　基本 RS 触发器功能表

输入		输出		输入		输出	
R　S	Q^n	Q^{n+1}	逻辑功能	R　S	Q^n	Q^{n+1}	逻辑功能
0　0	0	×	输出不定	1　0	0	1	置 1
	1	×			1	1	
0　1	0	0	置 0	1　1	0	0	保持不变
	1	0			1	1	

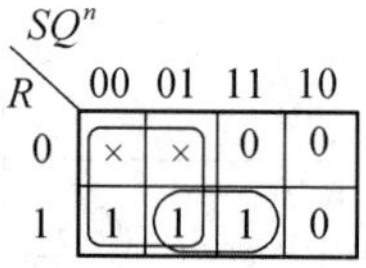

图 9-3　卡诺图

(4) 状态转换图（简称状态图）

状态转换图如图 9-4 所示。图中圆圈表示状态的个数，箭头表示状态转换的方向，箭头线上标注的触发信号取值表示状态转换的条件。

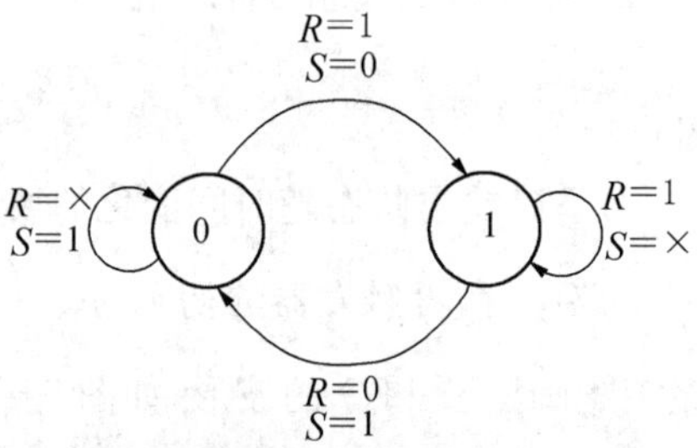

图 9-4　状态图

波形图如图 9-5 所示，画图时应根据功能表来确定各个时间段 Q 与 $\overline{Q}$ 的状态。

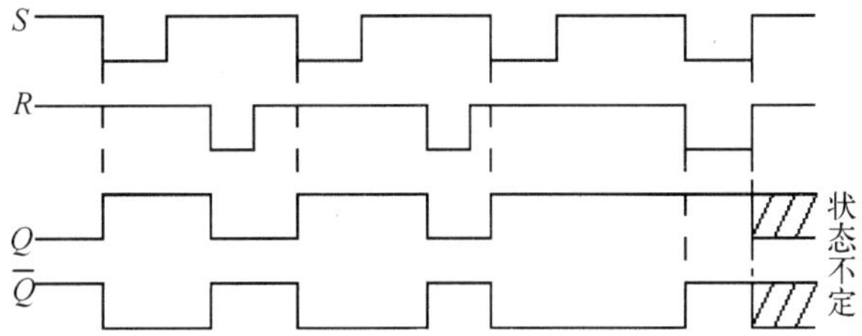

图 9-5　波形图

综上所述，与非门组成的基本 RS 触发器具有如下特点：

① 它具有两个稳定状态不变，分别为 1 和 0，也称为双稳态触发器。如果没有外加触发信号作用，它将保持原来状态不变，具有记忆功用。

在外加触发信号作用下，触发器输出状态才能发生变化，输出状态直接受输入信号（R、S）的控制，也称其为直接复位一置位触发器。

② 当 R、S 端输入均为低电平时，输出状态不定，即 $R=S=0$，$Q=\overline{Q}=1$，破坏了互反关系。当 RS 从 00 变为 11 时，$Q=1$ 还是 $Q=0$，状态不能确定。

任务 9-1-2　触发器的触发方式

基本 RS 触发器的输入端一直影响触发器输出端的状态。所以按控制类型分，基本 RS 触发器属于非时钟控制触发器。其基本特点是：电路结构简单，可存储一位二进制代码，是构成各种时序逻辑电路的基础。其缺点是输出状态一直受输入信号控制，当输入信号出现扰动时输出状态将发生变化；不能实现时序控制，即不能在要求的时间或时刻由输入信号控制输出信号。

为了克服非时钟触发器的上述不足，给触发器增加了时钟控制端 CP。对 CP 的要求决定了触发器的触发方式。触发方式是使用触发器必须掌握的重要内容。下面简单介绍实现各种触发方式的基本原理。

1. 电平控制触发

实现电平控制的方法很简单。如图 9-6(a)所示，在上述基本 RS 触发器的输入端各串接一个与非门，便得到电平控制的 RS 触发器。只有当控制输入端 $CP=1$ 时，输入信号 S、R 才起作用（置位或复位），否则输入信号 R、S 无效，触发器输出端将保持原状态不变。图 9-6(b)为电平控制 RS 触发器的表示符号，其特性方程与 JK 触发器特性方程相同，其真值表如表 9-4 所示。

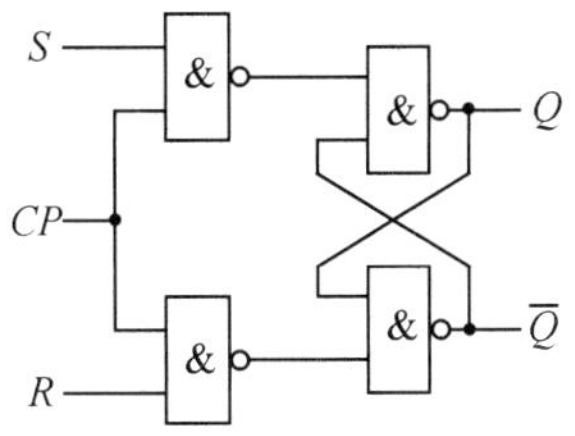

(a) 逻辑图

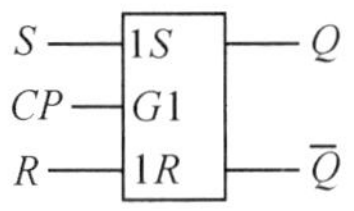

(b) 逻辑符号

图 9-6　时钟状态控制 RS 触发器及符号

表 9-4　电平控制 RS 触发器的真值表

CP	S	R	Q^{n+1}
0	0	0	Q^n（保持）
0	0	1	Q^n（保持）
0	1	0	Q^n（保持）
0	1	1	Q^n（保持）
1	0	0	Q^n（保持）
1	0	1	0
1	1	0	1
1	1	1	非法状态

电平控制触发器克服了非时钟控制触发器对输出状态直接控制的缺点，采用选通控制，即只有当时钟控制端 CP 有效时触发器才接收输入数据，否则输入数据将被禁止。电平控制有高电平触发与低电平触发两种类型。

2. 边沿控制触发

电平控制触发器在时钟控制电平有效期间仍存在干扰信息直接影响输出状态的问题。时钟边沿控制触发器是在控制脉冲的上升沿或下降沿到来时触发器才接收输入信号触发，与电平控制触发器相比可增强抗干扰能力，因为仅当输入端的干扰信号恰好在控制脉冲翻转瞬间出现时才可能导致输出信号的偏差，而在该时刻(时钟沿)的前后，干扰信号对输出信号均无影响。边沿触发又可分上升沿触发和下降沿触发，如图 9-7(a)、(b)所示。

(a) 上升沿触发　　　　(b) 下降沿触发

图 9-7　脉冲沿及表示符号

在集成电路内部，是通过电路的反馈控制实现边沿触发的。具体电路可参阅相关书籍。

任务 9-1-3　各种逻辑功能的触发器

在实际应用中，我们应用的大都是时钟控制触发器，如图 9-6 所示给出了具有电平触发的时钟控制 RS 触发器，当然，也有边沿触发的 RS 触发器。从结构与功能上来说，RS 触发器具有两个输入端，由其真值表和特性方程可知，在时钟脉冲作用下，RS 触发器具有置 1、置 0 和保持三种功能。但在实际应用中，RS 触发器的功能还不能完全满足实际逻辑电路对使用的灵活性与功能的实用性方面的要求，因此需要制作具有其他功能的触发器。

1. T′触发器

实际应用中有时需要触发器的输出状态在每个时钟控制沿到来时发生翻转。如用时钟上升沿作为控制沿，设触发器输出端初态 $Q^n=1$，当时钟上升沿到来时，输出端应翻转到次态 $Q^{n+1}=0$ 状态；在下一个时钟上升沿到来时又翻转到次态 $Q^{n+1}=1$ 状态。即时钟上升沿每到来一次，触发器的输出状态都翻转一次，这种触发器称之为 T′触发器。

如图 9-8 所示是由边沿控制 RS 触发器通过引入连接线得到的 T' 触发器。图中将 S

端与 $\overline{Q}$ 端相连，R 端与 Q 端相连。从图 9－8 可以看出，T' 触发器只有时钟输入端 CP，而没有其他信号输入端。在时钟脉冲的作用下，触发器状态将发生翻转。

设触发器初态为 $Q=0$，$\overline{Q}=1$，即 $R=0$，$S=1$，根据 RS 触发器的特征，此时触发器处于置 1 工作状态。所以，当时钟上升沿到来时，触发器翻转为 $Q=1$，$\overline{Q}=0$ 状态，即 $R=1$，$S=0$，此时触发器处于复位状态。当下一个时钟上升沿到来时，触发器又翻转为 $Q=0$，$\overline{Q}=1$ 状态。如此重复下去，波形如图 9－9 所示。可见，每当时钟 CP 上升沿到来时触发器便发生翻转。

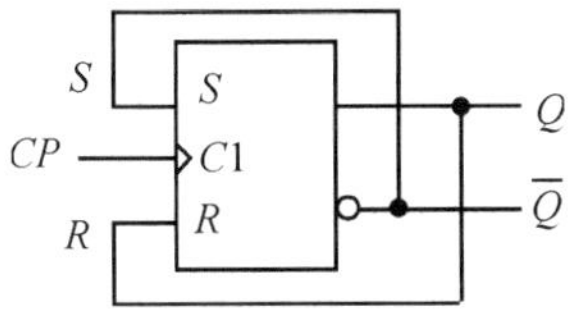

图 9－8　边沿控制的 T' 触发器

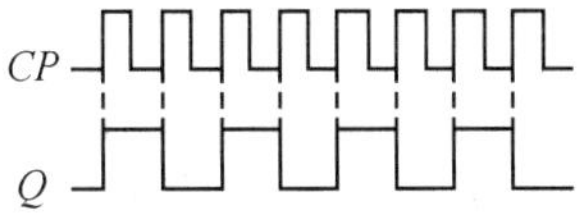

图 9－9　T' 触发器波形图

T' 触发器的真值表如表 9－5 所示。表中一般不给出时钟触发方式。

表 9－5　T' 触发器的真值表

Q^n	Q^{n+1}
0	1
1	0

T' 触发器的特征方程为

$$Q^{n+1}=\overline{Q^n} \tag{9-2}$$

2. T 触发器

根据应用要求需要通过一个附加控制端来控制 T' 触发器的工作状态，其电路如图 9－10所示。就是在 T' 触发器的两个输入端分别增加一个与门，以附加控制端 T 同时控制两个与门的输入端。当 $T=1$ 时，两个与门允许输入，R、S 输入信号通过与门输入，此时触发器工作状态与 T' 触发器相同，即在每个时钟沿到来时触发器发生翻转；当 $T=0$ 时，两个与门被封锁，其输出端均为低电平，根据 RS 触发器的特征，此时触发器处于保持状态，尽管此时有时钟输入，由于输入信号 R、S 无法通过与门，所以触发器的输出状态不变。波形如图 9－11 所示。将这种带 T 控制端的 T' 触发器称为 T 触发器，其真值表如表 9－6 所示。

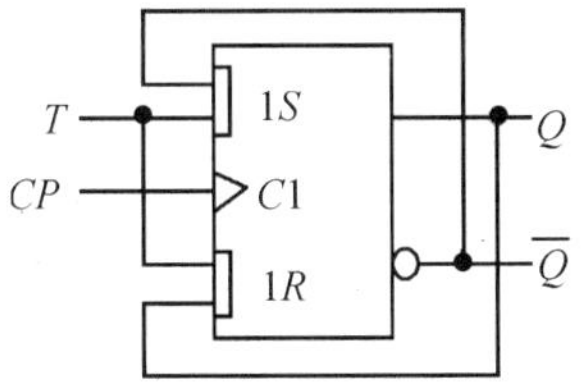

(a) T 触发器

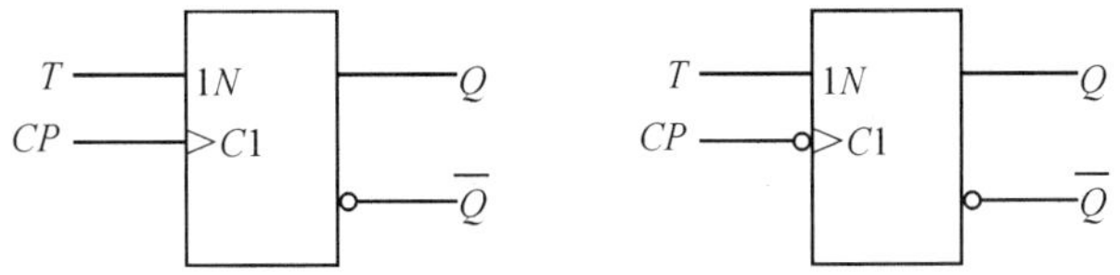

(b) 逻辑符号(上升沿与下降沿)

图 9－10　边沿控制 T 触发器及逻辑符号

T 触发器的特征方程为

$$Q^{n+1}=T\overline{Q^n}+\overline{T}Q^n \tag{9-3}$$

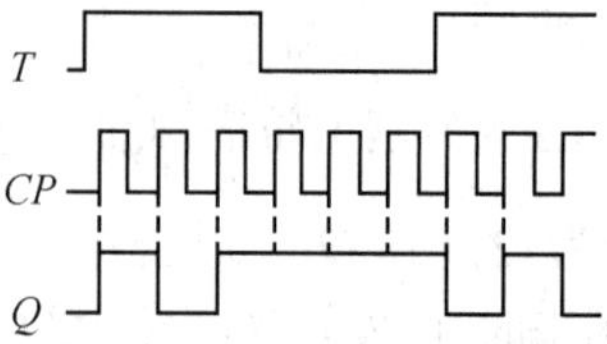

图 9-11 T触发器波形图

表 9-6 T触发器真值表

Q^n	T	Q^{n+1}
0	0	0
0	1	1
1	0	1
1	1	0

由图 9-10 可以看出，T 触发器具有一个信号输入端。由于受时钟脉冲控制，输出初态 Q^n 与输入信号的状态决定了输出次态 Q^{n+1} 的状态。

3. D 触发器

在各种触发器中，D 触发器是一种应用比较广泛的触发器。D 触发器可由图 9-6 所示的 RS 触发器获得。如图 9-12 所示，D 触发器将加到 S 端的输入信号经非门取反后再加到 R 输入端，即 R 端不再由外部信号控制。

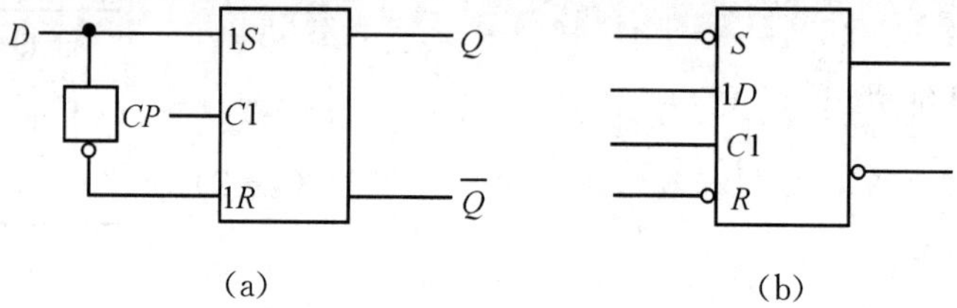

图 9-12 时钟状态控制 D 触发器及符号

当时钟端 $CP=1$ 时，若 $D=1$，使触发器输入端 $S=1$，$R=0$，根据 RS 触发器的特性可知，触发器被置 1，即 $Q=D=1$；若 $D=0$，使 $S=0$，$R=1$，触发器被复位，即 $Q=D=0$。

当时钟端 $CP=0$ 时，电路与图 9-6 时钟状态控制 RS 触发器相同，输出端保持原状态不变。其波形如图 9-13 所示。其特征方程为

$$Q^{n+1}=D \tag{9-4}$$

D 触发器的真值表如表 9-7 所示。

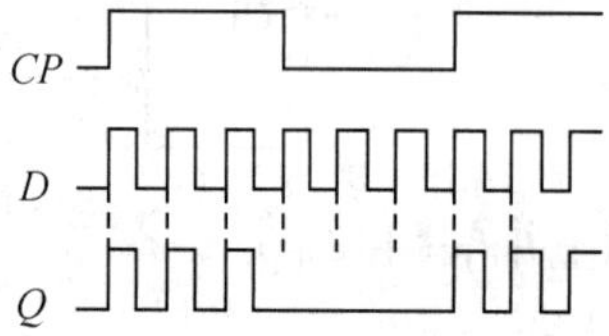

图 9-13 D触发器波形图

表 9-7 D触发器真值表

D	Q^n	Q^{n+1}
0	0	0
0	1	0
1	0	1
1	1	1

4. JK 触发器

在上述各类触发器的基础上，希望得到应用潜力更大的通用触发器，且要求这种通用触发器具有保持功能、置位功能和复位功能，并在 RS 触发器禁用的非法状态下能像 T' 触发

器那样翻转。

借助图 9-10 的 T 触发器，就能得到我们所要寻求的通用 JK 触发器。将图中与 T 端相连的 S 端和 R 端的连线断开，分别用 J、K 表示新输入端就能达到目的。边沿控制 JK 触发器电路及逻辑符号如图 9-14 所示。设触发器输出初始状态为 $Q=0$，$\overline{Q}=1$，则输入端 $S=1$，$R=0$。

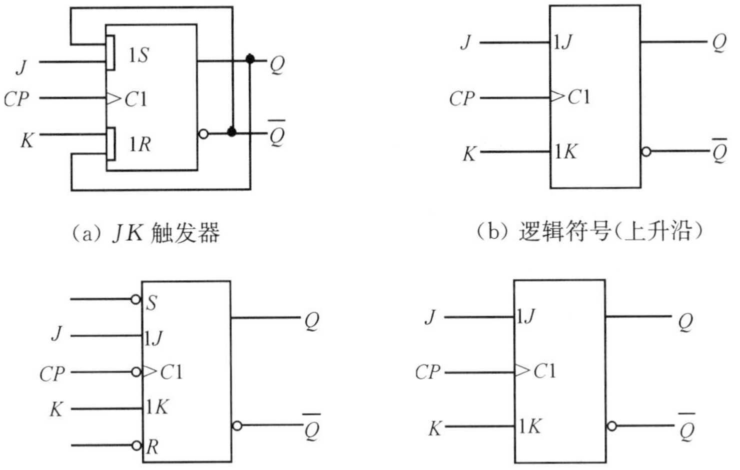

(a) JK 触发器　　(b) 逻辑符号(上升沿)

(c) 逻辑符号(下降沿)　　(d) 简化符号

图 9-14　边沿控制的 JK 触发器及逻辑符号

若输入信号 $J=0$，$K=0$，和输入端 S、R 状态相与后，使触发器输入信号均为低电平，根据 RS 触发器特性，触发器处于保持状态，当时钟沿到来时，触发器输出状态保持不变。

若 $J=1$，$K=0$，和 S、R 端状态相与后，使触发器满足置 1 条件。当时钟上升沿到来时，触发器被置 1，即 $Q=1$，$\overline{Q}=0$。

此时，若 $J=0$，$K=1$，和 S、R 端状态相与后，使 $1S$ 端为 0，$1R$ 端为 1，触发器满足置 0 条件，当时钟上升沿到来时，触发器又被置 0。

此时，若 $J=K=1$，和 S、R 端状态相与后，使 $1S$ 端为 1，$1R$ 端为 0，当时钟沿到来时，触发器输出端 Q 由 0 翻转到 1。如果 J、K 状态仍都为 1，和 S、R 端状态相与后，当时钟沿到来时，Q 端又翻转为 0。

可见，根据 J、K 端输入状态的不同，触发器可以处于保持状态，也可以被置 1 或置 0。在 $J=K=1$ 情况下，每当时钟沿到来时，触发器都发生翻转。其上升沿触发的波形图如图 9-15 所示。

边沿控制 JK 触发器的特征方程为

$$Q^{n+1}=J\overline{Q^n}+\overline{K}Q^n \tag{9-5}$$

JK 触发器的真值表如表 9-8 所示。

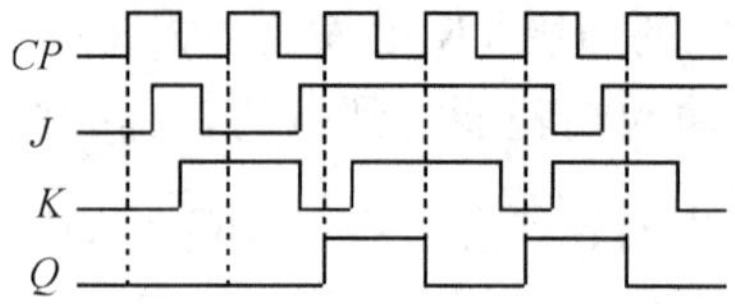

图 9-15　边沿控制 *JK* 触发器波形图

表 9-8　边沿控制 *JK* 触发器真值表

J	K	Q^{n+1}
0	0	0(保持)
0	1	0(置 0)
1	0	1(置 1)
1	1	$\overline{Q}^n$(翻转)

有些 JK 触发器还增加了与控制时钟无关的异步置 1 端(S)和置 0 端(R)，如图 9-14 (c)所示。

如图 9-16 所示为主从 JK 触发器的电路结构与逻辑符号。

这种触发器由两个触发器组成。在图 9-16 所示电路中，由与非门 $G_5 \sim G_8$ 组成的 JK 触发器用来接收输入信息，称为主触发器；由与非门 $G_1 \sim G_4$ 组成的同步 RS 触发器用来接收来自主触发器的输出信息，称为从触发器。也就是说，主触发器在时钟上升沿(或下降沿)接收输入信息，而从触发器则在时钟的下降沿(或上升沿)接收信息，因此，这类触发器也称为“主从触发器”。

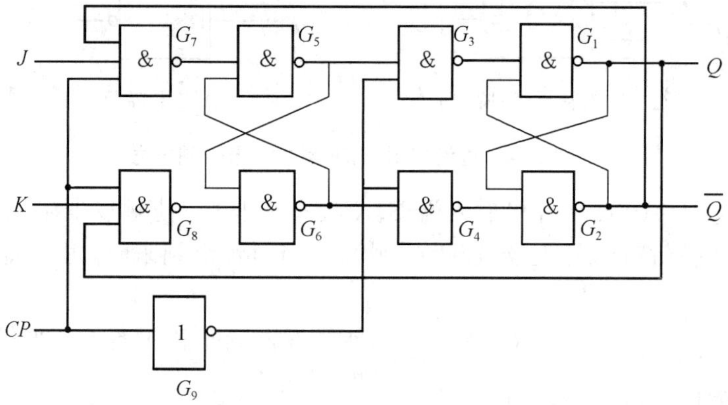

(a) 主从 JK 触发器的电路

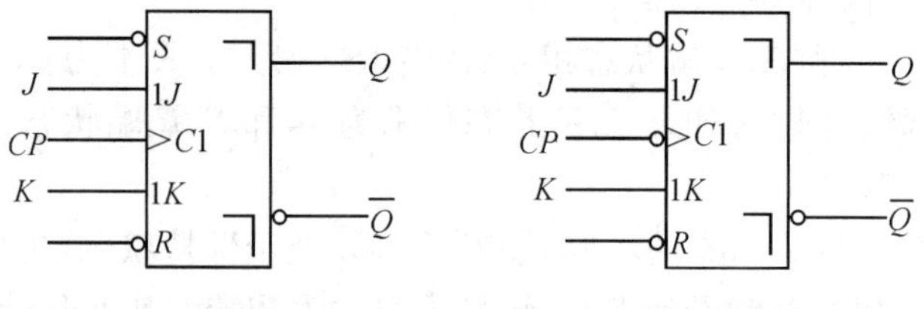

上升沿控制　　　　下降沿控制

(b) 逻辑符号

图 9-16　主从 *JK* 触发器的电路及逻辑符号

可以证明，前面介绍的边沿控制 JK 触发器的特征方程及真值表同样适用于图 9-16 所示的主从 JK 触发器。

以上分别介绍了各种不同类型的触发器，如 RS 触发器、T' 和 T 触发器、D 触发器、JK 触发器。实际触发器几乎都是由集成电路制成的，只要掌握了各类触发器的基本特点、描述方法和主要参数指标，就能正确选择并灵活运用各类触发器。

由上述分析可见，不论哪种类型的时钟触发器，都具有以下特点：

① 能接收、储存并输出信息。

② 触发器当前的输出状态不仅与当前的输入状态有关，还与触发器原来的输出状态有关。

③ 能根据需要设置触发器的初始状态。

④ 具有时钟触发端，时钟触发方式可分为电平触发和边沿触发两种。边沿触发又分为上升沿触发和下降沿触发。

利用触发器的以上特点可构成各种不同类型的时序逻辑电路。

任务 9-1-4　触发器间的相互转换

1. *JK* 触发器转换为 *D* 触发器

JK 触发器是一种全功能电路，只要稍加改动就能替代 *D* 触发器及其他类型触发器。比较 *JK* 触发器的特征方程 $Q^{n+1}=J\overline{Q^n}+\overline{K}Q^n$ 与 *D* 触发器的特征方程 $Q^{n+1}=D$ 可知，如果令 *JK* 触发器中的 $J=D$，$\overline{K}=D$，即 $K=\overline{D}$，则 *JK* 触发器的特征方程变为

$$Q^{n+1}=D\overline{Q^n}+DQ^n=D(\overline{Q^n}+Q^n)=D$$

那么 *JK* 触发器的特征方程就变成了与 *D* 触发器的特征方程具有完全相同的形式。可见，如果将 *JK* 触发器中的 *J* 端连到 *D*，*K* 端连到 $\overline{D}$，*JK* 触发器就变成了 *D* 触发器。将主从 *JK* 触发器转换为主从 *D* 触发器的电路如图 9-17 所示。

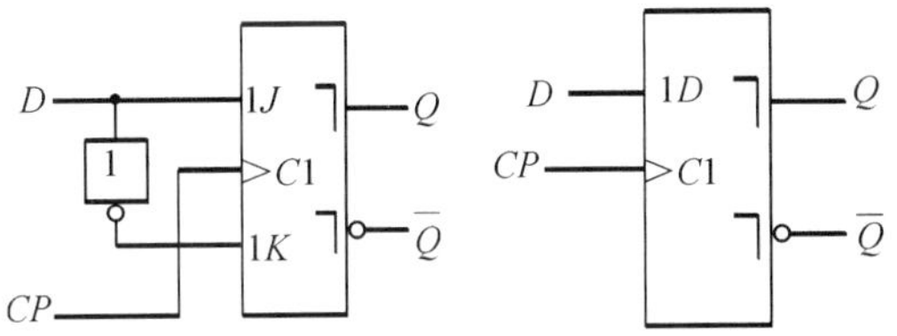

图 9-17　主从 *JK* 触发器转换为主从 *D* 触发器

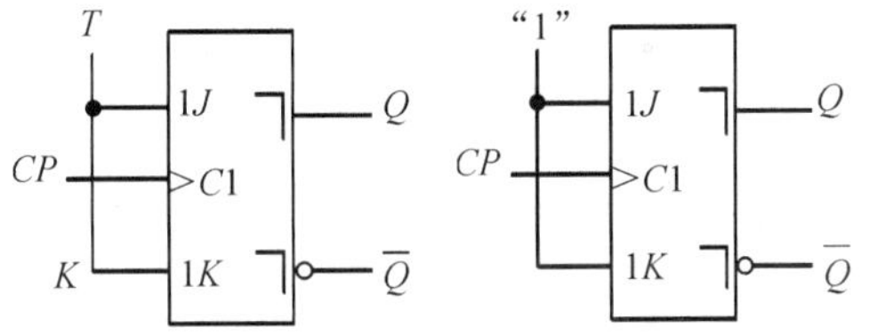

图 9-18　主从 *JK* 触发器转换为主从 *T*、*T′* 触发器

2. *JK* 触发器转换为 *T* 触发器

由 *JK* 触发器的特征方程 $Q^{n+1}=J\overline{Q^n}+\overline{K}Q^n$ 可知，只要令 $J=T$，$K=T$，*JK* 触发器的特征方程就变成为 $Q^{n+1}=T\overline{Q^n}+\overline{T}Q^n$，与 *T* 触发器的特征方程(9-3)式相比较完全相同。可见，如果将 *JK* 触发器中的 *J*、*K* 端都连到 *T*，*JK* 触发器就变成了 *T* 触发器。将主从 *JK* 触发器转换为主从 *T* 触发器和 *T′* 触发器(令 $T=1$)的电路，如图 9-18 所示。

3. *D* 触发器转换为 *JK* 触发器

比较 *D* 触发器特征方程 $Q^{n+1}=D$ 与 *JK* 触发器的特征方程 $Q^{n+1}=J\overline{Q^n}+\overline{K}Q^n$ 可知，只要能保证 $D=J\overline{Q^n}+\overline{K}Q^n$，则 *D* 触发器就变成了 *JK* 触发器。其电路如图 9-19 所示，通过增加辅助电路(虚框内电路)就能实现两者的转换。

4. *D* 触发器转换为 *T* 触发器

比较 *D* 触发器特征方程 $Q^{n+1}=D$ 与 *T* 触发器特征方程 $Q^{n+1}=T\overline{Q^n}+\overline{T}Q^n$ 可知，只要能保证 $D=T\overline{Q^n}+\overline{T}Q^n=T\oplus Q$，则 *D* 触发器就变成了 *T* 触发器。如图 9－20 所示，通过增加一个异或门就能实现转换。若令 $T=1$，则 *D* 触发器就变成了 T' 触发器。

同理，利用上述方法还可以实现其他触发器间的转换。

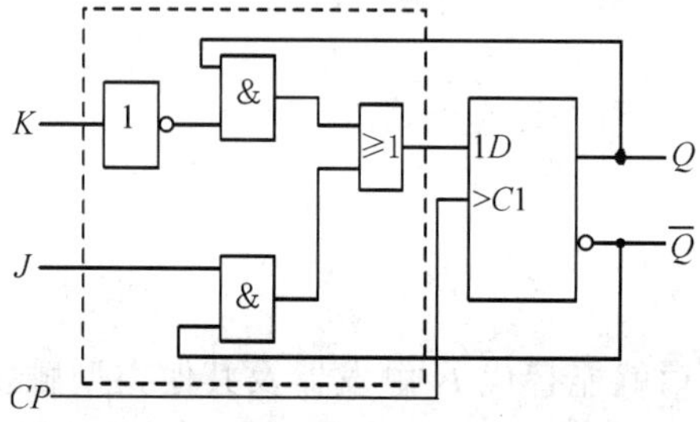

图 9－19　*D* 触发器转换为 *JK* 触发器电路图

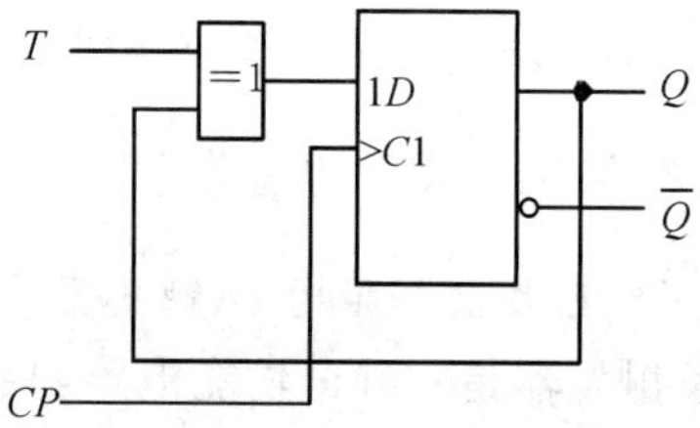

图 9－20　*D* 触发器转换为 *T* 触发器电路图

任务 9－2　时序逻辑电路的分析方法

任务 9－2－1　时序电路的分析方法与步骤

时序逻辑电路的功能与组合逻辑电路的功能不同，因此分析方法与设计方法也不尽相同。时序逻辑电路的功能可以用状态方程、状态图、状态表、时序图和卡诺图等方法来描述。其分析与设计就是这些方法的综合应用。

时序逻辑电路的分析就是已知时序逻辑电路，通过分析，确定电路的逻辑功能。

① 识别时序电路的类型。时序逻辑电路有两类：同步时序逻辑电路和异步时序逻辑电路。

同步时序逻辑电路的特征是：各触发器的 *CP* 是连在一起的，各触发器的翻转与外来时钟信号同步。异步时序逻辑电路的结构特征是：各触发器的 *CP* 不是都连在一起的，各触发器的翻转与外来时钟信号不同步。

② 写出各触发器的驱动方程。

③ 写出各触发器的状态方程。将驱动方程代入特性方程，写出触发器的状态方程。

④ 列出状态转换真值表。根据触发器的状态方程，列出状态转换真值表。

⑤ 画出状态转换图或时序图。

⑥ 电路功能描述。

任务 9－2－2　时序逻辑电路分析实例

下面通过实例来介绍其分析过程。

[例 9－1]　某时序电路如图 9－21 所示，试分析其逻辑功能。

解：① 两个触发器的 *CP* 连在一起，所以是同步时序逻辑电路。电路只有触发器，所以

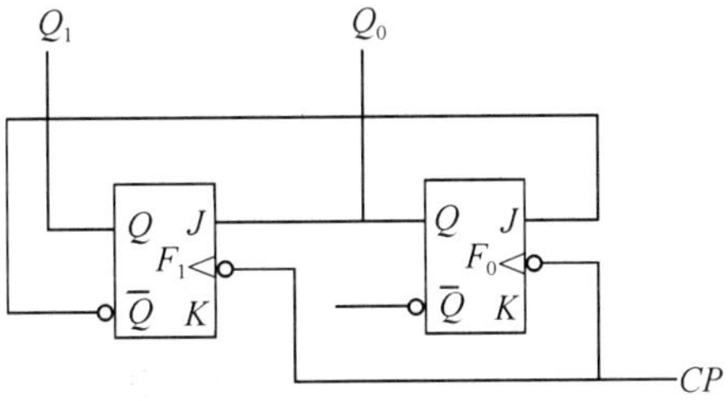

图 9－21　[例 9－1]电路图

触发器状态就是电路的输出状态。

② 写出各触发器的驱动方程

$$J_0=\overline{Q_1^n}\qquad K_0=1$$

$$J_1=Q_0^n\qquad K_1=1$$

③ 写出触发器状态方程。JK 触发器的状态方程是

$$Q^{n+1}=J\,\overline{Q^n}+\bar{K}Q^n$$

将两个触发器的驱动方程代入，得到每个触发器的状态方程（也称为次态方程）

$$Q_0^{n+1}=J_0\,\overline{Q_0^n}+\overline{K_0}Q_0^n=\overline{Q_0^n}\,\overline{Q_1^n}$$

$$Q_1^{n+1}=J_1\,\overline{Q^n}+\overline{K_1}Q^n=Q_0^n\overline{Q_1^n}$$

④ 列出状态转换真值表。设初态 $Q_1^nQ_0^n=00$，代入状态方程为 $Q_1^{n+1}Q_0^{n+1}=01$，得到真值表第一行，又以 01 为初态代入状态方程，得真值表第二行……如此类推，便得到状态转换真值表，如表 9－9 所示。

⑤ 画出状态转换图，如图 9－22 所示。图中箭头表示状态转换的方向。

表 9－9　[例 9－1]的真值表

现　态		次　态	
Q_1^n	Q_0^n	Q_1^{n+1}	Q_0^{n+1}
0	0	0	1
0	1	1	0
1	0	0	0
1	1	0	0

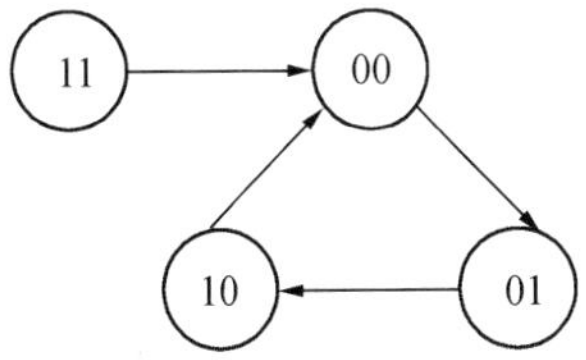

图9－22　[例 9－1]的状态图

⑥ 画出时序图，如图 9－23 所示。

⑦ 电路功能描述。由状态图或时序图可知，该电路是一个同步三进制加法计数器。

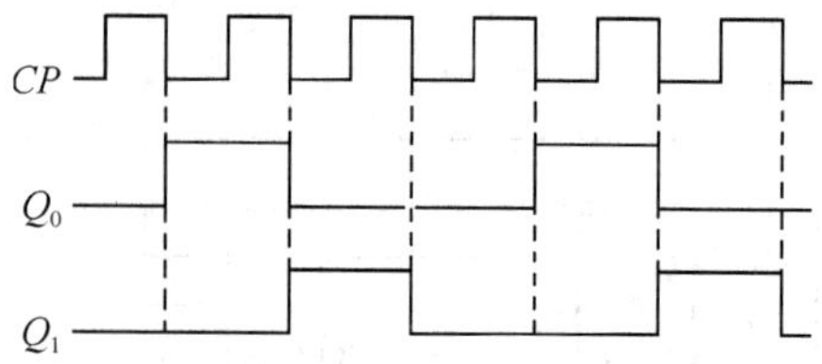

图 9-23 [例 9-1]的时序图

[例 9-2] 已知异步时序逻辑电路的逻辑图，如图 9-24 所示。试分析它的逻辑功能。

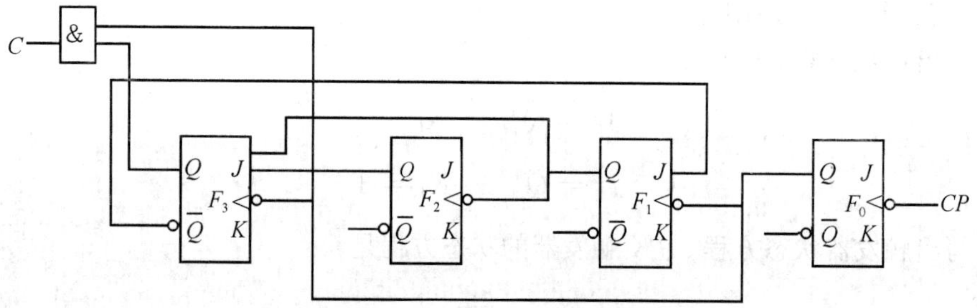

图 9-24 [例 9-2]的电路图

解：① 各个触发器的 CP 并不连接在一起，所以是异步时序逻辑电路。需要写出各个触发器的时钟方程

$$CP_0 = CP$$

$$CP_1 = Q_0$$

$$CP_2 = Q_1$$

$$CP_3 = Q_0$$

各时钟脉冲都是下降沿有效。

② 写出各触发器的驱动方程

$$J_0 = K_0 = 1$$

$$J_1 = \overline{Q_3^n}$$

$$K_1 = 1$$

$$J_2 = K_2 = 1$$

$$J_3 = Q_1^n Q_2^n$$

$$K_3 = 1$$

③ 写出触发器状态方程

JK 触发器的状态方程是 $Q^{n+1} = J\overline{Q}^n + \overline{K}Q^n$

将驱动方程代入，得到：

$$Q_0^{n+1}=\overline{Q}_0^n \quad (CP\text{ 下降沿有效})$$

$$Q_1^{n+1}=\overline{Q}_3^n\overline{Q}_1^n \quad (Q_0\text{ 下降沿有效})$$

$$Q_2^{n+1}=\overline{Q}_2^n \quad (Q_1\text{ 下降沿有效})$$

$$Q_3^{n+1}=\overline{Q}_3^nQ_2^nQ_1^n \quad (Q_0\text{ 下降沿有效})$$

输出方程：$C=Q_3^nQ_0^n$

④ 列出状态转换真值表。设初态 $Q_3^nQ_2^nQ_1^nQ_0^n=0000$，依次计算 $Q_3^{n+1}Q_2^{n+1}Q_1^{n+1}Q_0^{n+1}$ 的值。当该触发器有时钟时，计算状态方程的值；该触发器没有时钟时，则不用计算状态方程的值，保持原有状态。经计算得次态值为 0001，得到真值表第一行……如此类推，得到状态转换真值表，如表 9－10 所示。表中 CP 有下降沿用 1 表示。

表 9－10　[例 9－2]的真值表

现态				次态				时钟			
Q_3^n	Q_2^n	Q_1^n	Q_0^n	Q_3^{n+1}	Q_2^{n+1}	Q_1^{n+1}	Q_0^{n+1}	CP_3	CP_2	CP_1	CP_0
0	0	0	0	0	0	0	1	0	0	0	1
0	0	0	1	0	0	1	0	1	0	1	1
0	0	1	0	0	0	1	1	0	0	0	1
0	0	1	1	0	1	0	0	1	1	1	1
0	1	0	0	0	1	0	1	0	0	0	1
0	1	0	1	0	1	1	0	1	0	1	1
0	1	1	0	0	1	1	1	0	0	0	1
0	1	1	1	1	0	0	0	1	1	1	1
1	0	0	0	1	0	0	1	0	0	0	1
1	0	0	1	0	0	0	0	1	0	1	1
1	0	1	0	1	0	1	1	0	0	0	1
1	0	1	1	0	1	0	0	1	1	1	1
1	1	0	0	1	1	0	1	0	0	0	1
1	1	0	1	0	1	0	0	1	0	1	1
1	1	1	0	1	1	1	1	0	0	0	1
1	1	1	1	0	0	0	0	1	1	1	1

⑤ 画出状态转换图，如图 9－25 所示。图中箭头表示状态转换的方向。该电路的有效计数循环为 0000 至 1001，计数长度为 10。而 1010 至 1111 在计数循环外，但可以进入计数循环，称为自启动。C 为进位输出，当计数至状态 1001，即十进制数 9 时，表示计数器已完成一个循环，需要进位，C 输出 1。

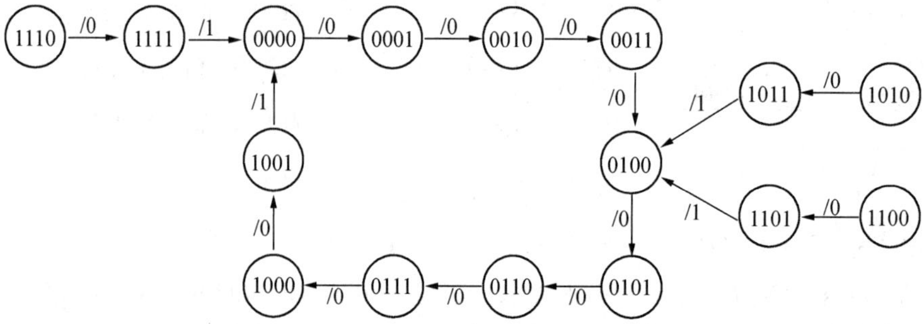

图 9-25 [例 9-2]的状态图

⑥ 画出时序图,如图 9-26 所示。

⑦ 电路功能描述。由状态图或时序图可知,该电路是一个异步十进制加法计数器。

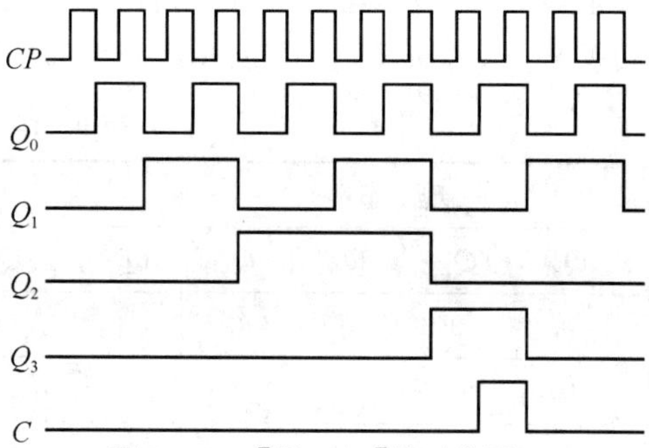

图 9-26 [例 9-2]的时序图

任务 9-3 计 数 器

1. 计数器的功能和分类

计数器的基本功能是对输入脉冲的个数进行计数。计数器是数字系统中应用最广泛的时序逻辑部件之一,除了计数以外,还可以用作定时、分频、信号产生和执行数字运算等,是数字设备和数字系统中不可缺少的组成部分。

计数器种类很多,分类方法也不相同。根据计数脉冲的输入方式不同可把计数器分为同步计数器和异步计数器。计数器是由若干个基本逻辑单元——触发器和相应的逻辑门组成的。如果计数器的全部触发器共用同一个时钟脉冲,而且这个脉冲就是计数输入脉冲时,这种计数器就是同步计数器。如果计数器中只有部分触发器的时钟脉冲是计数输入脉冲,另一部分触发器的时钟脉冲是由其他触发器的输出信号提供时,这种计数器就是异步计数器。

根据计数进制的不同又可分为二进制、十进制和任意进制计数器。各计数器按其各自计数进位规律进行计数。

根据计数过程中计数的增减不同又分为加法计数器、减法计数器和可逆计数器。对输入脉冲进行递增计数的计数器叫作加法计数器,进行递减计数的计数器叫作减法计数器。如果在控制信号作用下,既可以进行加法计数又可以进行减法计数,则叫可逆计数器。

2. 二进制计数器

二进制计数器就是按二进制计数进位规律进行计数的计数器。由 n 个触发器组成的二进制计数器称为 n 位二进制计数器,它可以累计 $2^n=N$ 个有效状态。N 称为计数器的模或计数容量。若 $n=1,2,3,\cdots$,则 $N=2,4,8,\cdots$,相应的计数器称为模 2 计数器、模 4 计数器和模 8 计数器等等。

(1) 同步二进制计数器

以 74LS161 集成计数器为例,讨论二进制同步计数器。74LS161 是 4 位二进制同步计数器，其功能表如表 9－11 所示。

表 9－11　74LS161 功能表

输入									输出			
$\overline{R_D}$	$\overline{LD}$	ET	EP	CP	D_0	D_1	D_2	D_3	Q_3	Q_2	Q_1	Q_0
0	×	×	×	×	×	×	×	×	0	0	0	0
1	0	×	×	↑	d_0	d_1	d_2	d_3	d_0	d_1	d_2	d_3
1	1	1	1	↑	×	×	×	×		计	数	
1	1	0	×	×	×	×	×	×		保	持	
1	1	×	0	×	×	×	×	×		保	持	

74LS161 的功能及特点如下所述：

① 74LS161 有异步置“0”功能。当清除端$\overline{R}_D$为低电平时，无论其他各输入端的状态如何，各触发器均被置“0”，即该计数器被置 0。

② 74LS161 的计数是同步的，即 4 个触发器的状态更新是在同一时刻（CP 脉冲的上升沿）进行的，它是由 CP 脉冲同时加在 4 个触发器上而实现的。

③ 74LS161 有预置数功能，且预置是同步的。当$\overline{R}_D$为高电平，置数控制端$\overline{LD}$为低电平时，在 CP 脉冲上升沿的作用下，数据输入端 $D_3 \sim D_0$ 上的数据就被送至输出端 $Q_3 \sim Q_0$。如果改变 $D_3 \sim D_0$ 端的预置数，即可构成 16 以内的各种不同进制的计数器。

④ 74LS161 有超前进位功能，即当计数溢出时，进位端 C 输出一个高电平脉冲，其宽度为一个时钟周期，其波形如图 9－27(b)所示。

$\overline{R}_D$、$\overline{LD}$、ET 和 EP 均为高电平时，计数器处于计数状态，每输入一个 CP 脉冲，就进行一次加法计数，详见该计数器的状态图 9－27(a)。

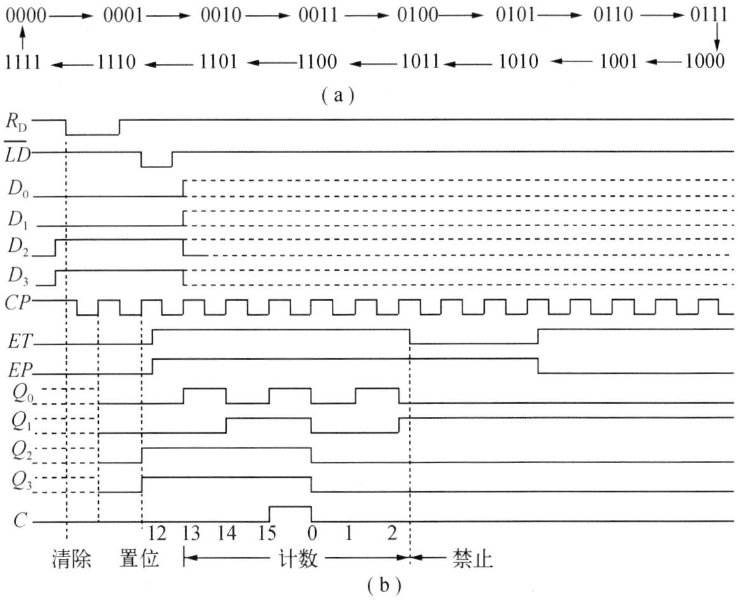

图 9－27　74LS161 集成计数器

如图 9－28 所示为 74LS161 的引脚图和逻辑符号。各引脚的功能和符号说明如下：

⑤ ET 和 EP 是计数器控制端，只要其中一个或一个以上为低电平，计数器保持原态，只有两者均为高电平时，计数器才处于计数状态。

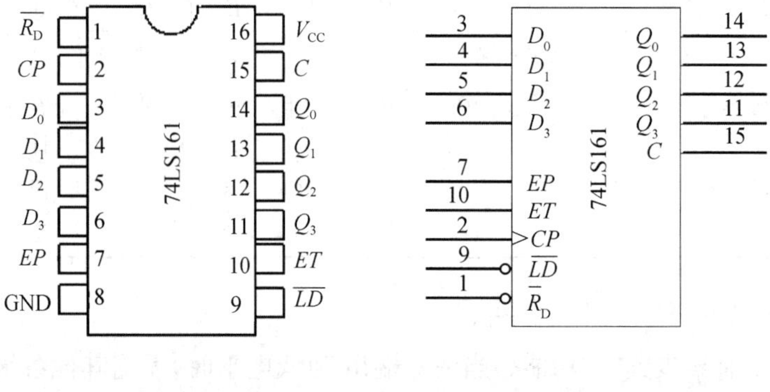

(a) 引脚图 (b) 逻辑符号

图 9－28 74LS161 引脚图和逻辑图

$D_3 \sim D_0$ 为并行数据输入端。

$Q_3 \sim Q_0$ 为数据输出端。

ET、EP 为计数控制端。

CP 为时钟输入端，即 CP 端（上升沿有效）。

C 为进位输出端（高电平有效）。

$\overline{R}_D$为异步清零输入端（低电平有效）。

$\overline{LD}$为同步并行置数控制端（低电平有效）。

（2）异步二进制计数器 74LS93

74LS93 是异步四位二进制加法计数器，如图 9－29(a)和图 9－29(b)所示分别为它的逻辑符号和逻辑图。在图 9－29(b)中，FF_0 构成一位二进制计数器，FF_1、FF_2、FF_3 构成模 8 计数器。若将 CP_1 端与 Q_0 端在外部相连，就构成模 16 计数器。因此，74LS93 又称为二—八—十六进制计数器。此外，R_{D1}、R_{D2} 为清零端，高电平有效。

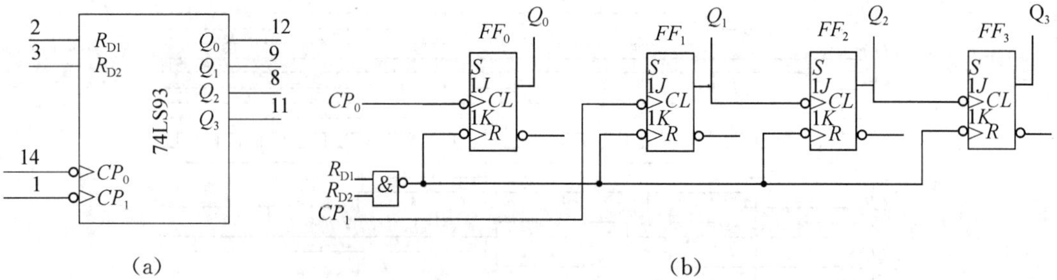

(a) (b)

图 9－29 异步四位二进制加法计数器 74LS93

3．十进制计数器

十进制计数器就是按十进制计数进位规律进行计数的计数器。

(1) 同步十进制计数器

下面以74LS192为例介绍十进制同步计数器。74LS192的引脚图如图9－30(a)所示。74LS192是一个同步十进制可逆计数器。同步计数(即4个触发器的状态更新)是在同一时刻(*CP*的上升沿)发生的。该计数器的计数是可逆的,可以作加法计数,也可以作减法计数。它有两个时钟输入端:当从*CU*输入时，进行加法计数,从*CD*输入时,进行减法计数。它有进位和借位输出,可进行多位串接计数。它还有独立的置"0"输入端,并且可以单独对加法或减法计数进行预置数。

74LS192的功能表如表9－12所示。其功能特点如下所述:

① 置"0"。74LS192有异步置0端R_D,不管计数器其他输入端处于什么状态,只要在R_D端加高电平,则所有触发器均被置0,计数器复位。

② 预置数码。74LS192的预置是异步的。当R_D端和置入控制端$\overline{LD}$为低电平时,不管时钟端的状态如何,输出端$Q_3 \sim Q_0$可预置成与数据端$D_3 \sim D_0$相一致的状态。预置好计数器以后,就以预置数为起点顺序进行计数 。

③ 加法计数和减法计数。加法计数时,R_D为低电平,$\overline{LD}$、*CD*为高电平,计数脉冲从*CU*端输入。当计数脉冲上升沿到来时,计数器的状态按8421BCD码的递增顺序进行加法计数。

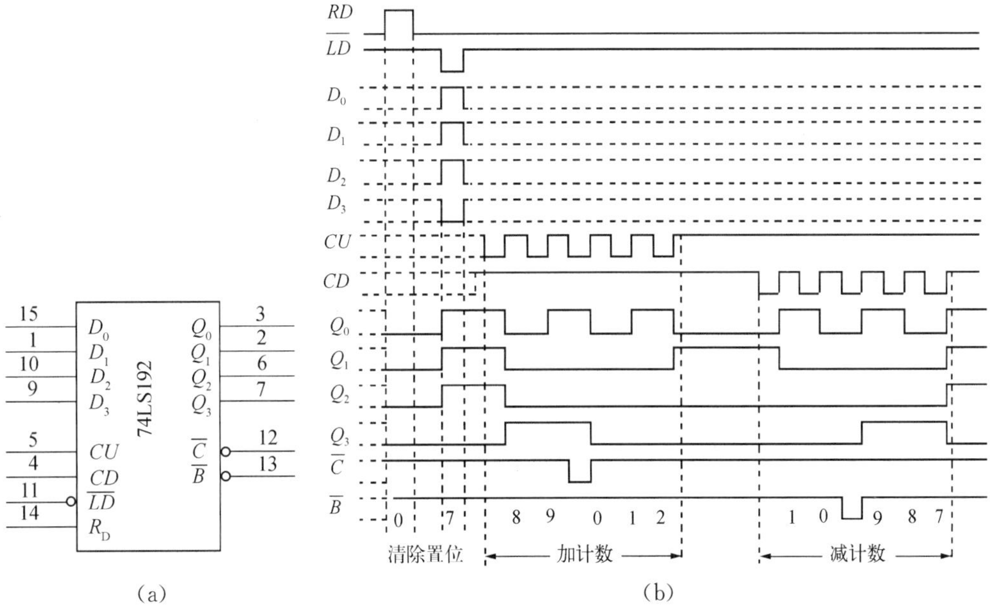

图9－30　74LS192引脚图和时序图

减法计数时,R_D为低电平,$\overline{LD}$、*CU*为高电平,计数脉冲从*CD*端输入。当计数脉冲上升沿到来时,计数器的状态按8421BCD码的递减顺序进行减法计数。

④ 进位输出。计数器作十进制加法计数时,在*CU*端第9个输入脉冲上升沿作用后,计数状态为1001,当其下降沿到来时,进位输出端$\overline{C}$产生一个负的进位脉冲。第10个脉冲上升沿作用后,计数器复位。将进位输出$\overline{C}$与后一级的*CU*相连,可实现多位计数器级联。当$\overline{C}$反馈至$\overline{LD}$输入端,并在并行数据输入端$D_3 \sim D_0$输入一定的预置数,可实现10以内任

意进制的加法计数。

⑤ 借位输出。计数器作十进制减法计数时，设初始状态为 1001。在 CD 端第 9 个输入脉冲上升沿作用后，计数状态为 0000，当其下降沿到来后，借位输出端 $\overline{B}$ 产生一个负的借位脉冲。第 10 个脉冲上升沿作用后，计数状态恢复为 1001。同样，将借位输出 $\overline{B}$ 与后一级的 CD 相连，可实现多位计数器级联。通过 $\overline{B}$ 对 $\overline{LD}$ 的反馈连接可实现 10 以内任意进制的减法计数。

表 9-12 74LS192 功能表

输入								输出			
$\overline{LD}$	R_D	CU	CD	D_0	D_1	D_2	D_3	Q_0	Q_1	Q_2	Q_3
0	0	×	×	d_0	d_1	d_2	d_3	d_0	d_1	d_2	d_3
1	0	↑	1	×	×	×	×		加	计	数
1	0	1	↑	×	×	×	×		减	计	数
1	0	1	1	×	×	×	×		保		持
×	1	×	×	×	×	×	×	0	0	0	0

74LS192 的时序图如图 9-30(b) 所示。

计数器的级联。

将多个 74LS192 级联可以构成高位计数器。例如用两个 74LS192 可以组成 100 进制计数器，其连接方式如图 9-31 所示。

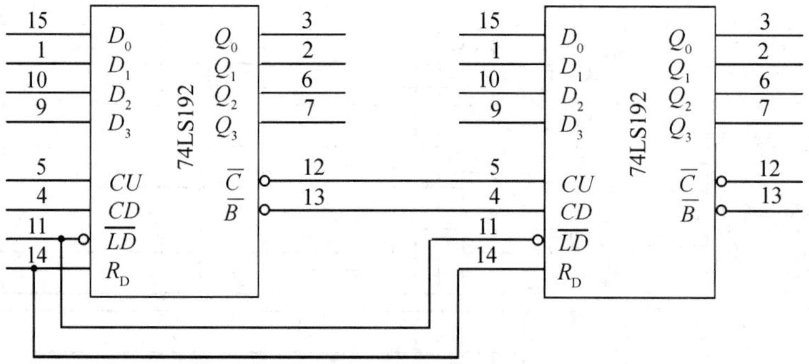

图 9-31 用两个 74LS192 构成 100 进制计数器

计数开始时，先在 R_D 端输入一个正脉冲，此时两个计数器均被置为 0 状态。此后在 $\overline{LD}$ 端输入"1 "，R_D 端输入"0"，使计数器处于计数状态。在个位的 74LS192 的 CU 端逐个输入计数脉冲 CP，个位的 74LS192 开始进行加法计数。在第 10 个 CP 脉冲上升沿到来后，个位 74LS192 的状态为 1001→0000，同时其进位输出 $\overline{C}$ 从 0→1，此上升沿使十位的 74LS192 从 0000 开始计数，直到第 100 个 CP 脉冲作用后，计数器状态由 1001 1001 恢复为 0000 0000，完成一次计数循环。

(2) 异步十进制计数器 74LS290

74LS290 是二—五—十进制计数器，其逻辑图如图 9-32 所示。图中 FF_0 构成一位二进制计数器，FF_1、FF_2、FF_3 构成异步五进制加法计数器。若将输入时钟脉冲 CP 接于 CP_0

端，并将 CP_1 端与 Q_0 端相连，便构成 8421 码异步十进制加法计数器。若将输入时钟 CP 接于 CP_1 端，将 CP_0 与 Q_3 端相连，则构成 5421 码异步十进制加法计数器。如图 9－33(a)所示为 5421 码异步十进制加法计数器连接方法，如图 9－33(b)所示是其波形图。显然，Q_0 端输出的矩形波是输入 CP 脉冲的 10 分频。

74LS290 还具有置 0 和置 9 功能，功能表如表 9－13 所示。

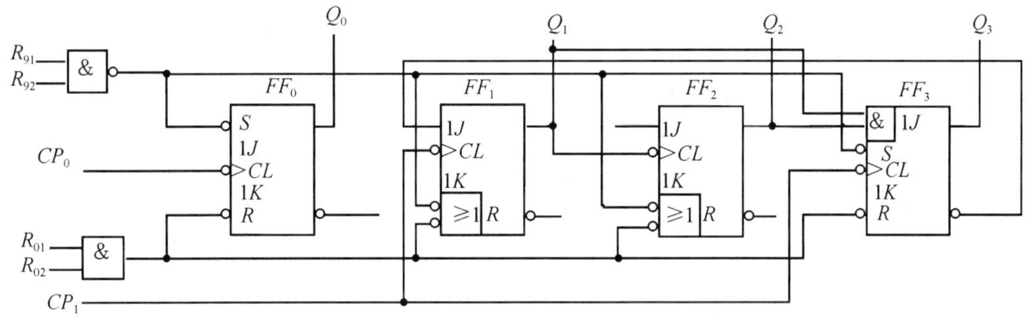

图 9－32 二—五—十进制加法计数器 74LS290

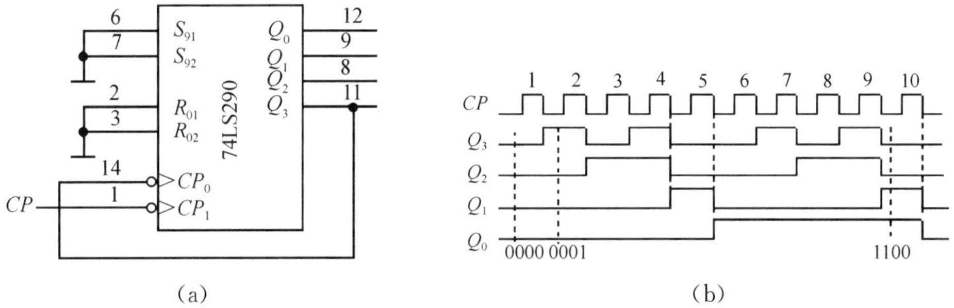

(a) (b)

图 9－33 5421 码异步十进制加法计数器

表 9－13 74LS290 功能表

复位/置位输入				输出			
R_{01}	R_{02}	S_{91}	S_{92}	Q_3	Q_2	Q_1	Q_0
1	1	0	×	0	0	0	0
1	1	×	0	0	0	0	0
×	0	1	1	1	0	0	1
0	×	1	1	1	0	0	1
×	0	0	×		计		数
0	×	×	0		计		数
×	0	×	0		计		数
0	×	0	×		计		数

4. 任意进制计数器

任意进制计数器是指计数器的模 $N \neq 2^n$(n 为正整数)的计数器。例如，模 5、模 9、模 12 计数器以及十进制计数器等都属于它的范畴。

利用已有的集成计数器构成任意进制计数器的方法通常有三种：

① 直接选用已有的计数器。例如，欲构成十二分频器，可直接选用十二进制异步计数器 7492。

② 用两个模小的计数器串接，可以构成模为两者之积的计数器。例如，用模 6 和模 10 计数器串接起来，可以构成模 60 计数器。

③ 利用反馈法改变原有计数长度。这种方法是，当计数器计数到某一数值时，由电路产生的置位脉冲或复位脉冲，加到计数器预置数控制端或各个触发器清零端，使计数器恢复到起始状态，从而达到改变计数器模的目的。

如图 9-34 所示是利用十进制计数器 74LS160 通过反馈构成模 6 计数器的 4 种方法。

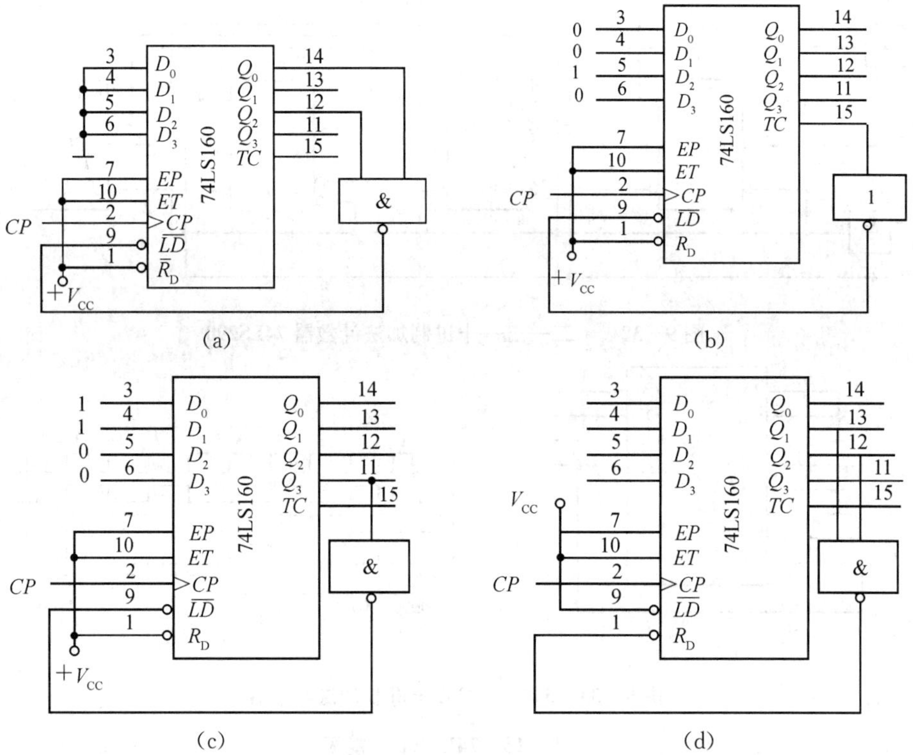

图 9-34 模 6 计数器

如图 9-34(a)所示电路的工作顺序是 0000→0001→0010→0011→0100→0101。当计数器计到状态 5 时，Q_2 和 Q_0 为 1，与非门输出为 0，即同步并行置入控制端 $\overline{LD}$ 是 0。于是，下一个计数脉冲到来时，将 D_3～D_0 端的数据 0 送入计数器，使计数器又从 0 开始计数，一直计到 5，又重复上述过程。由此可见，N 进制计数器可以利用在状态($N-01$)时将 $\overline{LD}$ 变为 0 的方法构成，这种方法称为反馈置 0 法。

如图 9-34(b)所示电路的工作顺序是 0100→0101→0110→0111→1000→1001。当计数器计到状态 1001 时，进位端 C 为 1，经非门后使 $\overline{LD}$ 为 0。于是，下一个时钟到来时，将 D_3～D_0 端的数据 0100 送入计数器，此后又从 0100 开始计数，一直计数到 1001，又重复上述过程。这种方法称为反馈预置法。

如图 9-34(c)所示的工作顺序是 0011→0100→0101→0110→0111→1000，工作原理同上。

如图 9-34(d)所示电路利用了直接置 0 端 $\overline{R}_D$，工作顺序为 0000→0001→0010→0011→0100→0101。当计数器计到 0110 时(该状态出现的时间极短)，Q_2 和 Q_1 均为 1，使 $\overline{R}_D$ 为 0，计

数器立即被强迫回到 0 状态，开始新的循环。这种方法的缺点是工作不可靠。原因是在许多情况下，各触发器的复位速度不一致，复位快的触发器复位后，立即将复位信号撤销，使复位慢的触发器来不及复位，因而造成误动作。改进的方法是加一个基本 RS 触发器，如图 9－35(a)所示，工作波形如图 9－35(b)所示。当计数器计到 0110 时，基本 RS 触发器置 0，使$\overline{R_D}$端为 0，该 0 一直持续到下一个计数脉冲的上升沿到来为止，因此该计数器能可靠置 0。

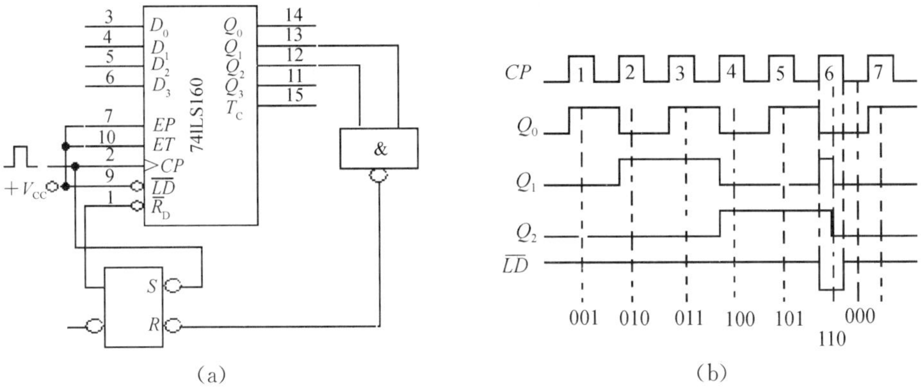

图 9－35　改进的模 6 计数器

如表 9－14 所示为 74LS160 的功能表和引脚功能说明。

表 9－14　74LS160 的功能表和引脚功能说明

输入									输出				引脚功能说明
$\overline{R_D}$	$\overline{LD}$	ET	EP	CP	D_0	D_1	D_2	D_3	Q_0	Q_1	Q_2	Q_3	$D_0 \sim D_3$ 并行数据输入端
0	×	×	×	×	×	×	×	×	0	0	0	0	$\overline{R_D}$　异步清零端
1	0	×	×	↑	d_0	d_1	d_2	d_3	d_0	d_1	d_2	d_3	$\overline{LD}$　同步并行置入控制端
1	1	1	1	↑	×	×	×	×		计	数		EP、ET　计数控制端 TC　进位输出端
1	1	0	×	×	×	×	×	×		保	持		CP　时钟输入端
1	1	×	0	×	×	×	×	×		保	持		$Q_0 \sim Q_3$　数据输出端

任务 9－4　寄存器

在实际应用中，寄存器的种类是很多的，在超大规模集成电路内部，几乎都离不开为电路提供寄存与传递数据的基本寄存器单元。作为一种数字电路器件，不同集成电路寄存器之间在功能上存在一定的差异。掌握不同寄存器的功能与使用方法，是数字电子技术中十分重要的内容。

1. 基本寄存器

能够暂时存储二进制数据或代码的电路称为寄存器。寄存器是由具有存储功能的触发器组合起来构成的。已经讨论过的 5 种基本触发器均可构成寄存器。

只具有并行输入和并行输出功能的寄存器称为基本寄存器。如图 9－36 所示是基本寄存器 74LS175 的逻辑电路图。

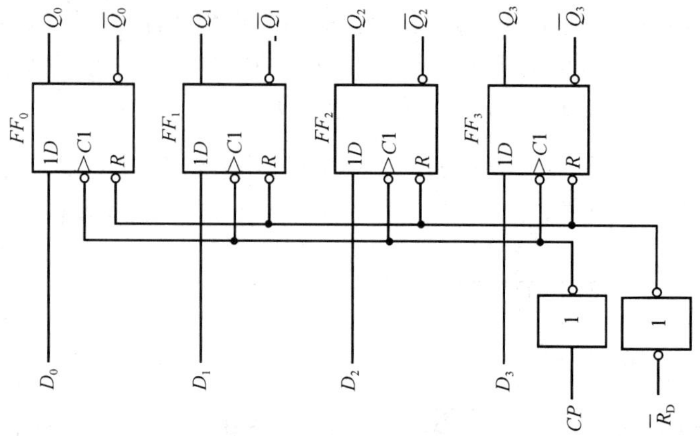

图 9-36 基本寄存器的逻辑图

(1) 电路组成

74LS175 由 4 个带有异步清零端$\overline{R}_D$的边沿 D 触发器组成,因此,它可以寄存 4 位二进制数码。$D_0 \sim D_3$是并行数据输入端,$Q_0 \sim Q_3$是并行数据输出端,$\overline{R}_D$是清零端,CP 是控制时钟脉冲端。

(2) 工作原理

① 清零。$\overline{R}_D=0$ 时,异步清零,即 4 个边沿 D 触发器都复位到 0 状态。

② 送数。$\overline{R}_D=1$ 且 CP 上升沿到来时,无论寄存器中原来存储的数码是什么,加在并行数据输入端的数码 $D_0 \sim D_3$立刻被送入寄存器中,根据 D 触发器的特征方程$Q^{n+1}=D$ 得:$Q_0^{n+1}=D_0$,$Q_1^{n+1}=D_1$,$Q_2^{n+1}=D_2$,$Q_3^{n+1}=D_3$。

③ 保持。当$\overline{R}_D=1$ 且 CP 不为上升沿时,寄存器内容保持不变,即触发器的各个输出端 Q、$\overline{Q}$ 的状态与 D 无关,都保持不变。

2. 移位寄存器

具有存放数码和使数码逐位右移或左移的电路称作移位寄存器。在移位脉冲的作用下,寄存器中的数据依次向左移一位,则称左移;依次向右移一位,则称为右移。仅具有单向移位功能的称为单向移位寄存器,具有双向移位功能的称为双向移位寄存器。74LS194 属于双向移位寄存器。

(1) 移位寄存器各种功能的实现

如图 9-37 所示为一种单向移位寄存器的逻辑图,下面介绍其各种功能的实现方法。

① 并入并出。

将并行数据 $D_0 \sim D_3$输入到 $Q_0 \sim Q_3$需要两步来实现。第一步是清零脉冲(高电平有效)通过 R_D控制线使所有触发器置 0;第二步是通过输入数据选通线 IE 的接收脉冲打开 4 个与非门,将 $D_0 \sim D_3$数据输入。这就实现了并入并出功能,该功能等同于基本寄存器的功能。在此电路中,并入并出不受时钟脉冲 CP 控制。

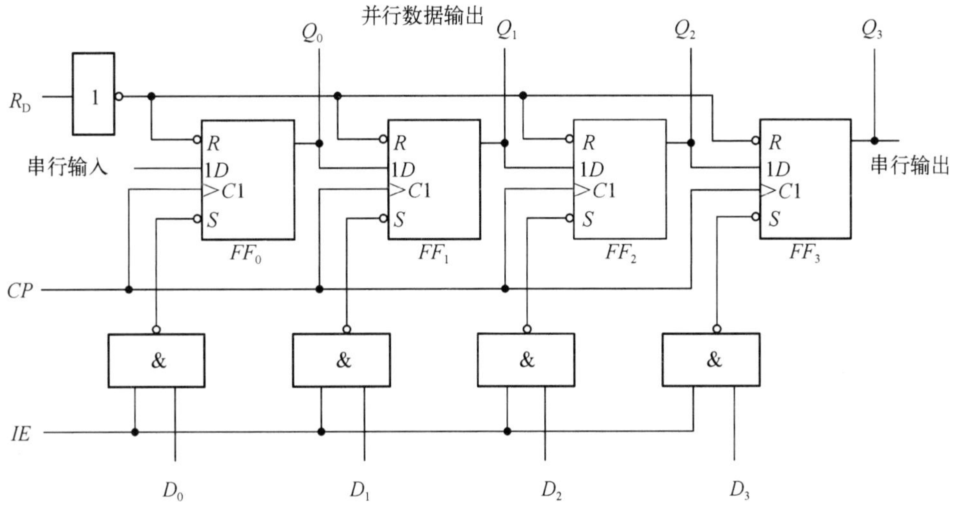

图 9－37　单向右移寄存器

② 移位。

由于前面 D 触发器的 Q 端与下一个 D 触发器的 D 端相连，每当时钟脉冲的上升沿到来时，加至串行输入端的数据送至 Q_0，同时 Q_0 的数据右移至 Q_1，Q_1 的数据右移至 Q_2，Q_2 的数据右移至 Q_3。如果要实现双向移位，则可以通过门电路来控制，是将左面触发器的输出与右面触发器的输入相连（右移），还是将右面触发器的输出与左面触发器的输入相连（左移）。这种转换并不困难，有兴趣的读者可以自己设计电路或参考有关数字电路的其他书籍。

③ 串入。

如果从串行入口输入的是一个 4 位数据，则经过 4 个时钟脉冲后，可以从 4 个触发器的 Q 端得到并行的数据输出，此即串入并出功能。

④ 串出。

最后一个触发器的 Q 端可以作为串行输出端。如果需要得到串行的输出信号，则只要输入 4 个时钟脉冲，4 位数据便可依次从 Q_3 端输出，这就是串行输出方式。显然，电路既可实现串入串出，也可实现并入串出。

(2) 移位寄存器的使用方法

移位寄存器在数字电路中的应用非常广泛，下面再以 74LS194 为例，介绍移位寄存器的使用方法。

74LS194 为 4 位双向移位寄存器，其逻辑符号如图 9－38 所示。

① 74LS194 的逻辑功能。

在图 9－38 中，各引脚符号及其代表的意义如表 9－15 所示。其功能如表 9－16 所示。

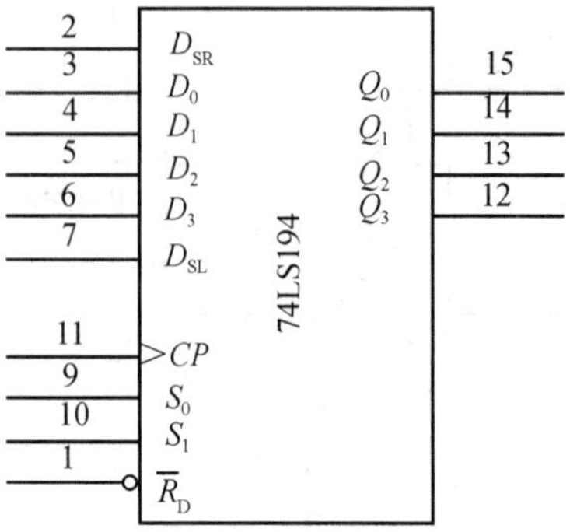

图 9-38 74LS194 的逻辑符号

表 9-15 74LS194 引脚符号和功能说明

引脚符号	引脚功能
CP	时钟输入端（上升沿有效）
$\overline{R}_D$	数据清零输入端（低电平有效）
$D_0 \sim D_3$	并行数据输入端
D_{SR}	右移串行数据输入端
D_{SL}	左移串行数据输入端
$Q_0 \sim Q_3$	数据输入端
S_0、S_1	工作方式控制端

表 9-16 74LS194 功能表

输入							输出			
$\overline{R}_D$	S_1	S_0	CP	D_{SL}	D_{SR}	D_i	Q_0^{n+1}	Q_1^{n+1}	Q_2^{n+1}	Q_3^{n+1}
0	×	×	×	×	×	×	0	0	0	0
1	×	×	0	×	×	×	Q_0^n	Q_1^n	Q_2^n	Q_3^n
1	1	1	↑	×	×	D_i	D	D	D	D
1	0	1	↑	×	1	×	1	Q_0^n	Q_1^n	Q_2^n
1	0	1	↑	×	0	×	0	Q_0^n	Q_1^n	Q_2^n
1	1	0	↑	1	×	×	Q_1^n	Q_2^n	Q_3^n	1
1	1	0	↑	0	×	×	Q_1^n	Q_2^n	Q_3^n	0
1	0	0	×	×	×	×	Q_0^n	Q_1^n	Q_2^n	Q_3^n

从功能表可以看出：当清零端$\overline{R}_D$为低电平时，输出端 $Q_0 \sim Q_3$ 均为低电平；当$\overline{R}_D$和工作方式控制端 S_1、S_0 均为高电平时，在时钟（CP）上升沿作用下，并行数据 D_i 被送至相应的输出端 Q_i，此时串行数据被禁止；当$\overline{R}_D$和 S_0 为高电平，S_1 为低电平时，在时钟（CP）上升沿作用下，数据从 D_{SR} 送入，进行右移操作；当 S_0 为低电平，$\overline{R}_D$和 S_1 为高电平时，在时钟（CP）上升沿作用下，数据从 D_{SL} 送入，进行左移操作；当$\overline{R}_D$为高电平，S_0、S_1 均为低电平时，无论有无时钟脉冲，寄存器的输出状态不变。

② 74LS194 的使用方法。

移位寄存器的产品很多，不同产品的功能不同。对实际应用中提出的逻辑要求，可以用不同的器件来满足。因此，在使用中，必须根据应用系统的实际情况，首先选择合适的器件，再根据器件的功能设计正确的电路。

实训 1 触发器逻辑功能的测试

一、实验目的

（1）熟悉基本 RS 触发器的构成与逻辑功能。

（2）熟悉 JK 触发器的逻辑功能。

（3）掌握用 JK 触发器构成其他类型触发器。

二、实验前的预习与准备

(1) 复习 RS 触发器,JK 触发器,D 触发器,T 触发器的逻辑功能。

(2) 复习用 JK 触发器构成 D 触发器、T 触发器的方法,并预习下面的实验内容及步骤。

三、实验器材

(1) 四一二输入与非门 74LS00 一片、双下降沿 JK 触发器 74LS112 一片;

(2) 逻辑电平开关;

(3) 14、16 脚集成座各一个。

四、实验内容及步骤

(1) 用两个二输入与非门按图 9-39 所示连接成基本 RS 触发器,R、S 接逻辑电平开关,Q 接逻辑电平显示二极管,分别测出输入端四种取值组合下的输出值填入表 9-17 中(逻辑电平开关往上打为 1,往下打为 0。二极管发光,输出为 1;不发光为 0)。如图 9-40 所示为 74LS00 的管脚图。

(2) 按图 9-42 所示接线,验证 JK 触发器的逻辑功能,将结果填入表 9-18 中(注意每次都应按一下负脉冲源,下同)。如图 9-41 所示为双下降沿触发 JK 触发器。其中 1～6、15 脚,7、9～14 脚分别为两个 JK 触发器的管脚。$1R_d$、$2R_d$ 为两个触发器的直接置 0 端,$1S_d$、$2S_d$ 为两个触发器的直接置 1 端,均为低电平有效,置 0 端和置 1 端不能同时为 0,工作时置 0 端和置 1 端均应为 1。

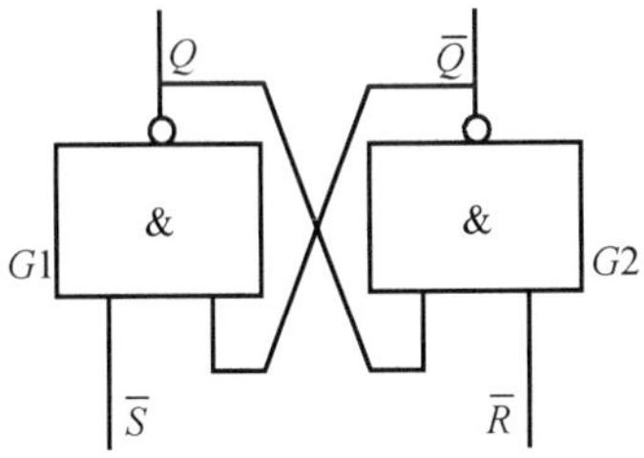

图 9-39　逻辑图

表 9-17　基本 RS 触发器的特性表

输入		初态	次态	逻辑功能
$\overline{R}$	$\overline{S}$	Q^n	Q^{n+1}	
0	0	0		
0	0	1		
0	1	0		
0	1	1		
1	0	0		
1	0	1		
1	1	0		
1	1	1		

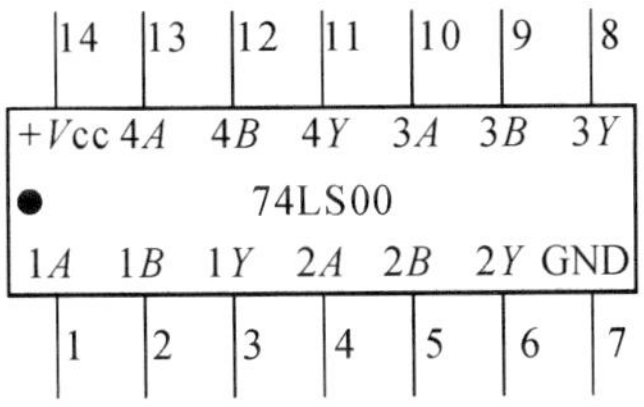

图 9-40　74LS00 管脚图

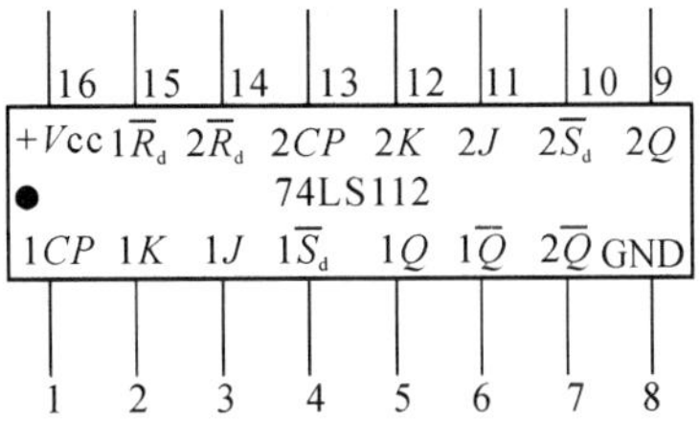

图 9-41　74LS112 管脚图

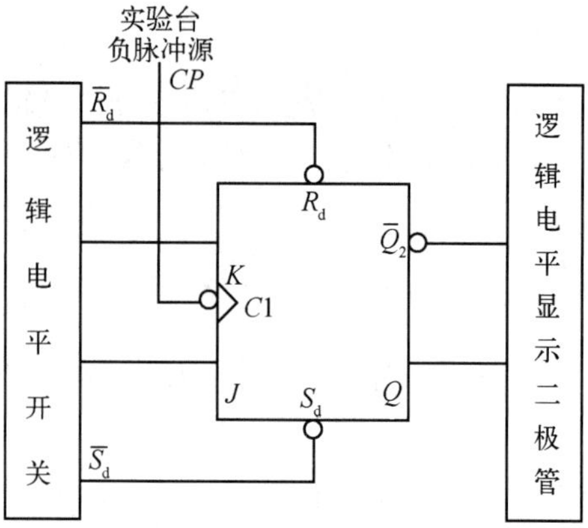

图 9-42 触发器接线示意图一

表 9-18 *JK* 触发器特性表

R_d	S_d	J	K	Q^n	Q^{n+1}	逻辑功能
1	1	0	0	0		
1	1			1		
1	1	0	1	0		
1	1			1		
1	1	1	0	0		
1	1			1		
1	1	1	1	0		
1	1			1		
0	1	X	X	X		
1	0					

(3) 按图 9-43 所示接线，用 JK 触发器构成 D 触发器，验证其逻辑功能；将结果填入表9-19 中。

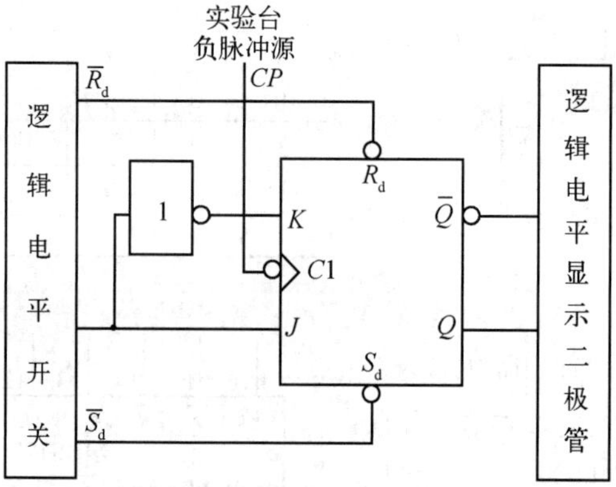

图 9-43 触发器接线示意图二

表 9-19　*D* 触发器特性表

R_d	S_d	D	Q^n	Q^{n+1}	逻辑功能
1	1	0	0		
1	1	0	1		
1	1	1	0		
1	1	1	1		
0	1	X	X		
1	0	X	X		

(4) 按图 9-44 所示接线，用 JK 触发器构成 T 触发器，验证其逻辑功能，将结果填入表 9-20 中。

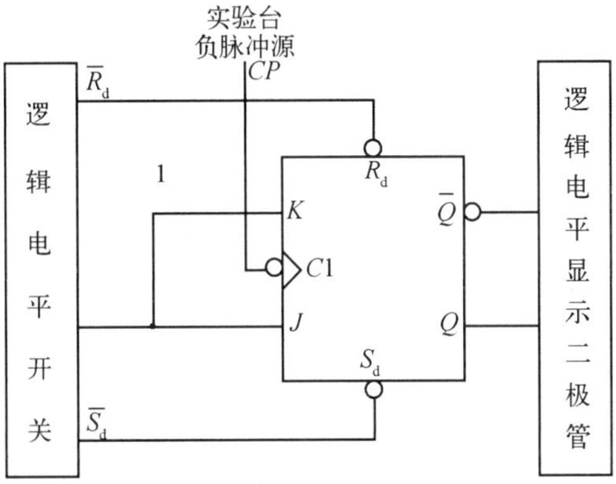

图 9-44　触发器接线示意图三

表 9-20　*T* 触发器特性表

R_d	S_d	D	Q^n	Q^{n+1}	逻辑功能
1	1	0	0		
1	1	0	1		
1	1	1	0		
1	1	1	1		
0	1	X	X		
1	0	X	X		

五、分析与思考

(1) 整理几种触发器的逻辑特性表，推导出它们的特性方程。总结实验过程中得到的心得、体会。

(2) 能否用 JK 触发器构成同步 RS 触发器？应如何接线？是否会出现无效状态？

(3) 用 D 触发器能不能构成其他类型的触发器？又应如何接线？

实训 2　计数、译码与显示电路

一、实验目的

（1）掌握中规模集成计数器 4518 的使用。

（2）进一步掌握译码/驱动器的工作原理及其使用方法。

二、实验前的预习与准备

（1）复习数码显示译码器和计数器的结构及工作原理。

（2）复习用十进制计数器构成任意进制计数器的方法。

（3）预习下面的实验内容及步骤。

三、实验器材

（1）CMOS 双十进制加法计数器 4518 一片；

（2）输出低电平有效的译码/驱动器 74LS247 两片；

（3）四—二输入与非门 74LS00；

（4）共阳极数码管两个；

（5）16 脚集成座三个；

（6）逻辑电平开关盒一个。

四、实验内容及步骤

1. 基本部分

（1）CMOS 双十进制加法计数器 4518 的管脚图如图 9－45 所示，该芯片上集成了两个十进制计数器。其中，1～7 脚，9～15 脚分别为两个计数器的管脚。$1EN$、$2EN$ 为它们的使能端，高电平有效，正常计数时应为高电平。$1CR$、$2CR$ 为它们的清零端，也是高电平有效，正常计数时应为低电平。$1Q_0$～$1Q_3$、$2Q_0$～$2Q_3$ 分别为两个计数器的输出端，它们输出的是 8421BCD 码。V_{DD}、V_{SS} 为电源输入端，其中 V_{DD} 接电源的正极，V_{SS} 接电源的负极，这里电源的电压的取值可跟 TTL 集成电路一样为 5 V。$1CP$、$2CP$ 为两个计数器的计数脉冲输入端，上升沿有效。

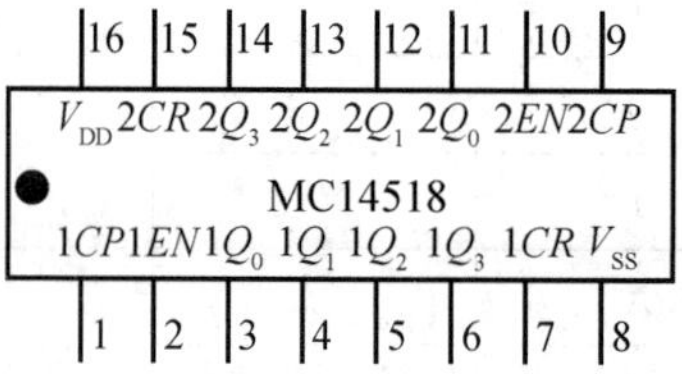

图 9－45　MC14518 管脚图

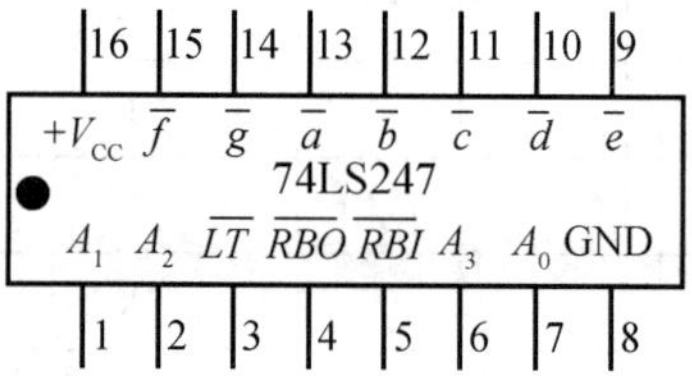

图 9－46　74LS247 管脚图

（2）译码/驱动器 74LS247 的管脚图如图 9－46 所示，其中 a～g 为其输出端，低电平有效。A_3～A_0 为输入的 8421BCD 码（A_3 为最高位，A_0 为最低位），分别与计数器的输出端 Q_3～Q_0 对应连接。BI/RBO、LT、RBI 三个控制端的功能如下：

① 灭灯功能。只要 $BI/RBO=0$，则 7 个输出端全为 1，此时数码管不显示。利用这一功能，可以自动熄灭所显示的数字前后不必要的“零”。

② 灯测试功能。$LT=0$ 且 $BI/RBO=1$ 时，7 个输出端均为 0，数码管的每一段均应发光，利用这一功能可以测试数码管的好坏。

③ 灭零功能。当 $LT=1$ 且 BI/RBO 作输出端，不输入低电平时，如果 $RBI=1$，则在 $A_3\sim A_0$ 的所有组合下，仍然可正常显示。如果 $RBI=0$，且 $A_3A_2A_1A_0\neq 0000$，也可正常显示。当 $LT=1$、$RBI=0$、$BI/RBO=0$ 时，输出全为高电平，数码管不发光。

本实验这三个控制端可以悬空或接高电平。

(3) 按图 9-47 所示接线，其中 4518 只用第二个计数器，第一个计数器的所有管脚(1～7 脚)均不用接。$2CP$ 接实验台上的正脉冲源(注意：接脉冲源必须用两根线，另一根线应与电路的"地"连接)。$2EN$、$2CR$ 接逻辑电平开关。如图 9-48 所示为共阳数码管的管脚图。

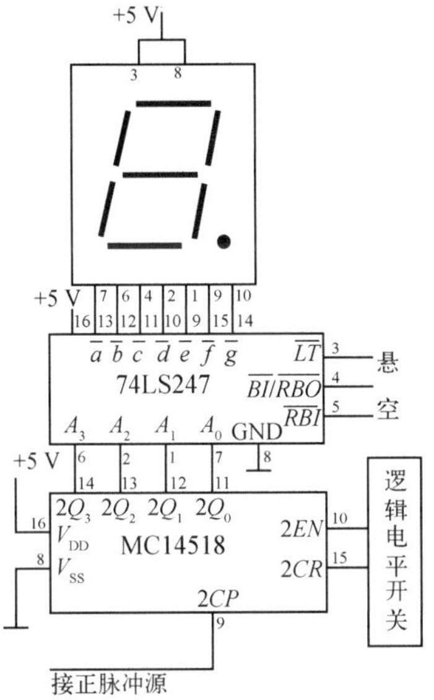

图 9-47　接线图

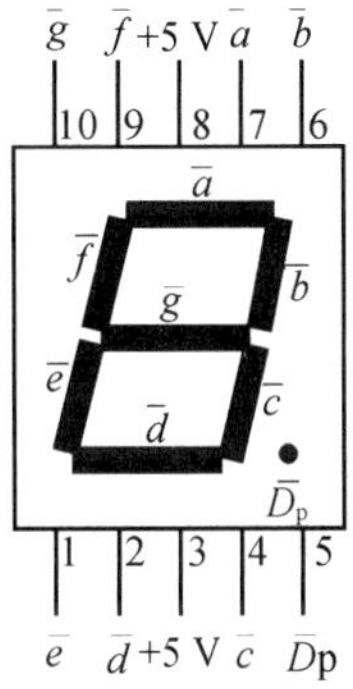

图 9-48　数码管管脚图

(4) 按图接好线后，拨动逻辑电平开关，使 $2EN=1$、$2CR=0$，用手按脉冲源，观察数码管上显示的数字是否在 0～9 之间变化。然后使 $2EN=0$，用手按脉冲源，观察数码管显示的数字有没有变化。再让 $2CR=1$，观察数码管显示的数字是否为 0。

2. 选做部分

用两片 74LS247、一片 4518 和一片 74LS00 分别构成 60 进制和 24 进制的计数—译码/驱动—显示电路，要求画出接线图，自己拟好实验步骤，并在实验前交任课老师或实验老师检查，才允许开始实验。其中 74LS00 的管脚图如图 9-49 所示。

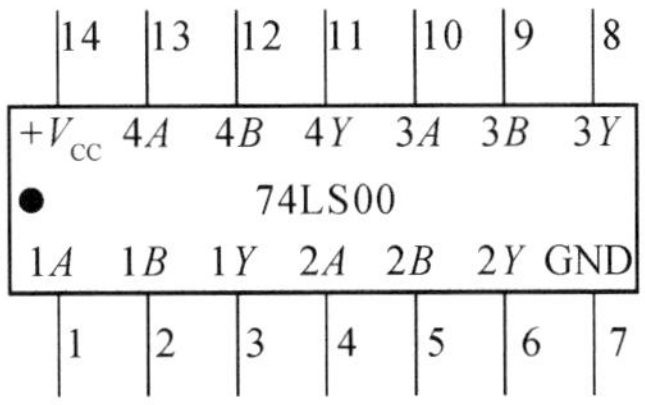

图 9-49　74LS00 管脚图

五、分析与思考

(1) 调试过程中，有没有碰到什么异常现象？你是如何分析、判断和解决的？实验的结果如何?

(2) 若选做实验的第二部分,则还需画出接线图,说明其工作原理及实验的结果。并回答:用 4518 构成 N 进制计数器是采用置数法还是复位法? 这两种方法是否都能用? 应如何接线?

(3) 通过本次实验,你有什么收获与体会?

实训 3 寄存器实验

一、实验目的

(1) 熟悉两种寄存器的电路结构和工作原理。

(2) 掌握双向移位寄存器 74LS194 的逻辑功能和使用方法。

二、实验前的预习与准备

(1) 复习数码寄存器、移位寄存器的工作原理和逻辑电路。

(2) 复习双向移位寄存器 74LS194 的逻辑功能表,预习下面的"实验内容及步骤"。

三、实验器材

(1) 双上升沿 D 触发器 74LS74 两片;

(2) 双向移位寄存器 74LS194 一片;

(3) 逻辑电平开关盒;

(4) 14 脚集成座两个,16 脚集成座一个。

四、实验内容及步骤

1. 数码寄存器

(1) 按图 9-50 所示接线,该图为 4 位并行输入、并行输出数码寄存器。其中 $D_0 \sim D_3$ 为数据输入端,接逻辑电平开关;$Q_0 \sim Q_3$ 为数据输出端,接逻辑电平显示二极管;CP 为时钟脉冲,接试验台上的正脉冲源;CR 为清零端,低电平有效,接逻辑电平开关。如图 9-51 所示为双上升沿 D 触发器 74LS74 的管脚分布图,其中 1~6 脚、8~13 脚分别为两个 D 触发器的管脚,1、13 脚和 4、10 脚分别为他们的异步置 0 端和异步置 1 端。接线时,可让异步置 1 端 S_d 悬空或接高电平。

(2) 给数据输入端 D_0、D_1、D_2、D_3 加入数据,按一下正脉冲源,观察输出端 Q_0、Q_1、Q_2、Q_3 的状态,是否与对应的输入端相同;改变输入数据,再按一下正脉冲源,观察前后输出数据是否相同;加入清零信号($CR=0$),再观察输出端有什么变化?

2. 双向移位寄存器

(1) 如图 9-52 所示是双向移位寄存器 74LS194 的管脚分布图。图中 CR 为清零端,低电平有效;$D_0 \sim D_3$ 为并行数据输入端;D_{SR} 为右移串行数据输入端;D_{SL} 为左移串行数据输入端;M_0、M_1 为工作方式控制端;以上端子均接逻辑电平开关;CP 为移位脉冲输入端,接正脉冲源;$Q_0 \sim Q_3$ 为并行数据输出端,接逻辑电平显示二极管。其逻辑功能表如表 9-20 所示。

(2) 按表 9-21 列出的输入端的取值,验证 74LS194 的逻辑功能。

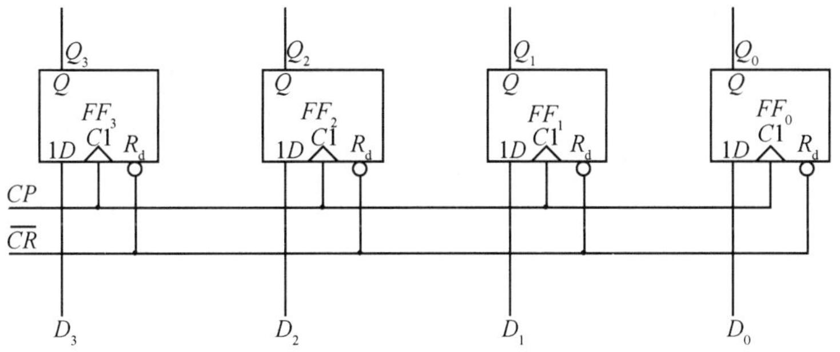

图 9－50　寄存器接线图

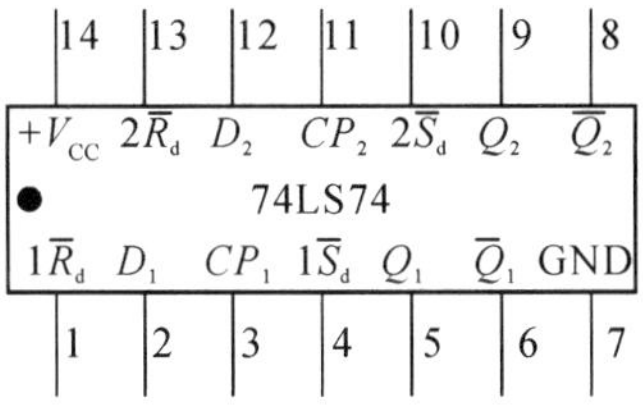

图 9－51　74LS74 管脚图

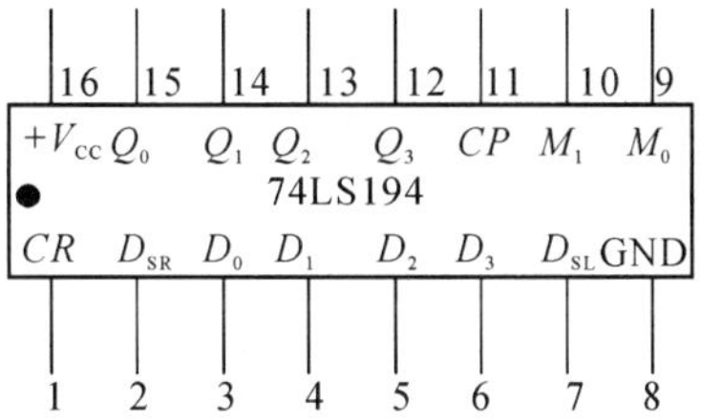

图 9－52　74LS194 管脚图

五、分析与思考

（1）总结本次实验的收获与体会。

（2）图 4－37 的计数器能否自启动？若不把 $Q_3Q_2Q_1Q_0$ 预置成 0001，能否正常工作？

（3）若构成 $M=8$ 的环形计数器，需用多少片 74LS194？试画出线路图。

表 9－21　74LS194 逻辑功能表

输入										输出				功能
CR	M_1	M_0	CP	D_{SL}	D_{SR}	D_0	D_1	D_2	D_3	Q_0^{n+1}	Q_1^{n+1}	Q_2^{n+1}	Q_3^{n+1}	
0	X	X	X	X	X	X	X	X	X	0	0	0	0	清零
1	X	X	0	X	X	X	X	X	X	Q_0^n	Q_1^n	Q_2^n	Q_3^n	保持
1	0	0	X											
1	1	1	↑	X	X	d_0	d_1	d_2	d_3	d_0	d_1	d_2	d_3	送数
1	0	1	↑	X	1	X	X	X	X	1	Q_0^n	Q_1^n	Q_2^n	右移
1	0	1	↑	X	0					0	Q_0^n	Q_1^n	Q_2^n	
1	1	0	↑	1	X	X	X	X	X	Q_1^n	Q_2^n	Q_3^n	1	左移
1	1	0	↑	0	X					Q_1^n	Q_2^n	Q_3^n	0	

注：表中的“送数”指并行置数；“X”表示任取“0”或“1”值。

项目小结

1．触发器具有记忆功能，是构成时序逻辑电路的基本单元。每个触发器能够存储 1 位二进制数据，用它可以组成计数器、寄存器等。

2. 根据触发器逻辑功能的不同，我们又可以把触发器分为 RS 触发器、D 触发器、JK 触发器、T 和 T' 触发器。不同类型触发器之间是可以相互转换的。

3. 时序逻辑电路的输出不仅和输入有关，而且还与电路原来的状态有关，电路的状态由触发器记忆表示出来，这就是时序逻辑电路的特点。

4. 时序逻辑电路的功能可以用状态方程、状态图、状态表、时序图和卡诺图等方法来描述，其分析与设计就是这些方法的综合应用。

5. 计数器的基本功能是对输入脉冲的个数进行计数。根据计数脉冲的输入方式不同可把计数器分为同步计数器和异步计数器。按计数进制的不同又可分为二进制、十进制和任意进制计数器。按计数过程中计数的增减不同又分为加法计数器、减法计数器和可逆计数器。

6. 能够暂时存储二进制数据或代码的电路称为寄存器。寄存器是由具有存储功能的触发器组合起来构成的。寄存器按功能可以分为数据寄存器和移位寄存器。

思考与练习

1. 什么叫触发器？按控制时钟状态可分成哪几类？

2. 触发器当前的输出状态与哪些因素有关？它与门电路按一般逻辑要求组成的逻辑电路有何区别？

3. 在图 9－53(a)中，已知 R 和 S 端输入波形，如图 9－53(b)所示，试画出 Q 端输出波形。

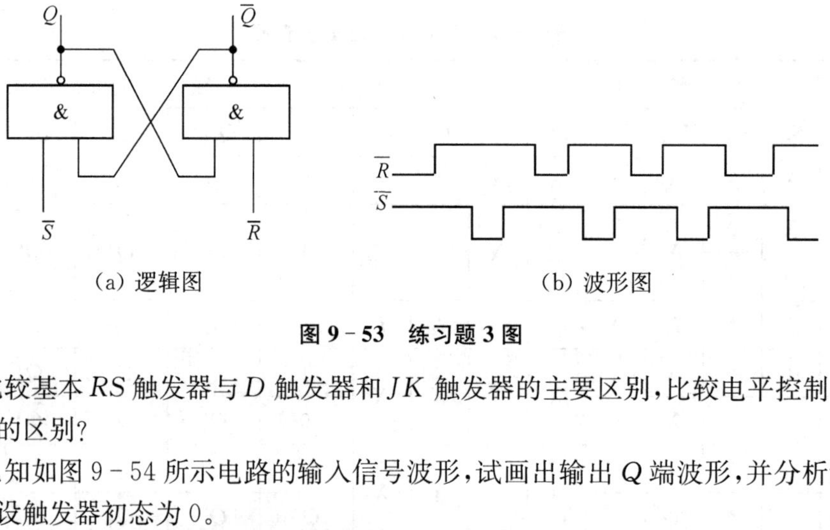

(a) 逻辑图　　(b) 波形图

图 9－53　练习题 3 图

4. 比较基本 RS 触发器与 D 触发器和 JK 触发器的主要区别，比较电平控制与边沿控制触发器的区别？

5. 已知如图 9－54 所示电路的输入信号波形，试画出输出 Q 端波形，并分析该电路有何用途。设触发器初态为 0。

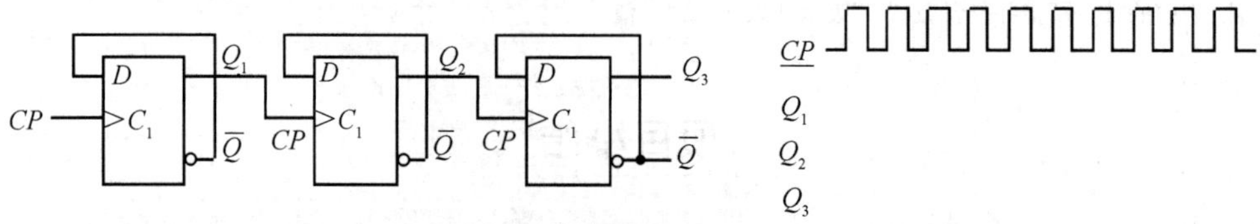

图 9－54　练习题 5 图

6. 如图 9－55 所示，在由 JK 触发器组成的电路中，已知其输入波形，试画出输出波形。设触发器 Q 初态为 0。

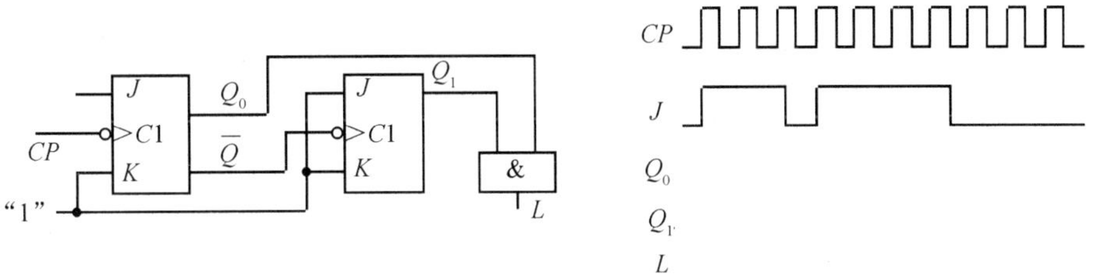

图 9－55　练习题 6 图

7. 如图 9－56 所示为 RS 触发器从一种状态转换为另一种状态的状态转换图，图中的箭头表示状态转换方向，如箭头由 1 指向 0 表示触发器由现态 1 转到次态 0，箭头上方标的 $RS=10$ 是指触发器输入条件，以此类推。试画出 D 触发器、JK 触发器的状态转换图。

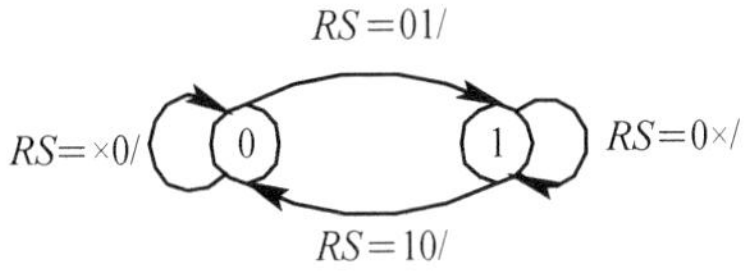

图 9－56　练习题 7 图

8. 时序逻辑电路的特点是什么？它与组合逻辑电路的主要区别在哪里？

9. 时序逻辑电路分析的基本任务是什么？简述时序逻辑电路的分析步骤。

10. 画出如图 9－57 所示电路的状态图，简要说明电路的功能特点。

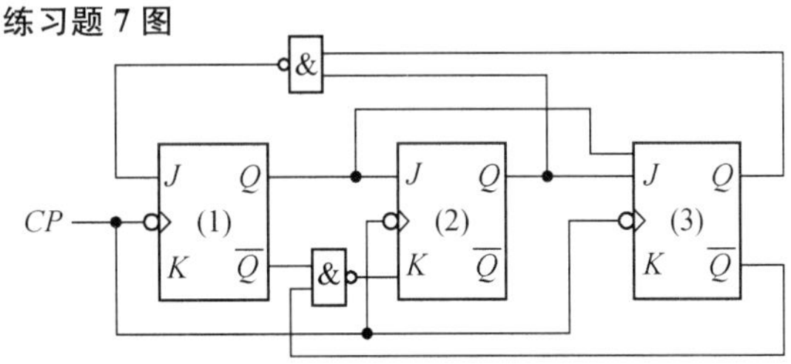

图 9－57　练习题 10 图

11. 画出图 9－58(a)所示电路中 B、C 端的波形。输入端 A、CP 波形如图(b)所示，触发器起始状态为零状态。

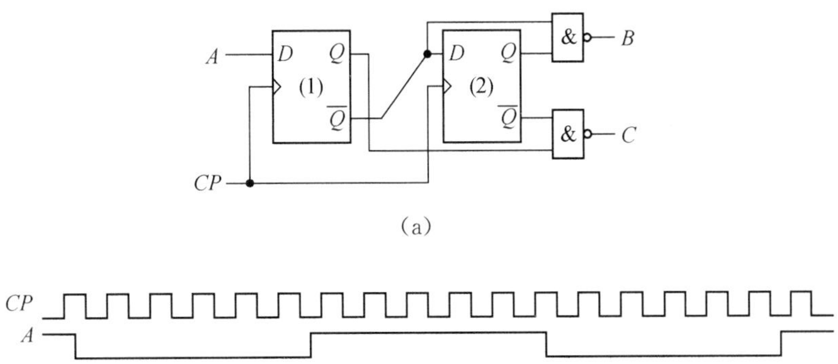

(a)

(b)

图 9－58　练习题 11 图

12. 分析图 9－59 所示电路的逻辑功能。

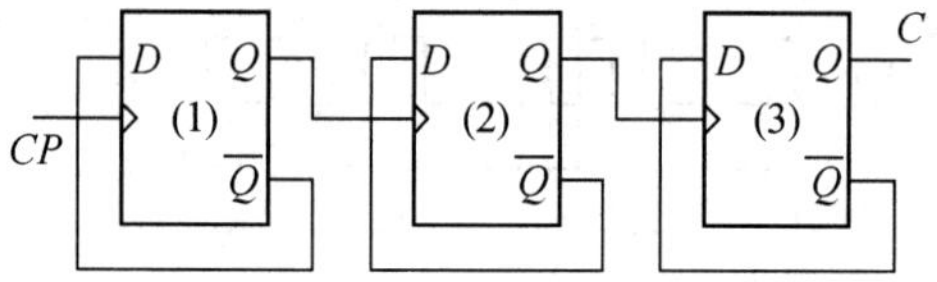

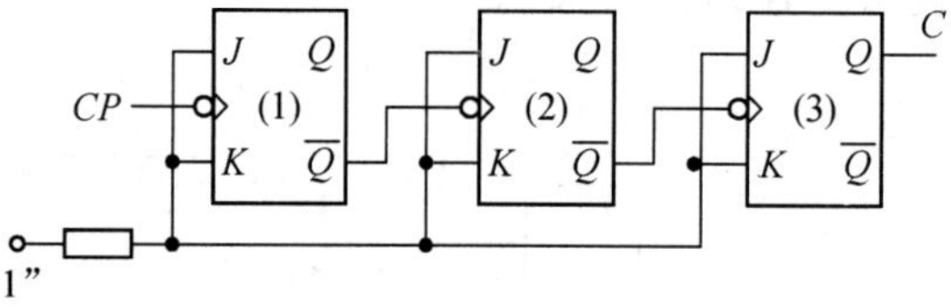

图 9－59 练习题 12 图

项目十　555 定时器电路及应用

555 定时器是一种多用途的数字一模拟混合集成电路，利用它能极方便地构成施密特触发器、单稳态触发器和多谐振荡器。由于它具有应用灵活，性能优越且价格低廉等优点，在电子产品的制作中被人们广泛使用。在实际应用中只要适当改变其外接电路，增加少量的外接器件就能得到多种多样的应用电路。有关 555 集成电路的应用实例有上千种。

555 定时器的产品型号繁多，但所用双极型产品型号最后 3 位数码都是 555，所有 CMOS 型产品型号最后 4 位数码都是 7555。而且，它们的功能和外部引脚的排列完全相同。为了提高集成度，还制作出了双定时器产品 556(双极型)和 7556(CMOS 型)。

任务 10 - 1　555 定时器电路

如图 10 - 1 所示是 555 集成定时器的电路结构及符号。555 集成定时器由五部分组成：分压器、比较器、基本 *RS* 触发器、晶体管开关和输出缓冲器。下面是对它们的简要介绍。

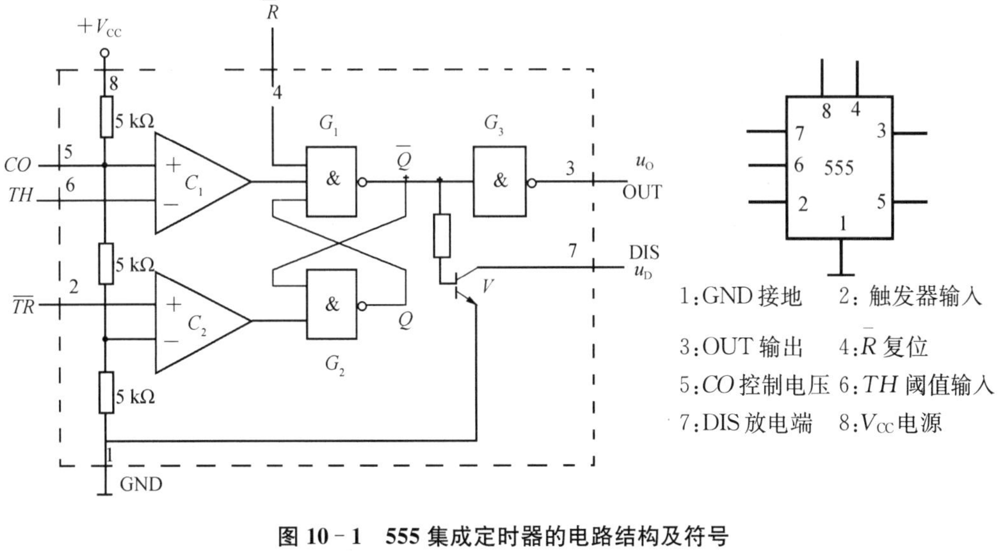

图 10 - 1　555 集成定时器的电路结构及符号

① 分压器。由三个阻值为 5 kΩ 的电阻串联起来构成分压器(555 也因此得名)，为比较器提供两个参考电压。比较器 C_1 的同相输入端 $U_+=(2/3)V_{CC}$，比较器 C_2 的反相输入端为 $U_-=(1/3)V_{CC}$。*CO* 端为外加电压控制端。通过该端的外加电压 U_{co} 可改变 C_1、C_2 的参考电压。工作中不使用 *CO* 端时，一般 *CO* 端都通过一个 0.01 μF 的电容接地，以旁路高频

干扰。

② 比较器。555 有两个完全相同的高精度电压比较器 C_1 和 C_2。当 $U_+ > U_-$ 时，比较器输出高电平（$u_O = V_{cc}$）；当 $U_+ < U_-$ 时，比较器输出低电平（$u_O = 0$）。比较器的输入端基本上不向外电路索取电流，其输入电阻可视为无穷大。

③ 基本 RS 触发器。由两个与非门 G_1、G_2 组成基本 RS 触发器。两个比较器的输出信号 u_{O1} 和 u_{O2} 决定触发器的输出端状态。$\overline{R}$ 是专门设置的可从外部进行置 0 的复位端，当 $\overline{R}=0$ 时，将 RS 触发器预置为 $Q=0$，$\overline{Q}=1$ 状态；当 $\overline{R}=1$ 时，RS 触发器维持原状态不变。

④ 晶体管开关。由 V 管构成。当基极为低电平时，V 管截止；当基极为高电平时，V 管饱和导通，起到开关的作用。

⑤ 输出缓冲器。由非门 G_3 组成，用于增大对负载的驱动能力和隔离负载对 555 集成电路的影响。

任务 10－2　555 定时器的应用

只要改变 555 集成电路的外部附加电路，就可以构成各种各样的应用电路。这里仅介绍施密特触发器、单稳态触发器和振荡器这三种典型应用电路。

1. 555 集成电路构成施密特触发器

如图 10－2 (a)所示，将 TH 和 $\overline{TR}$ 端连接在一起，作为输入端；$\overline{R}$ 端与 V_{cc} 端连接到电源；CO 端通过 0.01 μF 电容接地，就可以构成施密特触发器。

根据图 10－1 可知，当输入信号 u_I 上升到大于 $(2/3)V_{cc}$ 时，$\overline{TR}$ 端电压大于 $(1/3)V_{cc}$，则比较器 C_2 的输出 $u_{O2}=1$，比较器 C_1 的输出 $u_{O1}=0$；使 RS 触发器为 0 状态，即 $Q=0$，$\overline{Q}=1$，经门电路作用后，输出端 $u_O=0$。若 u_I 继续上升，输出状态保持不变。

在输入信号下降过程中，当 u_I 下降到小于 $(1/3)V_{cc}$ 时，TH 端电压小于 $(2/3)V_{cc}$，比较器 C_1 的输出 $u_{O1}=1$，比较器 C_2 的输出 $u_{O2}=0$，使 $Q=1$，$\overline{Q}=0$，经门电路作用后，输出端 $u_O=1$。若 u_I 继续下降，输出状态仍保持不变。当输入信号 u_I 再次上升至大于 $(2/3)V_{cc}$ 时，将重复上述过程。我们把 $U_{T+}=(2/3)V_{cc}$ 称作“上限阈值电压”，$U_{T-}=(1/3)V_{cc}$ 称作“下限阈值电压”，$U_{T+}-U_{T-}$ 称为“回差电压”，其波形如图 10－2(b)所示。

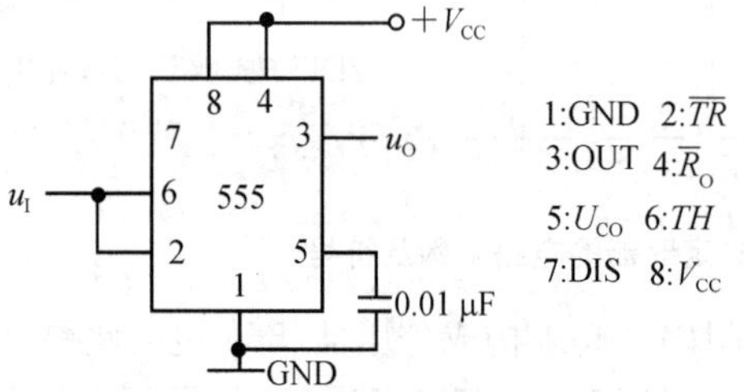

(a) 结构图

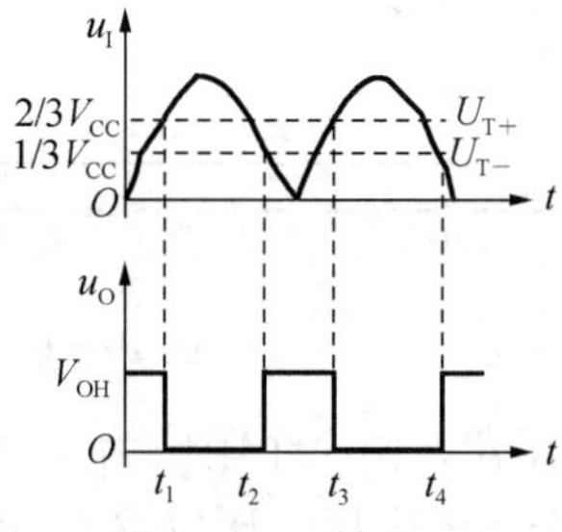

(b) 波形图

图 10－2　555 集成电路构成施密特触发器的电路及波形图

施密特触发器可将正矩形波、三角波、正弦波变换为矩形波，如图 10－3(a)所示；也可将被干扰的不规则的矩形波整形为规则矩形波，如图 10－3(b)所示；还可对输入的随机脉冲的幅度进行鉴别，如图 10－3(c)所示。

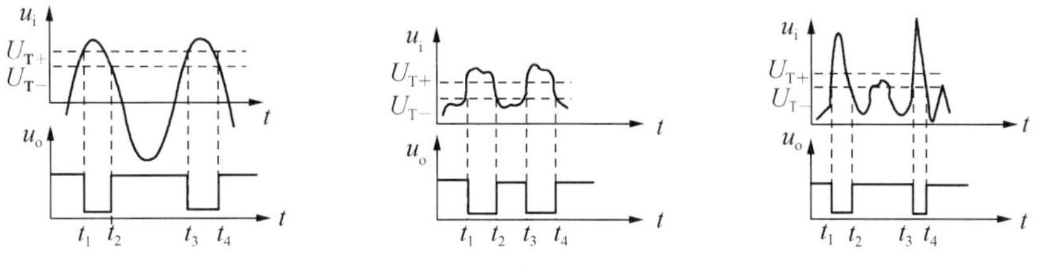

图 10－3　施密特触发器的用途

2. 555 集成电路构成多谐振荡器

如图 10－4 所示，电阻 R_1、R_2 及电容 C 构成了一个充放电电路。在接通电源后，电源 V_{cc} 通过 R_1 和 R_2 对电容 C 充电，充电时间常数 $\tau_1=(R_1+R_2)C$。

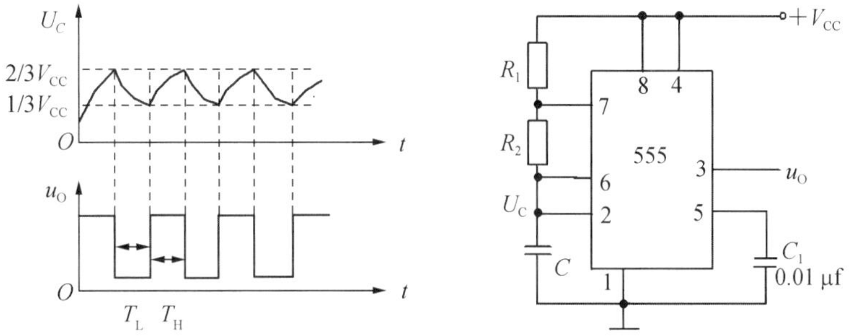

图 10－4　555 集成电路构成多谐振荡器及波形图

接通电源前电容 C 上无电荷，所以接通电源瞬间，C 来不及充电，这时 $u_c=0$，比较器 C_1 的输出为 1，比较器 C_2 输出为 0，基本 RS 触发器为 1 状态($Q=1$，$\bar{Q}=0$)，经非门 G_3 使振荡器输出 $u_O=U_{OH}$($u_O\approx v_{cc}$)。此时，由于与非门 G_2 输出为 0，开关放电管 V 的基极为 0，V 管截止。

随着充电的进行，u_c 逐渐增加，当 u_c 上升到$(2/3)V_{cc}$时，比较器 C_1 的输出跳变为 0，基本 RS 触发器立即翻转到 0 状态($Q=0$，$\bar{Q}=1$)，$u_O=U_{OL}$，V 管饱和导通。此时电容 C 开始放电，放电回路是 $C\to R_2\to V$ 管→地，放电时间常数 $\tau_2=R_2C$(忽略 V 管的饱和电阻 R_{CES})。

当电容 C 放电，当 u_c 下降到$(1/3)V_{cc}$时，比较器 C_2 的输出跳变为 0，基本 RS 触发器立即翻转到 1 状态($Q=1$，$\bar{Q}=0$)，振荡器输出 $u_O=U_{OH}$，V 管截止。

这样，电容 C 不断地充电、放电，使 u_c 在$(1/3)V_{cc}$和$(2/3)V_{cc}$之间不断变化，电路处于振荡状态，从而在输出端得到连续变化的振荡脉冲波形。

脉冲宽度 T_L 由电容 C 的放电时间来决定 $T_L\approx0.7R_2C$。T_H 由电容 C 的充电时间来决定，$T_H\approx0.7(R_1+R_2)C$。脉冲周期 $T\approx T_H+T_L$，如图 10－4 所示。

3. 555 集成电路构成单稳态触发器

如图 10－5(a)所示，电路中的电阻 R 和电容 C 构成充电回路，$\overline{TR}$端采用负脉冲触发，无触发信号即 u_I 为高电平时，电路工作在稳定状态，此时 $Q=0$，$\overline{Q}=1$，$u_o=U_{OL}$，V 管饱和导通。

电源接通后，u_I为高电平，若基本 RS 触发器处于 0 状态，即 $Q=0$，$\overline{Q}=1$，$u_o=U_{OL}$，V 管饱和导通，则这种状态保持不变。

若电源接通后，u_I为高电平，基本 RS 触发器处于 1 状态，$Q=1$，$\overline{Q}=0$ ，$u_o=U_{OH}$、V 管截止，这种状态是不稳定的，经过一段时间，电路会自动返回到稳定状态。因为 V 管截止，电源 V_{CC}会通过定时电阻 R 对定时电容 C 进行充电，u_c 将逐渐升高，当它上升到$(2/3)V_{CC}$时，比较器 C_1的输出为 0，将基本 RS 触发器复位到 0 状态，即 $Q=0$，$\overline{Q}=1$，$u_o=U_{OL}$，V 管饱和导通，电容 C 通过 V 迅速放电，使 $u_c\approx0$，电路又回到稳定状态。

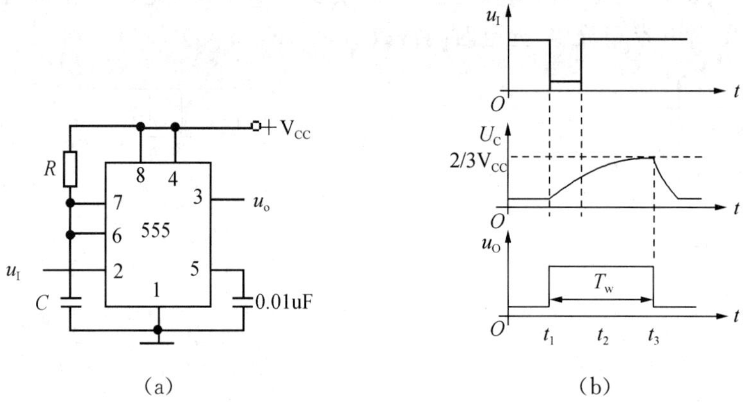

图 10－5　555 构成单稳态触发器及波形

当 u_I下降沿到来时，电路被触发，基本 RS 触发器立即由稳态翻转到暂稳态，即 $Q=1$，$\overline{Q}=0$，$u_o=U_{OH}$，V 管截止。由于 u_I从高电平跳变到低电平时，比较器 C_1的输出跳变为 0，基本 RS 触发器立刻被置成 1 状态，即暂稳态。

在暂稳态期间，电路对定时电容 C 进行充电，充电回路是 $V_{cc}\to R\to C\to$地，充电时间常数 $\tau_1=RC$。在 u_c上升到$(2/3)V_{cc}$以前，电路将保持暂稳态。

随着对 C 充电的进行，u_c逐渐升高，当上升到$(2/3)V_{cc}$时，即将基本 RS 触发器复位到 0 状态，暂稳态结束。

当暂稳态结束后，定时电容 C 将通过饱和导通的 V 管放电，放电时间常数 $\tau_2=R_{CES}C$，经 3～5 个 τ_2后，$u_c\approx0$，电路又回到稳定状态，恢复过程结束。由于 R_{CES}很小，恢复过程较短。

图 10－5(b)所示是单稳态触发器的工作波形，图中输出脉冲的宽度 $T_W\approx1.1RC$，该单稳态触发器的输入触发脉冲宽度小于输出脉冲宽度。

实训　555 定时电路及其应用

一、实验目的

（1）熟悉基本定时电路的工作原理及定时元件 *RC* 对振荡周期和脉冲宽度的影响。

（2）掌握用 555 集成定时器构成定时电路的方法。

二、实验前的预习与准备

（1）复习 555 定时器的结构和工作原理。

（2）复习用 555 定时器构成多谐振荡器、单稳态触发器、施密特触发器等电路的原理。

（3）预习下面“实验内容与步骤”。

三、实验器材

（1）双踪示波器一台；

（2）数字万用表一个；

（3）逻辑电平开关盒，14 脚集成座各一个；

（4）集成电路：NE555 定时器一片；

（5）元器件：① 电阻　300 Ω、2 kΩ、1 kΩ；

② 电位器　10 kΩ；

③ 电容　0.01 μF、0.47 μF、10 μF。

四、实验内容及步骤

1. 用 555 定时器组成多谐振荡器

（1）555 定时器的管脚图如图 10－6 所示。按图 10－7 所示接线，输出端 3 接逻辑电平显示二极管和示波器。

（2）接线完毕，检查无误后，接通电源，555 定时器工作。观察 LED 的变化情况和示波器中的波形。调节 R_W，再观察它们的变化情况。

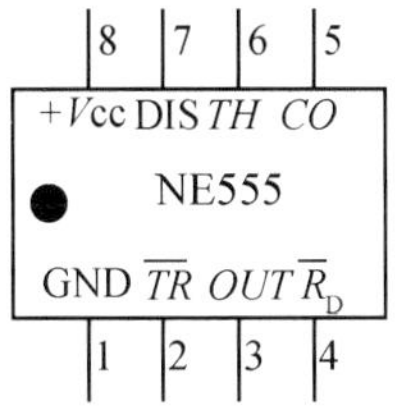

图 10－6　NE555 管脚图

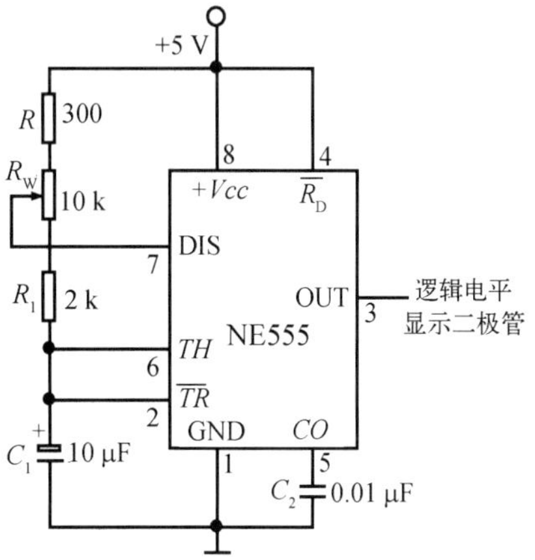

图 10－7　ME555 接线图一

2. 用 555 定时器组成施密特触发器

（1）按图 10－8 所示接线，其中 555 的 2 脚和 6 脚接在一起，并输入实验台的三角波（或正弦波）信号。将输入信号 u_I 和输出信号 u_O 接到示波器的两个输入通道上。

（2）检查接线无误后，接通电源，输入三角波或正弦波，并调节其频率，观察输入信号和输出信号的形状。

（3）调节 R_W 使 5 脚的对地电压发生变化，再观察示波器输出信号的变化情况。

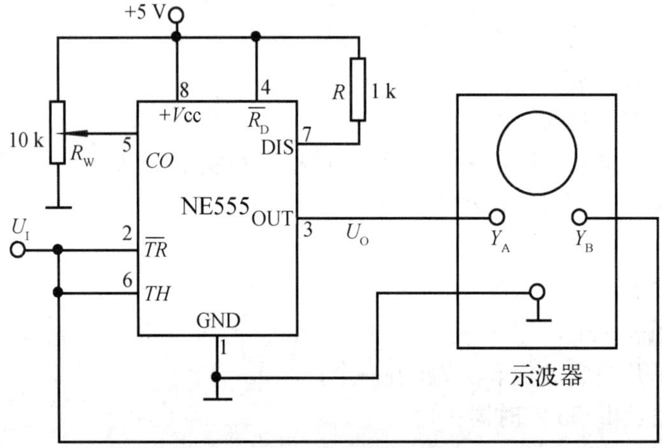

图 10－8　NE555 接线图二

3. 用 555 定时器组成单稳态触发器

（1）按图 10－9 所示接线，u_I 接实验台上的单脉冲源，u_O 接逻辑电平显示二极管。

（2）调节 R_W 使电路中的电阻阻值增大，输入单脉冲，观察 LED 发光时间的变化。

（3）调节 R_W 使电路中的电阻阻值减小，输入单脉冲，观察 LED 发光时间的变化。

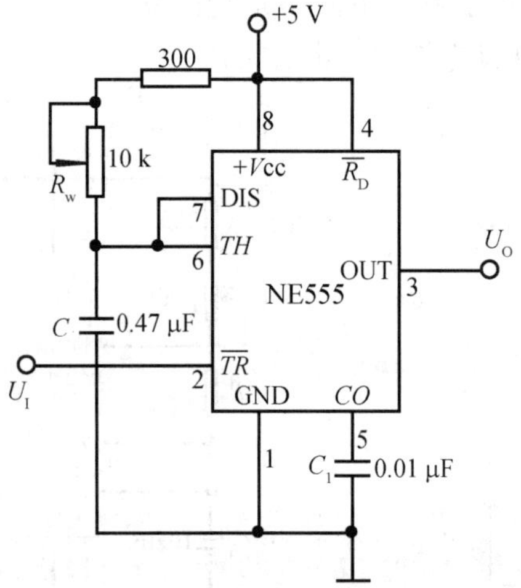

图 10－9　NE555 接线图三

五、分析与思考

（1）对于图 10－7，若要得到秒信号，则电路中的总电阻应为多少？能否调节占空比？

（2）对于图 10－8，回差电压应如何调节？

（3）对于图 10－9，暂稳态时间应如何调节？

项目小结

555 定时器是一种多用途的数字—模拟混合集成电路，利用它能极方便地构成施密特触发器、单稳态触发器和多谐振荡器。由于它具有应用灵活、性能优越且价格低廉等优点，在电子产品的制作中被人们广泛使用。

在实际应用中只要适当改变 555 定时器的外接电路，增加少量的外接器件就能得到多种多样的应用电路。

思考与练习

1. 555 定时器由哪几部分组成？各部分功能是什么？
2. 施密特电路具有哪些特点？其主要用途是什么？
3. 施密特触发器有哪几种应用？什么叫回差电压？回差电压对整形波形有何影响？
4. 试分析如图 10－10 所示构成何种电路，并对应输入波形画出 u_o 波形。

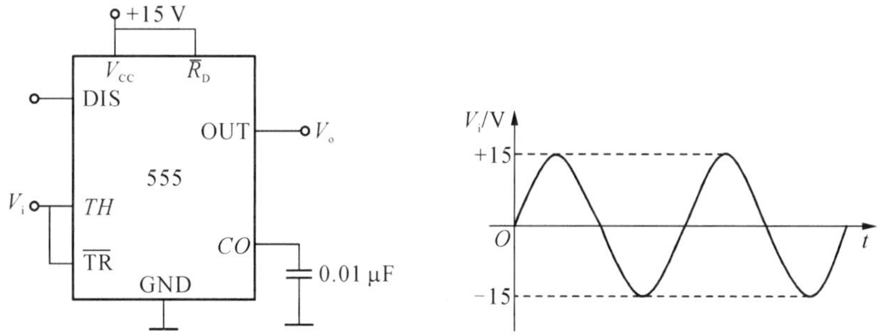

图 10－10　练习题 4 电路图

5. 由 555 定时器构成的多谐振荡器如图 10－11 所示，已知 $V_{CC}=12$ V，$C=0.1$ μF，$R_1=15$ kΩ，$R_2=22$ kΩ。(1) 试求多谐振荡器的振荡周期。(2) 画出 u_c 和 u_o 波形。

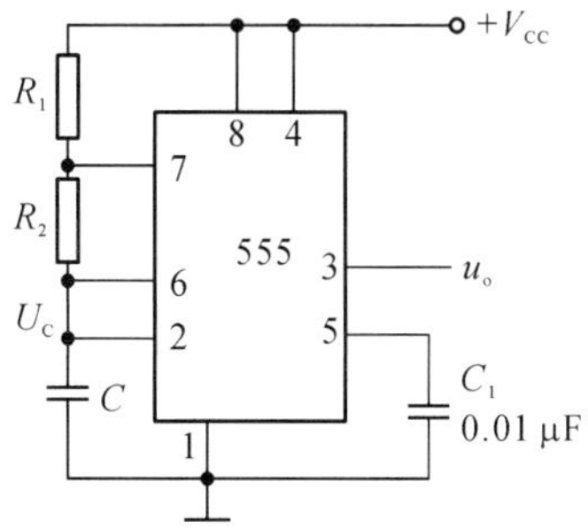

图 10－11　练习题 5 电路图

6. 555 集成电路有哪些应用？叙述由其构成单稳态触发器的工作原理。单稳态触发器输出脉冲宽度应如何调整？

项目十一　数/模和模/数转换电路

在过程控制和信息处理中遇到的大多是连续变化的物理量，如话音、温度、压力、流量等，它们的值都是随时间连续变化的。工程上要求处理这些信号，首先要经过传感器，将这些物理量变成电压、电流等电信号模拟量，再经模拟－数字转换器变成数字量后才能送给计算机或数字控制电路进行处理。处理的结果又需要经过数字－模拟转换器变成电压、电流等模拟量实现自动控制。如图 11－1 所示为一个典型的数字控制系统框图。可以看出，A/D转换(模拟/数字转换)和 D/A 转换(数字/模拟转换)是现代数字化设备中不可缺少的部分。它是数字电路和模拟电路的中间接口电路。

图 11－1　典型的数字控制系统

本章主要介绍 A/D、D/A 转换的原理，几种常用的转换方法及常用 A/D、D/A 转换器的应用。

任务 11－1　模/数转换(A/D)电路

任务 11－1－1　A/ D 转换的基本原理

A/D 转换器(ADC)是一种将输入的模拟量转换为数字量的转换器。要实现将连续变化的模拟量变为离散的数字量，通常要经过 4 个步骤：采样、保持、量化和编码。一般前两步由采样保持电路完成，量化和编码由 ADC 来完成。

1. 采样与保持

所谓采样，就是将一个时间上连续变化的模拟量转化为时间上离散变化的模拟量的过程。模拟信号的采样过程如图 11－2 所示。其中，$u_I(t)$为输入模拟信号，$u_O(t)$为输出模拟信号。采样过程的实质就是将连续变化的模拟信号变成一串等距不等幅的脉冲。

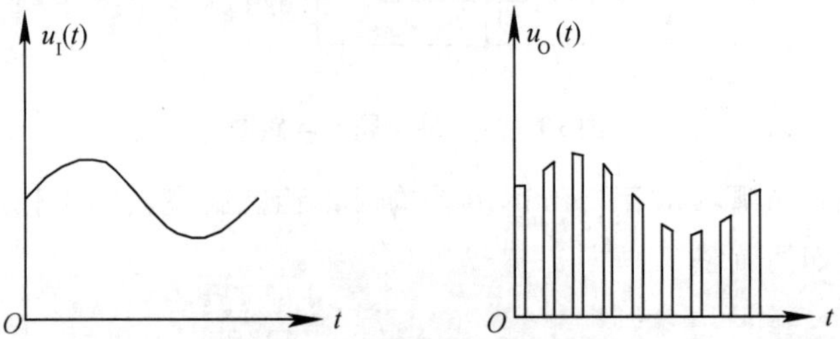

图 11－2　信号的采样过程

采样的宽度往往是很窄的，为了使后续电路能很好地对这个采样结果进行处理，通常需要将采样结果存储起来，直到下次采样，这个过程称作保持。一般，采样器和保持电路一起总称为采样保持电路。如图 11－3(a)所示是常见的采样保持电路，图 11－3(b)是采样保持过程的示意图。开关 S 闭合时，输入模拟量对电容 C 充电，这是采样过程；开关 S 断开时，电容 C 上的电压保持不变，这是保持过程。

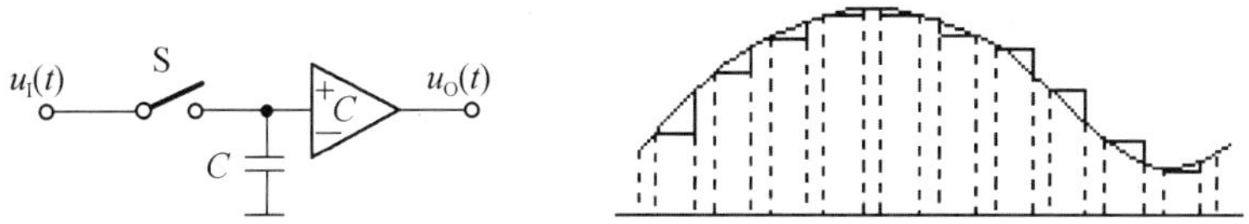

(a) 采样保持电路　　(b) 采样保持示意图

图 11－3　采样保持电路及波形

2. 量化与编码

采样的模拟电压经过量化编码电路后转换成一组 n 位的二进制数输出。采样保持电路的输出，即量化编码的输入仍然是模拟量，它可取模拟输入范围里的任何值。如果输出的数字量是 3 位二进制数，则仅可取 000～111 八种可能值，因此用数字量表示模拟量时，需先将采样电平归一化为与之接近的离散数字电平，这个过程称作量化。由零到最大值(U_{max})的模拟输入范围被划分为 1/8,2/8,…,7/8 共 2^3-1 个值，称为量化阶梯。而相邻量化阶梯之间的中点值 1/16,3/16,…,13/16 称为比较电平。采样后的模拟值同比较电平相比较，并赋给相应的量化阶梯值。例如，采样值为$(7/32)U_{max}$，相比较后赋值为$(2/8)U_{max}$。

把量化的数值用二进制数来表示称作编码。编码有不同的方式。例如上述的量化值$(2/8)U_{max}$，若将其用三位自然加权二进制码编码，则为 010。

任务 11－1－2　A/D 转换器的类型

模数转换电路很多，按比较原理分，归根结底只有两种：直接比较型和间接比较型。直接比较型就是将输入模拟信号直接与标准的参考电压比较，从而得到数字量。这种类型常见的有并行 ADC 和逐次比较型 ADC。间接比较型电路中，输入模拟量不是直接与参考电压比较的，而是将二者变为中间的某种物理量再进行比较，然后将比较所得的结果进行数字编码。这种类型常见的有双积分式 V－T 转换和电荷平衡式 V－F 转换。

1. 直接 ADC

(1) 并行 ADC

如图 11－4 所示是输出为三位的并行 A/D 转换的原理电路。8 个电阻将参考电压分成 8 个等级。其中 7 个等级的电压分别作为 7 个比较器的比较电平。输入的模拟电压经采样保持后与这些比较电平进行比较。当模拟电压高于比较器的比较电平时，比较器输出为 1；当模拟电压低于比较器的比较电平时，比较器输出为 0。比较器的输出状态由 D 触发器存储，并送给编码器，经过编码器编码得到数字输出量。如表 11－1 所示为该电路的转换真值表。

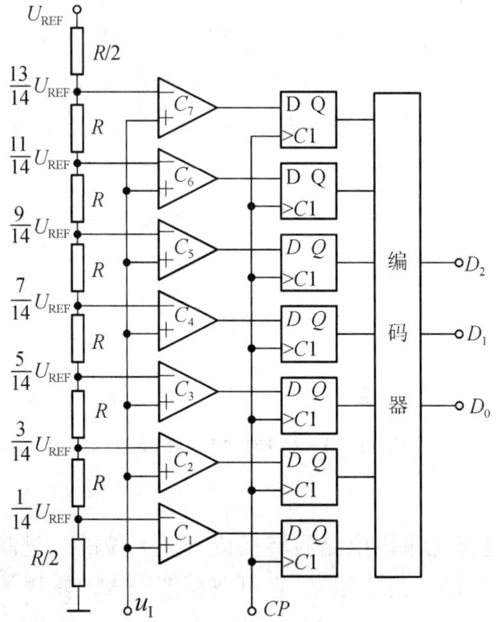

图 11-4 三位并行 A/D 转换原理电路

表 11-1 三位并行 ADC 转换真值表

	比较器输出							数字输出		
输入模拟信号	C_7	C_6	C_5	C_4	C_3	C_2	C_1	D_2	D_1	D_0
$0<U_1<U_{REF}/14$	0	0	0	0	0	0	0	0	0	0
$U_{REF}/14<U_1<3U_{REF}/14$	0	0	0	0	0	0	1	0	0	1
$3U_{REF}/14<U_1<5U_{REF}/14$	0	0	0	0	0	1	1	0	1	0
$5U_{REF}/14<U_1<7U_{REF}/14$	0	0	0	0	1	1	1	0	1	1
$7U_{REF}/14<U_1<9U_{REF}/14$	0	0	0	1	1	1	1	1	0	0
$9U_{REF}/14<U_1<11U_{REF}/14$	0	0	1	1	1	1	1	1	0	1
$11U_{REF}/14<U_1<13U_{REF}/14$	0	1	1	1	1	1	1	1	1	0
$13U_{REF}/14<U_1<U_{REF}$	1	1	1	1	1	1	1	1	1	1

对于 n 位输出二进制码，并行 ADC 就需要 2^n-1 个比较器。显然，随着位数的增加所需硬件将迅速增加，当 $n>4$ 时，并行 ADC 较复杂，一般很少采用。因此并行 ADC 适用于速度要求很高，而输出位数较少的场合。

(2) 逐次比较型 ADC

逐次比较型 ADC，又叫逐次逼近 ADC，是目前用得较多的一种 ADC。如图 11-5 所示为 4 位逐次比较型 ADC 的原理框图。它由比较器 C、电压输出型 DAC 及逐次比较寄存器(简称 SAR)组成。

其工作原理描述如下。

首先，使逐次比较寄存器的最高位 B_1 为“1”，并输入到 DAC。经 DAC 转换为模拟输出

$(U_{REF}/2)$。该量与输入模拟信号在比较器中进行第一次比较。如果模拟输入大于 DAC 输出，则 $B_1=1$ 在寄存器中保存；如果模拟输入小于 DAC 输出，则 B_1 被清除为 0。然后 SAR 继续令 B_2 为 1，连同第一次比较结果，经 DAC 转换再同模拟输入比较，并根据比较结果，决定 B_2 在寄存器中的取舍。如此逐位进行比较，直到最低位比较完毕，整个转换过程结束。这时，DAC 输入端的数字即为模拟输入信号的数字量输出。

假定模拟输入的变化范围为 $(9/16)U_{REF}\sim(10/16)U_{REF}$，如图 11-6 所示为上述转换过程的时序波形。

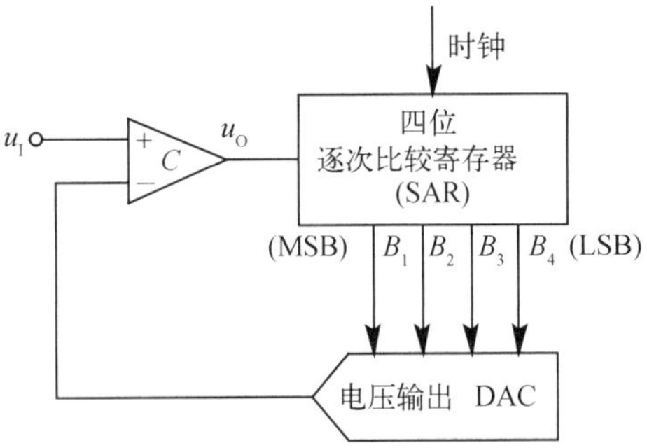

图 11-5　4 位逐次比较型 ADC 原理框图

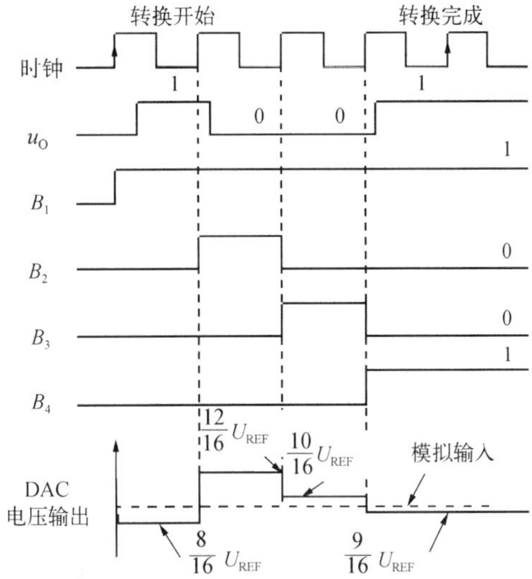

图 11-6　4 位逐次比较型 ADC 转换时序波形

逐次比较型 ADC 具有速度快，转换精度高的优点，目前应用相当广泛。

2. 间接 ADC

(1) 双积分型

双积分型 ADC 又称双斜率 ADC。它的基本原理是：对输入模拟电压和参考电压分别进行两次积分，变换成和输入电压平均值成正比的时间间隔，利用计数器测出时间间隔，计数器的输出就是转换后的数字量。

如图 11-7 所示为双积分型 ADC 的电路图。该电路由运算放大器 C 构成的积分器、检零比较器 C_1、时钟输入控制门 G、定时器和计数器等组成。下面分别介绍它们的功能。

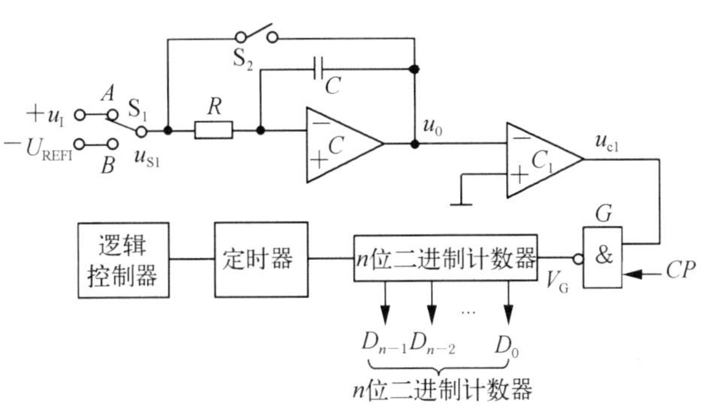

图 11-7　双积分型 ADC 电路图

积分器。由集成运放和 RC 积分环节组成，其输入端接控制开关 S_1。S_1 由定时信号控制，可以将极性相反的输入模拟电压和参考电压分别加在积分器，进行两次方向相反的积分。其输出接比较器的输入端。

检零比较器。其作用是检查积分器输出电压过零的时刻。当 $U_o>0$ 时，比较器输出 $U_{C1}=0$；当 $U_o<0$ 时，比较器输出 $U_{C1}=1$。比较器的输出信号接时钟控制门的一个输入端。

时钟输入控制门 G。标准周期为 T_{CP} 的时钟脉冲 CP 接在控制门 G 的一个输入端。另一个输入端由比较器的输出 U_{C1} 进行控制。当 $U_{C1}=1$ 时，允许计数器对输入时钟脉冲的个数进行计数；当 $U_{C1}=0$ 时，禁止时钟脉冲输入到计数器。

定时器和计数器。计数器对时钟脉冲进行计数。当计数器计满（溢出）时，定时器被置 1，发出控制信号使开关 S_1 由 A 接到 B，从而可以开始对 U_{REF} 进行积分。

其工作过程可分为两段，如图 11－8 所示。

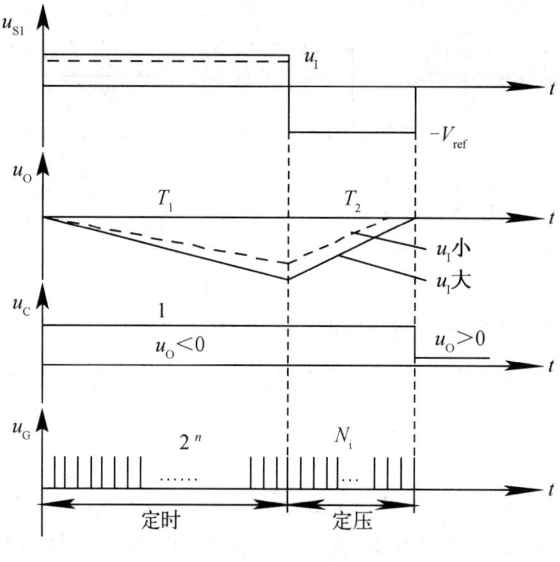

图 11－8 双积分型 ADC 波形图

第一段对模拟输入积分。此时，电容 C 放电为 0，计数器复位，控制电路使 S_1 接通模拟输入 u_I，用集成运算放大器 C 构成的积分器开始对 u_I 积分，积分输出为负值，U_{C1} 输出为 1，计数器开始计数。计数器溢出后，发出控制信号使 S_1 接通参考电压 U_{REF}，积分器结束对 u_I 积分。这段的积分输出波形为一段负值的线性斜坡。积分时间 $T_1=2^n T_{CP}$，n 为计数器的位数。因此该阶段又称为定时积分。

第二段对参考电压积分，又称定压积分。因为参考电压与输入电压极性相反，可使积分器的输出又以斜率相反的线性斜坡恢复为 0。回 0 后结束对参考电压积分，比较器的输出 U_{C1} 为 0。通过控制门 G 的作用，禁止时钟脉冲输入，计数器停止计数。此时计数器的计数值 $D_0 \sim D_{n-1}$ 就是转换后的数字量。此阶段的积分时间 $T_2=N_i T_{CP}$，N_i 为此定压积分段计数器的计数个数。输入电压 u_I 越大，N_i 越大。

(2) 电压/频率转换器

电压/频率转换器（VFC）根据电荷平衡的原理，将输入的模拟电压转换成与之成正比的频率信号输出。把该频率信号送入计数器定时计数，就可以得到与输入模拟电压成正比的二进制数字量。因此，VFC 可以作为 A/D 转换器的前置电路，实现模拟到数字量的转换，它是一种间接 ADC。

任务 11－2　数/模转换(D/A)电路

任务 11－2－1　D/A 转换的基本原理

D/A 转换器(DAC)就是一种将离散的数字量转换为连续变化的模拟量的电路。数字量是用代码按数位组合起来表示的，每位代码都有一定的权。为了将数字量转换为模拟量，必须将每一位的代码按其权的大小转换成相应的模拟量，然后将代表每位的模拟量相加，所得的总模拟量就与数字量成正比。这是 D/A 转换器的基本指导思想。

如图 11－9 所示为数模转换的示意图。D/A 转换器将输入的二进制数字量转换成相应的模拟电压，经运算放大器 A 的缓冲，输出模拟电压 u_O。

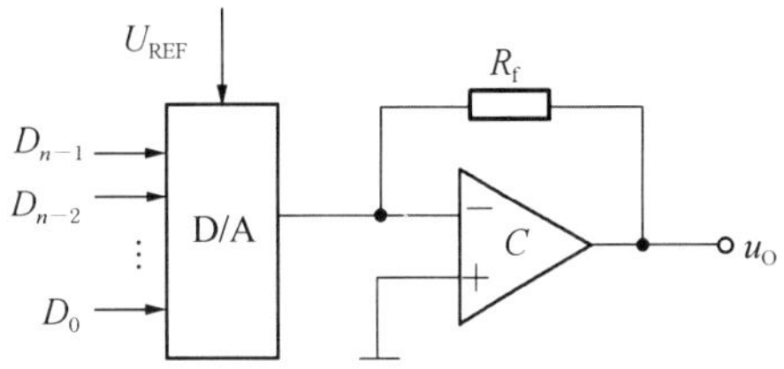

图 11－9　数模转换的示意图

图中，$D_0 \sim D_{n-1}$ 为输入的 n 位二进制数字量(其十进制最大值为 2^{n-1})，D_0 为最低位(LSB)，D_{n-1} 为最高位(MSB)，u_O 为输出模拟量，U_{REF} 为实现转换所需的参考电压(又称基准电压)。三者应满足下列关系式：

$$u_O = X \cdot \frac{U_{REF}}{2^n}$$

其中，

$$X = (D_{n-1}2^{n-1} + D_{n-2}2^{n-2} + \cdots + D_i 2^i + D_1 2^1 + D_0 2^0)$$

为二进制数字量所代表的十进制数。所以

$$u_O = \frac{U_{REF}}{2^n}(D_{n-1}2^{n-1} + D_{n-2}2^{n-2} + \cdots + D_i 2^i + D_1 2^1 + D_0 2^0)$$

例如当 $n=3$、参考电压为 10 V 时，D/A 转换器输入二进制数和转换后的输出模拟电压量如表 11－2 所示。我们看到，当二进制数增加时，示波器显示的模拟输出电压将增加。

表 11－2　D/A 转换输出模拟电压表

输 入	000	001	010	011	100	101	110	111
U_o/V	0	1.25	2.5	3.75	5	6.25	7.5	8.75

一般来说，D/A 转换器的基本组成有四部分，即电阻译码网络、模拟开关、基准电源和求和运算放大器。

任务 11－2－2　D/A 转换器的类型

按工作原理分，D/A 转换器可分为两大类：权电阻网络 D/A 转换器和 T 型电阻网络

D/A 转换器；按工作方式分有电压相加型 D/A 转换器及电流相加型 D/A 转换器；按输出模拟电压极性又可分为单极性 D/A 转换和双极性 D/A 转换。这里介绍几种常见的 D/A 转换电路。

1. 权电阻 DAC

4 位二进制权电阻 DAC 的电路如图 11－10 所示。

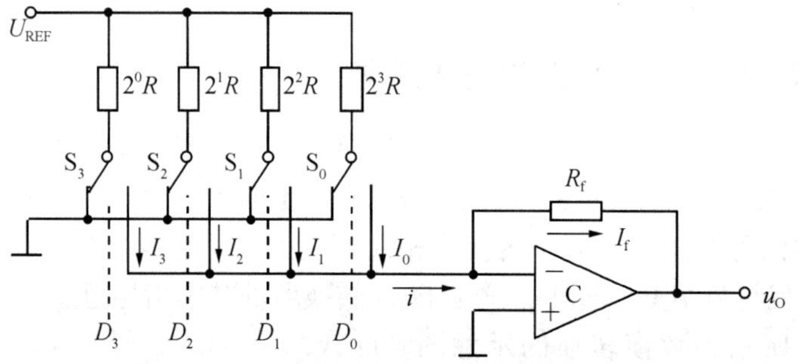

图 11－10 权电阻 DAC 电路原理图

由图可以看出，此类 DAC 由权电阻网络、模拟开关和运算放大器组成。U_{REF} 为基准电源。电阻网络的各电阻的值呈二进制权的关系，并与输入二进制数字量对应的位权成比例关系。

输入数字量 D_3、D_2、D_1 和 D_0 分别控制模拟电子开关 S_3、S_2、S_1 和 S_0 的工作状态。当 D_i 为“1”时，开关 S_i 接通参考电压 U_{REF}；反之当 D_i 为“0”时，开关 S_i 接地。这样流过所有电阻的电流之和 I 就与输入的数字量成正比。求和运算放大器总的输入电流为

$$
\begin{aligned}
i &= I_0 + I_1 + I_2 + I_3 \\
&= \frac{U_{REF}}{2^3R}D_0 + \frac{U_{REF}}{2^2R}D_1 + \frac{U_{REF}}{2^1R}D_2 + \frac{U_{REF}}{2^0R}D_3 \\
&= \frac{U_{REF}}{2^3R}(2^0D_0 + 2^1D_1 + 2^2D_2 + 2^3D_3) \\
&= \frac{U_{REF}}{2^3R}\sum_{i=0}^{3}2^iD_i
\end{aligned}
$$

若运算放大器的反馈电阻 $R_f = R/2$，由于运放的输入电阻无穷大，所以 $I_f = i$，则运放的输出电压为

$$
\begin{aligned}
u_O &= -I_fR_f = -\frac{R}{2}\times\frac{U_{REF}}{2^3R}\sum_{i=0}^{3}2^iD_i \\
&= -\frac{U_{REF}}{2^4}\sum_{i=0}^{3}2^iD_i
\end{aligned}
$$

对于 n 位的权电阻 D/A 转换器，其输出电压为

$$u_O = -\frac{U_{REF}}{2^n}\sum_{i=0}^{n-1}2^iD_i$$

由上式可以看出，二进制权电阻 D/A 转换器的模拟输出电压与输入的数字量成正比关系。当输入数字量全为 0 时，DAC 输出电压为 0 V；当输入数字量全为 1 时，DAC 输出电压为$-U_{REF}\left(1-\frac{1}{2^n}\right)$。权电阻网络 DAC 的优点是电路结构简单，适用于各种权码。其主要缺点是构成网络电阻的阻值范围较宽，品种较多。为保证 D/A 转换的精度，要求电阻的阻值很精确，这给生产带来了一定的困难。因此在集成电路中很少采用。

2. 倒 T 型 DAC

如图 11－11 所示为 4 位 R-2R 倒 T 型 D/A 转换器。此 DAC 由倒 T 型电阻网络、模拟开关和运算放大器组成，其中，倒 T 型电阻网络由 R、$2R$ 两种阻值的电阻构成。输入数字量 D_3、D_2、D_1 和 D_0 分别控制模拟电子开关 S_3、S_2、S_1 和 S_0 的工作状态。当 D_i 为“1”时，开关 S_i 接通右边，相应的支路电流流入运算放大器；当为“0”时，开关 S_i 接通左边，相应的支路电流流入地。

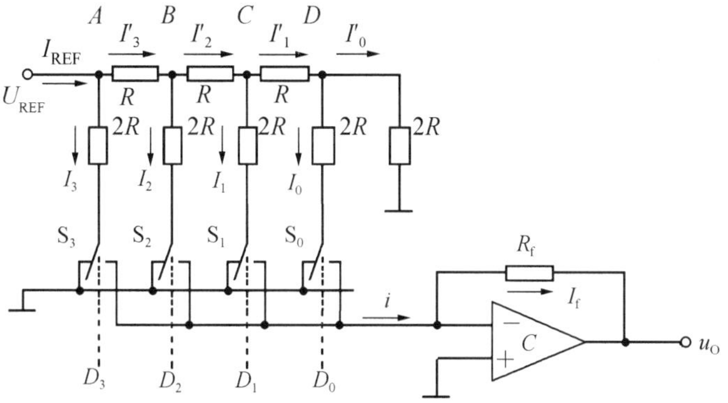

图 11－11　4 位 R－2R 倒 T 型 D/A 转换器

根据运算放大器虚短路的概念不难看出，分别从虚线 A、B、C、D 向右看的两端网络等效电阻都是 $2R$，所以

$$I_3=I_3'=I_{REF}/2,\qquad I_2=I'_2=I'_3/2=I_{REF}/4,$$

$$I_1=I'_1=I'_2/2=I_{REF}/8,\qquad I_0=I'_0=I'_1/2=I_{REF}/16$$

其中 I_{REF} 为基准电压 U_{REF} 输出的总电流，即 $I_{REF}=U_{REF}/R$。假设所有开关都接右边，则有：

$$i=I_0+I_1+I_2+I_3=\frac{U_{REF}}{R}\left(\frac{1}{16}+\frac{1}{8}+\frac{1}{4}+\frac{1}{2}\right)$$

由于输入的二进制数控制模拟开关，$D_i=1$ 表示开关接通右边，故有：

$$i=\frac{U_{REF}}{R}\left(\frac{D_0}{2^4}+\frac{D_1}{2^3}+\frac{D_2}{2^2}+\frac{D_3}{2^1}\right)$$

推广到 n 位，则有：

$$i=\frac{U_{REF}}{R}\left(\frac{D_0}{2^n}+\frac{D_1}{2^{n-1}}+\frac{D_2}{2^{n-2}}+\cdots+\frac{D_{n-1}}{2^1}\right)$$

$$= \frac{U_{REF}}{2^n R}(D_0 2^0 + D_1 2^1 + D_2 2^2 + \cdots + D_{n-1} 2^{n-1})$$

$$= -\frac{U_{REF}}{2^n R}\sum_{i=0}^{n-1} 2^i D_i$$

若 $R_f = R$，则运算放大器 C 的输出为

$$u_0 = -R_f i = -\frac{U_{REF} R_f}{2^n R}(D_0 2^0 + D_1 2^1 + D_2 2^2 + \cdots + D_{n-1} 2^{n-1})$$

$$= -\frac{U_{REF} R_f}{2^n R}(D_0 2^0 + D_1 2^1 + D_2 2^2 + \cdots + D_{n-1} 2^{n-1})$$

$$= -\frac{U_{REF}}{2^n}\sum_{i=0}^{n-1} 2^i D_i$$

倒 T 型 DAC 的特点是：模拟开关不管处于什么位置，流过各支路 $2R$ 的电流总是接近于恒定值；该 D/A 转换器只采用 R 和 $2R$ 两种电阻，故在集成芯片中应用非常广泛，是目前 D/A 转换器中速度最快的一种。

3. *电流激励* DAC

上述几种 DAC，模拟开关的导通电阻都串联接于各支路中，这就不可避免地要产生压降，而引起转换误差。为了克服这一缺点，提高 DAC 的转换精度，又出现了电流激励 DAC，如图 11－12 所示是其基本工作原理电路图。

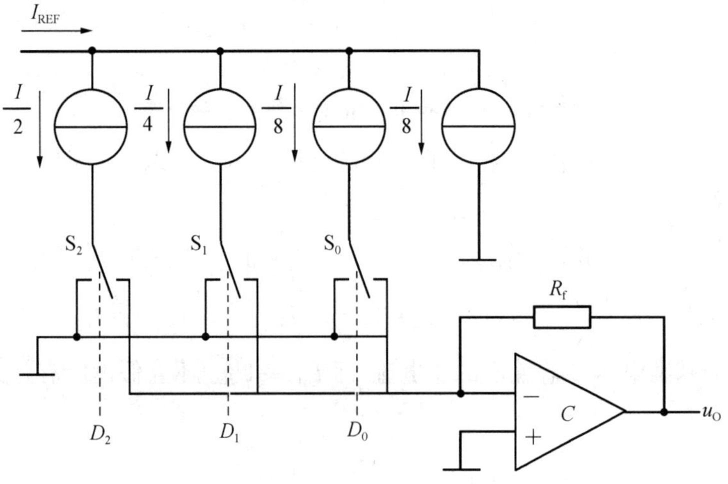

图 11－12　电流激励 DAC 工作原理图

在图 11－12 中，电阻网络被呈二进制“权”关系的恒流源所代替，输入数字量 D_0、D_1、D_2 通过模拟开关 S_0、S_1、S_2 分别控制相应的恒流源连接到输出端或地。由于采用恒流源，所以模拟开关的导通电阻对转换精度无影响。容易得出，这时的输出电压为

$$u_O = -IR_f\left(\frac{D_2}{2} + \frac{D_1}{2^2} + \frac{D_0}{2^3}\right)$$

任务 11-3　常用 ADC 芯片简介

各种类型的单片机集成 ADC 有很多种，读者可根据自己的要求参阅手册进行选择。这里主要介绍两种集成 ADC 和一个应用实例。

1. ADC0809

ADC0809 是一种逐次比较型 ADC。它是采用 CMOS 工艺制成的 8 位 8 通道 A/D 转换器，采用 28 只引脚的双列直插封装，其原理图和引脚图如图 11-13 所示。

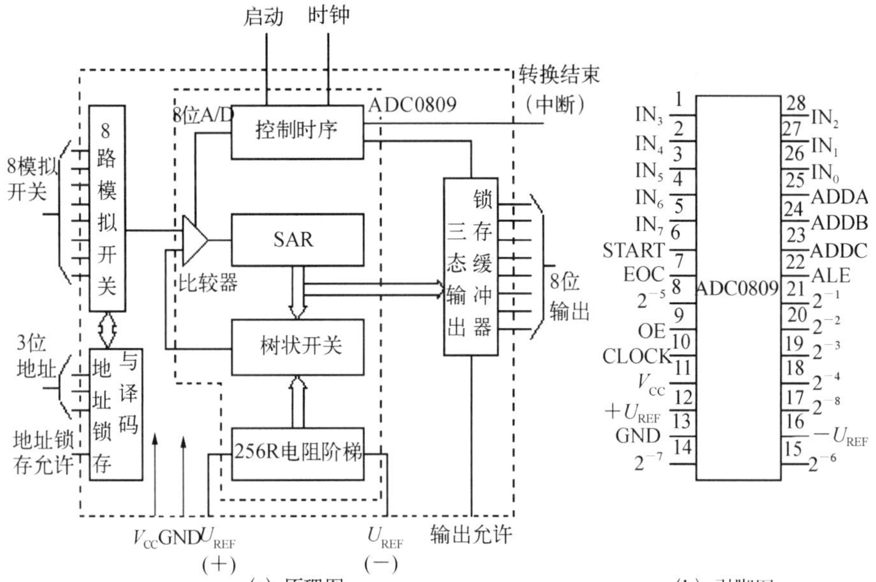

(a) 原理图　　(b) 引脚图

图 11-13　ADC0809 原理图和引脚图

该转换器有三个主要组成部分：256 个电阻组成的电阻阶梯及树状开关、逐次比较寄存器 SAR 和比较器。电阻阶梯和树开关是 ADC0809 的特点。ADC0809 与一般逐次比较 ADC 另一个不同点是，它含有一个 8 通道单端信号模拟开关和一个地址译码器。地址译码器选择 8 个模拟信号之一送入 ADC 进行 A/D 转换，因此适用于数据采集系统。如表11-3 所示为通道选择表。

图 11-13(b)中各引脚功能如下：

① $IN_0 \sim IN_7$ 是 8 路模拟输入信号。

② ADDA、ADDB、ADDC 为地址选择端。

③ $2^{-1} \sim 2^{-8}$ 为变换后的数据输出端。

④ START(6 脚)是启动输入端。输入启动脉冲的下降沿使 ADC 开始转换。脉冲宽度要求大于 100 ns。

表 11-3　通道选择表

地址输入			选中通道
ADDC	ADDB	ADDA	
0	0	0	IN_0
0	0	1	IN_1
0	1	0	IN_2
0	1	1	IN_3
1	0	0	IN_4
1	0	1	IN_5
1	1	0	IN_6
1	1	1	IN_7

⑤ ALE(22 脚)是通道地址锁存输入端。当 ALE 上升沿来到时，地址锁存器可对 ADDA、ADDB、ADDC 锁定。为了稳定锁存地址，即为了在 ADC 转换周期内模拟多路转换开关稳定地接通在某一通道，ALE 脉冲宽度应大于 100 ns。下一个 ALE 上升沿允许通道地址更新。实际使用中，要求 ADC 开始转换之前地址就应锁存，所以通常将 ALE 和 START 连在一起，使用同一个脉冲信号，上升沿锁存地址，下降沿启动转换。

⑥ OE(9 脚)为输出允许端，它控制 ADC 内部三态输出缓冲器。当 OE=0 时，输出端为高阻态，当 OE=1 时，允许缓冲器中的数据输出。

⑦ EOC(7 脚)是转换结束信号，由 ADC 内部控制逻辑电路产生。EOC=0 表示转换正在进行，EOC=1 表示转换已经结束。因此 EOC 可作为微机的中断请求信号或查询信号。显然只有当 EOC=1 以后，才可以让 OE 为高电平，这时读出的数据才是正确的转换结果。

2. MC14433

MC14433 是 $3\frac{1}{2}$CMOS 双积分型 A/D 转换器。所谓 $3\frac{1}{2}$位，是指输出数字量的 4 位十进制数，最高位仅有 0 和 1 两种状态，而低三位则每位都有 0～9 十种状态。MC14433 把线性放大器和数字逻辑电路同时集成在一个芯片上。它采用动态扫描输出方式，其输出是按位扫描的 BCD 码。使用时只需外接两个电阻和两个电容，即可组成具有自动调零和自动极性转换功能的 A/D 转换系统。它是数字面板表的通用器件，也可用在数字温度计、数字量具和遥测/遥控系统中。

(1) 电路框图及引脚说明

MC14433 原理电路和引脚图如图 11-14 所示。该电路包括多路选择开关、CMOS 模拟电路、逻辑控制电路、时钟和锁存器等。它采用 24 只引脚，双列直插封装。它与国产同类产品 5G14433 的功能、外形封装、引脚排列以及参数性能均相同，可以替换使用。

各引脚功能说明如下：

V_{ag}：模拟地，作为输入模拟电压和参考电压的参考点。

V_{ref}：参考电压输入端。当参考电压分别为 200 mV 和 2 V 时，电压量程分别为 199.9 mV和 1.999 V。

R_1，R_1/C_1，C_1：外接电阻、电容的接线端。

C_{01}，C_{02}：补偿电容 C_0 接线端。补偿电容用于存放失调电压，以便自动调零。

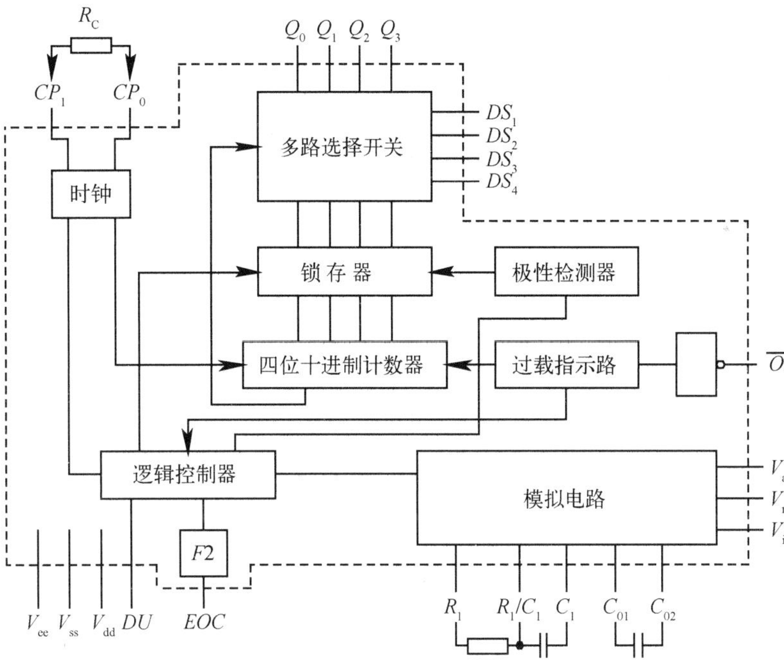

图 11－14　MC14433 原理图和引脚图

DU:控制转换结果的输出。*DU* 端送正脉冲时,数据送入锁存器,反之,锁存器保持原来的数据。

CP_1:时钟信号输入端,使用外部时钟信号由此输入。

CP_0:时钟信号输出端。在 CP_1 和 CP_0 之间接一电阻 R_C,内部即可产生时钟信号。

V_{ee}:负电源输入端。

V_{ss}:电源公共地。

EOC:转换结束信号。正在转换时为低电平,转换结束后输出一个正脉冲。

$\overline{OR}$: 溢出信号输出,溢出时为 0。

$DS_1 \sim DS_4$:输出位选通信号, DS_4 为个位,DS_1 为千位。

$Q_0 \sim Q_3$: 转换结果的 BCD 码输出,可连接显示译码器。

V_{dd}:正电源输入端。

(2) 工作原理

MC14433 是双积分的 A/D 转换器。双积分式的特点是线路结构简单,外接元件少,抗共模干扰能力强,但转换速度较慢。

MC14433 的逻辑部分包括时钟信号发生器、4 位十进制计数器、多路开关、逻辑控制器、极性检测器和溢出指示器等。

时钟信号发生器由芯片内部的反相器、电容以及外接电阻 R_C 所构成。R_C 通常可取 750 kΩ、470 kΩ、360 kΩ 等典型值,相应的时钟频率 f_0 依次为 50 kHz、66 kHz、100 kHz。采用外部时钟频率时,发生器不得接 R_C。

计数器是 4 位十进制计数器,计数范围为 0～1999。锁存器用来存放 A/D 转换结果。

MC14433 输出为 BCD 码,4 位十进制数按时间顺序从 $Q_0 \sim Q_3$ 输出,$DS_1 \sim DS_4$ 是选择

开关的选通信号，即位选通信号。当某一个 DS 信号为高电平时，相应的位被选通，此刻 $Q_0 \sim Q_3$ 输出的 BCD 码与该位数据相对应，如图 11－15 所示。由图可见，当 EOC 为正脉冲后，选通信号就按照 DS_1（最高位，千位）→DS_1（百位）→DS_3（十位）→DS_4（最低位，个位）的顺序选通。选通信号的脉冲宽度为 18 个时钟周期（$18T_{cp}$）。相邻的两个选通信号之间有 2Tcp 的位间消隐时间。这样在动态扫描时，每一位的显示频率为 $f_1 = f_0/80$。若时钟频率为 66 kHz，则 $f_1 = 800$ Hz。

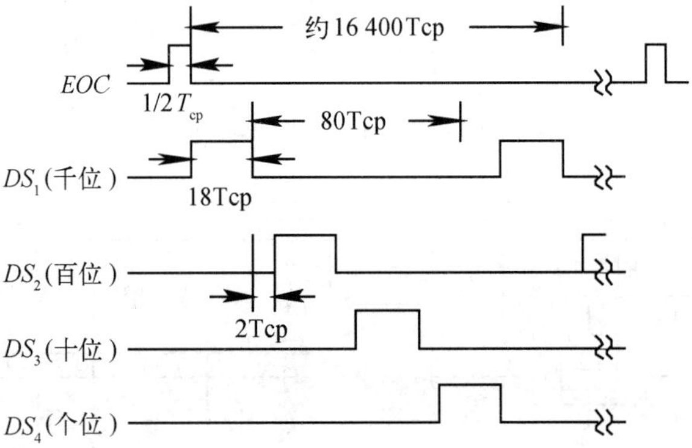

图 11－15　EOC 和 $DS_1 \sim DS_4$ 信号时序图

实际使用 MC14433 时，一般只需外接 R_C、R_1、C_1 和 C_0 即可。若采用外部时钟，就不接 R_C，外部时钟由 CP_1输入。使用内部时钟时 R_C的选择前面已经叙述。积分电阻 R_1 和积分电容 C_1 的取值和时钟频率的电压量程有关。若时钟频率为 66 kHz，$C_1 = 0.1\mu F$，量程为 2 V时，R_1 取 470 Ω；量程为 200 mV 时，R_1 取 27 kΩ。失调补偿电容 C_0 的推荐值为 $0.1\mu F$。DU 端一般和 EOC 短接，保证每次转换的结果都被输出。

实际应用中的 ADC 还有很多种，读者可根据需要选择模拟输入量程、数字量输出位数均合适的 A/D 转换器。现将常见集成 ADC 列于表 11－4 中。

表 11－4　常用 ADC

类　　型	功能说明
ADC0801、ADC0802、ADC0803 ADC0831、ADC0832、ADC0834	8 位 A/D 转换器
ADC10061、ADC10062	10 位 A/D 转换器
ADC10731、ADC10734	11 位 A/D 转换器
AD7880、AD7883	12 位 A/D 转换器
AD7884、AD7885	16 位 A/D 转换器

3. ADC 的应用实例

如图 11－16 所示是以 MC14433 为核心组成的 $3\frac{1}{2}$ 位数字电压表的电路原理图。图中用了 4 块集成电路：MC14433 用作 A/D 转换；CC4511 为译码驱动电路（LED 数码管为共阴极）；MC1403 为基准电压源电路；MC1413 为七组达林顿管反相驱动电路。$DS_1 \sim DS_4$ 信号经 MC1413 缓冲后驱动各位数码管的阴极。由此可见，MC14433 是将输入的模拟电压转换为数字电压的核心芯片，其余都是它的外围辅助芯片。

MC1403 的输出接至 MC14433 的 U_{REF} 输入端，为后者提供高精度、高稳定度的参考电源。

CC4511 接收 MC14433 输出的 BCD 码，经译码后送给 4 个 LED 七段数码管。4 个数码管 a～g 分别并联在一起。

MC1413 的 4 个输出端 O_1～O_4 分别接至 4 个数码管的阴极，为数码管提供导电通路。它接收 MC14433 的选通脉冲 DS_1～DS_4，使 O_4～O_1 轮流为低电平，从而控制 4 个数码管轮流工作，实现所谓扫描显示。

电压极性符号"－"由 MC14433 的 Q_2 端控制。当输入负电压时，$Q_2=0$，"－"通过 R_M 点亮；当输入正电压时 $Q_2=1$，"－"熄灭。小数点由电阻 R_{dp} 供电点亮。当电源电压为 5 V 时，R_M、R_{dp} 和 7 个限流电阻的阻值约为 270～390 Ω。

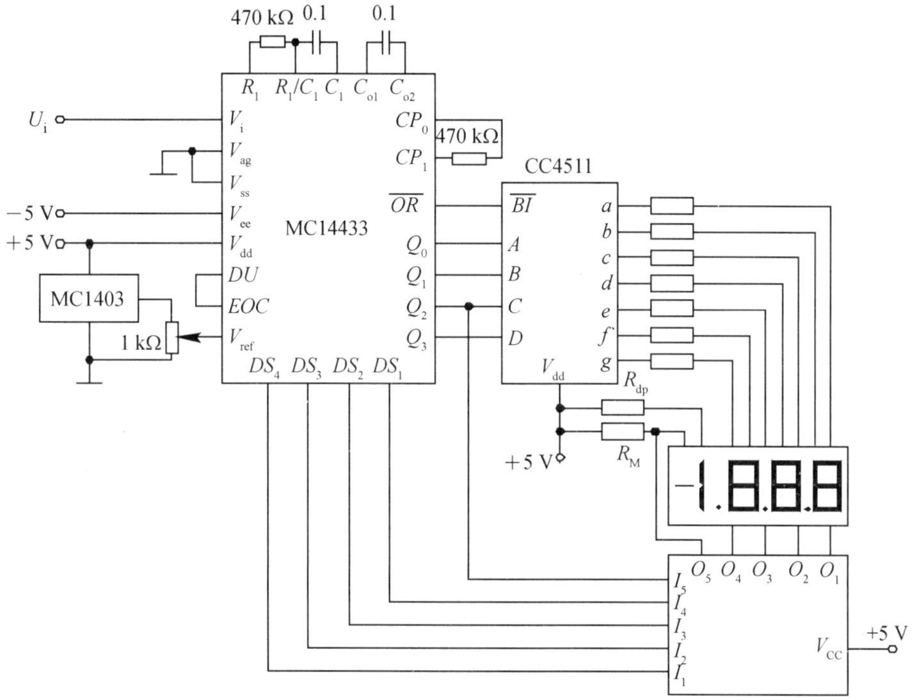

图 11－16　$3\frac{1}{2}$ 位数字电压表电路原理图

任务 11－4　常用集成 DAC 简介

1. DAC0830 系列

DAC0830 系列包括 DAC0830、DAC0831 和 DAC0832，它是由 CMOS Cr-Si 工艺实现的 8 位乘法 DAC，可直接与 8080、8048、Z80 及其他微处理器接口。该电路采用双缓冲寄存器，它能方便地应用于多个 DAC 同时工作的场合。数据输入能以双缓冲、单缓冲或直接通过 3 种方式工作。0830 系列各电路的原理、结构及功能都相同，参数指标略有不同。为叙述方便，下面以实训中所使用的 DAC0832 为例进行说明。

(1) 引脚功能

DAC0832的逻辑功能框图和引脚图如图11－17所示。它由8位输入寄存器、8位DAC寄存器和8位乘法DAC组成。8位乘法DAC由倒梯形电阻网络和电子开关组成，其工作原理已在前面的内容中讲述。DAC0832采用20只引脚双列直插封装。各引脚的功能说明如下：

$\overline{CS}$：输入寄存器选通信号，低电平有效，同$\overline{WR}_1$组合选通ILE。

ILE：输入寄存器锁存信号，高电平有效（当$\overline{CS}=\overline{WR}_1=0$时，只要$ILE=1$，则8位输入寄存器将直通数据，即不再锁存）。

$\overline{WR}_1$：输入寄存器写信号，低电平有效，在$\overline{CS}$和ILE都有效且$\overline{WR}_1=0$时，$\overline{LI}=1$将数据送入输入寄存器，即为“透明”状态。当$\overline{WR}_1$变高或ILE变低时数据锁存。

$\overline{XFER}$：传送控制信号，低电平有效，用来控制$\overline{WR}_2$选通DAC寄存器。

$\overline{WR}_2$：DAC寄存器写信号，低电平有效。当$\overline{WR}_2$和$\overline{XFER}$同时有效时，$\overline{LE}$为高，将输入寄存器中的数据装入DAC寄存器；$\overline{LE}$负跳变锁存装入的数据。

$DI_0 \sim DI_7$：8位数据输入端，DI_0为最低位，DI_7为最高位。

I_{out1}：DAC电流输出1。

I_{out2}：DAC电流输出2。$I_{out1}+I_{out2}=$常数。

R_{FB}：反馈电阻。

U_{REF}：参考电压输入，可在$+10\ V \sim -10\ V$之间选择。

V_{CC}：电源输入端，$+15\ V$为最佳工作状态。

AGND：模拟地。

DGND：数字地。

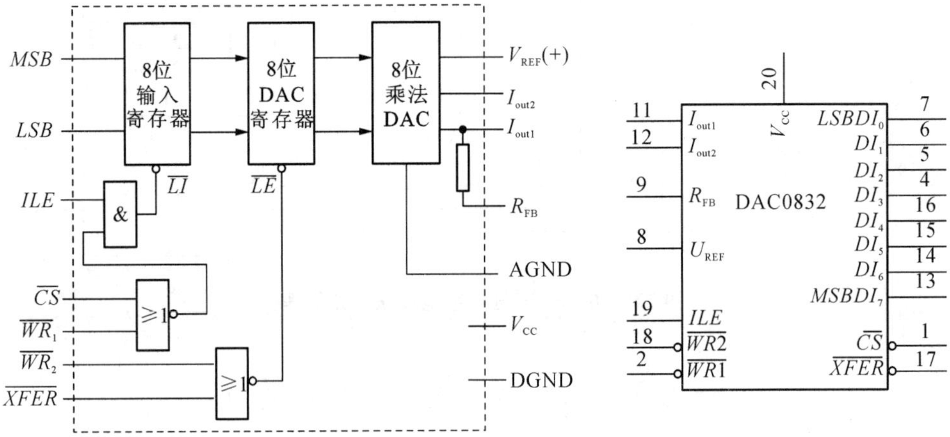

图11－17 DAC0832的逻辑功能框图和引脚图

（2）工作方式

① 双缓冲方式。

DAC0832包含两个数字寄存器——输入寄存器和DAC寄存器，因此称为双缓冲。这是不同于其他DAC的显著特点，即数据在进入倒梯形电阻网络之前，必须经过两个独立控制的寄存器。这对使用者是有利的。首先，在一个系统中，任何一个DAC都可以同时保留两组数据；其次，双缓冲允许在系统中使用任何数目的DAC。

② 单缓冲与直通方式。

在不需要双缓冲的场合，为了提高数据通过率，可采用这两种方式。例如，$\overline{CS}=\overline{WR}_2=\overline{XFER}=0$，$ILE=1$，这样 DAC 寄存器处于"透明"状态，即直通。$\overline{WR}_1=1$ 时，数据锁存，模拟输出不变；$\overline{WR}_1=0$ 时，模拟输出更新。这称为单缓冲工作方式。又如，当 $\overline{CS}=\overline{WR}_2=\overline{XFER}=\overline{WR}_1=0$，$ILE=1$ 时，两个寄存器都处于直通状态，模拟输出能够快速反映输入数码的变化。DAC0832 就接成了直通方式，使输入的二进制信息直接转换为模拟输出。

2. 10 位 CMOS DAC-AD7533

AD7533 是单片集成 DAC，与早期产品 AD7530、AD7520 完全兼容。它由一组高稳定性能的倒 R-2R 电阻网络和 10 个 CMOS 开关组成，其引脚图如图 11－18所示。

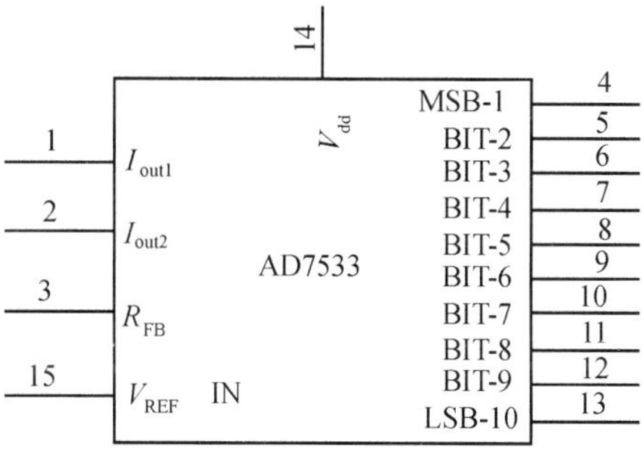

图 11－18　AD7533 引脚图

它使用时需外接参考电压和求和运算放大器，将 DAC 的电流输出转换为电压输出。AD7533 既可作为单极性使用，也可双极性使用。

实际应用中还有很多种的 D/A 转换器，例如 DAC1002、DAC1022、DAC1136、DAC1222、DAC1422 等，用户在使用时，可查阅相关的手册。现将常见的 D/A 转换器列于表 11－5 中。

表 11－5　常用的 D/A 转换器

类　　型	功 能 说 明
DAC0830、DAC0831、DAC0832	8 位 D/A 转换器
DAC1000、DAC1001、DAC1002	10 位 D/A 转换器
DAC1006、DAC1007、DAC1008	
DAC1230、DAC1231、DAC1232	12 位 D/A 转换器
DAC700、DAC701、DAC702	16 位 D/A 转换器
DAC703、DAC712、	
DAC811、DAC813、	12 位 D/A 转换器
AD7224、AD7228A、AD7524	8 位 D/A 转换器
AD7533	10 位 D/A 转换器
AD7534、AD7535、AD7538	14 位 D/A 转换器

实训 1　模数转换器

一、实验目的

（1）熟悉 A/D 转换器的基本工作原理。

（2）掌握 A/D 转换集成芯片 ADC0809 的性能及其使用方法。

二、实验前的预习与准备

（1）复习 A/D 转换器的工作原理。

（2）熟悉 ADC0809 芯片各管脚的排列及其功能。

（3）了解 ADC0809 的使用方法。

（4）预习下面的实验内容及步骤。

三、实验器材

(1) 万用表一只；

(2) 逻辑电平开关盒一个；

(3) 28 脚集成座一个；

(4) 集成电路：A/D 转换器 ADC0809 一片；

(5) 电位器：1 kΩ 一只。

四、实验内容及步骤

(1) 8 位 A/D 转换器 ADC0809 的模/数转换方法为逐次逼近法，它采用 CMOS 工艺，共有 28 个引脚，其管脚图如图 11-19 所示。各管脚的功能如下：

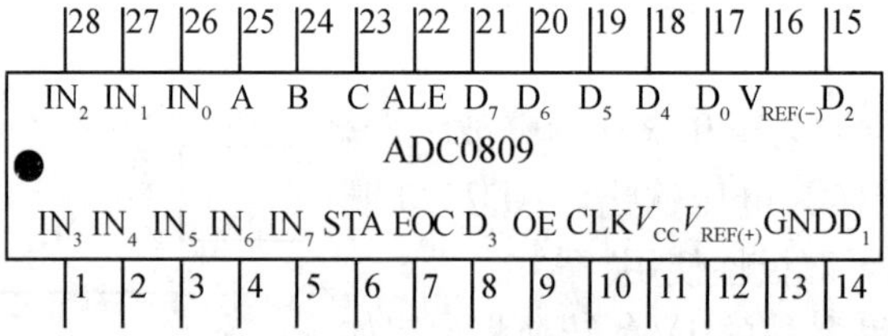

图 11-19 ADC0809 管脚图

① IN_0～IN_7：八个模拟量输入端。

② STA(START)：A/D 转换的启动信号，STA 为高电平时开始 A/D 转换。

③ EOC：转换结束信号，A/D 转换完毕后，发出一个正脉冲，表示 A/D 转换结束；此信号可做 A/D 转换是否结束的检测信号，或中断申请信号(加一个反相器)。

④ C、B、A：通道号地址输入端，C、B、A 为二进制数输入，C 为最高位，A 为最低位，CBA 从 000～111 分别选中通道 IN_0～IN_7。

⑤ ALE：地址锁存信号，高电平有效。当 ALE 高电平时，允许 C、B、A 所示的通道被选中，并把该通道的模拟量接入 A/D 转换器。

⑥ CLK(CLOCK)：外部时钟脉冲输入端，本实验接实验台的矩形脉冲源。

⑦ D_7～D_0：数字量输出端。

⑧ $V_{REF(+)}$、$V_{REF(-)}$：参考电压输入端子，用于提供模数转换器权电阻的标准电平。一般 $V_{REF(+)}=5$ V，$V_{REF(-)}=0$ V。

⑨ V_{CC}：电源电压，+5 V。

⑩ GND：接地端。

(2) 按图 11-20 所示接线，其中 D_7～D_0 接逻辑电平显示二极管，CLK 接实验台上的矩形脉冲，地址码 C、B、A 接逻辑电平开关。

(3) 检查接线无误后，接通电源。CP 脉冲调到 1 kHz 以上，通过逻辑电平开关，将地址码 CBA 置为 000，调节 R_W，并用万用表测量 U_i 为 4 V，按一下单次脉冲(实验台上的正脉冲源)，观察逻辑电平显示二极管的发光情况，并将结果填入表 11-6 中。

(4) 按上面的方法，调节 R_W 使 U_i 分别为 3 V、2 V、1 V、0.5 V、0.2 V、0.1 V、0 V(每次都必须按一下单次脉冲)，观察发光二极管的情况，将结果填入表 11-6 中。

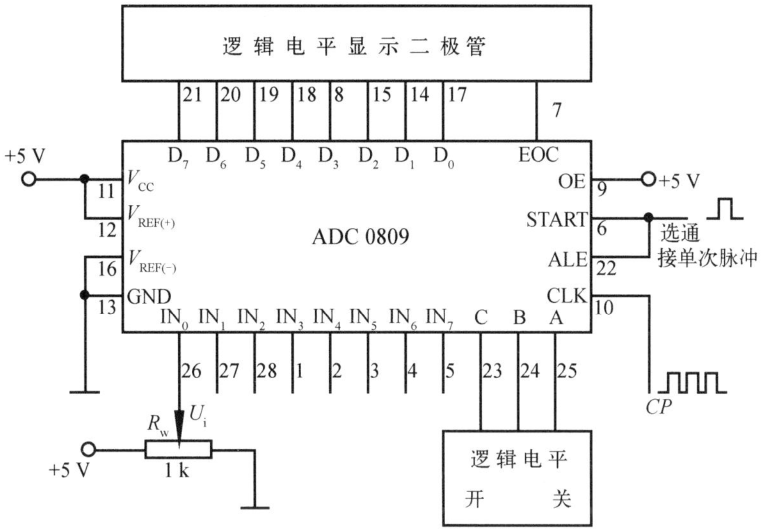

图 11-20　接线图

表 11-6　实验记录表

输入模拟量/V	输出数字量							
	D_7	D_6	D_5	D_4	D_3	D_2	D_1	D_0
4								
3								
2								
1								
0.5								
0.2								
0.1								
0								

(5) 调节 R_W，使 D_7～D_0 全为 1，测量这时输入的模拟电压值。调节 R_W 使输入电压 U_i 大于该值，观察输出数字量 D_7～D_0 有没有变化？

(6) 将 CBA 置为 001，将 U_i 由 IN_0 改接到 IN_1，再进行 3～5 步的实验操作，将结果填于自拟的表格中。

五、分析与思考

(1) 整理实验数据与表格。

(2) 若输入的模拟电压大于 6 V，该电路还能不能正常进行 A/D 转换。如果要求将一个 10 V 的模拟电压转换为数字量，用 ADC0809 应如何实现？试考虑一下其接线。

实训 2　数模转换器

一、实验目的

（1）熟悉 D/A 转换器的基本工作原理。

（2）掌握 D/A 转换集成芯片 DAC0832 的性能及其使用方法。

二、实验前的预习与准备

（1）复习 D/A 转换器的工作原理以及同步二进制计数器 74LS161 的逻辑功能。

（2）预习下面的实验内容及步骤。

三、实验器材

（1）示波器一台，逻辑电平开关盒一个；

（2）数字万用表一个，14 脚、16 脚、20 脚集成座各一个；

（3）集成电路：a. D/A 转换器 DAC0832 一片；

b. 同步二进制计数器 74LS161 一片；

c. 集成运算放大器 μA741 一片；

（4）电位器：10 kΩ、1 kΩ 各一只。

四、实验内容及步骤

1. 基本题

（1）集成运算放大器 μA741 的管脚图如图 11－21 所示，其中 2 脚 IN_-、3 脚 IN_+ 为运放的输入端；4 脚 $-V$、7 脚 $+V$ 为电源接线端，4 脚接负电源，7 脚接正电源；对于 μA741，电源电压 $V_{CC} \leqslant \pm 22$ V，而 μA741C 的电源电压 $V_{CC} \leqslant \pm 18$ V；1 脚 OA_1、5 脚 OA_2 为调零端，可以对输出端进行“调零”；6 脚 OUT 为输出端。

（2）D/A 转换器 DAC0832 的管脚图见图 11－22，各引脚的功能为：

① $D_7 \sim D_0$：八位数字输入量，D_7 为最高位，D_0 为最低位。

② I_{O1}：模拟电流输出端 1，当 DAC 寄存器为全 1 时 I_{O1} 最大，全 0 时 I_{O1} 最小。

③ I_{O2}：模拟电流输出端 2，$I_{O1} + I_{O2} = V_{REF}/R$，一般接地。

④ R_f：为外接运放提供的反馈电阻引出端。

⑤ V_{REF}：基准电压参考端，其电压范围为 -10 V～$+10$ V。

⑥ V_{CC}：电源电压，一般为 $+5$ V～$+15$ V。

⑦ DGND：数字电路接地端。

⑧ AGND：模拟电路接地端，通常与 DGND 相连。

⑨ CS：片选信号，低电平有效。

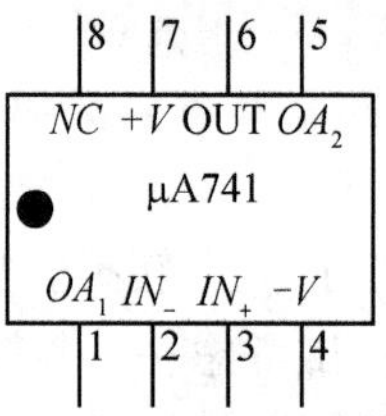

图 11－21　μA741 管脚图

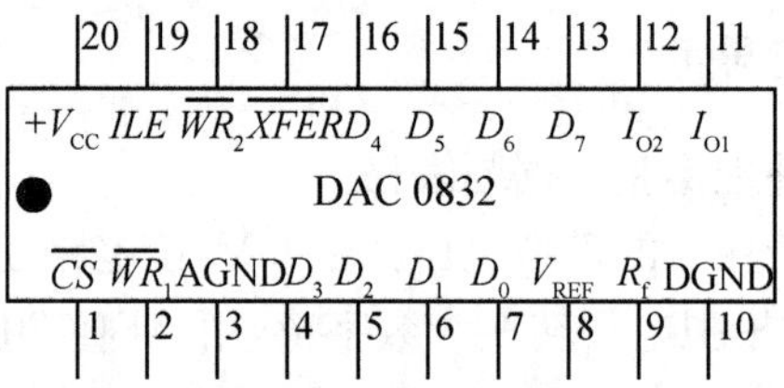

图 11－22　DAC0832 管脚图

⑩ ILE:输入锁存使能端,高电平有效,与 WR_1、CS 信号共同控制输入寄存器选通。

⑪ WR_1:写信号 1,低电平有效,当 $CS=0$,ILE=1 时,WR_1 才能把数据总线上的数据输入寄存器中。

⑫ WR_2:写信号 2,低电平有效,与 $XFER$ 配合,当二者均为 0 时,将输入寄存器中当前的值写入 DAC 寄存器中。

⑬ $XFER$:控制传送信号输入端,低电平有效。用来控制 WR_2 选通 DAC 寄存器。

(3) 按图 11-23 所示接线,由于 DAC0832 转换后输出的是电流,所以当要求转换结果是电压而不是电流时,可以在输出端接一个运算放大器,将电流信号转换成电压信号。图中参考电压 V_{REF} 接+5 V 时,输出电压范围为 0～−5 V,若 V_{REF} 接+10 V,则输出电压的范围是0～−10 V。可见,该电路是单极性电压输出,若要获得双极性电压输出,必须再加一个运放。

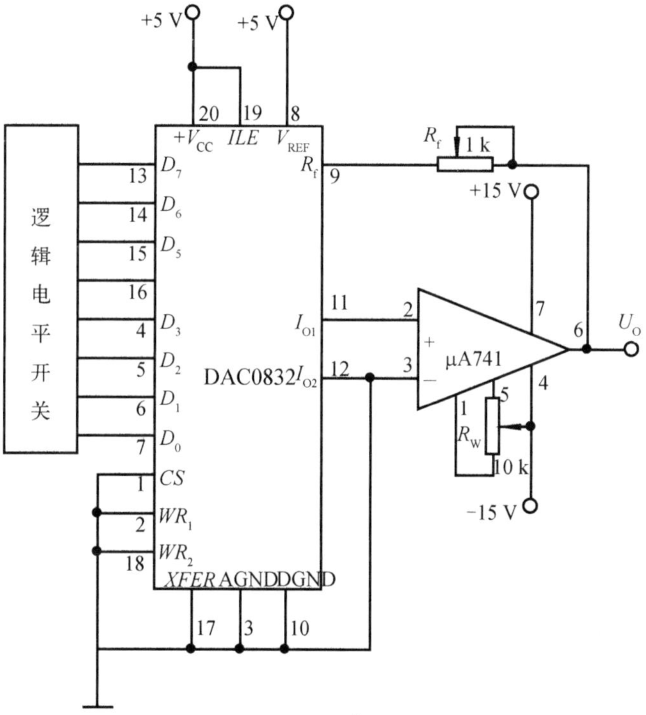

图 11-23　DAC0832 接线图一

(4) 检查无误后,将输入数据 D_7～D_0 全部置 0,接通电源,调节运放的调零电位器,使输出电压 $U_O=0$。

(5) 将输入数据 D_7～D_0 均置为 1,调节 R_f,改变运放电路的放大倍数,使输出满量程。

(6) 将输入信号从低位向高位逐位置 1,并测量其输出模拟电压 U_O,填入表 11-7 中。

表 11－7 实验记录表

输入数字量								输出模拟电压	
D_7	D_6	D_5	D_4	D_3	D_2	D_1	D_0	实测值	理论值
0	0	0	0	0	0	0	0		
0	0	0	0	0	0	0	1		
0	0	0	0	0	0	1	1		
0	0	0	0	0	1	1	1		
0	0	0	0	1	1	1	1		
0	0	0	1	1	1	1	1		
0	0	1	1	1	1	1	1		
0	1	1	1	1	1	1	1		
1	1	1	1	1	1	1	1		

2. 选做题

如图 11－23 所示的逻辑电平开关撤去，将二进制计数器 74LS161 的 $Q_3 \sim Q_0$ 对应的接到 DAC0832 的 $D_7 \sim D_4$ 端，$D_3 \sim D_0$ 接地，时钟脉冲 CP 接实验台上脉冲源（接线图如图 11－24所示），不断输入脉冲，用示波器观察并记录输出电压的波形。

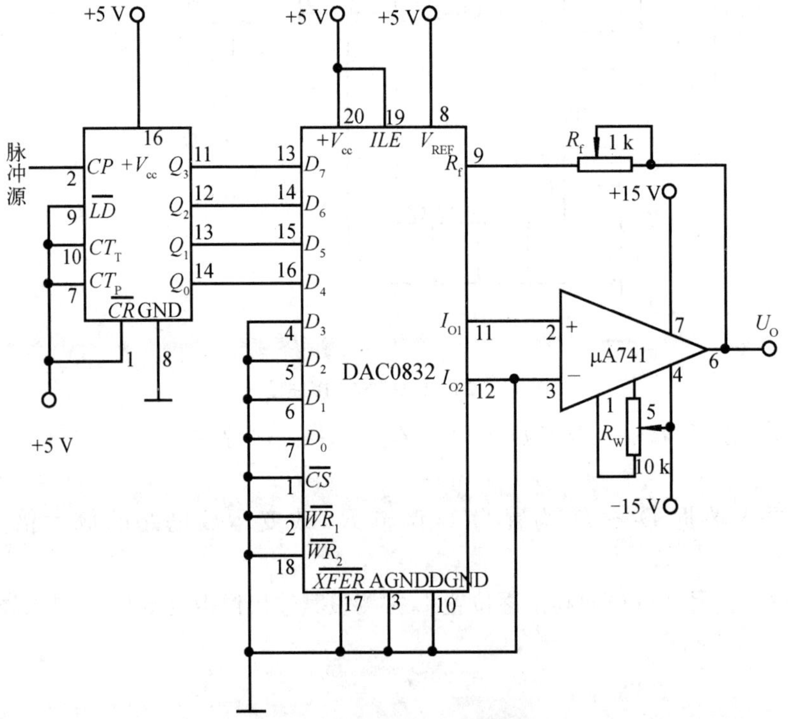

图 11－24 DAC0832 接线图二

其中同步二进制计数器 74LS161 的管脚图如图 11－25所示。管脚的功能如下：CO，进位输出端；CP，时钟输入端，上升沿有效；$D_3 \sim D_0$，并行数据输入端；$Q_3 \sim Q_0$，输出端；$\overline{CR}$，异步清零端，低电平有效；$\overline{LD}$，同步并行置数控制端，低电平有效。在$\overline{CR}=1$、$\overline{LD}=0$ 时，将并行数据输入端 D_3、D_2、D_1、D_0 的数据对应地送到输出端 Q_3、Q_2、Q_1、Q_0。CT_P、CT_T，计数控制端，在 $\overline{CR}$、$\overline{LD}$ 均为 1 时，若 CT_P、CT_T 中有一个为 0，则输出信号保持不变，若 CT_P、CT_T 均为 1，则作二进制加法计数。

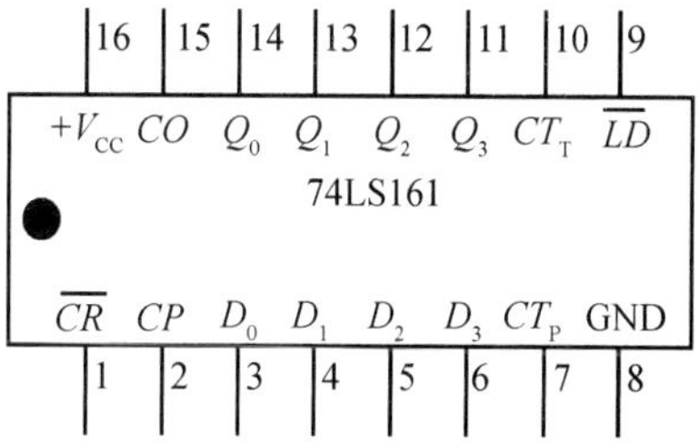

图 11－25　74LS161 管脚图

五、分析与思考

（1）整理实验数据。分析理论值与实际值的误差。

（2）选做题部分，若将计数器的输出接 $D_3 \sim D_0$，$D_7 \sim D_4$ 接地，结果是否相同？

项目小结

1. A/D 转换器（ADC）是一种将输入的模拟量转换为数字量的转换器。要实现将连续变化的模拟量变为离散的数字量，通常要经过四个步骤：采样、保持、量化和编码。一般前两步由采样保持电路完成，量化和编码由 ADC 来完成。

2. D/A 转换器（DAC）是一种将离散的数字量转换为连续变化的模拟量的电路。数字量是用代码按数位组合起来表示的，每位代码都有一定的权。为了将数字量转换为模拟量，必须将每一位的代码按其权的大小转换成相应的模拟量，然后将代表每位的模拟量相加，所得的总模拟量就与数字量成正比。这是 D/A 转换器的基本指导思想。

思考与练习

1. 常见的 A/D 转换器有几种，其特点分别是什么？

2. 常见的 D/A 转换器有几种，其特点分别是什么？

3. 为什么 A/D 转换需要采样、保持电路？

4. 若一理想的 6 位 DAC 具有 10 V 的满刻度模拟输出，当输入为自然加权二进制码“100100”时，此 DAC 的模拟输出为多少？

5. 若一理想的 3 位 ADC 满刻度模拟输入为 10 V，当输入为 7 V 时，求此 ADC 采用自然二进制编码时的数字输出量。

6. 在图 11－10 电路中，当 $U_{REF}=10$ V，$R_f=R/2$ 时，若输入数字量 $D_3=1$，$D_2=0$，$D_1=1$，$D_0=0$，则各模拟开关的位置和输出 u_O 为多少？

7. 在图 11－11 电路中，当 $U_{REF}=10$ V，$R_f=R$ 时，若输入数字量 $D_3=0$，$D_2=1$，$D_1=1$，$D_0=0$，则各模拟开关的位置和输出 u_O 为多少？

8. 试画出 DAC0832 工作于单缓冲方式的引脚接线图。

9. 在图 11－5 电路中，若输入信号在$(7/16)U_{REF}$到$(8/16)U_{REF}$之间，画出类似图 11－6 的时序图。

项目十二　综合技能训练

数字系统设计实例

——数字电子钟的设计与制作

1. 设计任务

设计一个数字电子钟，要求该数字电子钟能够根据振荡器提供的时间标准信号(秒脉冲)来计时，用LED实现显示时、分、秒，计时周期是24小时，显满刻度为“23小时59分59秒”，然后清零，重新开始计时。

2. 设计思路

数字电子钟的基本原理框图如图12-1所示，该电路由秒信号发生器、“时、分、秒”计数器、译码器和显示器组成。

① 采用555定时器构成的多谐振荡器可以产生秒信号，是提供给整个系统的时间基准。

② 计数器构成计时电路。众所周知，1分钟=60秒，所以秒计数器为60进制计数器，从0开始计数，满60后向分计数器进位；1小时=60分，分计数器也是60进制，从0开始计数，满60后向小时计数器进位；一天有24小时，因此小时计数器是24进制计数器。

③ 每个计数器的输出信号分别经过其所对应的译码器传送到对应的LED显示器中显示时间。

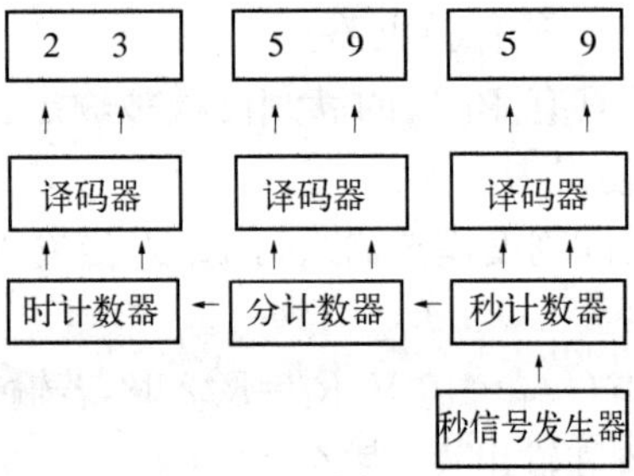

图12-1　数字电子钟基本原理框图

3. 电路组成分析

(1) 秒信号发生器电路

在数字钟电路中，秒信号的准确度是始终计时精度的关键。本设计采用555定时器组成的多谐振荡器产生秒信号。电路如图 12－2 所示。

该电路输出波形为矩形波，可以作为数字钟的秒信号。输出波形的周期取决于电容 C_1 充放电的时间常数，充电时间常数 $T_1=(R_1+R_2)C$，放电时间常数 $T_2=R_2C$，因此输出的矩形波的周期为 $T=T_1+T_2=0.7(R_1+2R_2)C$。只要改变电容 C_1 的充放电时间常数，就可以改变输出矩形波形的周期和脉冲宽度。

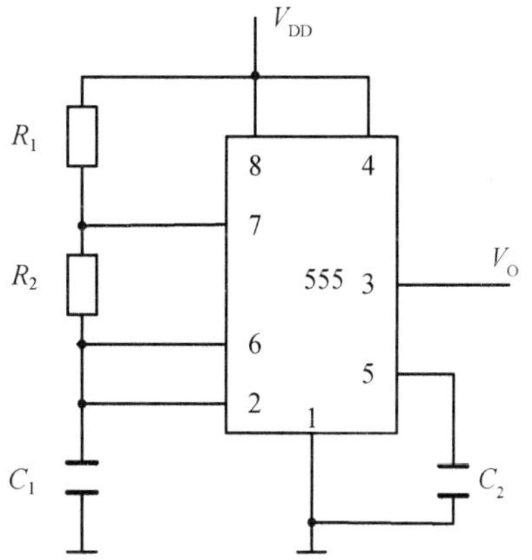

图 12－2　555 定时器组成的多谐振荡器

本设计需要秒信号发生器输出一个周期为 1 秒的波形，一般来说，选取电容 $C_1=10$ MF，设定 $R_1=R_2$，根据矩形波周期公式。令 $T=1$ 秒，可得 $R_1=R_2=47$ kΩ，这样，就可以使 555 定时器组成的多谐振荡器输出周期是 1 秒的矩形波。

(2) 秒、分、小时计数器单元电路

秒计数器将秒信号发生器发出的周期为 1 秒的信号每累计 60 个周期(即 60 秒)就向分计数器进位一次；分计数器累计 60 次后向小时计数器进位一次；等到小时计数器进位 24 后，全部计数器清零，重新开始计时。此电子钟的最大显示数值是 23 小时 59 分 59 秒。因此，本设计选用 HEF4518B 的双 BCD 十进制同步递加型计数器芯片和 TTL 74LS00 四—二输入与非门芯片，采用反馈清零法设计 2 个 60 进制的计数器分别作为秒计数器和分计数器，1 个 24 进制的计数器作为小时计数器，如图 12－3 所示。

① 60 进制计数器(秒计数器和分计数器)的设计方法。

60 进制计数器电路适用于秒计数器和分计数器。按照两位十进制数的进位规则，60 进制计数器电路实现如下功能：个位计数从 8421 码的 0000(十进制的“0”)开始，当计数到 1001(十进制的“9”)时发出进位信号给十位计数器加 1 计数。等到计数器计数到 60 时，个位、十位计数器输出端全部清零，重新开始新一轮的计数。

② 24 进制计数器(小时计数器)的设计方法。

24 进制计数器电路适用于小时计数器。与 60 进制计数器电路的设计相似，24 进制计数器电路实现如下功能：个位计数从 8421 码的 0000(十进制的“0”)开始，当计数到 1001(十进制的“9”)时发出进位信号给十位计数器加 1 计数。等到计数器计数到 24 时，个位、十位计数器输出端全部清零，重新开始新一轮的计数。

(3) 译码显示单元电路

本设计要求将小时、分、秒计数器输出的四位二进制数代码翻译成相应的十进制数，并通过显示器显示出来，选用锁存/7 段译码/驱动器集成电路 CD4511B 芯片和七段数码显示器 LC5011 芯片。

CD4511 的 4 个输入端 A、B、C、D，其中 D 为最高位，A 为最低位，分别输入的是各个计数器输出的四位 8421BCD 码；7 个输出端 a、b、c、d、e、f、g 则分别与七段数码管显示器的对应管脚连接。

LC5011 是一种共阴极数码显示器，将阴极接低电平，阳极则由译码器输出端的信号驱动，当译码器输出某段码是高电平时，对应的发光二极管就会导通发光。利用不同的组合方式可以显示“0”～“9”十个十进制数码，如图 12－3 所示。

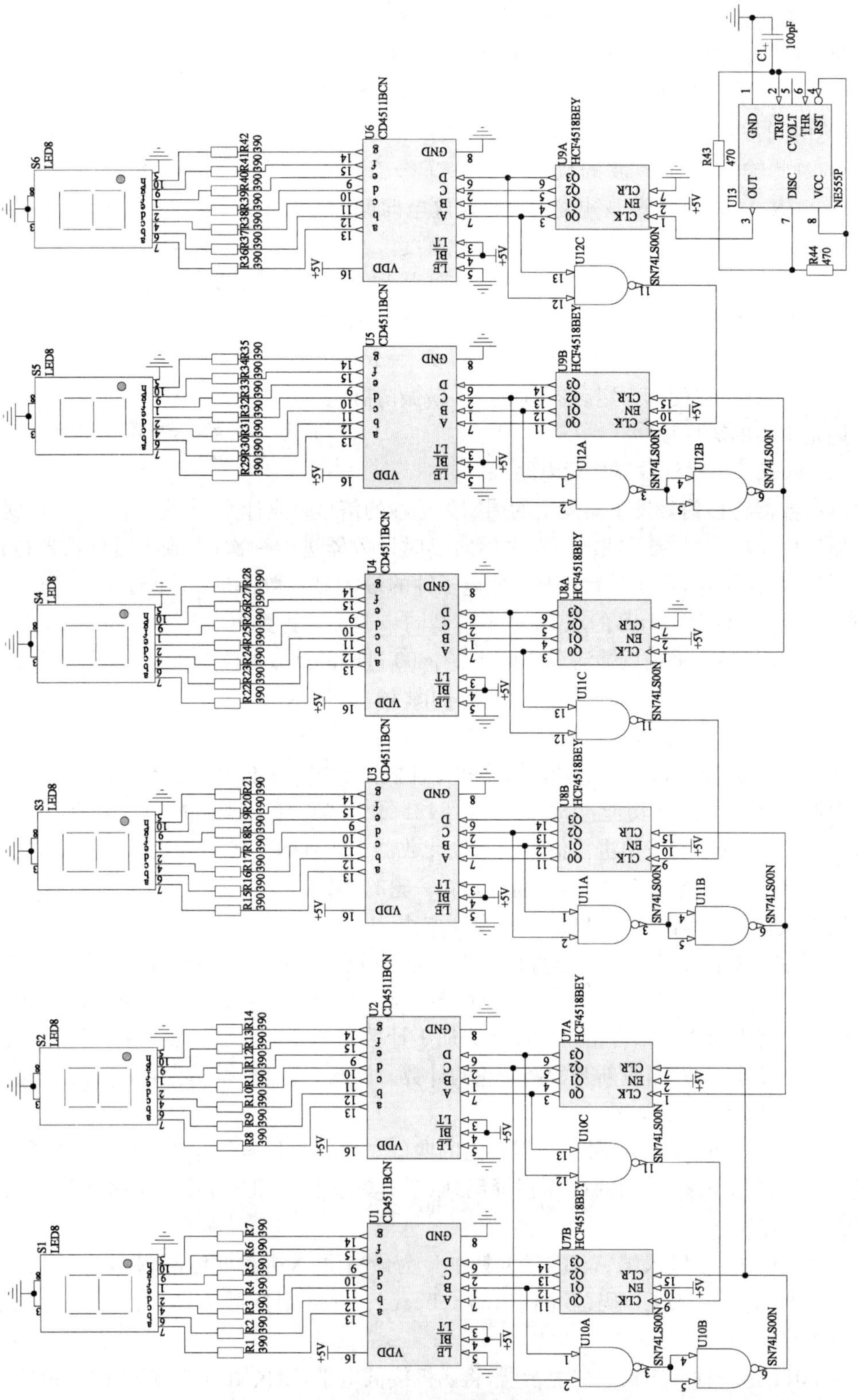
S1 LED8
S2 LED8
S3 LED8
S4 LED8
S5 LED8
S6 LED8
U1 CD4511BCN
U2 CD4511BCN
U3 CD4511BCN
U4 CD4511BCN
U5 CD4511BCN
U6 CD4511BCN
U7A HCF4518BEY
U7B HCF4518BEY
U8A HCF4518BEY
U8B HCF4518BEY
U9A HCF4518BEY
U9B HCF4518BEY
U10A SN74LS00N
U10B SN74LS00N
U10C SN74LS00N
U11A SN74LS00N
U11B SN74LS00N
U11C SN74LS00N
U12A SN74LS00N
U12B SN74LS00N
U12C SN74LS00N
U13 NE555P
R43 470
R44 470
CL1 100pF
+5V

图 12－3　数字钟原理图

参考文献

[1] 康华光. 电子技术基础(模拟部分)[M]. 4 版. 北京:高等教育出版社,1999.
[2] 杨拴科. 模拟电子技术基础[M]. 北京:高等教育出版社,2003.
[3] 胡宴如. 模拟电子技术[M]. 3 版. 北京:高等教育出版社,2008.
[4] 沈任元. 模拟电子技术基础[M]. 2 版. 北京:机械工业出版社,2009.
[5] 张惠荣. 模拟电子技术项目式教程[M]. 北京:机械工业出版社,2012.
[6] 黄法. 模拟电子技术[M]. 天津:天津大学出版社,2008.
[7] 彭克发,冯思泉. 数字电子技术[M]. 北京:北京理工大学出版社,2011.
[8] 张秀香. 电子技术[M]. 北京:清华大学出版社,2008.
[9] 辜志烽. 电工电子技术[M]. 北京:人民邮电出版社,2006.
[10] 秦雯. 数字电子技术[M]. 北京:清华大学出版社,2012.